R을 활용한

확률분포론

최기헌 지음

자유아카데미

머리말

21세기는 바야흐로 데이터의 시대로서 인터넷, 페이스북, 구글 등을 통하여 엄청난 양의 자료를 접하고 있다. 이와 함께 데이터마이닝, 빅데이터, 인공지능, 알파고 등이 화제가 되고 있다. 문제는 이러한 대용량 데이터 분석을 통하여 올바른 예측을 얻을 수 있는가이다. 통계학은 올바른 예측을 얻기 위한 유력한 도구이므로, 많은 분야에서 이에 대한 지식을 요구하게 된다. 자료의 효율적인 취득과 정확한 분석을 요구하므로 최소의 위험과 희생으로 결론을 얻을 수 있어야 한다. 또한 조사 자료에 대해 의사결정을 하여야 할 경우에도 통계학은 중요한 역할을 한다. 근래에는 컴퓨터의 발전으로 누구나 다량의 자료를 통하여 간단한 자료분석을 요구하게 된다. 즉, 통계학의 목적은 자료를 도표화하거나, 수리적인 분석을 통해 인간 활동에 공헌하는 것이다. 그러나 컴퓨터에 대한 사전 지식이 없는 사람도 쉽게 접근할 수 있으면서 통계학을 소개하는 교재가 부족한 상황이다.

확률분포론은 이러한 통계학의 이론적인 연구를 다루는 수리통계학의 전반부에서 공부하는 과목으로, 처음 배우는 학생들에게 어려운 느낌을 주는 것이 사실이다. 따라서 이 책은 엄밀한 서술보다는 직관적인 이해에 호소하는 서술에 중점을 두었다. 또한 컴퓨터를 이용한 모의실험(simulation)을 통한 통계적 계산 기법을 이용하거나 확률적 실험을 통해 계산하여 결과를 눈으로 볼 수 있도록 모수추정을 위한 통계량이나 해석학적으로 계산이 어려운 추정 문제, 통계분포 생성을 통한 이해 등을 다루었다.

이 책은 기존의 수리통계학 1의 R 버전이다. R의 활용을 주제로 새로 보완하고 추가하였다. R은 오픈소스의 통계소프트웨어이며 언어로, 누구나 무료로 인터넷상에서 다운받아 사용할 수 있으며 최신기법이 거의 빠짐없이 구현되어 있다는 것이 장점이다. 따라서 모든 장에서는 R을 이용하여 수리통계학 입문에서 요구되는 확률분포론의 기본개념과 이론을 설명하고, 실제로 적용할 수 있도록 R 프로그램 예제를 제공함으로써 이론과 실습을 병행하도록 하였다. 눈으로 보는 것보다 스스로 코드를 수행하여 공부하는 것이 수리통계학을 익히는 지름길이며, 그것을 이해하는 데 더욱 도움이 된다고 생각한다. 따라서 예제의 R 프로그램들은 패키지를 사용하지 않고 자세한 절차를 모두 보여 실행하도록 구성하였다. 많이 노력하였지만 미흡한 면이 있을 것이다. 그런 부분은 앞으로 보완해 나가고자 한다. 출간 후에라도 수정사항이 있을 경우에는 자유아카데미 홈페이지(www.freeaca.com) 자료실에 제공할 예정이다. 마지막으로 이 책이 독자 여러분께 도움을 주기를 바라며, 특히 책이 나오기까지 열과 성을 다하여 주신 자유아카데미 여러분께 감사드린다.

2016년 9월

저 자

차례

제 1 장 확률

제 2 장 확률변수와 확률분포

제 3 장 확률분포의 대표적 모형

제 6 장 확률변수의 함수의 분포

부록

제 1 장

확률

1.1 고전적 확률

실제적으로 주어진 실험에서 어떤 사건 E가 일어날 가능성을 사건 E가 일어날 확률이라고 하고 $P(E)$로 나타낸다. 즉 유한표본공간 E에 대한 기본적인 사건의 확률을 정의하는 한 가지 가능한 방법은 실험의 가능한 결과가 유한개 $\#(\Omega)$이고 나타날 결과의 불확실성으로서 각 결과가 나타날 가능성이 동일하게 주어지는 경우이다. 그래서 사건의 확률도 그 사건을 이루는 원소의 개수 $\#(E)$로부터 구할 수 있다.

$$P(E) = \frac{\#(E)}{\#(\Omega)}$$

이와 같은 의미에서 **등확률모형**(equal likely probability model)에서 정의하는 확률을 **고전적 확률**(classical probability)이라고 한다. 예를 들어 주사위 던지기 실험을 생각해 보면 표본공간을 이루는 6개 **근원사건**(elementary event)은 모두 같은 정도로 일어날 것으로 예상된다. 따라서 각 근원사건의 확률은 $1/6$이다. 주사위 한 개를 던질 때 $\Omega = \{1,2,3,4,5,6\}$이다. 여기서 $E_2 = \{2,4,6\}$라고 하면 E_2는 짝수가 나오는 사건이다. 따라서 구하는 확률은

$$P(E_2) = \frac{3}{6} = \frac{1}{2}$$

이다. 마찬가지로 주사위 두 개를 던질 때 표본공간을 이루는 36개 근원사건은 모두 같은 정도로 일어날 것으로 예상된다. 따라서 $E = \{(1,6),(2,5),(3,4),(4,3),(5,2),(6,1)\}$라고 하면 E는 눈의 합이 7인 사건이다. 따라서 구하는 확률은

$$P(E) = \frac{6}{36} = \frac{1}{6}$$

이다.

1.2 순열과 조합

고전적 확률 $P(E)$에서 한 사건 E의 확률을 구하려면 표본공간 Ω와 사건 E의 경우의 수, 즉 원소의 개수를 효율적으로 셀 수 있는 방법이 필요한데 이것은 **조합분석**(combinatorial analysis)의 법칙을 이용하면 된다.

1.2.1 경우의 수

어떤 사건이 일어나는 방법이 전체에서 어떤 종류가 있는지를 생각하는 경우에 일어날 수 있는 모든 방법의 수를 경우의 수라고 한다. 경우의 수를 구하는 데는 수를 누락하거나 중복하거나 하지 않도록 하기 위해서 순서를 알기 쉽게 정리하는 방법으로 **수형도**(Hasse's tree diagram)가 이용된다. 예를 들면 4개의 숫자 1, 2, 3, 4에서 중복을 허락하지 않고 3개를 선택하여 만들어지는 세 자리의 정수를 수형도에 따라 전부 나열하면 아래 그림과 같다.

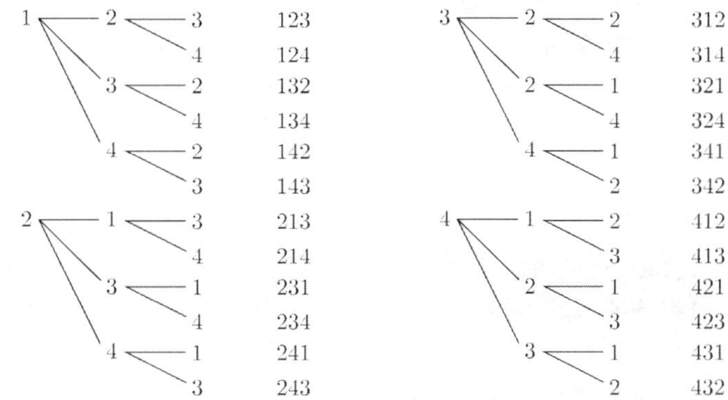

[그림 1.1] 경우의 수

경우의 수에 관해 다음과 같은 합의 법칙과 곱의 법칙이 성립한다.

합의 법칙 2개의 사건 A, B에 관해서 이들이 동시에는 일어나지 않는다고 하자. 이 경우에 A가 일어나는 방법이 a 종류, B가 일어나는 방법이 b 종류가 있다고 하면 두 사건 중 하나가 정확히 일어나는 경우의 수는 $a+b$ 종류가 있다.

곱의 법칙 2개의 사건 A, B에 관해서 A가 일어나는 방법이 a 종류가 있고, 그 각각에 대해서 B가 일어나는 방법이 b 종류씩 있는 경우 A와 B가 동시에 일어나는 경우의 수는 ab 종류가 있다.

1.2.2 순열

순열(permutation)은 n개의 원소로부터 한 번에 r개의 원소를 선택하여(r out n of permutation, sample of r from n without replacement) 이들 간에 순서를 부여하는 방법이다. 여기에서 선택된 r개의 원소는 모두 서로 다른 원소이어야 하며, 선택된 r개의 원소들 간에 배치순서가 다르면 다른 순열로 취급한다. n개의 원소로부터 한 번에 r 개의 원소를 선택하는 순열은 ${}_nP_r$ 또는 $(n)_r$ 로 표기한다. 따라서 앞에서 소개한 곱의 법칙에 따라

$${}_nP_r = n(n-1)(n-2)\cdots(n-r+1) = \frac{n!}{(n-r)!}$$

이다. 여기서

$$n! = n(n-1)(n-2)\cdots 2 \cdot 1$$

이고, $n!$ 은 n 의 **계승**(factorial)이라고 읽는다. 특히 $0! = 1$ 이라고 정의한다. 따라서 ${}_nP_n = n!$ 이다.

예제 1.1

```
> factorial(5)
[1] 120
```

그런데 52장의 카드의 경우의 수는 $52! = factorial(52) = 8.065818e+67$ 이다. 그러나 $factorial$ 함수는 빠르게 커지므로 큰 수에서는 계산할 수 없다. 예를 들어 R은 $1000000!$ 을 계산할 수 없다.

```
> factorial(1000000)
[1] Inf
Warning message:
In factorial(1e+06) : value out of range in 'gammafn'
```

그러나 R은 $factorial$ 함수의 자연로그 함수 $lfactorial$ 함수로 바꾸어 계산할 수 있으므로 어렵지 않다. 먼저

```
> lfactorial(1000000)
[1] 12815518
```

을 구하고 이것을 밑수 10으로 바꾸면

```
> lfactorial(1000000)/log(10)
[1] 5565709
```

을 얻고 이것은 1000000!이 근사적으로 $10^{5565709}$ 임을 알려준다. $factorial$ 함수는 정수가 아닌 것과 복소수도 계산한다.

예를 들어 서로 다른 9개에서 서로 다른 5개를 택하여 일렬로 나열하는 경우의 수는 ${}_9P_5$ 이다. 그림 1.1에서 서술한 $n=4$, $r=3$ 인 경우에 ${}_nP_r = n!/(n-r)!$ 로 설명하자. 우선 백의 자리에 오는 정수는 4개 있고, 십의 자리에 오는 정수는 중복을 피하므로, 백의 자리에 오는 정수를 제하면 3개이고, 십의 자리에 오는 정수는 중복을 피하기 위해서 백과 십의 자리에 오는 정수를 제하므로 2개이다. 그러므로 곱의 법칙에 의하여

$$ {}_4P_3 = 4 \times 3 \times 2 = 24 $$

이 된다. ${}_nP_r$ 의 계산은 R에서 $prod(n:n-r+1)$ 이다.

예제 1.2

${}_4P_3 = 4 \times 3 \times 2 = 24$

```
> prod(4:2)
[1] 24
```

다음에는 서로 다른 n 개의 원소로부터 반복하여 선택하는 것을 허락하여 r 개를 선택하여 생기는 **중복순열**(repeated permutation, sample of r from n with replacement)의 총수를 ${}_n\prod_r$ 로 표기한다. 이 경우에

$$ {}_n\prod_r = n^r $$

이 성립한다. 위의 예에서 중복을 허락하는 경우에는 백의 자리에도, 십의 자리에도, 일의 자리에도 정수가 4개씩 오므로

$$ {}_4\prod_3 = 4^3 = 64 $$

특히 $n=2$ 인 경우에 **bit**(binary unit)라고 하는 2개의 원소 0, 1을 $r=3$ 개 사용해 표현 가능한 중복순열의 총수는 $N = {}_2\prod_3 = 2^3 = 8$ 이고, 실제로 이들을 나열하면 다음과 같이 된다.

000 010 100 110
001 011 101 111

1.2.3 조합

조합(combination)은 n 개의 원소로부터 한 번에 r 개의 원소를 선택하는(r out n of combination, sample of r from n without replacement) 방법으로서 선택된 원소들 간의 배치순서는 무시된다. n 개의 원소로부터 한 번에 r 개의 원소를 선택하는 조합은 ${}_nC_r$ 또는 $\binom{n}{r}$ 로 표기한다. 따라서

$$ {}_nC_r = \binom{n}{r} = \frac{n!}{r!(n-r)!} $$

이 성립한다. 그리고 다음의 성질이 성립하는 것을 쉽게 알 수 있다.

$$ {}_nC_r = {}_nC_{n-r}, \qquad {}_nC_r = {}_{n-1}C_{r-1} + {}_{n-1}C_r $$

서로 다른 n 개의 원소로부터 중복을 허락하여 r 개를 택하는 조합을 **중복조합**(repeated combination, sample of r from n with replacement)이라고 하고 중복조합의 총수를 ${}_nH_r$ 로 표기한다. 이 경우에

$$ {}_nH_r = {}_{n+r-1}C_r = \binom{n+r-1}{r} = \binom{n+r-1}{n-1} $$

이 성립한다.

예를 들어 세 문자 a, b, c에서 중복을 허락하여 네 문자를 택하는 조합의 수를 구하여 보자. 각 조합에서 선택된 네 문자를 a, b, c의 순서로 나열한 후 문자를 0으로 나타내고 서로 다른 세 문자의 경계를 1로 사용하여 구분하자. 그러면 a, b, c를 각각 2, 1, 1개씩 택한 조합인 $aabc$는 다음과 같이 나타낸다.

$$ aabc \rightarrow 001010 $$

즉 왼쪽부터 첫 번째 1의 왼쪽의 0은 a, 첫 번째 1과 두 번째 1 사이의 0은 b, 두 번째 1의 오른쪽의 0은 c를 나타낸다. 그러면 세 문자에서 중복을 허락하여 네 문자를 택하는 조합은 4개의 0과 (3 − 1)개의 1을 나열하는 방법의 수와 같고, 이것은 (4 + 3 − 1)개의 자리에 0을 놓을 4개의 자리를 택하는 조합의 수

$$ {}_{4+(3-1)}C_4 = {}_6C_4 $$

와 같다. 또는 $n = 3$, $r = 5$인 경우에 대해서 이 등식이 성립하는 것을 설명해 보자. 다음 그림 1.2와 같이 A 지점에서 B 지점으로 최단거리를 움직인다고 가정하자. 오른쪽(→)으로 $r = 5$ 구간을 가는 동안에 $n = 3$ 종류의 도로를 사용하면 $n - 1 = 2$ 개의 상하도로(↓)를 그 사이에 넣는 방법의 총수는

$$_{3}H_{5} = {}_{7}C_{5} = 21$$

이 된다.

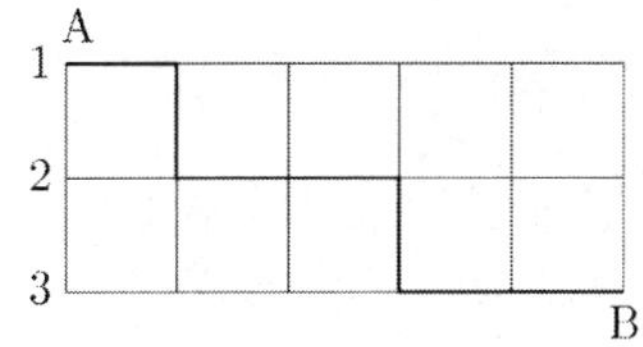

[그림 1.2] 조합

$_{n}C_{r}$ 의 계산은 R에서 $choose(n,r)$이다.

예제 1.3

$_{3}H_{5} = {}_{7}C_{5} = 21$

```
> choose(7, 5)
```

예제 1.4

방정식 $x+y+z=8$의 해 중에서 x, y, z가 모두 음이 아닌 정수해의 개수를 구하라.

(해) 하나의 해로 $x=1$, $y=3$, $z=4$를 1개의 x, 3개의 y, 4개의 z로 생각하면 해의 개수는 x, y, z 중에서 중복을 허락하여 8개를 택하는 중복조합의 수와 같다. 따라서 구하는 해의 개수는

$$_{4+(3-1)}C_{8} = {}_{10}C_{8} = 45$$

이다.

1.2.4 이항정리와 다항정리

다음의 항등식

$$(a+b)^{n} = \sum_{r=0}^{n}\binom{n}{r}a^{r}b^{n-r}$$

을 **이항정리**(binomial theorem)라고 한다. 여기서 조합의 수 $\binom{n}{r} = {}_nC_r$를 **이항계수**(binomial coefficient)라고 한다.

예제 1.5

$\left(2x^2 - \frac{1}{x}\right)^4$의 전개식에서 x^2의 계수를 구하라.

(해) 전개식의 일반항은

$$ {}_4C_r (2x^2)^{4-r} \left(-\frac{1}{x}\right)^r = {}_4C_r\, 2^{4-r}(-1)^r x^{8-3r} $$

이때 x^2의 계수는 $8-3r=2$, 즉 $r=2$일 때이다. 따라서 x^2의 계수는

$$ {}_4C_2\, 2^2(-1)^2 = 24 $$

이다. 더욱이 **음이항계수**(negative binomial efficient)를

$$ \binom{-n}{r} = \frac{(-n)(-n-1)(-n-2)\cdots(-n-r+1)}{r!} $$

으로 정의하면, 다음의 **음이항정리**(negative binomial theorem)를 얻는다.

$$ (1-y)^{-n} = \sum_{r=0}^{\infty} \binom{-n}{r}(-y)^r = \sum_{r=0}^{\infty} \binom{n+r-1}{n-1} y^r $$

다음의 항등식을 **다항정리**(multinomial theorem)라고 한다.

$$ (x_1 + x_2 + \cdots + x_k)^n = \sum\nolimits_* \binom{n}{n_1\, n_2 \cdots n_k} x_1^{n_1} x_2^{n_2} \cdots x_k^{n_k} $$

여기서 합 $\sum_*$는 $n_1 + n_2 + \cdots + n_k = n$을 만족하는 음이 아닌 정수 $n_1,\ n_2,\ \cdots,\ n_k$의 모임에 대해 성립하며, 그리고

$$ \binom{n}{n_1\, n_2 \cdots n_k} = \frac{n!}{n_1!\, n_2! \cdots n_k!} $$

이 성립한다. 이것을 **다항계수**(multinomial coefficient)라고 한다. 특히 $k=2$인 경우에 $\binom{n}{r \quad n-r} = \binom{n}{r}$이다. 이항계수 $\binom{n}{r}$은 n개를 r과 $n-r$의 이항으로 나누는 조

합의 총수를 나타내고 다항계수 $\binom{n}{n_1\, n_2 \cdots\, n_k}$는 n 개를 k 항으로 나누는 조합의 총수를 나타낸다.

1.3 상대도수에 의한 확률

확률의 개념을 **등확률 모형**(equal probability model)의 확률만으로 설명하는 것은 문제가 있음을 알게 되었다. 그래서 실험이나 관측횟수가 많아지면서 한 사건 E의 상대도수가 어떤 일정한 값에 가까워지는 것을 경험적으로 알게 되어 사건 E의 확률을 **상대도수의 극한**(relative frequency approach to probability)으로 설명하게 되었다. 즉 표본공간 Ω인 어떤 실험이 동일한 조건하에 반복적으로 실행한다고 가정하자. 표본공간 Ω의 사건 E에 대한 실현횟수 $\#(E)$를 그런 실험을 n번 반복할 때 사건 E의 발생횟수라면 사건 E의 확률은 $P(E)$로 표시하며

$$P(E) = \lim_{n\to\infty} \frac{\#(E)}{n}$$

로 정의한다. 즉 $P(E)$는 사건 E가 발생한 횟수의 극한 비율로 정의한다. 이러한 정의는 20세기 초에 폰 미제스(Richard von Mises)가 옹호하였다. 자세한 것은 다음 사이트를 참조하기 바란다.

(http://www-history.mcs.st-andrews.ac.uk/Biographies/Mises.html)

예제 1.6

동전을 던지는 시행을 상대도수 개념으로 시뮬레이션을 R 함수 $sample$을 사용하여 10개를 표본추출하면

```
> x <- sample(c("H", "T"), 10, replace = TRUE)
> x
 [1] "H" "T" "H" "H" "T" "H" "T" "H" "T" "H"
> table(x)
x
H T
6 4
> table(x)/10
x
  H   T
```

```
0.6 0.4
> x <- sample(c("H", "T"), 100, replace = TRUE)
> table(x)
x
 H  T
51 49
> table(x)/100
x
   H    T
0.51 0.49

>  x <- sample(c("H", "T"), 1000, replace = TRUE)
> table(x)
x
  H   T
506 494
> table(x)/1000
x
    H     T
0.506 0.494
```

던지는 횟수가 더 많을수록 앞면과 뒷면의 나오는 비율이 0.5에 가까워진다.

1.4 사건과 확률

1.4.1 집합과 사건

실험(experiment)이란 어떤 현상의 관측결과를 얻는 과정을 말하며, 실험을 행하는 것을 **시행**(trials)이라고 한다. 실험은 시행 전에는 어떤 결과가 나올지 알 수 없으며, 본질적으로 같은 조건하에서 반복할 수 있어야 한다. 어떤 시행에서 일어날 수 있는 모든 결과들의 모임을 **전사건**(total event)이라고 하는데, 통계학에서는 전사건을 **표본공간**(sample space)이라고 하며 S로 표기한다. 그리고 어떤 정보를 얻기 위해 조사대상이 된 집단 전체를 **모집단**(population)이라고 하며 Ω로 표기하고, 어떤 성질을 만족하는 결과들의 모임을 **사건**(event)이라고 한다. A를 어떤 사건이라고 할 때 A를 포함하는 어떤 결과가 발생하면 사건 A가 일어났다고 한다.

집합론에서 결과는 점이고, 전체 점들의 집합을 공간이라고 한다. 사건은 집합이다. 모집단을 모집단 공간이라고 하기도 한다. 인구학에서 결과는 인간이고, 모집단은 예를 들어 인구이며 사건은 남성 : 여성, 흡연자 : 비흡연자, 또는 10대 · 20대…, 신세대가 될 수 있다. 생태학에서 점은 개체이고 모집단은 개체군이며, 떼(무리)이다. 생태학의 한 예에서는 개체군을 물고기의 군으로 생각해 플랑크톤을 먹는 소형 물고기의 집합과 소형 물고기를 먹는 보식자군의 집합들로 생각할 수 있다.

집합론에서는 원소를 알파벳의 소문자 $a, b, \cdots$로, 집합을 대문자 $A, B, \cdots$로 표기한다. 원소 a가 집합 A에 속하면 $a \in A$로 표기한다. 집합 A의 모든 원소가 집합 B의 원소이면, A를 B의 부분집합이라고 한다. 이러한 관계를 $A \subset B$로 표기한다. 원소를 하나도 포함하지 않는 집합을 공집합이라고 하고 ϕ로 표기한다. 두 집합 A와 B 중 어느 한 집합에 포함되는 원소들의 전체 집합을 $A \bigcup B$로 표기하고 A와 B의 **합집합**(union)이라고 한다. $A_1 \cup A_2 = \{\omega \in \Omega : \omega \in A_1$혹은 $\omega \in A_2\}$. 두 집합 A와 B에 공통으로 포함된 원소들의 집합을 $A \bigcap B$로 표기하고, A와 B의 **교집합**(intersection)이라고 한다. $A_1 \cap A_2 = \{\omega \in \Omega : \omega \in A_1$ 동시에 $\omega \in A_2\}$. A에는 속하지만 B에는 속하지 않는 원소들의 집합을 $A - B$로 표기하고 집합 A에 대한 집합 B의 **차집합**(difference)이라고 한다. 집합 A에 속하지 않는 Ω의 원소들의 집합을 A^c로 표기하고 $A^c = \{\omega \in \Omega : \omega \not\in A\}$, A의 **여집합**(complement)이라고 한다. $A \bigcap B = \phi$, 즉 집합 A와 B 간에 공통 원소가 없으면 A와 B는 **서로 배반인 사건**(mutually exclusive events), 혹은 **서로 소**(disjoint)라고 한다. 특히 집합 A와 B가 서로 소인 경우에 이들의 합을 직접합이라고 하며 $A + B$로 표기한다.

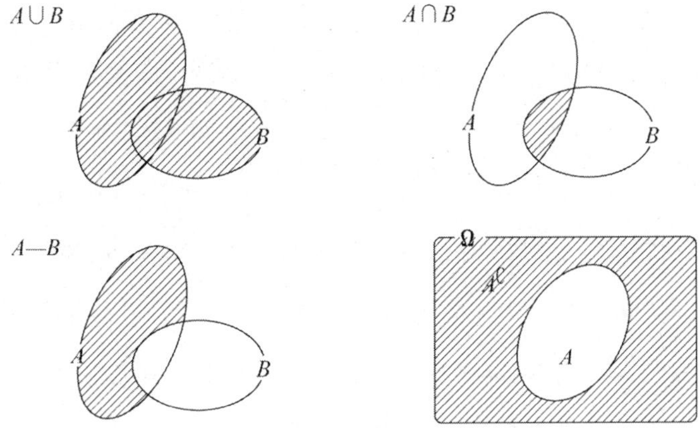

[그림 1.3] 집합의 연산

집합에 관한 연산은 다음과 같은 항등식을 만족한다.

(1) 교환 법칙:

$$A \cup B = B \cup A \tag{1.1}$$

$$A \cap B = B \cap A$$

(2) 결합 법칙:

$$A \cup (B \cup C) = (A \cup B) \cup C \tag{1.2}$$

$$A \cap (B \cap C) = (A \cap B) \cap C$$

(3) 배분 법칙:

$$A \cap (B \cup C) = (A \cap B) \cup (A \cap C) \tag{1.3}$$

$$A \cup (B \cap C) = (A \cup B) \cap (A \cup C)$$

(4) **드모르강의 법칙**(De Morgan's rule):

$$(A \cup B)^C = A^C \cap B^C \tag{1.4}$$

$$(A \cap B)^C = A^C \cup B^C$$

우리가 관심을 가지는 사건만의 집합을 **사건족**(family of events)이라고 하고 $\mathscr{A}$로 표기한다. 사건족 $\mathscr{A}$에서는 앞에서 서술한 것 같은 집합의 연산이 성립해야 한다.

예제 1.7

성인들의 집합을 Ω로 표기하고 사건으로 남성 S_1, 여성 $S_2(=S_1^c)$, 흡연자 T_1, 비흡연자 $T_2(=T_1^c)$를 생각한다. 사건족 $\mathscr{A}$는 단순사건 S_1, S_2, T_1, T_2 외에 곱사건: 남성이고 흡연자 $S_1 \cap T_1$, 남성이고 비흡연자 $S_1 \cap T_2$, 여성이고 흡연자 $S_2 \cap T_1$, 여성이고 비흡연자 $S_2 \cap T_2$; 합사건: 남성 또는 흡연자 $S_1 \cup T_1$, 남성 또는 비흡연자 $S_1 \cup T_2$, 여성 또는 흡연자 $S_2 \cup T_1$, 여성 또는 비흡연자 $S_2 \cup T_2$; 남성으로서 흡연자이거나 여성으로서 비흡연자 $(S_1 \cap T_1) \cup (S_2 \cap T_2)$, 남성으로서

비흡연자이거나 여성으로서 흡연자 $(S_1 \cap T_2) \cup (S_2 \cap T_1)$를 포함한다.

성인 Ω	흡연자 T_1	비흡연자 T_2
남성 S_1	$S_1 \cap T_1$	$S_1 \cap T_2$
여성 S_2	$S_2 \cap T_1$	$S_2 \cap T_2$

즉

$$\mathscr{A} = \{\phi: S_1, S_2, T_1, T_2;\ S_1 \cap T_1,\ S_1 \cap T_2,\ S_2 \cap T_1,\ S_2 \cap T_2;\ S_1 \cup T_1,\ S_1 \cup T_2,\ S_2 \cup T_1,\ S_2 \cup T_2; (S_1 \cap T_1) \cup (S_2 \cap T_2),\ (S_1 \cap T_2) \cup (S_2 \cap T_1); \Omega\}$$

수학에서는 사건족 $\mathscr{A}$를 **가측 집합족**(family of measurable sets)이라고 하고, $\mathscr{A}$에 속하는 집합 **가측집합**(measurable set)이라고 한다. 우리가 다루는 집합은 가측이기 때문에 여기서는 가측 집합족 $\mathscr{A}$의 정의만 언급한다.

(M1) $\phi \in \mathscr{A}\ \ \Omega \in \mathscr{A}$

(M2) $A_n \in \mathscr{A}\ \ n = 1, 2, \cdots \Rightarrow \bigcup_{n=1}^{\infty} A_n \in \mathscr{A}$

(M3) $A \in \mathscr{A} \Rightarrow A^c \in \mathscr{A}$

1.4.2 확률과 확률공간

흥미를 가지는 사건의 모임인 가측 집합족 $\mathscr{A}$가 정해지면, 다음은 $\mathscr{A}$에 포함되는 각각의 사건이 일어나는 확률[혹은 **확률측도**(probability measure)]이 문제가 된다. 사건 A가 일어나는 확률을 $P(A)$와 같은 기호로 나타낸다. 확률 $P(\cdot)$는 다음의 성질[**확률공리**(axioms of probability)]을 가지고 있다. 모집단을 Ω, 사건족을 $\mathscr{A}$라고 할 때 어떤 사건이 일어날 가능성을 나타내는 수치인 확률을 정의하자.

정의 1.1

P가 다음의 세 가지 조건을 만족하는 경우에 P를 **확률측도**(probability measure)라고 한다.

(P1) 임의의 사건 $A \in \mathscr{A}$에 대해서 그 확률 $P(A)$는 0과 1 사이의 수치이다.

$$0 \leq P(A) \leq 1$$

(P2) 공사건 ϕ와 전사건 Ω에 대해서 다음 식이 성립한다.

$$P(\phi) = 0, \quad P(\Omega) = 1$$

(P3) $A_n \in \mathscr{A}(n = 1,\ 2,\ \cdots)$ 이고, 그들이 서로 소, 즉 $A_m \cap A_n = \phi(m \neq n)$ 이면

$$P(\bigcup_{n=1}^{\infty} A_n) = \sum_{n=1}^{\infty} P(A_n).$$

성질 (P3)를 **완전가법성**(complete additivity)이라고 한다.

이상을 요약하면, 우선 시행의 결과로 인한 결과의 집합 Ω를 고려하고, 다음에 Ω의 부분집합의 모임에서 성질 [M1] ~ [M3]를 만족하는 가측 집합족 $\mathscr{A}$를 도입하고, 마지막으로 $\mathscr{A}$의 원소에 실수 값을 대응시키는 함수에 확률공리 [P1] ~ [P3]를 만족하는 것으로 확률 $P(\cdot)$를 정의한 것이다. 여기서 Ω, $\mathscr{A}$, P의 세 개를 모임 $(\Omega,\ \mathscr{A},\ P)$로 표현하고, 이것을 **확률공간**(probability space)이라고 한다.

1933년 **콜모고로프**(Kolmogorov)에 의하여 확률의 이론이 정립되었다. 확률측도에 관한 다음의 기본적 성질은 확률공리 (P1) ~ (P3)로부터 쉽게 유도된다. 확률에 관하여 논하는 경우 가측 집합족에 포함되는 모든 집합(사건)에 관한 확률을 미리 열거하는 것은 드물기 때문에(혹은 불가능하므로), 기본적인 사건에 대하여 확률을 계산하는 것이 보통이다. 따라서 유용한 여러 가지의 공식이 확률공리 [P1]~ [P3]에서 유도된다. 다음에 몇 가지 공식을 열거하고 증명한다.

(1) $$P(A^c) = 1 - P(A) \tag{1.5}$$

(2) $$A \subset B \Rightarrow P(A) \leqq P(B) \tag{1.6}$$

(3) $$P(A \cup B) = P(A) + P(B) - P(A \cap B) \tag{1.7}$$

(4) $$P(\phi) = 0 \tag{1.8}$$

(5) $A_1, A_2,\ \cdots,\ A_n$이 서로 배반인 사건이면

$$P(\bigcup_{i=1}^{n} A_i) = \sum_{i=1}^{n} P(A_i) \tag{1.9}$$

(6) 임의의 A에 대하여

$$P(A^c) = 1 - P(A) \tag{1.10}$$

(증명) 성질 (4)는 $A_1 = \Omega,\ A_2 = A_3 = \cdots = \phi$라고 하면 [P3] 및 [P2]를 이용하여 얻는다. 다음에 $A_1, A_2, \cdots,\ A_n$이 서로 배반인 사건이고, $A_{n+1} = A_{n+2} = \cdots = \phi$이라고 하면 [P3]와 [P4]를 이용하여 성질 (5)가 유도된다. 마지막으로 $n = 2$ $A_1 = A$,

$A_2 = A^c$으로 하면 [P2]와 성질 (5)를 이용하여 성질 (6)을 얻는다. 그리고 $A = \bigcup_i A_i$(유한개 혹은 무한개의 합)로 놓으면, 성질 (6)과 드모르강의 법칙을 이용하여

(7) $$P(\bigcup_i A_i) = 1 - P(\bigcap_i A_i^c) \qquad (1.11)$$

가 유도된다. 이것은 $A_1, A_2, \cdots$의 어느 것인가 일어나는 확률은 1에서 그것들의 어느 것도 일어나지 않을 확률을 뺀 것과 같은 것을 나타낸다(그림 1.2 참고).

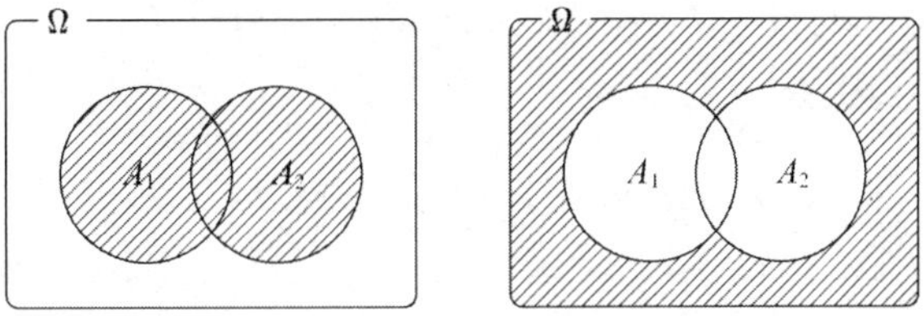

[그림 1.4] 합사건 $A_1 \cup A_2$와 그 여사상 $(A_1 \cup A_2)^c = A_1^c \cap A_2^c$

다음의 성질은 복잡한 사건의 확률을 계산할 때에 확률을 계산하기 쉬운 단순한 사건으로 분해하여 생각하는 근거가 된다.

(8) $B_1, B_2, \cdots$가 서로 배반인 사건으로 $\bigcup_i B_i = \Omega$이면 임의의 사건 A에 대하여

$$P(A) = \sum_i P(A \cap B_i) \qquad (1.12)$$

(증명) 집합론의 배분법칙을 사용하면

$$A = A \cap \Omega = A \cap (\bigcup_i B_i) = \bigcup_i (A \cap B_i)$$

가 성립한다(그림1.3). $B_i (i = 1,2,\cdots)$가 서로소이기 때문에 $A \cap B_i (i = 1,2,\cdots)$도 서로소이므로, 성질 (5)를 사용하여 식 (1.12)를 유도한다.

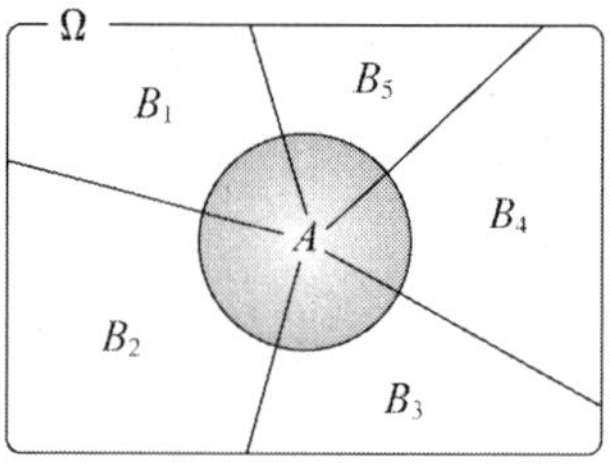

[그림 1.5] $A = \bigcup_{i=1}^{5} (A \cap B_i)$

A_1, A_2가 서로소이면 성질 (5)에 의하여 $P(A_1 \cup A_2) = P(A_1) + P(A_2)$가 성립하지만,

(9) A_1, A_2가 서로소가 아닌 경우에는

$$P(A_1 \cup A_2) = P(A_1) + P(A_2) - P(A_1 \cap A_2) \tag{1.13}$$

이 성립한다. 이것을 확률의 **합공식**(addition law)이라고 한다. 그림 1.4처럼 단순히 $P(A_1)$과 $P(A_2)$의 합을 구하면 $A_1 \cap A_2$에 대응하는 확률을 이중으로 더하는 것이 되므로 $P(A_1 \cap A_2)$를 빼서 조정하고 있는 것이다.

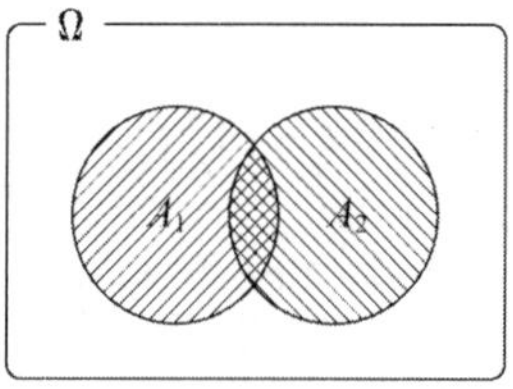

[그림 1.6] 합공식 설명도(1)

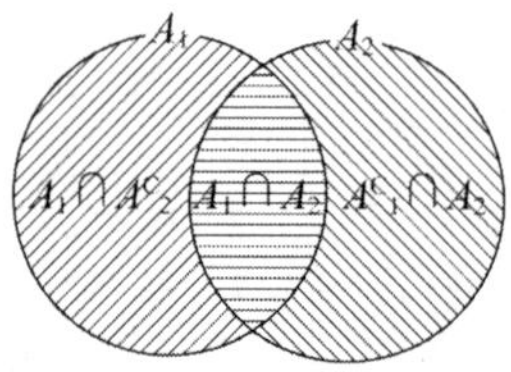

[그림 1.7] 합공식 설명도(2)

(증명) 그림 1.5처럼

$$A_1 \cup A_2 = (A_1 \cap A_2{}^c) \cup (A_1{}^c \cap A_2) \cup (A_1 \cap A_2)$$

이고, 우변의 3개의 괄호 안의 집합들은 서로소이기 때문에 성질 (5)에 의하여

$$P(A_1 \cup A_2) = P(A_1 \cap A_2^c) + P(A_1^c \cap A_2) + P(A_1 \cap A_2) \tag{1.14}$$

이다. 그런데 성질 (8)에 따라

$$P(A_1 \cap A_2{}^c) = P(A_1) - P(A_1 \cap A_2)$$

$$P(A_1{}^c \cap A_2) = P(A_2) - P(A_1 \cap A_2)$$

이 성립하므로, 이것들을 식 (1.14)에 대입하면 성질 (9)를 얻는다.

사건이 3개일 경우의 합공식은 다음과 같다.

(10) $$\begin{aligned} P(A_1 \cup A_2 \cup A_3) = & P(A_1) + P(A_2) + P(A_3) \\ & - \{P(A_1 \cap A_2) + P(A_2 \cap A_3) + P(A_3 \cap A_1)\} \\ & + P(A_1 \cap A_2 \cap A_3) \end{aligned} \tag{1.15}$$

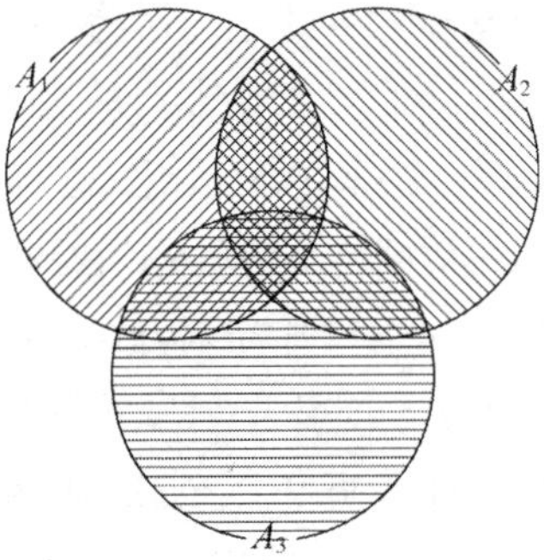

[그림 1.8] 3개의 사건에 관한 합공식의 설명도

성질 (9)의 경우처럼 위 공식의 의미는 그림 1.6을 참조하여 다음과 같이 이해할 수 있다. 그림에서 A_1은 오른쪽으로 올라가는 비스듬히 그은 선이고, A_2는 오른쪽 아래로 비스듬히 그은 선, A_3는 수평선으로 그림자를 만들고 있다. $A_1 \cup A_2 \cup A_3$의 확률을 구하는 것은 $P(A_1)$, $P(A_2)$, $P(A_3)$ 를 단순히 더하여 합하면, 그림자가 2중, 3중으로 되어 있는 부분의 확률이 2중, 3중으로 더해지는 것이 된다. 따라서 우선 2중으로 더해지고 있는 부분에 대해 보정을 행하기 위해

$$\{P(A_1 \cap A_2) + P(A_2 \cap A_3) + P(A_3 \cap A_1)\}$$

을 뺀다. 그런데 이것에서 3중으로 더해지고 있는 부분의 확률의 3배가 공제되어 없어지므로 완전히 첨가되지 않았다. 따라서 마지막에 그 부분 확률 $P(A_1 \cap A_2 \cap A_3)$을 더하고 있는 것이다.

(11) Inclusion-Exclusion 공식

$S_m = \sum_{i_1 < i_2 < \cdots < i_m} P(A_{i_1} \cap A_{i_2} \cap \cdots A_{i_m})$이라고 하면,

$$P\left(\bigcup_{i=1}^{n} A_i\right) = S_1 - S_2 + S_3 - S_4 + \cdots + (-1)^{n-1} S_n \quad (1.16)$$

여기서 S_m의 우변 $\sum$는 n개의 정수 $1, 2, \cdots, n$ 가운데서 서로 다른 정수를 m개 선택한 모든 조합에 관하여 더하는 것을 의미한다.

예제 1.8 **짝짓기 문제**(Matching problem)

n개의 서로 다른 카드로 이루어진 한 벌의 카드가 일렬로 놓여 있고, 같은 종류의 또 다른 카드를 잘 섞어서 먼저 놓여진 카드 위에 일렬로 배열한다고 하자. 이 때 배열된 두 벌의 카드 중에서 서로 같은 모양의 것이 최소한 하나 이상 대응될 확률 P_n을 알고자 한다. 이와 같은 문제는 여러 가지 다른 경우에서도 발생한다. 예를 들어 어느 모임에서 n명의 참가자가 하나씩 선물을 가지고 모여 주인이 이것을 모아 모임 후에 n명에게 **무작위**(random)로 하나씩 나누어 주는 것으로 한다. 이 경우에 자기가 가져온 선물을 가지고 돌아가는 사람이 적어도 한 명 나올 확률, 혹은 어떤 사람이 n개의 편지를 쓰고, 각 편지의 보낼 곳의 주소를 n개의 봉투에 적은 다음, 편지를 무작위로 봉투에 넣는다고 하자. 이때 최소한 한 통의 편지가 바르게 주소가 적힌 봉투에 넣어지게 될 확률 P_n이 바로 우리가 알고자 하는 것이다. 또 n명의 영화배우들의 사진과 그들의 어릴 때 사진을 짝지을 때, 최소한 하나 이상의 사진이 그 배우의 어릴 때 사진과 맞게 짝지어질 확률 P_n도 생각할 수 있다.

여기서 다루게 될 **짝짓기 문제**(matching problem)는 편지와 봉투의 문제이다. 편지 i가 바르게 주소가 적힌 봉투에 넣어질 사건을 $A_i (i = 1, 2, \ldots, n)$라고 하면, 원하는 확률 P_n은

$$P_n = P\left(\bigcup_{i=1}^{n} A_i\right)$$

이다. n개의 편지들은 봉투 안에 무작위로 넣어지므로, 편지가 바르게 주소가 적힌 봉투에 넣어지게 될 확률은

$$P(A_i) = \frac{1}{n}$$

이다. 물론

$$\sum_{i=1}^{n} P(A_i) = n \times \frac{1}{n} = 1$$

이다. 또 편지 1이 n개의 봉투 중 어느 한 봉투에 넣어지면, 편지 2는 $(n-1)$개의 봉투 중 어느 한 봉투에 넣어지게 되므로, 편지 1과 2가 바르게 주소가 적힌 봉투에 넣어지게 될 확률은

$$P(A_1A_2) = \frac{1}{n(n-1)}$$

마찬가지로 임의의 두 편지 i와 $j(i \neq j)$가 바른 봉투에 넣어질 확률 $P(A_iA_j)$, 역시 $1/n(n-1)$이다. 따라서

$$\sum_{i<j}^{n} P(A_iA_j) = \binom{n}{2}\frac{1}{n(n-1)} = \frac{1}{2!}$$

앞에서 언급한 것과 유사한 논리에 의해 다음 또한 성립함을 알 수 있다.

$$P(A_iA_jA_k) = \frac{1}{n(n-1)(n-2)} \quad (i<j<k)$$

따라서

$$\sum_{i<j<k}^{n} P(A_iA_jA_k) = \binom{n}{3}\frac{1}{n(n-1)(n-2)} = \frac{1}{3!}$$

이와 같이 n개의 편지가 모두 바른 주소가 적힌 봉투에 들어갈 확률은

$$P(A_1A_2 \cdots A_n) = \frac{1}{n!}$$

이다.

$$S_m = \binom{n}{m} \cdot \frac{(n-m)!}{n!} = \frac{1}{m!}$$

이제 우리가 구하고자 하는 확률 P_n은 정리로부터 다음과 같다.

$$P_n = 1 - \frac{1}{2!} + \frac{1}{3!} - \frac{1}{4!} + \ldots + (-1)^{n+1}\frac{1}{n!}$$

이 확률은 다음과 같은 재미있는 성질을 가지고 있다. n이 무한히 커짐에 따라 P_n의 값은 다음과 같은 극한값에 접근한다.

$$\lim_{n\to\infty} P_n = 1 - \frac{1}{2!} + \frac{1}{3!} - \frac{1}{4!} + \cdots .$$

그런데 e^x의 $x=0$에서의 **테일러 전개**(Tayler's expansion)(맥클리우린 전개)

$$e^x = 1 + \frac{x}{1!} + \frac{x^2}{2!} + \frac{x^3}{3!} + \cdots$$

와 비교하면, n이 그다지 작지 않으면, 위 식 P_n의 우변에 있는 무한급수의 합은 $1-e^{-1}$이다. 따라서 $1-e^{-1} = 0.63212\ldots$(단, $e = 2.71828\ldots$)이다. 다시 말해 매우 큰 n에 대해 최소한 한 통의 편지가 바르게 넣어질 확률 P_n은 약 0.63212이다. P_n의 참값은 앞서 구한 식에서 얻을 수 있지만, P_n의 값들은 극한값에 매우 빠르게 수렴해 간다. 실제로 아래 표로부터 $n=7$일 때 $P_7 = 0.63214$의 값은 극한값과 소수 넷째 자리까지 일치한다. 따라서 일곱 개의 편지를 봉투에 무작위로 넣을 때나, 7백만 통의 편지를 봉투에 무작위로 넣을 때나, 최소한 한 개의 편지가 바르게 넣어질 확률은 0.6321이다.

[표 1.1] n에 따른 P_n의 값

n	3	4	5	6	7
P_n	0.66667	0.62500	0.63323	0.63196	0.63214

예제 1.9 **짝짓기 문제**(Matching problem)의 시뮬레이션

어느 모임에서 n명의 참가자가 중요한 회의에 앞서 회의 시작 전에 각자의 모자를 맡겨 놓았다가 회의 후에 n명에게 **무작위**(random)로 하나씩 나누어 주는 것으로 한다.

```
> n = 10
> hats = 1:n
>
> mixed.hats = sample(hats)
>
> hats
 [1]  1  2  3  4  5  6  7  8  9  10
>
> mixed.hats
 [1] 10  2  6  3  9  1  8  4  7  5
>
> hats == mixed.hats
 [1] FALSE  TRUE FALSE FALSE FALSE FALSE FALSE FALSE FALSE
[10] FALSE
```

이 시뮬레이션의 경우에 두 번째에 본인의 모자를 돌려받는다.

```
> correct = sum(hats == mixed.hats)
> correct
[1] 1
```

10개의 표본을 1000개 만들어 대응하는 짝짓기의 빈도수와 각 빈도의 확률, 평균을 구하면

```
> scramble.hats = function(n){
+ hats = 1:n
+ mixed.hats = sample(n)
+ sum(hats == mixed.hats)
+ }
>
> matches = replicate(1000, scramble.hats(10))
>
> table(matches)
matches
  0   1   2   3   4   5   6
382 356 172  67  17   5   1
>
> table(matches) / 1000
matches
    0     1     2     3     4     5     6
0.382 0.356 0.172 0.067 0.017 0.005 0.001
>
> mean(matches)
[1] 1
```

위 결과로부터 하나도 짝짓기가 없는 경우의 추정된 확률은 0.382이고 3 이상 짝은 드물다. 평균적으로 10명 중 1명이 자기 모자를 돌려받는다. 이것은 이론적 기댓값과 같은 것을 알 수 있다. 여기서 하나도 짝짓기 못할 확률 $P(X_n = 0)$을 20개 표본을 1000개 만들어 구하여 보면

```
> prop.no.matches = function(n){
+ matches = replicate(10000, scramble.hats(n))
+ sum(matches == 0) / 10000
+ }
>
> prop.no.matches(20)
[1] 0.3752
```

한 사람도 자기 모자를 갖지 못할 확률은 0.3752이고 이것을 2명부터 20명까지에 대한 그림을 그리면

```
> many.probs = sapply(2:20, prop.no.matches)
> plot(2:20, many.probs,
+ xlab="Number of Men", ylab="Prob(no matches)")
> abline(h=0.37)
```

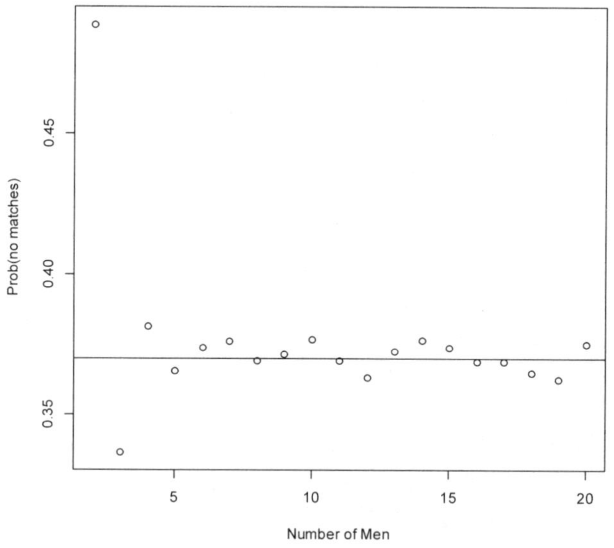

[그림 1.9] 자기 모자를 갖지 못할 확률

이 그림으로부터 $n=2$일 때 자기 모자를 갖지 못할 확률이 가장 크고 $n=3$일 때 가장 낮은 것을 볼 수 있다.

한편 경우에 따라서는 무한히 많은 사건으로 된 경우에 이들의 확률의 극한에 관하여 논하는 경우가 있다. 이 경우에는 다음의 성질이 기본 역할을 한다.

(12) $A_n \in \mathscr{A}(n=1, 2, \cdots)$, $A_1 \subset A_2 \subset \cdots$ 단조증가인 경우에, $A = \bigcup_{n=1}^{\infty} A_n$ 이라고 하면

$$P(A) = \lim_{n \to \infty} P(A_n).$$

(13) $A_n \in \mathscr{A}(n=1, 2, \cdots)$, $A_1 \supset A_2 \supset \cdots$ 단조감소인 경우에 $A = \bigcap_{n=1}^{\infty} A_n$ 이라고 하면

$$P(A) = \lim_{n\to\infty} P(A_n)$$

성질 (12)와 (13)은 단조(증가 혹은 감소)하는 사건의 수열 $A_1, A_2, \cdots$의 극한을 A라고 하면, $P(A_1)$, $P(A_2)$, $\cdots$의 극한이 존재하고, 그것은 $P(A)$와 같다. 이와 같은 의미에서 **확률(측도)의 연속성**(continuity of probability)을 나타내고 있다.

(증명) 성질 (12)를 증명한다.

$$B_1 = A_1, B_2 = A_2 \cap A_1{}^c, B_3 = A_3 \cap A_2{}^c, \cdots$$

로 하면(그림 1.10), $B_1 = A_1$, $B_2 = A_2 \cap A_1^c$, $B_3 = A_3 \cap A_2^c$, $\cdots$은 서로소이고

$$\bigcup_{i=1}^{n} B_i = A_n, \quad \bigcup_{i=1}^{\infty} B_i = A$$

이다. 따라서 성질 (5)에 의하여

$$P(A_n) = \sum_{i=1}^{n} P(B_i)$$

이 성립한다. $n \to \infty$에 따라 극한을 가지면

$$\lim_{n\to\infty} P(A_n) = \sum_{i=1}^{\infty} P(B_i)$$

으로 된다. 여기서 확률공리(P3, 완전가법성)를 사용하여

$$\sum_{i=1}^{\infty} P(B_i) = P\left(\bigcup_{i=1}^{\infty} B_i\right) = P(A)$$

을 얻는다.

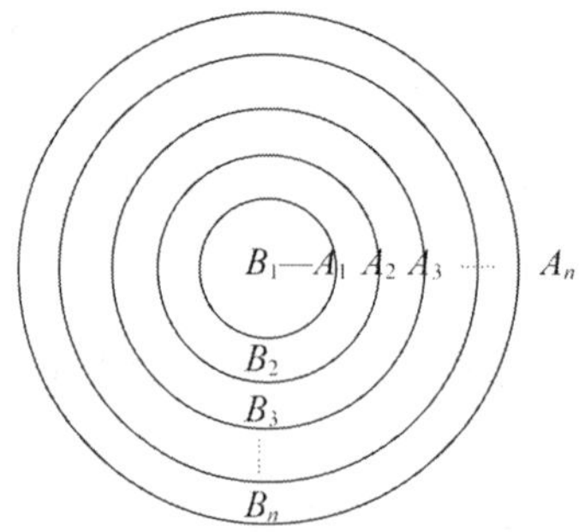

[그림 1.10] 확률의 연속성 성질 (12)의 설명도

예제 1.10

무한개의 공들이 1, 2, 3,⋯으로 번호가 붙어져 있고 이들을 모두 넣을 수 있는 무한히 큰 상자가 있다고 가상하여, 다음과 같은 가상적인 실험을 생각해 보자. 12시 1분 전에 1번에서 10번까지의 공을 상자에 넣고, 즉시 10번의 공을 꺼낸다. 12시 1/2분 전에 11번에서 20번까지의 공을 상자에 넣고, 즉시 20번의 공을 꺼낸다. 12시 1/4분 전에 21번에서 30번까지의 공을 상자에 넣고, 즉시 30번 공을 꺼낸다. 여기서 공을 넣고 꺼내는 데에는 시간이 걸리지 않는다고 가정한다. 이제 이러한 작업을 무한히 반복할 때, 12시 정각에 상자에 남아 있을 공의 개수에 대하여 생각해 보자. 이 경우에 10의 배수가 아닌 번호의 공은 모두 상자에 남아 있어야 하므로, 12시 정각에 남아 있을 공의 개수는 무한개이다.

이제 이러한 가상적인 실험에서 공을 넣는 것은 똑같이 하고 단지 공을 꺼낼 때는 상자에 남아 있는 공 중에서 임의로 한 개씩 꺼내는 작업을 무한히 반복한다고 할 때, 12시 정각에 남아 있을 공의 개수에 대하여 생각해 보자. 첫째로, 1번 공이 12시 정각에 남아 있을 확률을 구하여 보자. 이를 위해 1번 공이 n번째 추출 후에 남아 있을 사건을 E_n, 1번 공이 12시 정각에 남아 있을 사건을 F_1이라고 하면 사건열 $\{E_n\}$은 감소하고, $F_1 = \bigcap_{n=1}^{\infty} E_n = \lim_{n\to\infty} E_n$임은 명백하다. 따라서

$$P(F_1) = P(\lim_{n\to\infty} E_n) = \lim_{n\to\infty} P(E_n) \tag{1.17}$$

이 성립한다. 그러므로 E_n의 확률을 구하면 F_1의 확률을 구할 수 있다. E_n의 확률을 구하기 위해 n번째 추출까지 모든 경우의 수를 생각해 보면, 첫 번째 추출에서는 10개 중에 1개, 두 번째에는 19개 중에서 1개, ⋯, n번째 추출에서는 $(9n+1)$개 중에서 1개를 뽑을 수 있다. 따라서 n번째 추출까지 전체 경우의 수는 $10\times 19\times\cdots\times(9n+1)$이다. 마찬가지로 1번 공이 n번째 추출 후에 남아 있도록 뽑는 경우의

수는 $9\times18\times\cdots\times(9n)$이므로

$$P(E_n)=\frac{9\times18\times\cdots\times(9n)}{10\times19\times\cdots\times(9n+1)}=\prod_{n=1}^{\infty}\left(\frac{9n}{9n+1}\right)$$

그런데

$$\begin{aligned}\prod_{n=1}^{m}\left(\frac{9n+1}{9n}\right)&=\prod_{n=1}^{m}\left(1+\frac{1}{9n}\right)\\&=\left(1+\frac{1}{9}\right)\left(1+\frac{1}{18}\right)\cdots\left(1+\frac{1}{9m}\right)\\&>\frac{1}{9}+\frac{1}{18}+\cdots+\frac{1}{9m}\\&=\frac{1}{9}\sum_{n=1}^{m}\frac{1}{n}\end{aligned}$$

이고, $\sum_{n=1}^{\infty}1/n=\infty$ 이므로

$$\prod_{n=1}^{\infty}\left(\frac{9n+1}{9n}\right)=\infty \quad \text{즉,} \quad \prod_{n=1}^{\infty}\left(\frac{9n}{9n+1}\right)=0$$

이다. 따라서 $P(E_n)=0\,(n=1,2,3,\cdots)$이고, 식 (1.19)로부터 $P(F_1)=0$이다. 같은 방법으로, i번의 공이 12시 정각에 남아 있을 사건을 F_i라고 하면, $P(F_i)=0$ $(i=1,2,3,\ \cdots)$임을 보일 수 있다. 그러므로

$$P\left(\bigcup_{i=1}^{\infty}F_i\right)\le\sum_{i=1}^{\infty}P(F_i)=0$$

이다. 즉 12시 정각에 적어도 하나의 공이 남아 있을 확률은 0이다.

1.4.3 사건의 독립성과 종속성

예제 1.11

어느 모임에서 준비한 바구니에 빨간 공 3개, 흰 공 7개가 들어 있다. 바구니에서 하나의 공을 뽑을 때 그것이 빨간 공이면 '당첨', 흰 공이면 '탈락'이다. 또 일단 나온 공은 원래 되돌려 놓지 않은 것으로 한다[이와 같이 추출하는 법을 **비복원추출**(sampling without replacement)이라고 한다. 이에 반해 나온 공을 그때마다 되돌려 놓는 방법을 **복원추출**(sampling with replacement)이라고 한다]. 이 경우 처음에 당첨

되는 확률은 3/10이다.

(1) 처음에 당첨된 경우, 다음에도 당첨되는 확률은 얼마인가?

(2) 처음에 탈락된 경우, 다음에 당첨되는 확률은 얼마인가?

(해) (1) 처음에 당첨된 경우, 바구니에는 빨간 공 2개, 흰 공 7개가 남아 있다. 따라서 다음에 빨간 공이 나올 확률은

$$\frac{2}{2+7}=\frac{2}{9}\left(<\frac{3}{10}\right)$$

(2) 이 경우는 바구니에 빨간 공 3개, 흰 공 6개가 남아 있다. 따라서 다음에 빨간 공이 나올 확률은

$$\frac{3}{3+6}=\frac{3}{9}\left(>\frac{3}{10}\right)$$

위 예에서 보는 것처럼, 일반적으로 처음의 시행의 결과에 따라 다음의 시행 결과의 확률이 바뀐다. 여기서 처음 시행 결과를 B라고 하는 사건이 일어나는 것으로 하고, 다음의 시행에서 A라고 하는 사건이 일어나는 확률을 $P(A \mid B)$라고 하는 기호로 나타내고, B가 일어났다고 하는 조건하에서 A가 일어나는 **조건부 확률**(conditional probability)이라고 한다. $P(A \mid B)$는 다음 식으로 정의된다.

정의 1.2

두 사건 A, B에 대하여 $P(A)>0$인 사건 A가 주어졌을 때 사건 B의 **조건부 확률**(conditional probability)은

$$P(B \mid A) \equiv \frac{P(A \cap B)}{P(A)}$$

로 정의된다.

예제 1.12 **짝짓기 문제**(Matching problem)

전국에서 어린이가 두 명인 가정을 뽑아서, 그들의 성별을 보자. 첫째와 둘째를 구별하면, 전부 4종류의 구성으로

$$\Omega = \{\text{남남, 남녀, 여남, 여여}\}$$

이다. 이 가운데 무작위로 한 가정을 선택한 경우에 Ω의 가운데 어느 구성의 가정

이 선택되는 확률을 1/4인 것으로 한다. 선택된 한 가정에 남아가 한 명 있는 것이 알게 되었다고(사건 B) 하고, 그 가정의 남은 자녀도 남아일(사건 A) 확률은 얼마인가?

(해) $B=\{$남남, 남녀, 여남$\}$, $A \cap B=\{$남, 남$\}$이므로

$$P(A \mid B) = P(A \cap B) / P(B) = \frac{1}{4} / \frac{3}{4} = \frac{1}{3}$$

예제 1.13

예제 1.11에서, 처음에 공을 뽑는 사람과 두 번째로 공을 뽑는 사람 중 어느 편이 유리한가를 생각하라.

(해) 처음에 공을 뽑은 사람이 당첨되는 확률은 $3/10$, 탈락되는 확률은 $7/10$이다. 두 번째로 공을 뽑은 사람이 당첨되는 확률은 예제 1.11의 결과와 전확률의 공식을 이용하여

$$\frac{3}{10} \times \frac{2}{9} + \frac{7}{10} \times \frac{3}{9} = \frac{3}{10}$$

으로 된다. 따라서 당첨될 확률은 공을 뽑는 순번과 무관하다. 더욱이 이것은 일반적으로 성립한다. 예를 들면 선거에 즈음하여, 입후보자의 등록번호를 결정하는 제비를 뽑는 것에 앞서, 그 제비를 뽑는 순번을 결정하기 위한 제비를 뽑는 것을 행하는데, 이것은 확률론 입장에서 완전히 무의미한 것이다.

예제 1.14

주사위 하나를 두 번 던지는 실험에서 눈금의 합이 7일 때, 첫 번째 주사위가 2일 확률을 구하라.

(해) X_1과 X_2를 첫 번째와 두 번째 주사위 눈이라고 하자. 그러면

$$\begin{aligned} P(X_1 = 2 \mid X_1 + X_2 = 7) &= \frac{P(X_1 = 2, X_1 + X_2 = 7)}{P(X_1 + X_2 = 7)} \\ &= \frac{P(X_1 = 2,\ 2 + X_2 = 7)}{P(X_1 + X_2 = 7)} \\ &= \frac{P(X_1 = 2,\ X_2 = 5)}{P(X_1 + X_2 = 7)} \\ &= \frac{1}{6} = 0.16667 \end{aligned}$$

만약 눈의 합이 6이면, 확률은

$$P(X_1 = 2 \mid X_1 + X_2 = 6) = \frac{P(\{24\})}{P(\{15, 24, 33, 42, 51\})} = \frac{1}{5} > \frac{1}{6}$$

이므로 첫 번째 눈이 2인 경우보다 조금 더 나오는 것을 알 수 있다. 이 조건부 확률을 R에서 시뮬레이션하여 확인할 수 있다.

```
> n <- 60000
> ctr <- 0
> cholist <- replicate(n, 0) ## Initialize list with 0's
> while (ctr < n)
+ {
+ trial <- sample(1:6, 2, replace=TRUE) ## Roll 2 dice
+ if (sum(trial) == 7) ### Check if sum is 7
+                     ### If not, skip through and roll again
+                     ### If 7, check if first die is a 2
+ {
+ success <- if (trial[1] == 2) 1 else 0
+ ctr <- ctr + 1
+ cholist[ctr] <- success
+ }
+ }
>
> mean(cholist)
[1] 0.1636
```

```
> n <- 60000
> ctr <- 0
> cholist <- replicate(n, 0) ## Initialize list with 0's
> while (ctr < n)
+ {
+ trial <- sample(1:6, 2, replace=TRUE) ## Roll 2 dice
+ if (sum(trial) == 6)
+ {
+ success <- if (trial[1] == 2) 1 else 0
+ ctr <- ctr + 1
+ cholist[ctr] <- success
+ }
+ }
>
> mean(cholist)
[1] 0.1986833
```

위의 정의 1.2에서 사건 B를 사건족 $\mathscr{B}$의 임의의 집합이라고 생각할 때

$$P_A(B) \equiv P(B \mid A), \quad B \in \mathscr{B}$$

로 정의된 P_A가 확률측도의 공식 (P1) ~ (P3)를 만족하는 것을 쉽게 조사할 수 있다. 이 P_A를 사건 A가 주어졌을 때의 **조건부 확률측도**(conditional probability measure)라고 하며, 다음의 성질이 성립한다.

(1) 곱 공식

$$P(A \cap B) = P(A)\, P(B \mid A)$$

(2) A, B가 독립인 경우

$$P(B \mid A) = P(B), \quad P(A \mid B) = P(A)$$

정리 1.1

공간 Ω가 서로 소인 사건 A_1, $A_2, \cdots, A_n$으로 분할되어 있다. 즉

$$\Omega = A_1 + A_2 + \cdots + A_n$$

이 경우에 임의의 사건 B에 대해서

$$P(B) = \sum_{i=1}^{n} P(A_i)\, P(B \mid A_i)$$

이 성립한다. 이것을 **전확률 법칙**(total probability law)이라고 한다.

(증명) 사건 $B \cap A_1$, $B \cap A_2, \cdots, B \cap A_n$가 서로 배반이므로

$$P(B) = \sum_{i=1}^{n} P(A_i \cap B)$$

이 성립하고 합의 각 항에 곱의 공식을 적용하여 정리의 결과를 얻는다.

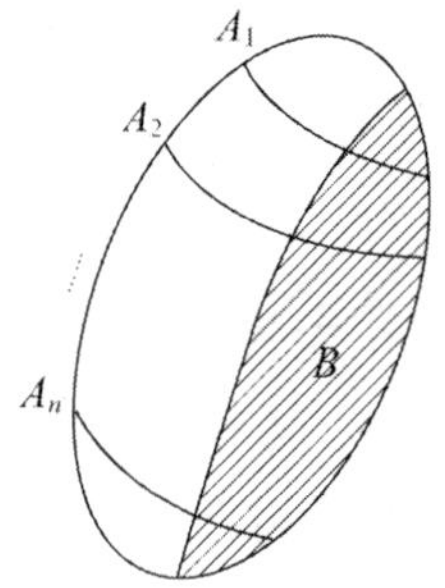

[그림 1.11] 서로 배반사건 $B\bigcap A_1$, $B\bigcap A_2, \cdots, B\bigcap A_n$

정리 1.2

사건 B가 일어나기 전의 확률 $P(A_i)$를 **사전확률**(prior probability)이라고 하고 사건 B가 일어난 후의 확률 $P(A_i \mid B)$를 **사후확률**(posterior probability)이라고 한다. 그러면 정리 1.1의 조건을 가정할 때 다음의 공식을 이용하여 사전확률로부터 사후확률을 구할 수 있다.

$$P(A_i \mid B) = \frac{P(A_i)P(B \mid A_i)}{\sum_{i=1}^{n} P(A_i)P(B \mid A_i)}$$

이것을 **베이즈 정리**(Bayes' theorem)라고 한다.

예제 1.15

(병의 진단) 의사는 환자의 병의 증상(S)을 진단한 후 추정되는 몇 개의 병 (D_1, $\cdots$, D_n) 중에서 어느 것인지를 결정하고자 한다. 지금까지의 기록에 의하면 병의 사전확률 $P(D_i)$와 조건부 확률 $P(S \mid D_i)$, $i = 1$, $\cdots$, n은 주어져 있다고 한다. 이 경우에 베이즈 정리를 사용하여 증상이 주어졌을 때 병의 사후확률 $P(D_i \mid S)$, $i = 1, \cdots, n$을 구할 수 있다. 이 증상에 대해서 가장 확실한 듯한 병은 다음 식

$$P(D_k \mid S) > P(D_i \mid S), \quad i = 1, \cdots, n, \quad i \neq k,$$

을 만족하는 병 D_k 이다. 다음의 정보 $n = 4$;

$$P(D_1) = 0.3, \quad P(D_2) = 0.4, \quad P(D_3) = 0.1, \quad P(D_4) = 0.2;$$
$$P(S \mid D_1) = 0.8, \quad P(S \mid D_2) = 0.4, \quad P(S \mid D_3) = 0.7, \quad P(S \mid D_4) = 0.9$$

가 주어진 경우에 전확률 법칙과 베이즈 정리를 사용하여 다음과 같이 계산할 수 있다.

$$P(S) = 0.3\times0.8+0.4\times0.4+0.1\times0.7+0.2\times0.9 = 0.65,$$

$$P(D_1 \mid S) = \frac{0.3\times0.8}{0.65} = \frac{24}{65}, \qquad P(D_2 \mid S) = \frac{0.4\times0.4}{0.65} = \frac{16}{65},$$

$$P(D_3 \mid S) = \frac{0.1\times0.7}{0.65} = \frac{7}{65}, \qquad P(D_4 \mid S) = \frac{0.2\times0.9}{0.65} = \frac{18}{65}.$$

즉 증상을 진찰하기 전에는 병 D_2의 확률이 가장 높지만 증상을 진찰한 후에는 증상 S를 가진 환자는 병 D_1에 걸릴 확률이 가장 높은 것으로 판명되었다. 이와 같이 베이즈 정리는 조건부 확률계산에 있어서 원인(D)과 결과(S)의 역전을 가능하게 한다. 즉 $P(S)$, $P(S \mid D)$로부터 $P(D \mid S)$를 계산한다.

예제 1.16

회사에서 어떤 장치를 제조하기 위하여 필요로 하는 동일 부품을 3개의 회사 B_1, B_2, B_3에서 구입하고 있다. 구입 수량의 비율은 50%, 30%, 20%이고, 한 대의 장치에서 사용하는 비율도 이 비율이다. 또 각 회사에서 구입해 오는 부품 한 개의 사용 개시 후 1년 이내에 고장 나는 확률은 각각 0.015, 0.025, 0.035인 것으로 한다. 사용 개시 후 1년 이내에 부품이 1개가 고장 났다(이 사건을 A라고 한다)고 하였을 때, 그것이 B_1, B_2, B_3사 제품일 확률을 구하라.

(해)

$$P(B_1) = 0.50 \qquad P(B_2) = 0.30 \qquad P(B_3) = 0.20$$

$$P(A \mid B_1) = 0.015 \qquad P(A \mid B_2) = 0.025 \qquad P(A \mid B_3) = 0.035$$

$$\sum_{i=1}^{3} P(B_i)\,P(A \mid B_i) = 0.0075 + 0.0075 + 0.0070 = 0.022$$

이므로, 베이즈 공식에 따라

$$P(B_1 \mid A) = P(B_2 \mid A) = \frac{0.0075}{0.022} \fallingdotseq 0.34$$

$$P(B_3 \mid A) = \frac{0.0070}{0.022} \fallingdotseq 0.32$$

로 된다.

예제 1.17

세 개의 동전이 있다. 하나는 앞뒤가 공정한(fair) 동전이고 하나는 앞뒤로 앞면만 있고 다른 하나는 앞뒤로 뒷면만 있는 동전이다. 동전은 동등하게 선택이 된다. 동전을 던졌을 때 이 동전은 어느 동전인가?

(해)

$C=1,2,3$를 각각 공정한, 두 앞면과 두 뒷면의 동전이라고 하자. 그리고 H를 앞면이라고 하자. 그러면 베이즈 정리에 의해

$$\begin{aligned} P(C=c \mid H) &= \frac{P(H \mid C=c)P(C=c)}{P(H)} \\ &= \frac{P(H \mid C=c)}{3P(H)} \end{aligned}$$

이고, 전확률의 공식에 의해

$$\begin{aligned} P(H) &= P(H \mid C=1)P(C=1) + P(H \mid C=2) + P(H \mid C=3)P(C=3) \\ &= \left(\frac{1}{2}\right) + \left(\frac{1}{3}\right) + (1)\left(\frac{1}{3}\right) + (0)\left(\frac{1}{3}\right) = \frac{1}{2} \end{aligned}$$

따라서

$$\begin{aligned} P(C=c \mid H) &= \frac{2P(H \mid C=c)}{3} \\ &= \begin{cases} 1/3, \text{if } c=1 \\ 2/3, \text{if } c=2 \\ 0, \quad \text{if } c=3 \end{cases} \end{aligned}$$

확률로부터 두 앞면인 동전이다. 이것을 시뮬레이션을 통하여 알아보자.

```
> n <- 50000
> ctr <- 0
> data <- c(0,0,0)  # Stores number of times coin is fair, 2-h, 2-t
>
> while (ctr < n)
+ {
+ coin <- sample(c(1, 2, 3), 1) ### Pick a coin at random
+ p <- c(.5, 1, 0)[coin]    ### p = Prob(Heads) for the coin picked
+ cointoss <- sample(0:1, size=1, prob=c(1-p,p))
+ if (cointoss == 1)
+ {
+ data[coin] <- data[coin]+1
+ ctr <- ctr + 1
```

```
+ }
+ }
>
> Coin <- c("Fair", "2-H", "2-T")
> data.frame(Coin, data/n)
  Coin  data.n
1 Fair 0.33528
2  2-H 0.66472
3  2-T 0.00000
```

이론적 확률과 근사한 것을 볼 수 있다.

두 사건 A, B의 확률적 독립성과 종속성에 대한 정의는 수학적으로 간단하지만, 통계학에서는 중요한 개념이므로 앞으로 자주 언급된다. 4절에서처럼 확률 $P(A)$와 조건부 확률 $P(A \mid B)$와는 일반적으로 같지 않다. 즉 사건 B가 일어난 것에 따라서 사건 A가 일어나는 것이 변한다. 그러나 경우에 따라서

$$P(A \mid B) = P(A) \tag{1.18}$$

가 성립한다. 즉 A가 일어남이 B가 일어난 것에 따라 영향을 받지 않는 것이다. 이 경우 사건 A와 B는 **서로 독립**(mutually independent)이라고 한다. 조건부 확률의 정의 1.2를 사용하면 식 (1.18)은 $P(B) > 0$이면

$$P(A \cap B) = P(A)\,P(B) \tag{1.19}$$

와 같다. 식 (1.19)는 $P(B) = 0$인 경우도 의미가 있고, 또 A와 B에 관하여 대칭인 형태의 식으로 되어 있으므로, 독립이라는 성질의 정의로는 식 (1.19)를 사용하는 것이 좋다.

정의 1.3

두 사건 A, B에 대하여

$$P(A \cap B) = P(A)\,P(B)$$

가 성립할 때 두 사건 A, B는 확률적으로 **독립**(independent)이라고 하고, 그렇지 않을 때 **종속**(dependent)이라고 한다.

곱 공식과 비교하면, 식 (1.19)는 A와 B가 독립인 경우에 곱 공식으로 되어 있는 것에 주의한다. 3개의 사건 A, B, C에 대해

$$
\begin{aligned}
P(A \cap B) &= P(A)\,P(B) \\
P(B \cap C) &= P(B)\,P(C) \\
P(C \cap A) &= P(C)\,P(A)
\end{aligned}
\tag{1.20}
$$

가 전부 성립한다면, 정의에 따라 A와 B, B와 C, C와 A는 각각 서로 독립이다. 그러나 그것에

$$P(A \cap B \cap C) = P(A)\,P(B)\,P(C) \tag{1.21}$$

이 성립한다고 말하고 있지 않다. 따라서 예를 들면 $A \cap B$와 C가 서로 독립이라고 말하지 않는다. 이것에 대한 간단한 예를 보자.

예제 1.18

$\Omega = \{1, 2, 3, 4\}$로부터 각 원소에 $1/4$ 확률을 부여한다. 이 경우 $A = \{1, 2\}$, $B = \{1, 3\}$, $C = \{1, 4\}$로 하면, $P(A) = P(B) = P(C) = 1/2$이다. 또 $A \cap B = B \cap C = C \cap A = \{1\}$이므로, 식 (1.20)이 성립하는 것이 판명된다. 그러나 $P(A \cap B \cap C) = P(\{1\}) = 1/4 \neq P(A)P(B)P(C)$이다. 실제로 $P(C \mid A \cap B) = 1$이고 $A \cap B$가 일어나면 반드시 C가 일어나는 것이 되므로 $A \cap B$와 C는 독립이 아니다.

따라서 '독립'이라는 용어는 A, B, C가 독립이면, 그것들을 임의로 조합시킨 모임이 서로 독립이 되도록 되어 있다고 간주하는 것이다. 따라서 식 (1.20)에 더하여 식 (1.21)도 성립하는 경우에 사건 A, B, C는 서로 독립이라고 정의하는 것이다.

일반적으로 n개의 사건의 독립성도 마찬가지로 정의된다.

정의 1.4

n개의 사건 $A_1, A_2, \cdots, A_n$이 서로 독립이라고 하는 것은 이 중에서 선택한 임의의 사건의 모임 $A_{i_1}, A_{i_2}, \cdots, A_{i_k}$에 대하여

$$P(A_{i_1} \cap A_{i_2} \cap \cdots \cap A_{i_k}) = P(A_{i_1})\,P(A_{i_2}) \cdots P(A_{i_k}) \tag{1.22}$$

이 성립하는 것이다.

사건의 독립성(independence of events)을 기초로 하여 **시행의 독립성**(independence of trials)이 정의된다. 즉 2개 이상의 시행이 있고, 그 결과 생기는 임의의 사건모임도 독립인 경우, 이들의 시행은 독립이라고 한다.

예제 1.19

독립시행이 무한히 연속으로 행해진다. 각 시행이 성공할 확률 p와 실패할 확률 $1-p$를 가질 때 다음을 구하라.
(1) 적어도 한 번의 성공이 최초 n번 시행에서 일어날 확률
(2) 정확히 k번 성공이 최초 n번 시행에서 일어날 확률
(3) 모든 시행이 성공일 확률

(해) (1) 최초 n번 시행에서 적어도 한 번 성공의 확률을 계산하기 위해서는 여사건의 확률로 계산하는 것이 쉽다. 즉 최초 n번 시행에서 한 번도 성공하지 못할 확률을 계산하면 된다. E_i를 i번째 시행에서 실패할 경우의 사건이라고 하면, 그때 성공하지 못할 확률은 독립성에 의해

$$P(E_1E_2\ \cdots\ E_n)=P(E_1)P(E_2)\cdots\ \ P(E_n)=(1-p)^n$$

그러므로 $1-(1-p)^n$이다.
(2)를 계산하기 위해 k번 성공하고 $n-k$번 실패하는 최초 n번 시행 결과로 이루어진 특별한 수열을 생각하여 보자. 가정된 시행의 독립성에 의해 이들 수열의 각각은 확률 $p^k(1-p)^{n-k}$를 가지고 일어날 것이다. $\binom{n}{k}$가지의 수열이 있으므로 (2)에서 필요로 하는 확률은

$$P\{\text{정확히 } k\text{번 성공}\}=\binom{n}{k}p^k(1-p)^{n-k}$$

(3)을 풀기 위하여 최초 n번 시행에서 모두 성공할 확률은 (1)에 의해

$$P(E_1^c\ E_2^c\ E_3^c\cdots E_n^c)=p^n$$

여기서 3절의 확률의 연속성에 의해 필요로 하는 확률 $P\left(\bigcap_i^{\infty} E_i^c\right)$는 다음과 같다.

$$\begin{aligned}
P\left(\bigcap_{i=1}^{\infty} E_i^c\right) &= P\left(\lim_{n\to\infty}\bigcap_{i=1}^{n} E_i^c\right)\\
&= \lim_{n\to\infty} P\left(\bigcap_{i=1}^{n} E_i^c\right)\\
&= \lim_{n\to\infty} p^n = \begin{cases}0, & p<1\\ 1, & p=1\end{cases}
\end{aligned}$$

예제 1.20

한 쌍의 주사위를 던지는 독립시행을 한다고 하자. 던져진 두 주사위의 합이 7이 나오기 전에 5가 나올 확률은?

(해) E_n은 최초 $n-1$번 시행에서 5나 7이 나오지 않고 n번째 시행에서 5가 나올 경우의 사건이라고 할 때, 그 확률은

$$P\left(\bigcup_{n=1}^{\infty} E_n\right) = \sum_{n=1}^{\infty} P(E_n)$$

여기서 어떤 시행에서 5가 나올 확률은 $4/36$이고, 7이 나올 확률은 $6/36$이다. 시행의 독립성에 의하여

$$P(E_n) = \left(1 - \frac{10}{36}\right)^{n-1} \frac{4}{36}$$

이다. 따라서

$$\begin{aligned} P\left(\bigcup_{n=1}^{\infty} E_n\right) &= \frac{1}{9} \sum_{n=1}^{\infty} \left(\frac{13}{18}\right)^{n-1} \\ &= \frac{1}{9} \frac{1}{1 - \frac{13}{18}} = \frac{2}{5} \end{aligned}$$

이 결과는 조건부 확률을 이용해서도 구할 수 있다.

E를 7이 나오기 전에 5가 나올 경우의 사건이라고 하면, 그때 요구되는 확률 $P(E)$는 다음과 같은 조건에 의해 구한다. 즉 F를 최초 시행에서 5가 나올 경우, G를 7이 나올 경우, H를 최초 시행에서 5와 7이 나오지 않을 경우의 사건이라고 할 때, $E = EF \cup EG \cup EH$이므로

$$\begin{aligned} P(E) &= P(EF) + P(EG) + P(EH) \\ &= P(E \mid F)P(F) + P(E \mid G)P(G) + P(E \mid H)P(H) \end{aligned}$$

그러나

$$\begin{aligned} P(E \mid F) &= 1 \\ P(E \mid G) &= 0 \\ P(E \mid H) &= P(E) \end{aligned}$$

위에서 처음 두 식은 분명하나, 세 번째 식은 최초 결과가 5도 아니고 7도 아니라

면, 바로 이 상황은 이 문제가 처음 시작될 때와 같다. 즉 실험을 하는 사람은 한 쌍의 주사위를 5나 7이 나올 때까지 계속 실험을 해야 한다. 더구나 이 시행은 독립시행이므로 최초의 시행 결과가 다음 시행에 영향을 미치지 못하기 때문에

$$P(F) = \frac{4}{36}, \quad P(G) = \frac{6}{36}, \quad P(H) = \frac{26}{36}$$

이다. 그러므로

$$P(E) = \frac{1}{9} + P(E)\frac{13}{18} \quad \text{즉, } P(E) = \frac{2}{5}$$

R에서 표본함수 *sample( )*을 이용하여 모집단으로부터 표본을 복원추출하거나 비복원추출할 수 있다. 다음의 여러 예제들을 통하여 확인하자.

예제 1.21

(1) 복원추출로 동전 던지기

```
> #toss some coins
> sample(0:1, size = 10, replace = TRUE)
 [1] 1 0 0 0 1 0 1 1 0 0
```

(2) 비복원추출로 복권 뽑기

```
> # choose some lottery numbers
> sample(0:100, size = 6, replace = FALSE)
[1] 17 67 42 75 73 78
```

(3) 비복원추출로 알파벳 뽑기

```
> #permutation of letters a-z
> sample(letters)
 [1] "l" "g" "v" "f" "c" "t" "h" "y" "o" "k" "n" "w" "i" "z" "q" "u" "e" "s"
[19] "b" "r" "d" "j" "p" "x" "m" "a"
```

(4) 다항분포로부터 표본추출하기

```
> #sample from a multinomial distribution
> x <- sample(1:3, size = 100, replace = TRUE,
```

```
+                          prob = c( 0.2, 0.3, 0.5))
> table(x)
x
 1  2  3
24 33 43
```

예제 1.22

(1) 복원추출로 동전 던지기에서 10개의 표본을 30개 만들기

```
(1) > sample(0:1,15,rep=T) #Pick either 0=Tails or 1=Heads
 [1] 0 1 0 0 1 0 0 0 0 0 0 0 1 0 1
> Flip1Coin = function(n) sample(0:1, n, rep=T)
> Flip1Coin(30)
 [1] 0 1 0 1 0 0 0 1 1 1 0 1 1 1 1 0 0 0 1 1 0 1 0 0 1 1 1 0 0
```

(2) 복원추출로 동전 던지기에서 10, 100, 1000개의 표본을 추출하여 앞면이 나올 확률

```
> x=c(0,1)
> toss=sample(x,10,replace=TRUE)
> toss
 [1] 0 1 0 0 1 1 1 1 1 0
> sum(toss)
[1] 6
> sum(toss)/length(toss)
[1] 0.6

> x=c(0,1)
> toss=sample(x,100,replace=TRUE)
> sum(toss)/length(toss)
[1] 0.64

> toss=sample(x,10000,replace=TRUE)
> sum(toss)/length(toss)
[1] 0.496
```

앞면이 나올 확률이 모평균 0.5에 근접한다.

(3) 복원추출로 동전 던지기에서 1000개의 표본을 추출하여 앞면이 나올 확률을 그려 보자.

```
> n <- 1000 # Number of coin flips
> coinflips <- sample(0:1,n,replace=TRUE)
> heads <- cumsum(coinflips)
> avg <- heads/(1:n)
> plot(1:n,avg,type="l",xlab="Number of coins",ylab="Running average",
+   main="Proportion of heads in 1000 coin flips")
> abline(h=0.5)
```

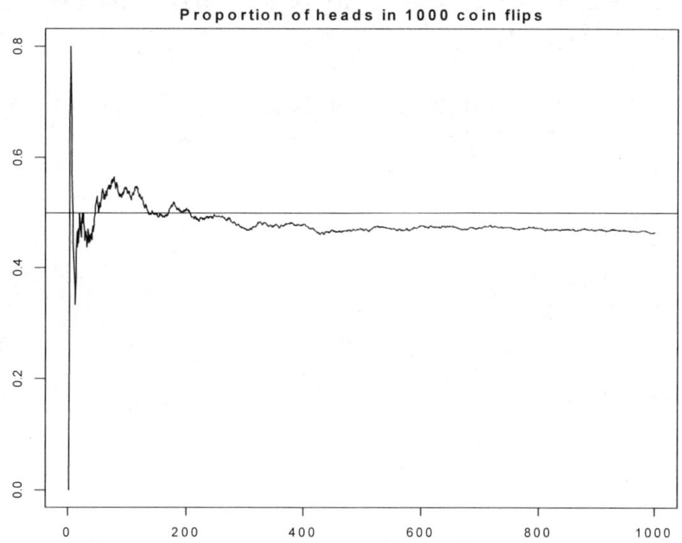

[그림 1.12] 복원추출로 동전 던지기에서 1000개의 표본추출 앞면이 나올 확률

(4) 만약 동전이 반듯하지 않아 앞면의 확률이 0.8로 100번 복원추출

```
> x=c(0,1)
> weight=c(0.2,0.8)
> coin=sample(x,100,replace=TRUE,weight)
> sum(coin)
[1] 76
>
> sum(coin)/length(coin)
[1] 0.76
```

예제 1.23

동전을 3번 던져서 표본을 10,000개 만들어 3번 앞면이 나올 확률

```
> trial <- sample(0:1, 3, replace=TRUE)
> if (sum(trial)==3) 1 else 0
[1] 0
> n <- 10000   ### Number of iterations
> cholist <- replicate(n, 0) ## Initialize list with 0's
> for (i in 1:n)
+ {
+ trial <- sample(0:1, 3, replace=TRUE)
+ success <- if (sum(trial)==3) 1 else 0
+ cholist[i] <- success
+ }
>
> mean(cholist)
[1] 0.1262
```

정확한 확률 1/8=0.125에 가까운 것을 볼 수 있다.

예제 1.24

1에서 1000 사이의 자연수 중에서 자연수 하나를 표본추출하였을 때 3으로, 5로, 6으로 나누어 떨어질 확률

```
> chodivis <- function()
+ {
+ num <- sample(1:1000,1)   ### Pick a random integer from 1 to 1,000
+ if (num %% 3==0 || num %% 5 == 0 || num%%6==0) 1 else 0
+ }
>
> cholist <- replicate(10000, chodivis() )
> mean(cholist)
[1] 0.4703
```

정확한 확률 0.467에 가까운 것을 볼 수 있다.

예제 1.25 하나의 주사위를 던져 표본추출하기

```
> sample(1:6,10,replace=T)
 [1] 5 1 6 2 4 5 3 4 5 4
> Roll1Die = function(n) sample(1:6,n,rep=T)
> Roll1Die(20)
 [1] 3 6 3 3 2 2 2 1 4 4 4 4 5 4 3 3 1 1 5 1
```

하나의 주사위를 두 번 던져 표본추출하여 두 눈의 합에 대한 히스토그램 그리기

```
> TwoDie = Roll1Die(100) + Roll1Die(100)
> hist(TwoDie, breaks=c(1.5:12.5)) #Centers intervals on 1,2,....12
```

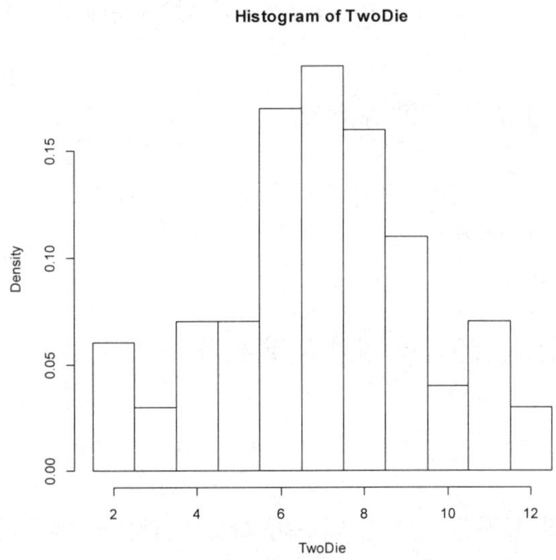

[그림 1.13] 히스토그램

```
> hist(TwoDie, breaks=c(1.5:12.5), prob=T) #Plot Relative Frequency
```

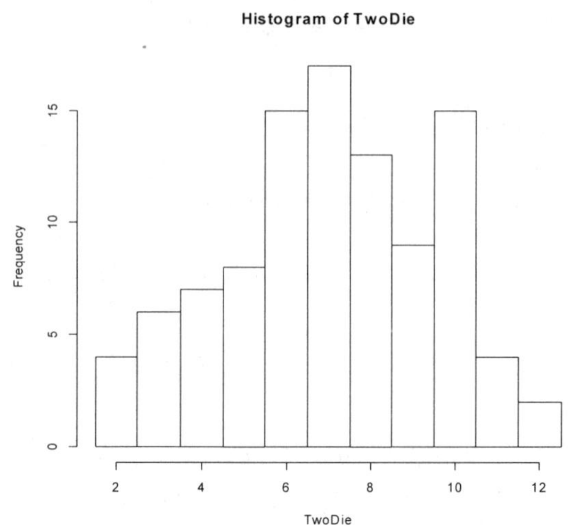

[그림 1.14] 상대도수에 의한 히스토그램

두 눈의 합에 대한 평균은

```
> TwoDie = Roll1Die(100) + Roll1Die(100)
> mean(TwoDie)
[1] 7.06
```

정확한 기댓값 7에 가까운 것을 볼 수 있다.

예제 1.26

공정한 동전을 던져서 앞면이 나오면 갑은 을에게 천 원을 받고 뒷면이 나오면 천 원을 을에게 준다. 우리는 갑이 50번 동전을 던진 후에 어떻게 될 것에 관심이 있다. 먼저

(1) 50개의 표본을 복원추출

```
> sample(c(-1, 1), size=50, replace=TRUE)
 [1] -1  1  1 -1 -1  1 -1  1 -1 -1  1 -1  1  1 -1 -1  1 -1
[19] -1  1 -1  1 -1 -1 -1  1 -1 -1 -1 -1  1  1 -1 -1  1 -1
[37] -1 -1  1 -1 -1  1  1 -1  1  1  1  1 -1  1
```

(2) 갑의 누적 상금

```
> win = sample(c(-1, 1), size=50, replace=TRUE)
> cum.win = cumsum(win)
> cum.win
 [1]  -1   0  -1   0  -1  -2  -3  -4  -3  -4  -5  -4  -3  -4
[15]  -3  -4  -3  -4  -3  -4  -5  -6  -7  -8  -9 -10  -9  -8
[29]  -9  -8  -9 -10  -9  -8  -9 -10 -11 -12 -13 -12 -13 -12
[43] -11 -12 -13 -14 -13 -14 -13 -14
```

누적 상금으로 보았을 때 갑은 결국 14,000원을 잃었다. 그림을 통해 갑의 상금의 변화를 볼 수 있다.

```
> par(mfrow=c(2, 2))
> for(j in 1:4){
+ win = sample(c(-1, 1), size=50, replace=TRUE)
+ plot(cumsum(win), type="l" ,ylim=c(-15, 15))
+ abline(h=0)}
```

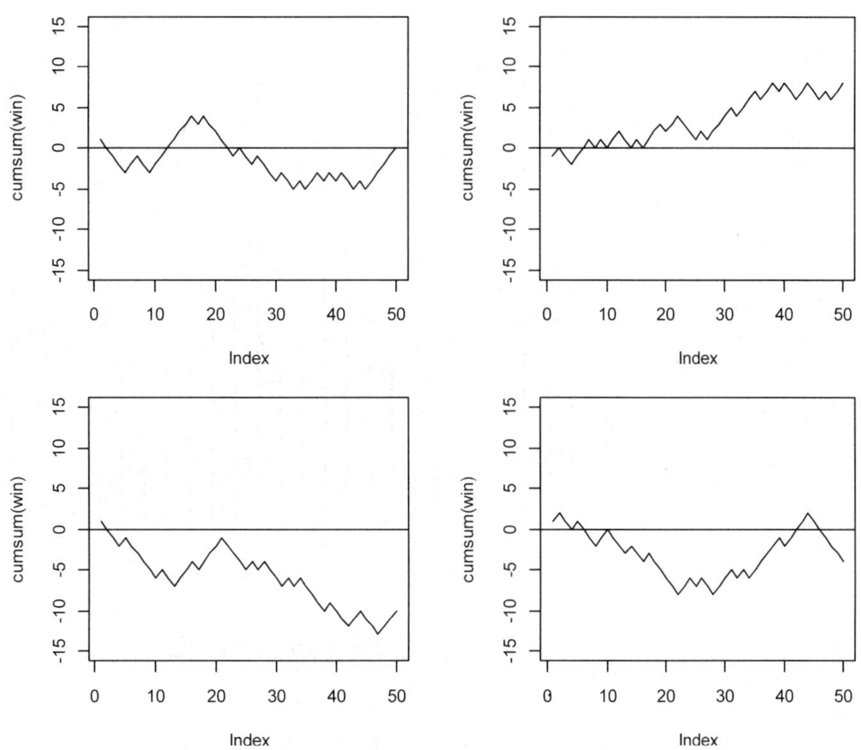

[그림 1.15] 누적 상금

(3) 여기서 갑이 50게임에서 반을 이길 확률을 알고 싶은 경우에 먼저 표본 50개를 1000개 만들어서 상금을 빈도와 그림으로 구하여 보자.

```
> peter.paul=function(n=50){
+ win = sample(c(-1, 1), size=n, replace=TRUE)
+ sum(win)
+ }
>
> peter.paul()
[1] -2
>
> F = replicate(1000, peter.paul())
>
> table(F)
F
-20 -18 -16 -14 -12 -10  -8  -6  -4  -2   0   2   4   6   8
  1   5   6  14  23  43  60  93  88 112 104 128  94  65  55
 10  12  14  16  18  20  22
 46  17  21  14   7   3   1
>
> plot(table(F))
```

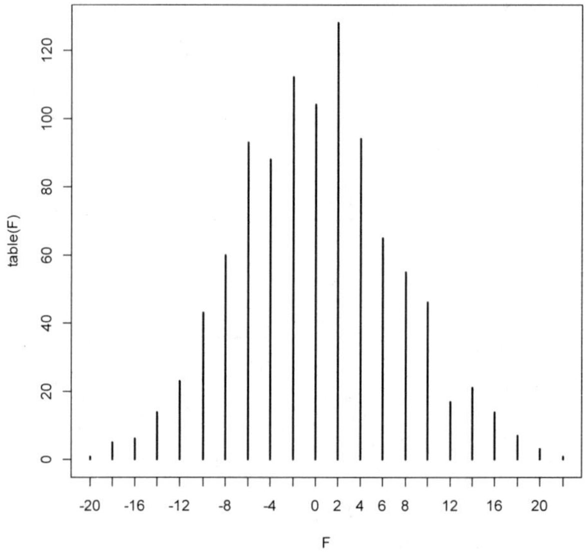

[그림 1.16] 갑의 상금

갑의 상금은 0을 중심으로 대칭을 이루는 것을 볼 수 있다.

(4) 갑이 50게임에서 반을 이길 확률은 시뮬레이션으로부터 근사적으로

$$P(F=0) \approx \frac{104}{1000} = 0.104$$

을 알 수 있다. R에서 이항 확률분포함수를 이용하여 정확한 확률을 계산하면

```
> dbinom(25, size=50, prob=0.5)
[1] 0.1122752
```

이 값은 시뮬레이션 값과 소수 한 자리까지 같은 것을 볼 수 있다.

(5) 갑이 게임을 이기는 게임횟수 L, 최대누적상금 M, 마지막 상금 F를 찾아보자.

```
> peter.paul=function(n=50){
+ win=sample(c(-1, 1), size=n, replace=TRUE)
+ cum.win = cumsum(win)
+ c(F=sum(win), L=sum(cum.win > 0), M=max(cum.win))
+ }
>
> peter.paul()
 F  L  M
 4 16  6
>
> S = replicate(1000, peter.paul())
> dim(S)
[1]    3 1000
>
> times.in.lead = S["L", ]
>
> plot(prop.table(table(times.in.lead)))
```

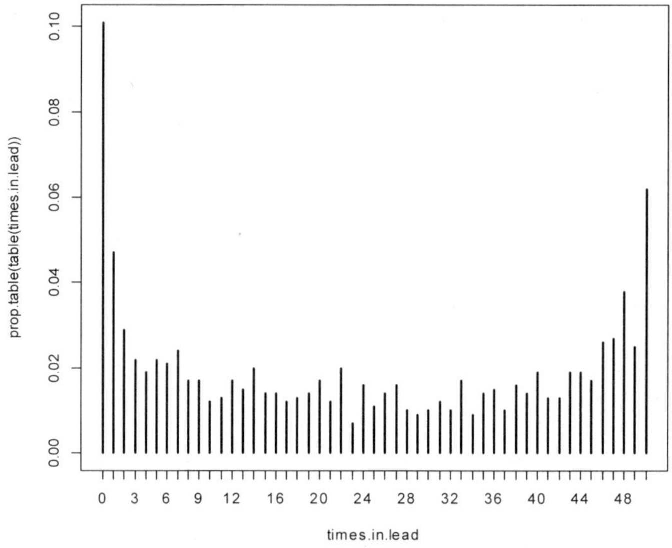

[그림 1.17] 갑이 게임을 이기는 게임횟수

이 게임은 공정게임이므로 그림으로부터 갑이 반반 정도 앞서는 것을 볼 수 있다.

```
> maximum.lead = S["M", ]
> plot(table(maximum.lead))
```

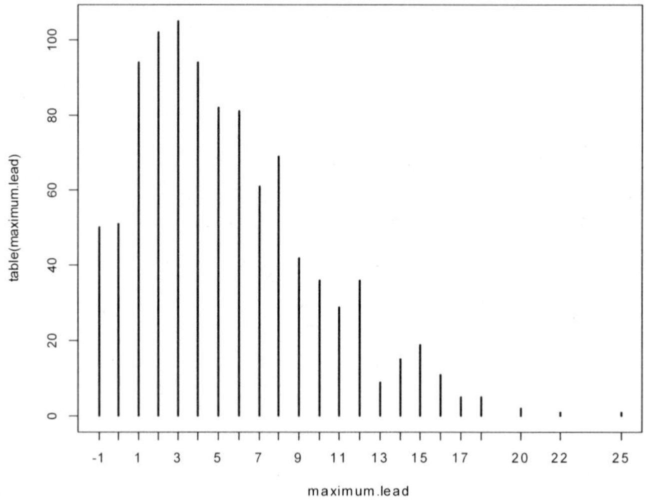

[그림 1.18] 최대상금

그림으로부터 갑은 2와 3에서 최대상금을 갖는 것을 볼 수 있다. 그리고 최대상금을 10,000원 이상 얻을 확률은

```
> sum(maximum.lead >= 10) / 1000
[1] 0.169
```

17%로 상대적으로 갑이 최대상금을 10,000원 이상 얻을 확률은 적다.

예제 1.27 수집가의 문제

n개의 공을 $r(r \leqq n)$개의 상자에 무작위로 던지는 시행을 생각해 보자. 각 시행은 독립이며, r개의 상자들이 임의의 공을 받게 될 가능성은 동일하다고 가정할 때, 모든 상자가 최소한 한 개의 공을 받을 확률 p를 결정해 보기로 하자. 이 문제는 다음과 같은 **수집가의 문제**(Collector's Problem)와 같은 방법으로 구해질 수 있다. r명의 야구선수들의 사진이 풍선껌 안에 임의로 한 장씩 들어 있다고 생각해 보자. 그리고 각 사진이 각기 다른 풍선껌 안에 들어 있을 가능성은 동일하며, 서로 독립이라고 가정하자. 이때 $n(n \geqq r)$개의 껌을 산 어떤 사람이 r개의 서로 다른 선수의 사진을 모두 얻게 될 확률 p를 결정하고자 한다.

n개의 껌 안에 i선수의 사진이 들어 있지 않을 사건을 $A_i(i=1,2,\ldots,n)$라고 하자. 그러면 $\bigcup_{i=1}^{r} A_i$는 최소한 한 명의 선수의 사진이 들어 있지 않을 사건을 나타낸다. $P(\bigcup_{i=1}^{r} A_i)$를 구해 보자. r명의 선수들의 사진이 각각 어떤 특정한 껌 안에 들어 있을 가능성은 동일하므로, i선수의 사진이 어느 특정한 껌 속에 들어 있지 않을 확률은 $1-r^{-1}$이다. 각 껌들은 서로 독립적으로 포장되므로, i선수의 사진이 n개의 껌 속에 한번도 없을 확률은 $(1-r^{-1})^n$이다. 따라서

$$P(A_i) = \left(1-\frac{1}{r}\right)^n, \quad i=1,2,\ldots,r$$

다음으로, 임의의 두 선수 i와 j를 생각해 보자. i와 j 두 선수 모두의 사진이 껌 안에 들어 있지 않을 확률은 $(r-2)/r$이다. 그러므로 n개의 껌 중 그 어느 것에도 i와 j의 사진이 들어 있지 않을 확률은 $\left(\frac{r-2}{r}\right)^n$이다. 즉

$$P(A_iA_j) = \left(\frac{r-2}{r}\right)^n, \quad i \neq j = 1,2,\ldots,r$$

세 명의 선수 i, j, k에 대해서도 마찬가지로

$$P(A_iA_jA_k) = \left(\frac{r-3}{r}\right)^n$$

임을 알 수 있다.

이와 같이 하여 n개의 껌 안에 r명의 사진이 한 장도 들어 있지 않을 확률은 0임을 알 수 있다. 따라서

$$P\left(\bigcup_{i=1}^{r} A_i\right) = r\left(\frac{r-1}{r}\right)^n - \binom{r}{2}\left(\frac{r-2}{r}\right)^n + \ldots + (-1)^r \binom{r}{r-1}\left(\frac{1}{r}\right)^n$$
$$= \sum_{j=1}^{r-1} (-1)^{j+1} \binom{r}{j}\left(1 - \frac{j}{r}\right)^n$$

이제 우리가 최종적으로 구하고자 하는 확률 p는 n개의 껌 안에 서로 다른 r명의 사진이 모두 다 들어 있을 확률이므로

$$p = 1 - P\left(\bigcup_{i=1}^{r} A_i\right)$$

이며, 앞에서 구한 $P\left(\bigcup_{i=1}^{r} A_i\right)$를 이용해서 다음과 같이 쓸 수 있다.

$$p = \sum_{j=0}^{r-1} (-1)^j \binom{r}{j}\left(1 - \frac{j}{r}\right)^n$$

수집가의 문제의 시뮬레이션은 다음과 같다.

```
> ## How many draws are required to get a full set of coupons?
>
> chocollect <-function(n) {
+ coupons <- 1:n # set of coupons
+ collect <- numeric(n)
+ nums <-0
+ while (sum(collect)<n)
+ {
+ i <- sample(coupons,1)
+ collect[i] <- 1
+ nums <- nums + 1
+ }
+ nums
+ }
>
> ## simulate the mean and variance
> trials <-10000
> cholist <- replicate(trials,chocollect(n))
> mean(cholist)
[1] 29.2768
```

```
> var(cholist)
[1] 125.2755
```

또 다른 예를 들어 보자. 껌 안에 서로 다른 10명의 프로야구 선수들의 사진을 수집하는 경우에 표본함수를 이용하여 표본을 추출하면

```
> cards = c("Mantle", "Aaron", "Gehrig", "Ruth", "Schmidt",
+ "Mays", "Cobb", "DiMaggio", "Williams", "Foxx")
>
> samp.cards = sample(cards, size=20, replace=TRUE)
> samp.cards
 [1] "Gehrig"   "Foxx"     "Williams" "Ruth"     "Schmidt"
 [6] "Cobb"     "Gehrig"   "Foxx"     "Cobb"     "Mays"
[11] "Mantle"   "Mays"     "Foxx"     "Aaron"    "Mays"
[16] "Gehrig"   "Mantle"   "Foxx"     "Mays"     "Aaron"
>
> unique(samp.cards)
[1] "Gehrig"   "Foxx"     "Williams" "Ruth"     "Schmidt"
[6] "Cobb"     "Mays"     "Mantle"   "Aaron"
>
> length(unique(samp.cards))
[1] 9
```

여기서 완전한 10명의 사진이 아니라 9명만 있다. 일반화하여 완전한 n명 프로선수의 사진을 갖기 위해 m개의 껌을 사는 경우에 $n = 586$, $m = 3000$로 시뮬레이션을 하여 보면

```
> collector=function(n,m){
+ samp.cards = sample(1:n, size=m, replace=TRUE)
+ ifelse(length(unique(samp.cards)) == n, "yes", "no")
+ }
>
> collector(586, 3000)
[1] "no"
```

완전한 사진을 모으지 못하였다. 그래서 표본을 100번 반복하여 빈도를 구해 보면

```
> table(replicate(100, collector(586, 3000)))

 no yes
 94   6
```

로 완전한 사진은 6번이고 추정된 확률은 $6/100 = 0.06$이다. 따라서 완전한 사진 모임을 갖기 위해 최소비용과 최적의 수를 알고 싶은 경우, 먼저

$$\text{총비용(cost)} = \text{cost.rcard} * \text{n.purchased} + \text{cost.ncard} * \text{n.missed}$$

으로, 여기서 cost.rcard는 사진비용, n.purchased는 1에서 586까지의 복원추출한 표본, cost.ncard는 구하지 못한 사진비용, n.missed는 수집 못한 사진 수, n.cards는 유일한(unique)한 사진 수이다. 따라서 800개의 표본을 500번 반복하여 만든다.

```
> collect2 = function(n.purchased){
+ cost.rcard = 0.05
+ cost.ncard = 0.25
+ samp.cards = sample(1:586, size=n.purchased, replace=TRUE)
+ n.cards = length(unique(samp.cards))
+ n.missed = 586 - n.cards
+ n.purchased * cost.rcard + n.missed * cost.ncard
+ }
>
> costs = replicate(500, collect2(800))
> summary(costs)
   Min. 1st Qu.  Median    Mean 3rd Qu.    Max.
  70.75   76.25   77.50   77.51   78.75   85.00
```

800장에 대한 비용은 50%가 \$76.25에서 \$78.75 사이에 있다. 또한 표본평균에 대한 기댓값은 \$77.51이다.

```
> expected.cost = function(n.purchased)
+ mean(replicate(100, collect2(n.purchased)))
>
> N=500:1500
> ECOST = sapply(N, expected.cost)
> plot(N, ECOST, xlab="Cards Purchased",
+ ylab="Expected Cost in Dollars")
> grid(col="black")
```

그림으로부터 예상 비용은 근사적으로 950장에서 최소인 것을 알 수 있다. 그래서 최적의 숫자는 950장이고 이때 예상 비용은 \$76.50이다. 만약 1200장을 산다면 예상 비용은 \$79 정도인 것을 알 수 있다.

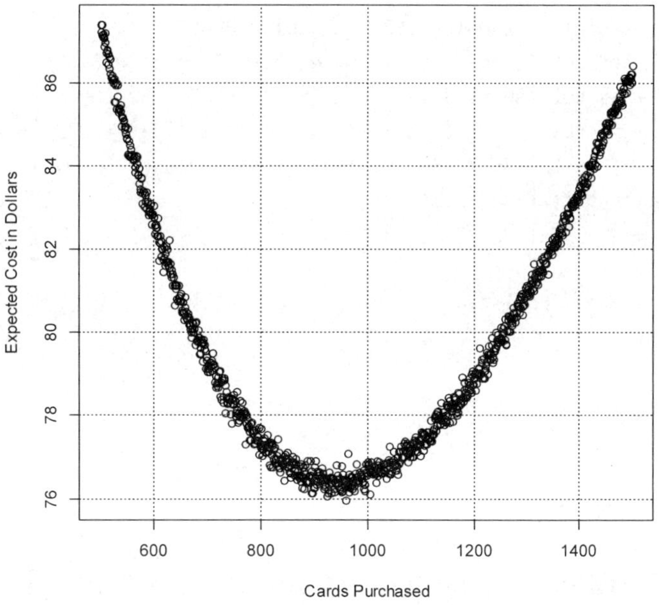

[그림 1.19] 예상 비용

예제 1.28 블랙잭 문제

카드의 합이 21점 또는 21점에 가장 가까운 사람이 이기는 게임으로서 처음 2장의 카드가 에이스와 10 카드(10, J, Q, K를 포함)로 21점이 된 것을 '블랙잭(blackjack)'이라고 한다. 블랙잭이 될 확률은?

(해) 각각 A_1과 A_2를 첫 번째 카드가 에이스이고 두 번째 카드가 에이스인 사건이고 T_1과 T_2를 첫 번째 카드, 두 번째 카드가 10 카드인 사건이라고 하자.

$$
\begin{aligned}
P(\text{블랙잭}) &= P(A_1 T_2 \text{or} \ \ T_1 A_2) \\
&= P(A_1 T_2) + P(T_1 A_2) \\
&= P(T_1 \mid A_1)P(A_1) + P(A_2 \mid T_1)P(T_1) \\
&= \left(\frac{16}{52}\right)\left(\frac{4}{51}\right) + \left(\frac{4}{52}\right)\left(\frac{16}{51}\right) = 0.048
\end{aligned}
$$

시뮬레이션을 해 보면

```
> n <- 50000    ### Number of iterations
> cholist <- replicate(n, 0) ## Initialize list with 0's
>
> for (i in 1:n)
+ {
```

```
+ trial <- sample(1:52, 2, replace=FALSE)
+ ## Let Ace <--> 1, 2, 3, 4
+ ## Let Ten card <--> 37, 38, ... , 51, 52
+ success <- if (trial[1] <= 4 && trial[2] >= 37 ||
+ trial[1] >= 37 && trial[2] <= 4) 1 else 0
+ cholist[i] <- success
+ }
>
> mean(cholist)
[1] 0.04918
```

이론적인 값에 근사한 것을 볼 수 있다.

예제 1.29 크랩 게임

크랩(Craps)이라고 하는 도박게임이 있는데, 게임 방법은 다음과 같다. 한 도박꾼이 두 개의 주사위를 던져서 나온 두 눈의 합을 구한다. 만약 그 합이 7 또는 11이면 도박꾼은 즉시 그 게임에서 이기고, 만약 합이 2, 3 또는 12이면 즉시 게임에서 진다. 그리고 합이 4, 5, 6, 8, 9 또는 10이면, 다시 두 주사위를 던져 그 합이 7이나 처음 던진 것과 같은 합이 나올 때까지 계속한다. 이때 합이 7이 나오기 전에 처음의 합과 같은 합이 나오면 그 도박꾼은 이기지만, 7이 먼저 나오면 진다. 이 도박꾼이 이갈 확률 p를 구해 보자.

두 주사위를 처음 던져 나온 눈의 합이 7이나 11일 확률을 π_0라고 하면

$$\pi_0 = \frac{6}{36} + \frac{2}{36} = \frac{8}{36} = \frac{2}{9}$$

이다. 만일 어떤 도박꾼이 처음 던져 나온 두 주사위의 눈의 합이 4라고 하면, 이 도박꾼이 이길 확률 q_4는 합 7이 나오기 전에 합 4를 다시 얻을 조건부 확률과 같다. 따라서

$$q_4 = \frac{\frac{3}{36}}{\frac{3}{36} + \frac{6}{36}} = \frac{1}{3}$$

이다. 또 첫 시행에서 합이 4가 나올 확률 p_4는 $3/36 = 1/12$이므로, 첫 번째 합이 4이고, 그 게임을 이길 확률 π_4는 다음과 같다.

$$\pi_4 = p_4 q_4 = \frac{1}{12} \cdot \frac{1}{3} = \frac{1}{36}$$

마찬가지로, 첫 번째 합이 10일 때 이길 확률은 $p_{10}=1/12$이며, $q_{10}=1/3$이므로

$$\pi_{10}=p_{10}q_{10}=\frac{1}{12}\cdot\frac{1}{3}=\frac{1}{36}$$

이와 같은 방법으로 하여 $i=5,\ 6,\ 8,\ .9$에 대해서도 $p_i,\ q_{i,}\ \pi_i$를 정의할 수 있다. 즉

$$\pi_5=p_5q_5=\frac{4}{36}\times\frac{\frac{4}{36}}{\frac{4}{36}+\frac{6}{36}}=\frac{2}{45}$$

$$\pi_9=p_9q_9=\frac{2}{45}$$

$$\pi_6=p_6q_6=\frac{5}{36}\times\frac{\frac{5}{36}}{\frac{5}{36}+\frac{6}{36}}=\frac{25}{396}$$

$$\pi_8=p_8q_8=\frac{25}{396}$$

이다.

도박꾼이 이길 확률 p는 앞서 얻은 값들을 합하여 얻을 수 있다.

$$\begin{aligned}p&=\pi_0+(\pi_4+\pi_{10})+(\pi_5+\pi_9)+(\pi_6+\pi_8)\\&=\frac{2}{9}+2\cdot\frac{1}{36}+2\cdot\frac{2}{45}+2\cdot\frac{25}{396}\\&=\frac{244}{495}=0.493\,.\end{aligned}$$

따라서 크랩 게임에서 이길 확률은 $1/2$보다 조금 작음을 알 수 있다.

시뮬레이션은 다음과 같다.

```
> craps <- function()
+ {
+ roll <- sum( sample(1:6,2,replace=T) )
+ if (roll == 2 || roll == 3 || roll == 12) out <- 0 else
+    { if (roll == 7 || roll == 11) out <- 1  else
+    { roll2 <- 1
+    while (roll2 != 7 && roll2 != roll )
+    {
+    roll2 <- sum(sample(1:6,2, replace = T))
+    if (roll2 == 7) out <- 0
+    if (roll2 == roll) out <- 1
+    }}
+    }
```

```
+    return(out)
+    }
>
```

예제 1.30 생일 문제

$k(2 \leq k \leq 365)$명의 집단 중에서 최소한 두 명이 같은 생일(같은 해일 필요는 없다)을 갖게 될 확률 p를 결정해 보자. 이 **생일 문제**(Birthday Problem)를 해결하기 위해, k명 사람들의 생일은 서로 상관되어 있지 않으며(특히 쌍생자들은 없다), 365일의 각 날들이 k명 중 어떤 사람의 생일일 가능성은 모두 동일하다고 가정하자. 즉 실제로는 해마다 출생률이 다르다는 사실을 무시하며, 2월 29일에 태어난 사람은 3월 1일 생일인 것으로 여겨진다고 하자.

이제 k명의 사람들 각각에 대해서는 365가지의 생일일 가능성이 있으므로, 표본공간 Ω는 365^k가지의 **결과**(outcomes)를 포함할 것이며, 이들 결과들은 각각 발생확률이 동일하다. k명 사람들의 생일들이 모두 다를 경우, 첫 번째 사람은 가능한 생일수가 365가지이고, 두 번째 사람은 364가지, 세 번째 사람은 363가지,… 등과 같이 되므로 k명에 대해 가능한 경우의 수는 ${}_{365}P_k$가지이다. 따라서 k명이 모두 다른 생일을 가질 확률은

$$\frac{{}_{365}P_k}{365^k}$$

이다. k명 중 최소한 두 명이 같은 생일을 가질 확률을 p라고 하면

$$p = 1 - \frac{{}_{365}P_k}{365^k} = 1 - \frac{364}{365} \cdot \frac{363}{365} \cdots \frac{(365-k+1)}{365}$$

이다.

각기 다른 k값에 대한 p의 값은 다음 표에 주어져 있다. 표에 주어진 p값들에 대해 많은 사람들이 생각한 것보다 크다고 여겨질 것이다. 대부분의 사람들이 p가 $1/2$보다 크기 위해서는 집단의 인원이 약 100명 가량 되어야 할 것이라고 추측할 것이다. 그러나 표에 따르면 p가 $1/2$보다 크기 위한 k는 단지 23명이면 된다. 실제로 k가 100명일 때의 p값은 0.9999997이다.

[표 1.2] k값에 대한 p의 값

k	p	k	p
5	0.027	25	0.569
10	0.117	30	0.706
15	0.253	40	0.891
20	0.411	50	0.970
22	0.476	60	0.994
23	0.507		

여러 k값에 따른 확률 p를 R로 구하면

```
> k <- 5 #class size = 2
> prod(365 : (365-k+1))/365^k # all different
[1] 0.9728644
> 1-prod(365 : (365-k+1))/365^k # at least 2 the same
[1] 0.02713557
>
> k <- 10 #class size = 2
> prod(365 : (365-k+1))/365^k # all different
[1] 0.8830518
> 1-prod(365 : (365-k+1))/365^k # at least 2 the same
[1] 0.1169482
>
> k <- 15 #class size = 2
> prod(365 : (365-k+1))/365^k # all different
[1] 0.7470987
> 1-prod(365 : (365-k+1))/365^k # at least 2 the same
[1] 0.2529013
>
> k <- 20 #class size = 2
> prod(365 : (365-k+1))/365^k # all different
[1] 0.5885616
> 1-prod(365 : (365-k+1))/365^k # at least 2 the same
[1] 0.4114384
> k <- 22 #class size = 2
> prod(365 : (365-k+1))/365^k # all different
[1] 0.5243047
> 1-prod(365 : (365-k+1))/365^k # at least 2 the same
[1] 0.4756953
>
> k <- 23 #class size = 2
> prod(365 : (365-k+1))/365^k # all different
[1] 0.4927028
```

```
> 1-prod(365 : (365-k+1))/365^k # at least 2 the same
[1] 0.5072972
>
> k <- 25 #class size = 2
> prod(365 : (365-k+1))/365^k # all different
[1] 0.4313003
> 1-prod(365 : (365-k+1))/365^k # at least 2 the same
[1] 0.5686997
>
> k <- 30 #class size = 2
> prod(365 : (365-k+1))/365^k # all different
[1] 0.2936838
> 1-prod(365 : (365-k+1))/365^k # at least 2 the same
[1] 0.7063162
>
> k <- 40 #class size = 2
> prod(365 : (365-k+1))/365^k # all different
[1] 0.1087682
> 1-prod(365 : (365-k+1))/365^k # at least 2 the same
[1] 0.8912318
>
> k <- 50 #class size = 2
> prod(365 : (365-k+1))/365^k # all different
[1] 0.02962642
> 1-prod(365 : (365-k+1))/365^k # at least 2 the same
[1] 0.9703736
>
> k <- 60 #class size = 2
> prod(365 : (365-k+1))/365^k # all different
[1] 0.005877339
> 1-prod(365 : (365-k+1))/365^k # at least 2 the same
[1] 0.9941227
```

$k(2 \le k \le 60)$명 중 최소한 두 명이 같은 생일을 가질 확률을 그림으로 그리면

```
> diffbirthday <- 1
> for(k in 2:60)(diffbirthday[k]<-prod(365: (365-(k-1)))/365^k)
> samebirthday<-1-diffbirthday
> k<-seq(1, 60, 1)
> plot(k, samebirthday, main="Birthday Problem",
+ xlab="Number in people",
+ ylab="Probability of at least 2 with same birthday")
> abline(0.5, 0)
> abline(v = 23, lty = 2)
```

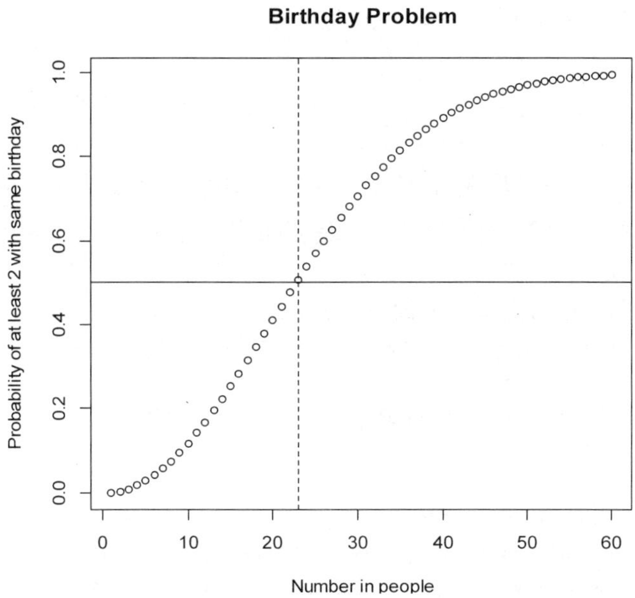

[그림 1.20] 생일 문제(수평선 $p=0.5$, 수직점선 $n=23$)

예제 1.31 몬티홀 문제(Monty Hall Problem)

무대에는 3개의 문이 있고 하나의 문 뒤에는 자동차, 나머지 문 뒤에는 염소가 있다. 게임 참가자는 문을 하나 선택해서 그 뒤에 자동차가 있으면 자동차를 상품으로 받는다. 그런데 참가자가 문을 하나 선택하면 게임 진행자는 남은 두 문 중에 염소가 있는 문 하나를 열어 보여 주며 게임 참가자가 자신의 선택을 바꿀 기회를 한 번 더 준다. 이 게임에서 참가자가 자신이 선택한 문을 고수하는 것이 좋을지 아니면 아직 열리지 않은 다른 문으로 선택을 바꾸는 것이 좋을지 확률로 이야기해 보자.

(해)

사건 A_i는 i번째 문에 자동차가 있는 사건이고 B는 두 번째 문을 보여 준 사건이라고 하자. 그러면 확률 $P(A_1 \mid B)$와 $P(A_3 \mid B)$를 비교하면 된다. 그런데 먼저 $i=1,2,3$에 대하여 $P(A_i)=1/3$이다. 또한 $P(B \mid A_1)=1/2$, $P(B \mid A_2)=0$, 그리고 $P(B \mid A_3)=1$이다. 따라서 전확률 공식에 의해

$$\begin{aligned} P(B) &= P(A_1)P(b \mid A_1)+P(A_2)P(B \mid A_2)+P(A_3)P(B \mid A_3) \\ &= \left(\frac{1}{3}\right)\left(\frac{1}{2}+0+1\right) \\ &= \frac{1}{2} \end{aligned}$$

이므로 베이즈 정리를 이용하여

$$P(A_1 \mid B) = \frac{1}{3}, \quad P(A_3 \mid B) = \frac{2}{3}$$

이다. 따라서 처음 선택한 문을 고수하는 것보다 세 번째 문으로 바꾸는 것이 유리하다. 이를 시뮬레이션을 통하여 확인하자.

```
> car=sample(3,1000,replace=T)
> door=sample(3,1000,replace=T)
> switchwin=(door!=car)
> sum(switchwin)/1000
[1] 0.663
>
> noswitchwin=(door==car)
> sum(noswitchwin)/1000
[1] 0.337
>
> numsim = 100000
> doors = 1:3
> opendoor = function(x) {
+  if (x[1]==x[2])
+ return(sample(doors[-c(x[1])], 1))
+ else return(doors[-c(x[1],x[2])])
+ }
> swapdoor = function(x) { return(doors[-c(x[1], x[2])]) }
> winner = sample(doors, numsim, replace=TRUE)
> choice = sample(doors, numsim, replace=TRUE)
> open = apply(cbind(winner, choice), 1, opendoor)
> newchoice = apply(cbind(open, choice), 1, swapdoor)
```

```
> cat("without switching, won ",
+  round(sum(winner==choice)/numsim*100,1),"
+  percent of the time.\n", sep="")
without switching, won 33.1
 percent of the time.
>
> cat("with switching, won ",
+  round(sum(winner==newchoice)/numsim*100,1),"
+  percent of the time.\n", sep="")
with switching, won 66.9
 percent of the time.
```

연습문제

01 두 집합 A, B에 대해서 $P(A) > 0$이면

$$P(B \mid A) \geq 1 - \left\{ \frac{P(B^c)}{P(A)} \right\}$$

가 성립하는 것을 증명하라.

02 다음의 식이 성립하기 위한 조건을 각각 구하라.

(1) $P(A \mid B) + P(A^c \mid B^c) = 1$

(2) $P(A \mid B) = P(A \mid B^c)$

03 사건 A, B가 서로 독립일 때 사건 A^c, B^c도 서로 독립임을 보여라.

04 2개의 항아리 U_1, U_2가 있고, U_1에는 붉은 구슬 5개, 흰 구슬 3개, 검은 구슬 2개; U_2에는 붉은 구슬 2개, 흰 구슬 3개, 검은 구슬 5개가 들어 있다. 이제 U_1에서 1개의 구슬을 끄집어내어 U_2에 넣고, U_2에서 1개의 구슬을 끄집어낼 때 검은 구슬이었다. 그러면 처음에 U_1에서 끄집어낸 구슬이 검은 구슬일 확률을 구하라.

05 (폴리아의 항아리) 어떤 항아리에 w개의 흰 구슬과 b개의 검은 구슬이 있다. 항아리로부터 무작위로 한 개의 구슬을 끄집어내어 색을 확인한다. 그 구슬과 그 구슬의 색과 같은 색의 구슬 d개를 더해서 항아리에 다시 넣는다. 2회 이후도 이 동작을 되풀이하는 경우에 이것을 폴리아(Polya)의 항아리라고 한다. n회 추출 때 흰 구슬을 끄집어낼 확률을 구하라.

제 2 장

확률변수와 확률분포

2.1 모집단과 표본

실험(experiment)이란 어떤 현상의 관측결과를 얻는 과정을 말하며, 실험을 행하는 것을 **시행**(trials)이라고 한다. 실험은 시행 전에는 어떤 결과가 나올지 알 수 없으며, 본질적으로 같은 조건하에서 반복할 수 있어야 한다. 정보를 얻고자 하는 대상들의 전체집합을 **모집단**(population)이라고 한다. 모집단은 우리가 무엇을 알려고 하느냐에 따라 정의되며 모집단을 명확하게 정의하는 것이 매우 중요하다.

모집단을 다음과 같이 분류할 수 있다.

(i) **유한 모집단**(finite population): 모집단의 원소의 개수가 유한인 모집단
(ii) **무한 모집단**(infinite population): 모집단의 원소의 개수가 무한인 모집단. 예를 들어 일반적으로 같은 조건하에서 작업을 계속할 때 이 공정하에서 생산되는 모든 제품은 무한 모집단을 이룬다.
(iii) **목표 모집단**(target population): 통계연구의 결론이 적용될 수 있는 모집단
(iv) **표본 모집단**(sampled population): 실제 관측이 얻어진 모집단.

원칙적으로는 목표 모집단과 표본 모집단이 일치해야 되지만 실제로는 그렇지 못한 경우가 대부분이다. 모집단에서 한 개의 원소를 끄집어내는 것을 **표본추출**(sampling)이라고 하고, 추출된 원소들의 집합을 **표본**(sample)이라고 한다. 그리고 추출된 표본의 개수를 **표본크기**(sample size)라고 한다. 표본추출을 해야 하는 이유는 모집단이 상당히 크면 전수조사를 하는 데 시간과 비용이 많이 들기 때문이다. 또 다른 이유는 퓨즈나 탄약의 샘플링 검사와 같은 경우에는 퓨즈나 탄약이 파괴된다는 것이다. 그리고 전수조사를 수행할 전문 인력이 부족할 때 표본추출이 필요하다.

모집단의 일부분인 표본의 관찰에 의하여 모집단의 성질에 관한 판단을 내리려고 할 때, 모집단의 모든 원소가 표본으로 선출될 확률이 같도록 표본을 추출하는 **확률 표본추출법**(random sampling)이 필요하다.

다음과 같은 예는 엄밀한 의미에서 확률 표본추출이 아니다.

(1) 어떤 여론조사를 위해 TV 방송국에 걸려온 전화에 따라 표본조사를 하였다: 흥미 위주의 조사에서는 좋을지 모르지만 특정 의견을 가진 사람에 따르는 치우침이 생길 염려가 있다.
(2) TV 시청률조사는 일반적으로 전화번호부에서 조사대상 가구를 뽑는다: 전화가 없거나 전화번호부에 기재되어 있지 않은 전화번호를 가진 가구는 제외된다.

참고

(i) 모집단을 유사한 성질(예를 들면 성별, 연령, 학력 등)을 가지는 **층**(stratum, strata)으로 나누어 각 층에서 확률 표본추출을 행하는 방법을 **층화 확률 표본추출법**(stratified random sampling)이라고 한다. 그리고 층을 나누지 않는 확률 표본추출법을 **단순 확률 표본추출법**(simple random sampling)이라고 한다.

(ii) 추출된 표본으로부터 미지의 모집단의 성질에 관한 어떤 일반적인 결론을 내리는 체계적인 논리를 **통계적 추론**(statistical inference)이라고 하며, 표본이라고 하는 특수한 것에서 모집단이라고 하는 일반적인 것을 알려고 하는 **귀납적 추론**(induction)이 있다. 한편 확률론에서는 알고 있는 모집단에서 추출된 표본의 성질을 알려고 하는, 즉 일반적인 것에서 구체적인 것으로 나아가는 **연역적 추론**(deduction)이 행해진다.

2.2 확률변수와 확률분포

모집단이 인구인 경우를 생각해 보자. 모집단의 개체인 사람은 성별, 지역정당 등과 같은 **범주적**(categorical) 특성을 가지거나 나이, 소득, 키, 몸무게 등과 같은 수량적인 특성을 가지고 있다. 통계학에서는 사람들의 집합인 모집단의 특성, 예를 들면 모집단에서 성별, 지역정당의 분포에 관해 관심을 가진다. 나이를 X라고 하고 모집단에 속해 있는 개인을 $\omega(\omega \in \Omega)$라고 할 때 모집단에서 나이 X의 분포를 생각하자. 이 경우에 개인의 나이 $X(\omega)$에 관심을 가지는 것이 아니라 모집단의 나이의 구성에 관심이 있고 나이가 $X=x$인 사람은 몇 %가 있는가에 관심이 있다. 나이 X는 주로 $X(\omega)$로 표기되어 개인 $\omega(\in \Omega)$에 따라 변하는 변수이지만 나이가 $X=x$인 사람이 몇 % 있다는 것과 같이 이 변수는 확률을 동반하고 있다. 이와 같이 모집단의 특성을 나타내는 범주나 수량을 변수라고 생각하는 경우에 이 변수는 확률을 동반하고 있으므로 **확률변수**(random variable)라고 한다. 즉 확률변수는 그 변수값의 정도를 나타내는 확률을 동반하고 있는 변수이다.

통계학에서는 확률변수를 표본 또는 **관측**(observation)이라고 하기도 하며 영어의 알파벳 대문자 X, Y, Z 등으로 표기한다. 그리고 실제로 관측된, 예를 들면 특정 개인 ω의 나이 $x=X(\omega)$를 확률변수값, **표본값**(sample value) 또는 **관측값**(observation value)이라고 하며 소문자 x, y, z 등으로 표기한다. 그러므로 확률변수가 취하는 값들의 전체집합을 **표본공간**(sample space)이라고 하고 S로 표기한다.

확률공간 $(\Omega, \mathscr{A}, P)$를 다시 생각해 보자. 모집단 Ω가 인구이고 모집단의 크기를 $\#(\Omega)=n$으로 표기하자. 여기서 $\#(A)$는 집합 A에 포함되는 원소의 개수를 나타낸다. Ω의 부분집합의 모임이 $\mathscr{A}$이고, 확률측도는 Ω의 각 원소에 대해 같은 확률을 준다. 즉 $P(w)=1/n\,(w\in\Omega)$이다. 다음에 표본공간 S를 생각하자. 표본값이 실수인 경우에 S는 $\boldsymbol{R}^1$이다. S의 부분집합들의 모임으로서 (M1) ~ (M3)를 만족하는 가측 집합족을 $\mathscr{A}$로 표기하자. $S=\boldsymbol{R}^1$의 경우에 $\mathscr{A}$는 **구간**(interval) 등을 포함하는 **보렐 집합체**(Borel field)이고 $\mathscr{B}$으로 표기한다. S와 $\mathscr{B}$의 모임 $(S,\ \mathscr{B})$를 **가측 공간**(measurable space)이라고 하며 $(\boldsymbol{R}^1,\ \mathscr{B}^1)$를 **실 가측 공간**(real measurable space)이라고 한다. 개인의 나이 $X(\omega)$, $\omega\in\Omega$는 실 가측 공간 $(\boldsymbol{R}^1,\ \mathscr{B}^1)$에 속해 있다고 생각된다. 나이 a세에서 b세까지라고 하는 것은 구간 $[a,b]$이고, $\mathscr{B}^1$의 원소이다. 즉 $[a,b]\in\mathscr{B}^1$이다. 구간 $[a,b]$의 X에 대한 **역상**(inverse image)은 나이가 a세 이상이고 b세 이하인 사람들의 집합으로서 $\mathscr{A}$의 원소이며 다음과 같이 표현된다.

$$\begin{aligned} X^{-1}([a,b]) &\equiv \{w\in\Omega:\ X(w)\in[a,b]\} \\ &\equiv \{w\in\Omega:\ a\leq X(w)\leq b\}\in\mathscr{A} \end{aligned}$$

나이가 a세 이상이고 b세 이하인 사람들의 수를 m, 즉 $\#\{X^{-1}([a,b])\}=m$이라고 하자. 그러면 나이의 집합인 $[a,b]$의 확률을 $P_X([a,b])$로 표기할 때 이것은 다음과 같이 정의된다.

$$P_X([a,b])=P\{X^{-1}([a,b])\}=\frac{m}{n}$$

인구 모집단 Ω의 확률측도 P로부터 나이의 표본공간 S의 확률 측도 P_X가 유도되고, 이를 나이 X의 **확률분포**(probability distribution), 또는 단순히 **분포**(distribution)라고 한다. 더욱이 X에 의해 유도된 확률공간 $(S,\ \mathscr{B}^1,\ P_X)$을 나이표본공간이라고 한다.

이제 일반적인 경우를 생각해 보자. 확률공간 $(\Omega,\ \mathscr{A},\ P)$에서 확률변수 X에 의해 유도된 표본공간 $(S,\ \mathscr{B},\ P_X)$의 유도된 확률측도인 P_X를 X의 분포라고 하고 집합 $B\in\mathscr{B}$ 역상을 다음과 같이

$$X^{-1}(B)\equiv\{X\in B\}=\{w\in\Omega:\ X(w)\in B\}$$

로 표기할 때 그 확률은

$$P_X(B)=P\{X\in B\}=P\{X^{-1}(B)\}$$

로 정의된다. 다시 강조하여 언급하면 확률 측도 P는 $\mathscr{A}$의 원소에 대하여 정의되고 확률 측도 P_X는 $\mathscr{B}$의 원소에 대하여 정의됨을 충분히 인식해야 한다.

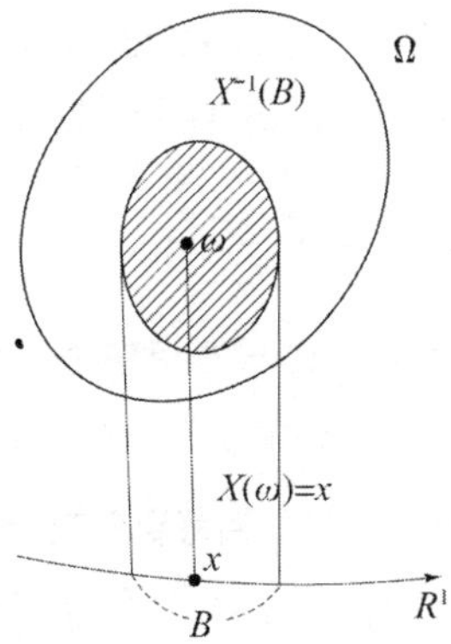

[그림 2.1] 확률공간과 확률변수

확률변수 X의 **분포함수**(distribution function)를

$$F(x) = P(X \leq x) = P(\{w \in \Omega: \ X(w) \leq x\})$$

으로 정의한다. 가끔 **누적분포함수**(cumulative distribution function)라고 한다. 이 경우에 X의 분포 P_X와 분포함수 $F(x)$는 같은 역할을 담당하여 X의 분포 법칙을 결정한다. 예를 들면 다음 식이 성립한다.

$$P_X((a,b]) = P(a < X \leq b) = F(b) - F(a)$$

이때 확률변수 X는 "분포 $F(\cdot)$를 따른다"라고 하며 '$X \sim F$'로 표기한다. 분포함수 $F(\cdot)$가 다음의 성질 (D1) ~ (D3)를 가짐을 쉽게 증명할 수 있다. 역으로, 이런 성질을 가지는 함수를 분포함수라고 정의해도 좋다.

(D1) 임의의 $x \in \boldsymbol{R}^1$에 대해 $0 \leqq F(x) \leqq 1$이 성립하고 그리고 다음 식이 성립한다.

$$F(-\infty) \equiv \lim_{x \to -\infty} F(x) = 0, \qquad F(+\infty) \equiv \lim_{x \to +\infty} F(x) = 1$$

(D2) $F(x)$는 단조증가함수이다. 즉

$$x < y \quad \Rightarrow \quad F(x) \leq F(y)$$

(D3) $F(x)$는 각 점 x에서 우측연속이다.

$$\lim_{y \to x+0} F(y) = F(x)$$

확률변수 X가 나이, 소득과 같이 취하는 모든 가능한 값이 **유한개**(finite) x_1, $x_2, \cdots, x_n$이거나 **가산 무한개**(countable infinite) x_1, x_2, $\cdots$이면 X를 이산형 확률

변수라고 하고, 그 분포를 이산형 분포 또는 **이산분포**(discrete distribution)라고 한다. 이산분포는 각 값 x_i에 대한 확률

$$f_i = f(x_i) \equiv P(X = x_i) = P(\{w : X(w) = x_i\}), \qquad i = 1, 2, \cdots$$

에 따라 결정된다. $f(x)$를 **확률함수**(probability function) 또는 **질량함수**(mass function)라고 하고, 가능한 값 x_i를 X의 **질량점**(mass point)이라고 한다. 가끔 연속의 경우와 구별하지 않고 **확률밀도함수**(probability density function)라고 하기도 한다. 확률함수 $f(x)$가 다음의 성질 (PF1) ~ (PF3)를 만족하는 것을 쉽게 증명할 수 있다. 역으로 이런 성질을 만족하는 함수를 확률함수라고 정의해도 좋다.

(PF1) $f(x_i) \geq 0$

(PF2) $\sum_{i=1}^{\infty} f(x_i) = 1$

(PF3) 분포함수는 $F(x) = \sum_{x_i \leq x} f(x_i)$이 된다.

확률변수 X가 임의의 특정값 x_k를 가지는 확률은 X의 분포함수 $F(x)$를 사용해 구할 수 있다. 즉 $\epsilon > 0$를 적당히 작게 잡으면, 구간 $[x_k - \epsilon, x_k]$는 x_k 외에는 어떤 x_i도 포함하지 않도록 할 수 있다. 여기서 $i \neq k$이다. 이 경우에

$$f(x_k) \equiv P(X = x_k) = F(x_k) - F(x_k - \epsilon)$$

이 성립한다.

특히 이산형 분포 중에는 응용분야에 자주 나오는 것으로서 정수값만을 취하는 분포를 **산술분포**(arithmetic distribution)라고 한다. 그 중에서도 특히 질량점들이 직선상에서 등간격으로 나열하면서 음이 아닌 정수값을 가지는 분포를 **격자분포**(lattice distribution)라고 한다. 예를 들면 음이 아닌 정수값들에 대한 산술분포는 확률함수로

$$f_x = f(x), \quad x = 0, 1, 2, \cdots$$

를 가진다. 이항분포 $B(n, p)$와 포아송 분포 $P(\lambda)$와 같은 이산형 분포의 대표적 모형이 부록에 [D1] ~ [D7]이 주어져 있다.

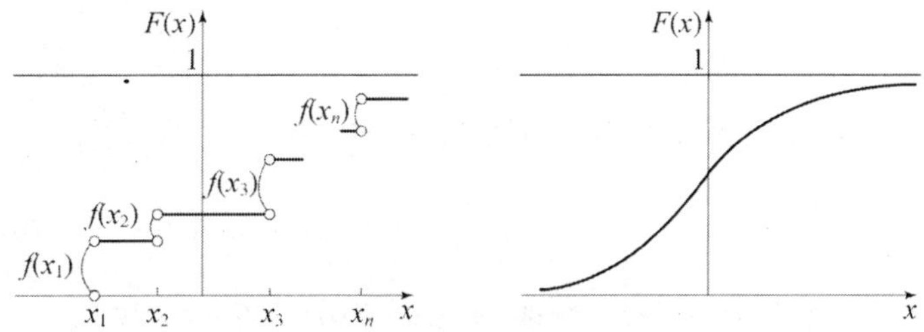

[그림 2.2] 이산형 분포함수와 연속형 분포함수

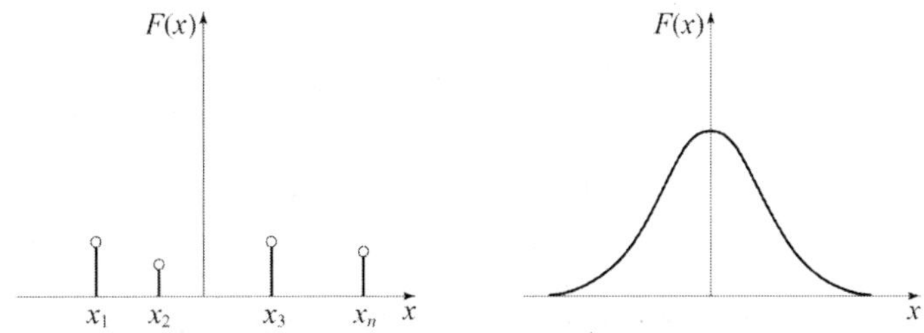

[그림 2.3] 이산형 확률함수와 연속형 확률밀도함수

확률변수 X가 키, 몸무게와 같은 '연속적'인 값을 가지는 경우에 연속형 확률변수라고 하고, 그 분포를 **연속형 분포**(continuous distribution) 또는 연속분포라고 한다. 연속분포의 분포함수 $F(x)$는 연속이다. 그리고 분포함수 $F(x)$가 미분가능인 경우에 그 미분 $f(x) = \dfrac{dF(x)}{dx}$를 x의 **밀도함수**(density function) 또는 확률밀도함수라고 한다. 이 경우에 밀도함수 $f(x)$는 다음의 성질 (Dn1) ~ (Dn3)를 만족한다. 역으로 이런 성질을 만족하는 함수를 밀도함수라고 정의해도 좋다.

(Dn1) $f(x) \geq 0$

(Dn2) $\displaystyle\int_{-\infty}^{\infty} f(x)\,dx = 1$

(Dn3) $\displaystyle\int_{-\infty}^{x} f(y)\,dy = F(x)$

그러므로 연속형 확률변수의 한 점 x에 대한 확률은 0, 즉 $P(X=x)=0$이고, 밀도함수와의 관계는

$$P(X \in dx) = f(x)\,dx$$

와 같이 상징적으로 연관된다. 정규분포 $N(\mu, \sigma^2)$와 지수분포 $E_X(\lambda)$를 포함한 연속분포의 대표적 모형이 부록에 [C1] ~ [C8]이 주어져 있다.

예제 2.1

확률변수 X가 다음의 확률밀도함수

$$f(x) = 0.025x + 0.15, 2 < x < 6$$

를 가질 때 모양은 아래 그림과 같이 증가함수이다.

```
curve(0.025*x + 0.15, 2, 6)
```

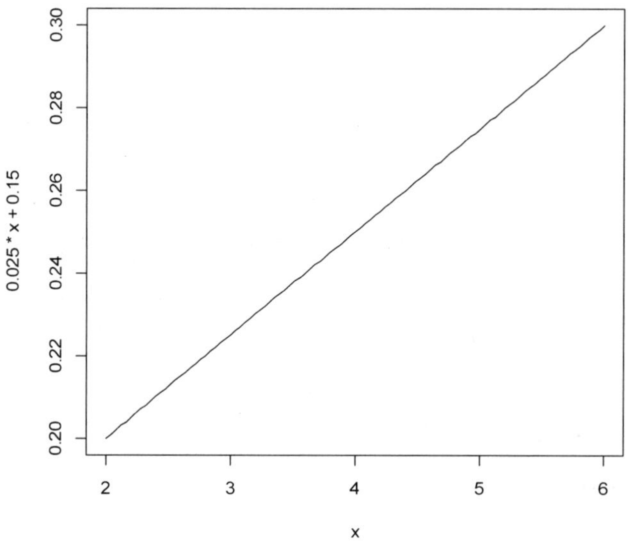

[그림 2.4] 확률밀도함수

먼저 확률밀도함수인 것을

$$\int_2^6 (0.025x + 0.15)dx = 1$$

R로 확인하자.

```
> integrand1 <- function(x) (0.025 *x + 0.15)
> integrate(integrand1, 2, 6)
1 with absolute error < 1.1e-14
```

R에서는 수치적으로 적분을 시행하여 절대오차와 같이 주어지는데 오차가 1.1×10^{-14} 이므로 무시하여도 좋다.

예제 2.1에서 $P(X \leq 5)$에 대해 먼저 R로 그래프는

```
> curve ( 0.025*x + 0.15, 0, 8)
> x <- seq(2, 5, 0.01)
> lines(x, 0.025*x + 0.15, type ="h", col = "grey")
```

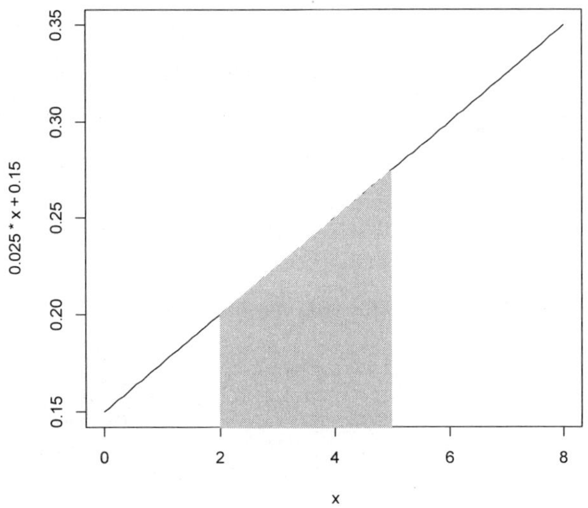

[그림 2.5] $P(X \leq 5)$의 그래프

이고 구하려는 확률은

```
> integrate(integrand1, 2, 5)
0.7125 with absolute error < 7.9e-15
```

이다.

2.3 분포의 특성값 – 평균과 분산

확률변수가 음이 아닌 정수만으로 질량값을 가지는 경우에 그 분포는 산술분포이고 확률함수는 $f(x),$, $x = 0, 1, \cdots$ 이다. 이때 1차 적률은 중심이며

$$\mu = \sum_{x=0}^{\infty} x\, f(x)$$

로 나타낸다. 그리고 중심 주변의 2차 적률은 관성이며

$$\sigma^2 = \sum_{x=0}^{\infty} (x-\mu)^2 f(x) = \sum_{x=0}^{\infty} x^2 f(x) - \mu^2$$

으로 나타낸다.

예제 2.2

[D1] 이산균등분포 $DU(n)$의 확률함수는

$$f(x) = \frac{1}{n}, \quad x = 1, 2, \cdots, n$$

이므로 중심과 관성은 각각 다음과 같다.

$$\mu = \frac{1}{n}(1 + \cdots + n) = \frac{n+1}{2}$$
$$\sigma^2 = \frac{1}{n}(1^2 + \cdots + n^2) - \frac{(n+1)^2}{4}$$
$$= \frac{1}{6}(n+1)(2n+1) - \frac{(n+1)^2}{4} = \frac{n^2-1}{12}$$

확률변수의 값이 음이 아닌 실수 전체일 때, 즉 밀도함수가 $f(x)$, $0 \le x \le \infty$ 일 때 1차 적률은 중심이고

$$\mu = \int_0^{\infty} x f(x) dx$$

로 나타낸다. 그리고 중심 주변의 2차 적률은 관성이며

$$\sigma^2 = \int_0^{\infty} (x-\mu)^2 f(x) dx = \int_0^{\infty} x^2 f(x) dx - \mu^2$$

으로 나타난다.

예제 2.3

[C1] 균등분포 $U(0,1)$의 밀도함수는

$$f(x) = 1, \quad 0 \leqq x \leqq 1$$

이므로 중심과 관성은 각각 다음과 같다.

$$\mu = \int_0^1 x\,dx = \frac{1}{2}$$

$$\sigma^2 = \int_0^1 x^2 f(x)\,dx - \left(\frac{1}{2}\right)^2 = \frac{1}{3} - \frac{1}{4} = \frac{1}{12}$$

예제 2.4 (룰렛 게임의 평균)

1에서 36까지의 숫자와 0, 00으로 동일하게 나누어진 룰렛(roulette)판이 있다고 하자. 1에서 18까지는 빨간색이고, 19에서 36까지는 검은색이다. 그리고 0과 00은 녹색이다. 빨간색이 나오면 1불을 받고, 그렇지 않으면 1불을 준다. 이때 확률변수 X를 상금이라고 하자. 이론적 기댓값은

$$\begin{aligned} E(X) &= (1)P(X=1) + (-1)P(X=-1) \\ &= \frac{18}{38} - \frac{20}{38} = -0.0526 \end{aligned}$$

이고, n이 클 때

$$E(X) \approx \frac{X_1 + X_2 + \cdots + X_n}{n}$$

이므로 시뮬레이션을 하여 확인하여 보자.

```
> sample(1:38,1)
[1] 26
> if (sample(1:38,1) <= 18) 1 else -1
[1] -1
>
> cholist <- replicate(1000,
+   if (sample(1:38,1) <= 18) 1 else -1)
> mean(cholist)
[1] -0.052
```

예제 2.5

예제 2.1의 확률변수 X에 대한 평균과 분산을 R로 구하라.

```
> efx <- function(x)((0.025*x+0.15)*x)
> integrate(efx, 2, 6)
```

```
4.133333 with absolute error < 4.6e-14
> deviation <- function(x)((0.025*x+0.15)*(x-4.13333)^2)
> integrate(deviation, 2, 6)
1.315556 with absolute error < 1.5e-14
```

예제 2.1의 경험분포를 생성하기 위해

```
> x <- seq(2, 6, 0.001)
> fx <- 0.025*x + 0.15
> plot(x, fx, ylab = "f(x)=0.025x+0.15", type="l",  xlim=c(0,8))
```

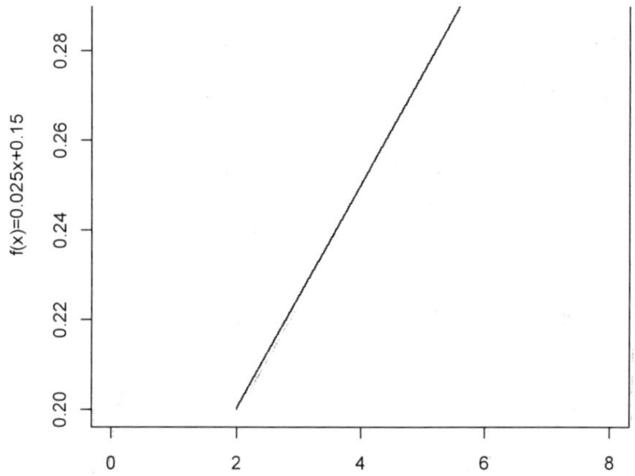

[그림 2.6] 경험적 확률밀도함수

이 경험적 그래프는 앞의 실제적인 그림과 비슷하다. 주어진 구간에서 표본을 50개 추출하고 평균과 분산을 구해 보면

```
> samplingvalues <- sample(x, 50, replace = T, prob =fx)
> samplingvalues
 [1] 3.171 3.730 3.835 2.673 3.498 3.657 5.714 2.786 2.372 5.249 5.846 3.650
[13] 5.693 5.120 4.622 2.227 3.914 4.306 2.976 3.424 2.914 4.181 5.460 2.698
[25] 2.963 5.371 3.477 3.943 5.585 4.449 4.895 3.758 5.233 5.958 5.162 3.107
[37] 3.387 2.593 3.880 3.464 5.049 4.278 3.089 5.346 3.877 2.196 5.916 3.114
[49] 3.298 2.202
> mean(samplingvalues)
[1] 3.98612
> var(samplingvalues)
[1] 1.254418
```

이 값과 앞에서 구한 실제 값 평균 4.13과 분산 1.315과 비교하면 그렇게 차이가 많이 나지 않지만 만약에 아래와 같이 시뮬레이션의 수를 더 많이 실행하면 더 실제 값에 가까운 값을 얻을 수 있다.

```
> samplingvalues <- sample(x, 1000, replace = T, prob =fx)
>  mean(samplingvalues)
[1] 4.149678
> var(samplingvalues)
[1] 1.300896
```

통계학에서는 일반적인 분포에 대해서도 1차 적률과 2차 적률을 생각한다. 분포의 1차 적률을 **평균값**(mean) 또는 **기댓값**(expectation)이라고 하고 μ로 표기한다. 평균값 주변의 2차 **적률**(moment)을 **분산**(variance)이라고 하고 σ^2으로 표기한다. 확률변수 X의 분포의 평균값을 간단히 확률변수 X의 평균(또는 기댓값)이라고 하고 $E(X)$로 표기한다. 확률변수가 분포함수 $F(x)$를 가지는 것 같은 일반적인 경우나, 확률함수 $f(x)$, $x = x_1, x_2, \cdots$를 가지는 것 같은 이산형의 경우 또는 밀도함수 $f(x)$, $-\infty < x < \infty$를 가지는 연속형의 경우, 각각에 대해서 평균은 다음과 같이 정의된다.

$$E(X) \equiv \int_{-\infty}^{\infty} x \; dF(x) \qquad \text{(일반형)} \tag{2.1}$$

$$= \begin{cases} \displaystyle\sum_{i=1}^{\infty} x_i \; f(x_i) & \text{(이산형)} \\ \displaystyle\int_{-\infty}^{\infty} x\, f(x)\, dx & \text{(연속형)} \end{cases}$$

여기서 기호 E는 기댓값에 상당하는 영어 expectation의 첫 자에서 유래한다. 엄밀하게 우변이 절대수렴하는 경우, 즉

$$\sum_{i=1}^{\infty} |\, x_i \,| \;\; f(x_i) < \infty \; \left(\int |x| f(x)\, dx < \infty \right) \tag{2.2}$$

라는 조건이 성립하는 경우에 한하여 식 (2.1)을 평균값이라고 하고, 그 이외의 경우는 평균값이 존재하지 않는다고 한다. 그러나 실제적인 면에서 자주 사용하는 대부분의 분포에 대해서는 이 조건이 성립하므로 이 조건에 대해 신경을 쓰지 않아도 된다. 단, 아래의 코시분포는 예외이다.

코시분포 $C(\mu, \ \alpha)$는 평균값이 존재하지 않는 분포로 유명하다. 예를 들면 $\mu = 0$, $\alpha = 1$의 경우를 생각해 보자.

$$
\begin{aligned}
E(\,|X|\,) &= \int_{-\infty}^{\infty} |x| \frac{dx}{\pi(1+x^2)} \\
&= \lim_{\substack{u\to\infty \\ l\to-\infty}} \int_{l}^{u} \frac{|x|\,dx}{\pi(1+x^2)} \\
&= \lim_{u\to\infty} \int_{0}^{u} \frac{x\,dx}{\pi(1+x^2)} - \lim_{l\to-\infty} \int_{l}^{0} \frac{x\,dx}{\pi(1+x^2)} \\
&= \lim_{u\to\infty} \left[\frac{1}{2\pi} \log(1+x^2) \right]_0^u - \lim_{l\to-\infty} \left[\frac{1}{2\pi} \log(1+x^2) \right]_l^0 \\
&= \lim_{u\to\infty} \frac{1}{2\pi} \log(1+u^2) + \lim_{l\to-\infty} \frac{1}{2\pi} \log(1+l^2) \\
&= \infty
\end{aligned}
$$

으로 발산한다. μ, α의 어느 값에 관해서도 절대수렴이라고 하는 조건이 성립하지 않는다. 이것은 $|x|$가 무한으로 크게 되는 경우에(정규분포의 밀도함수와 비교하면) 밀도함수 $f(x)$의 값이 서서히 밖에 0에 접근하고 있지 않기 때문이다. 따라서 코시분포는 끝부분이 긴 분포라고 할 수 있다.

일반형의 우변은 Riemann-Stieltjes 적분인데, 이것에 관한 자세한 내용은 해석학 분야의 책을 참고하길 바란다. 여기서는 간단히 표기상의 편법이라고 생각해도 지장이 없다. 위의 표기법이 나타난 경우에는 합의 형태나, Riemann 적분 형태의 어느 것으로 바꾸어 놓고 생각하면 된다.

확률변수 X의 분포의 분산을 단순히 확률변수 X의 **분산**(variance)이라고 하고 $V(X)$로 표기한다. 분산은 평균 μ 주변의 2차 적률이기 때문에 $(X-\mu)^2$의 평균이라고 생각할 수 있다. 즉 $V(X)=E\{(X-\mu)^2\}$이다. 평균의 경우와 마찬가지로 다음과 같이 정의한다.

$$
\begin{aligned}
V(X) &= E\{(X-\mu)^2\} \\
&= \int_{-\infty}^{\infty} (x-\mu)^2\, dF(x) \qquad \text{(일반형)} \\
&= \begin{cases} \displaystyle\sum_{i=1}^{\infty} (x_i-\mu)^2 f(x_i) & \text{(이산형)} \\ \displaystyle\int_{-\infty}^{\infty} (x-\mu)^2 f(x)\,dx & \text{(연속형)} \end{cases}
\end{aligned}
$$

$\sqrt{V(X)}$를 X의 **표준편차**(standard deviation)라고 하고 σ로 표기한다. 분산이나 표준편차 모두 분포의 흩어짐을 나타내는 특성값이다. 예를 들면 확률변수가 키(cm)인 경우에 분산의 차원이 $[(cm)^2]$인 것에 비해 표준편차의 차원은 $[cm]$로서 평균의 차원과 같다. 그러므로 분포의 흩어짐을 나타내는 척도로 분산보다 표준편

차가 편리하다.

다음에 서술하는 분산에 관한 공식은 통계학에서 매우 중요한 공식이고 자주 사용된다. 이것을 **분산공식**(variance formula)이라고 하기로 한다.

$$V(X) = E(X^2) - \{E(X)\}^2$$

확률변수 X의 k차 적률을 다음과 같이 두 방법으로 정의한다. 원점 주변의 적률은 X^k의 평균인

$$\mu_k' = E(X^k) \qquad \text{(원점 주변)}$$

으로 정의되고, 평균 주변(또는 중심 주변)의 적률은 $(X-\mu)^k$의 평균인

$$\mu_k \equiv E\{(X-\mu)^k\} \qquad \text{(평균 주변, 또는 중심 주변)}$$

으로 정의된다. 여기서 $k = 1,\ 2,\ \cdots$이다. 그리고 4차까지의 적률을 사용해 분포의 특성값인 평균, 분산, **왜도**(skewness), **첨도**(kurtosis)를 다음과 같이 정의한다.

평균 : $\mu = \mu_1' = E(X)$: 분포의 중심을 나타내는 특성값

분산 : $\sigma^2 = \mu_2 = V(X)$: 분포의 흩어짐을 나타내는 특성값

왜도 : $\beta_1 = \dfrac{\mu_3}{\sigma^3}$: 분포의 비대칭 정도를 나타내는 특성값

첨도 : $\beta_2 = \dfrac{\mu_4}{\sigma^4}$: 분포의 뾰족한 정도를 나타내는 특성값

이들 4개의 수치로 분포의 특성을 설명할 수 있으므로 이들을 분포의 적률 특성값이라고 한다. 정규분포의 경우에는 왜도는 0이고 첨도는 3으로 되므로, μ_3/σ^3 및 $\mu_4/\sigma^4 - 3$을 가지고, X의 분포와 정규분포의 '엇갈림' 척도로 한다.

이항계수를 포함하는 분포에 대해서는 다음과 같은 **계승적률**(factorial moment)을 생각하는 것이 편리하다. k차 계승적률은 $x^{[k]} = x(x-1)(x-2)\cdots(x-k+1)$에 대하여

$$E\{X^{[k]}\} = E\{X(X-1)(X-2)\cdots(X-k+1)\}$$

로 정의된다. 2차 계승적률을 사용해 분산을 표현하면 다음과 같다.

$$V(X) = E\{X(X-1)\} + E(X) - \{E(X)\}^2$$

일반적으로, 확률변수의 함수 $h(X)$의 평균은 앞서 설명한 바와 같이

$$E\{h(X)\} = \int_{-\infty}^{\infty} h(x)\,dF(x) \qquad (\text{일반형})$$

$$= \begin{cases} \sum_{i=1}^{\infty} h(x_i)\,f(x_i) & (\text{이산형}) \\ \int_{-\infty}^{\infty} h(x)f(x)\,dx & (\text{연속형}) \end{cases}$$

로 정의된다. 다음 절에서 함수 $h(x) = \exp(tx)$ 또는 $h(x) = t^x$를 생각한다. 평균 $E\{h(X)\}$의 계산을 다음과 같은 방법에 따라 실행하면 좋다.

E를 합의 **연산자**(operator)라고 생각해 이산형인 경우에는 $\sum$로 바꿔 놓고 연속형인 경우에는 $\int$로 바꿔 놓는다. 다음에 $h(X)$의 X를 소문자의 x로 바꾸어 $h(x)$로 하고, 이산형인 경우에는 확률함수 $f(x)$를 곱하고, 연속형인 경우에는 밀도함수 $f(x)$와 dx를 곱한다. 합의 범위는 확률변수가 가지는 값의 범위로 한다. 예를 들면 이산 균등분포 $DU(n)$의 경우에는 $\sum_{x=1}^{n}$으로 하고 균등분포 $U(0,1)$의 경우에는 $\int_0^1$로 한다. 따라서 기댓값 E는 합의 연산자이기 때문에 다음과 같은 성질이 성립한다.

(E1) 임의의 상수 c에 대해서 $E(c) = c$이다. 특히 $E(1) = 1$이다.

그러면 평균값의 정의에 따라 다음의 선형성(linearity)이 있는 것이 쉽게 판명된다.

(E2) 확률변수의 2개의 함수 $g(X)$, $h(X)$와 임의의 상수 a, b에 대해서 다음 식이 성립한다.

$$E\{a\,g(X) + b\,h(X)\} = a\,E\{g(X)\} + b\,E\{h(X)\}$$

(E3) 만약 $X \geqq 0$이면 $E(X) \geqq 0$이다.
(E4) 절댓값과 기댓값의 교환에 대한 다음 부등식이 성립한다.

$$|E\{g(X)\}| \leqq E\{|g(X)|\}$$

선형성 (E1), (E2)는 분산공식 또는 분산과 2차 계승적률과의 관계식을 유도할 때 사용된다. 예를 들면 확률변수의 **일차변환**(linear transformation) $Y = a + bX$의 평균과 분산은 다음과 같이 계산할 수 있다.

$$\begin{aligned} E(Y) &= E(a + bX) = a + b\,E(X) \\ V(Y) &= E\{(a + bX) - (a + b\,E(X))\}^2 = E\{b(X - E(X))\}^2 \\ &= E\{b^2(X - E(X))^2\} = b^2 E\{(X - E(X))^2\} = b^2\,V(X) \end{aligned}$$

확률변수 X에서 평균 μ를 빼서 표준편차 σ로 나눈

$$Z = \frac{X-\mu}{\sigma}, \qquad X = \mu + \sigma Z$$

를 **표준변환**(standard transformation) 또는 z **−변환**(z-transformation)이라고 한다. 그리고 Z를 X의 **정규화**(normalization) 또는 **표준화**(standardization)라고 한다. 이때 확률변수 Z의 평균은

$$E(Z) = E\left(\frac{X-\mu}{\sigma}\right) = \frac{1}{\sigma}(E(X)-\mu) = \frac{1}{\sigma}(\mu-\mu) = 0$$

이고 분산은

$$V(Z) = V\left(\frac{X-\mu}{\sigma}\right) = \frac{1}{\sigma^2}V(X-\mu) = \frac{\sigma^2}{\sigma^2} = 1$$

인 것에 유의하자.

예제 2.6

이산 균등분포 $DU(100)$의 경우에 $E(X^2)$와 $(E(X))^2$를 비교하라.

(해)

$$\begin{aligned} E(X^2) &= \sum_{x=1}^{100} x^2 P(X=x) = \sum_{x=1}^{100} \frac{x^2}{100} \\ &= \left(\frac{1}{100}\right)\frac{100(101)(201)}{6} = 3383.5 \end{aligned}$$

이다. 그런데 $E(X) = 101/2 = 50.5$이므로 $(E(X))^2 = (101/2)^2 = 2550.25$이다. 따라서 $E(X^2) \neq (E(X))^2$임을 알 수 있다. 이것을 R을 이용하여 확인하자.

```
> (mean(sample(1:100,1000000,replace=T)))^2
[1] 2549.957
> mean(sample(1:100,1000000,replace=T)^2)
[1] 3381.426
```

시뮬레이션 결과 $E(X^2) \neq (E(X))^2$임을 알 수 있다. 일반적으로 $E[f(X)] = f(E[X])$는 성립하지 않는다.

예제 2.7

실험실의 평균 온도는 5°C이다. 그런데 미국에서는 온도는 Fahrenheit로 기록한다. 그리하여 Celsius를 Fahrenheit로 바꾸어 주는 공식 $f = 32 + (9/5)c$을 이용하여 Fahrenheit 자료의 평균 온도를 구하라.

(해) F와 C를 각각 Fahrenheit와 Celsius에서의 측정 확률변수라고 하자. 그러면

$$\begin{aligned} E(F) &= E\left(32 + \left(\frac{9}{5}\right)C\right) = 32 + \left(\frac{9}{5}\right)E(C) \\ &= 32 + \left(\frac{9}{5}\right)5 = 41^{o}F \end{aligned}$$

[E4] $$E(X_1 + X_2 + \cdots + X_n) = E(X_1) + E(X_2) + \cdots + E(X_n) \qquad (2.3)$$

확률변수의 합의 기댓값이 그들의 기댓값의 합과 같다고 하는 식은 $X_1, X_2, \cdots, X_n$이 서로 독립이던지 아니던지 간에 성립하는 것에 주의하자.

예제 2.8

N명으로 구성된 한 집안에서 그들의 모자를 방 가운데로 던져 모자를 섞은 다음 한 사람씩 모자를 무작위로 선택한다고 하자. 그때 자신의 모자를 선택한 사람의 수의 기댓값을 구하라.

(해) X를 자신의 모자를 선택한 사람의 수라고 하면

$$X = X_1 + X_2 + \cdots + X_N$$

이 된다. 여기서

$$X_i = \begin{cases} 1, & i\text{번째 사람이 자기의 모자를 선택했을 때} \\ 0, & \text{그렇지 않을 경우} \end{cases}$$

따라서 각각의 i에 대하여

$$E[X_i] = P\{X_i = 1\} = \frac{1}{\mathrm{N}}$$

그러므로

$$E[X] = E[X_1] + E[X_2] + \cdots + E[X_N] = N \cdot \left(\frac{1}{N}\right) = 1$$

그러므로 평균적으로 그들 중 단지 1명만이 자기의 모자를 선택할 것이다.

예제 2.9

성공할 확률이 p인 시행을 독립적으로 연속해서 시행할 때 꼭 r번 성공하기 위해 필요한 시행 수의 기댓값을 구하여라.

(해) X를 r번 성공할 때까지 필요한 시행의 수라고 두면, X는 음이항 확률변수가 되며, 따라서 X의 확률질량함수는

$$P\{X=n\}=\binom{n-1}{r-1}p^r(1-p)^{n-r}, \quad n=r,\ r+1,\ \cdots$$

이다. 그러므로

$$E[X]=\sum_{n=r}^{\infty} n\binom{n-1}{r-1}p^r(1-p)^{n-r} \tag{2.4}$$

그러나 다음과 같은 방법으로 더 간단한 표현을 얻을 수 있다. 각각의 i에 대하여 X_i를 $(i-1)$번째 성공한 후 i번째 성공할 때까지 요구되는 부가적인 시행의 수라고 하면

$$X=X_1+X_2+\cdots+X_r$$

가 되며, 또한 각각의 X_i는 p인 기하 확률변수라는 것을 알 수 있다. 따라서

$$E[X_i]=\frac{1}{p}, \quad i=1,\ 2,\ \cdots,\ r$$

이므로

$$E[X]=E[X_1]+E[X_2]+\cdots+E[X_r]=\frac{r}{p}$$

예제 2.10

N개의 흰 공과 M개의 검은 공이 들어 있는 항아리로부터 n개의 공을 무작위로 추출할 때 추출된 흰 공들의 개수의 기댓값을 구하라.

(해) X를 추출된 흰 공들의 개수라고 하면 X는 초기하 확률변수가 되며

$$P\{X=k\}=\frac{\binom{N}{k}\binom{M}{n-k}}{\binom{N+M}{n}}$$

가 된다. 따라서

$$E[X]=\frac{\sum_{k=0}^{n}k\binom{N}{k}\binom{M}{n-k}}{\binom{N+M}{n}}$$

그러나 다음과 같은 방법으로 더 간단한 표현을 얻을 수 있다.

$$X_i=\begin{cases}1, & i\text{번째 흰 공이 선택될 때}\\ 0, & \text{그 이외}\end{cases}$$

라고 두면 $X=X_1+X_2+\cdots+X_N$이므로 $E[X]$를 간단히 구할 수 있다.

$$\begin{aligned}E[X_i] &= P\{X_i=1\}\\ &= P\{i\text{번째 흰 공이 선택}\}\\ &= \frac{\binom{1}{1}\binom{M+N-1}{n-1}}{\binom{N+M}{n}}\\ &= \frac{n}{M+N}\end{aligned}$$

따라서

$$E[X]=E[X_1]+E[X_2]+\cdots+E[X_N]=\frac{Nn}{M+N}$$

$E[X]$를 구하는 또 하나의 방법은

$$Y_i=\begin{cases}1, & i\text{번째 추출된 공이 흰 공일 때}\\ 0, & \text{그 이외}\end{cases}$$

라고 정의하면 $X=Y_1+Y_2+\cdots+Y_n$이므로

$$\begin{aligned}E[Y_i] &= P[Y_i=1]\\ &= P\{i\text{번째 추출된 공이 흰 공}\}\\ &= \frac{N}{N+M}\end{aligned}$$

따라서

$$E[X]=E[Y_1]+E[Y_2]+\cdots+E[Y_n]=\frac{nN}{M+N}$$

예제 2.11

카드 2장씩이 1, 2, $\cdots, N$으로 표시되어 있는 $2N$개의 카드가 항아리 안에 들어 있다. 임의로 m개의 카드를 추출할 때 항아리 안에 남아 있는 카드 중 짝이 맞는 카드의 수에 대한 기댓값을 구하라.

(해) X를 항아리 안에 남아 있는 짝이 맞는 카드의 수라 하고

$$X_i=\begin{cases}1, & i\text{번째 쌍이 항아리에 남아 있을 때}\\ 0, & \text{그 이외}\end{cases}$$

라고 정의하면 $X=X_1+X_2+\cdots+X_N$이 된다. 한편

$$\begin{aligned}E[X_i] &= P\{X_i=1\}\\ &=\frac{\binom{2N-2}{m}}{\binom{2N}{m}}\\ &=\frac{\dfrac{(2N-2)!}{m!(2N-2-m)!}}{\dfrac{(2N)!}{m!(2N-m)!}}\\ &=\frac{(2N-m)(2N-m-1)}{(2N)(2N-1)}\end{aligned}$$

따라서

$$\begin{aligned}E[X]&=E[X_1]+E[X_2]+\cdots+E[X_N]\\ &=\frac{(2N-m)(2N-m-1)}{2(2N-1)}\end{aligned}$$

예제 2.12 **쿠폰 모으기 문제**(Coupon-Collecting problem)

서로 다른 N가지 형태의 쿠폰들이 있다고 한다. 매번 N가지 형태 중 어느 한 가지가 택해질 확률이 똑같은 쿠폰을 하나씩 얻는다고 하자.

(1) 만약 n개의 쿠폰을 얻었다면 서로 다른 형태의 쿠폰 수의 기댓값을 구하라.

(2) 각 형태가 적어도 하나씩은 택해지기 전까지 얻어지는 쿠폰 수의 기댓값을 구하라.

(해) (1) X를 n개의 쿠폰 중 서로 다른 형태의 쿠폰의 수라고 하면 $X = X_1 + X_2 + \cdots + X_N$으로 주어진다. 여기서

$$X_i = \begin{cases} 1, & n\text{개의 쿠폰 중 } i \text{ 형태의 쿠폰이 적어도 하나 있을 때} \\ 0, & \text{그 이외} \end{cases}$$

를 나타낸다. 한편

$$\begin{aligned} E[X_i] &= P\{X_i = 1\} \\ &= 1 - P\{n\text{개의 쿠폰 중 } i \text{ 형태의 쿠폰이 하나도 포함되지 않을 경우}\} \\ &= 1 - \left(\frac{N-1}{N}\right)^n \end{aligned}$$

따라서

$$E[X] = E[X_1] + \cdots + E[X_N] = N\left[1 - \left(\frac{N-1}{N}\right)^n\right]$$

(2) Y를 각 형태가 적어도 하나씩은 택해지기 전까지 얻어진 쿠폰의 수라고 하자. $E[Y]$는 음이항 확률변수의 평균을 계산할 때와 같은 방법으로 계산할 수 있다. 즉 각각의 $i(i = 0, 1, \cdots, N-1)$에 대하여 Y_i를 i개의 서로 다른 형태의 쿠폰을 얻기 위해 필요로 하는 부가적인 쿠폰의 수라고 하자. 그러면 $Y = Y_0 + Y_1 + \cdots + Y_{N-1}$이므로

$$P\{Y_i = k\} = \frac{N-i}{N}\left(\frac{i}{N}\right)^{k-1}, \quad k \geq 1$$

즉 Y_i는 모수 $N-i/N$를 가지는 기하 확률변수이다. 따라서 $E[Y_i] = N/N-i$이므로

$$\begin{aligned} E[Y] &= 1 + \frac{N}{N-1} + \frac{N}{N-2} + \cdots + \frac{N}{1} \\ &= N\left[1 + \frac{1}{2} + \cdots + \frac{1}{N}\right] \end{aligned}$$

[E5] $X_1, X_2, \cdots, X_n$이 서로 독립이면

$$E(X_1 X_2 \cdots X_n) = E(X_1) E(X_2) \cdots E(X_n) \tag{2.5}$$

(증명) $X_1, X_2, \cdots, X_n$이 서로 독립이라고 하고 그들의 분포함수를 $F_1, F_2, \cdots, F_n$ 이라고 하면,

$$F(x_1, x_2, \cdots, x_n) = F_1(x_1) F_2(x_2) \cdots F_n(x_n)$$

이 성립하기 때문에 [E2]에서 $g(x_1, x_2, \cdots, x_n) = x_1 x_2 \cdots x_n$ 으로 놓으면

$$\begin{aligned} &E(X_1 X_2 \cdots X_n) \\ &= \int_{-\infty}^{\infty} \cdots \int_{-\infty}^{\infty} x_1 x_2 \cdots x_n \, dF_1(x_1) \, dF_2(x_2) \cdots dF_n(x_n) \\ &= \int_{-\infty}^{\infty} x_1 dF_1(x_1) \int_{-\infty}^{\infty} x_2 dF_2(x_2) \cdots \int_{-\infty}^{\infty} x_n dF_n(x_n) \\ &= E(X_1) E(X_2) \cdots E(X_n) \end{aligned}$$

를 얻는다.

2.4 분포함수의 변환

확률변수의 함수, 특히 $h(X) = \exp(-tX)$로 두면 그 평균은 **라플라스 변환**(Laplace transformation)

$$L(t) = E\{\exp(-tX)\} = \int_{-\infty}^{\infty} \exp(-tx) \, dF(x)$$

이다. 그러나 통계학에서는 오히려 **적률생성함수**(moment generating function, M. G. F.)라고 하는 $M(t) = L(-t)$를 더 유용하게 사용한다. 적률생성함수 $M(t)$는 다음과 같이 정의된다.

$$\begin{aligned} M(t) &= E\{\exp(tX)\} \\ &= \int_{-\infty}^{\infty} \exp(tx) \, dF(x) \qquad (\text{일반형}) \\ &= \begin{cases} \displaystyle\sum_{i=1}^{\infty} \exp(tx_i) \, f(x_i) & (\text{이산형}) \\ \displaystyle\int_{-\infty}^{\infty} \exp(tx) \, f(x) \, dx & (\text{연속형}) \end{cases} \end{aligned}$$

적률생성함수가 존재한다면 그것은 몇 번이고 미분이 가능하다. 이러한 성질을 이용하여 다음과 같이 임의 차수의 적률을 구할 수 있다. 이런 의미에서 적률생성함수의 이름이 유래되었다. 적당한 개구간 $(-h, h)$ 에 속하는 모든 t 에 대해 적률생성함수가 존재한다는 사실을 기억하자. 여기서 $h > 0$ 이다.

$$\frac{dM(t)}{dt} = \int_{-\infty}^{\infty} x\, e^{tx}\, dF(x), \qquad \left.\frac{dM(t)}{dt}\right|_{t=0} = E(X)$$

$$\frac{d^2M(t)}{dt^2} = \int_{-\infty}^{\infty} x^2 e^{tx}\, dF(x), \qquad \left.\frac{d^2M(t)}{dt^2}\right|_{t=0} = E(X^2)$$

$$\vdots \qquad\qquad\qquad \vdots$$

$$\frac{d^kM(t)}{dt^k} = \int_{-\infty}^{\infty} x^k e^{tx}\, dF(x), \qquad \left.\frac{d^kM(t)}{dt^k}\right|_{t=0} = E(X^k)$$

적률생성함수는 확률변수의 분포를 결정짓는 기법으로 사용되고 있으며, 적률을 계산하기 위한 것보다는 이 목적으로 더 중요하게 사용되고 있음에 유의하자.

또한 $M(\theta)$는 $\theta = 0$의 주변에 **테일러 전개**(Tayler's expansion)가 가능하다.

$$M(\theta) = M(0) + M^{(1)}(0)\left(\frac{t}{1!}\right) + M^{(2)}(0)\left(\frac{t^2}{2!}\right) + M^{(3)}(0)\left(\frac{t^3}{3!}\right) + \cdots$$

즉 X의 r번째의 적률 $E(X^r)$은 $t^r/r!$의 계수이다.

X의 적률생성함수가 $M(\theta)$인 경우, $Y = aX + b$(a, b는 상수)의 적률생성함수는

$$E(e^{\theta(aX+b)}) = E(e^{a\theta X} e^{b\theta}) = e^{b\theta} M(a\theta)$$

예제 2.13

X가 표준정규분포 $N(0,1)$을 따르는 경우 적률생성함수를 구하라.

(해)

$$M(\theta) = \int_{-\infty}^{\infty} e^{\theta x} \frac{1}{\sqrt{2\pi}} e^{-x^2/2}\, dx$$

$$= e^{\theta^2/2} \int_{-\infty}^{\infty} \frac{1}{\sqrt{2\pi}} e^{-(x-\theta)^2/2}\, dx = e^{\theta^2/2}$$

이것을 $\theta = 0$의 주변에 테일러 전개를 하면

$$M(\theta) = \sum_{k=0}^{\infty} \frac{(\theta^2/2)^k}{k!} = \sum_{k=0}^{\infty} \frac{\theta^{2k}}{2^k\, k!}$$

으로 된다. 따라서 원점 주변의 홀수 차의 적률은 전부 0, $2k$차의 적률은 $(2k)!/(2^k\,k!)$으로 된다.

또한 $Y=\sigma X+\mu$는 정규분포 $N(\mu,\sigma^2)$를 따르지만, 그 적률생성함수는

$$e^{\mu\theta}\, e^{(\sigma\theta)^2/2} = \exp\left[\mu\theta + \frac{\sigma^2}{2}\theta^2\right]$$

으로 된다.

독립적인 확률변수의 합의 적률생성함수에 관해서는 다음의 정리가 성립한다.

정리 2.1

$X_1, X_2, \cdots, X_r$은 서로 독립이고, 그들의 적률생성함수는 $M_1(\theta), M_2(\theta), \cdots, M_r(\theta)$이라고 한다.

$$S = X_1 + X_2 + \cdots + X_r$$

의 적률생성함수를 $M_S(\theta)$라고 쓰면

$$M_S(\theta) = M_1(\theta)\, M_2(\theta) \cdots M_r(\theta) \tag{2.6}$$

이 성립한다.

다음에 $h(X) = \exp(itX)$로 두면 그 평균은 다음과 같은 변환이 된다.

$$\begin{aligned}\varphi(t) &= E\{\exp(itX)\}, \qquad (i^2=-1)\\ &= \int_{-\infty}^{\infty} \exp(itx)\, dF(x) \qquad \text{(일반형)}\\ &= \begin{cases}\displaystyle\sum_{j=1}^{\infty} \exp(itx_j)\, f(x_j) & \text{(이산형)}\\ \displaystyle\int_{-\infty}^{\infty} \exp(itx)\, f(x)dx & \text{(연속형)}\end{cases}\end{aligned}$$

이것을 통계학에서는 **특성함수**(characteristic function)라고 한다. 특성함수는 항상 존재한다. 왜냐하면

$$|\varphi(t)| \leqq E(|e^{itX}|) = E(|\cos tX + i\sin tX|) = E(1) = 1$$

이기 때문이다.

만일 s차까지의 원점 주변의 적률 $\mu_l{}'(1 \leqq l \leqq s)$이 존재한다고 하면, $\varphi(t)$는 $t=0$의 주변에서 테일러 전개가 가능하다.

$$\varphi(t) = 1 + \sum_{l=1}^{s} \frac{(it)^l}{l!} \mu_l{}' + o(t^s) \tag{2.7}$$

여기서 $o(t^s)$는 t^s보다 고차의 미소량, 즉

$$\lim_{t \to 0} \frac{o(t^s)}{t^s} = 0$$

이다.

특성함수에 관해서도 적률생성함수에 관한 정리 2.1에 대응하는 다음의 정리가 성립한다.

정리 2.2

$X_1, X_2, \cdots, X_r$은 서로 독립인 확률변수이고, X_j의 특성함수는 $\varphi_j(t)$라고 하면, $S = X_1 + X_2 + \cdots + X_r$의 특성함수 $\varphi_S(t)$는

$$\varphi_S(t) = \varphi_1(t)\varphi_2(t)\cdots\varphi_r(t) \tag{2.8}$$

이다.

(증명)

$$\begin{aligned}\varphi_S(t) &= E(e^{it(X_1+X_2+\cdots+X_r)}) = E(e^{itX_1}e^{itX_2}\cdots e^{itX_r}) \\ &= E(e^{itX_1})E(e^{itX_2})\cdots E(e^{itX_r}) \\ &= \varphi_1(t)\varphi_2(t)\cdots\varphi_r(t)\end{aligned}$$

이 정리는 확률변수의 합의 분포의 성질을 조사하는 데 중요한 역할을 한다. 그러나 적률생성함수는 모든 분포에 대해서 반드시 존재하는 것은 아니다. 그런데 적률생성함수가 존재하는 경우에 특성함수는 다음의 항등식으로부터 구해진다.

$$\varphi(t) = M(it)$$

예를 들면

(1) 이항분포 $B(n,\ p)$: $\varphi(t) = (pe^{it} + 1 - p)^n$

(2) 정규분포 $N(\mu,\ \sigma^2)$: $\varphi(t) = \exp\left[i\mu t - \dfrac{\sigma^2}{2} t^2 \right]$

이다.

산술분포에 대해 $h(X) = t^X$로 두면 그 평균은

$$P(t) \equiv E\{t^X\} = \sum_{x=0}^{\infty} t^x f(x), \qquad |t| \leq 1$$

이 된다. 이것을 X의 **확률생성함수**(probability generating function, P.G.F.)라고 한다. 한편 급수 $P(t)$에 대해 $|t| \leq 1$의 범위에서

$$|P(t)| \leq \sum_{x=0}^{\infty} |t|^x f(x) \leq \sum_{x=0}^{\infty} f(x) = 1$$

이 성립하므로 이 급수는 수렴, 즉 존재하고 $|t| \leq 1$의 범위에서는 몇 번이라도 항별로 미분할 수 있다. 그러므로 $P(t)$를 테일러 전개하여 계수를 비교하면 다음의 중요한 결과

$$P(t) = \sum_{x=0}^{\infty} \frac{P^{(x)}(0)}{x!} t^x \qquad \therefore\ f(x) = \frac{P^{(x)}(0)}{x!}$$

가 성립한다. 이로부터 확률생성함수의 이름이 유래되었다. 확률함수가 주어지면 확률생성함수를 구할 수 있지만 위의 결과에 의하면 확률생성함수로부터 확률함수를 구할 수 있다는 것을 알 수 있다. 또한 확률생성함수로부터 **계승적률**(factorial moment)을 구할 수 있다. 즉 $P(t)$의 k차 미분은

$$P^{(k)}(t) = \sum_{x=k}^{\infty} x(x-1)\cdots(x-k+1)\, t^{x-k} f(x)$$

이므로 다음 등식이 성립한다.

$$\begin{aligned} P^{(k)}(1) &= \sum_{x=k}^{\infty} x(x-1)\cdots(x-k+1) f(x) \\ &= E\{X(X-1)\cdots(X-k+1)\} = E\{X^{[k]}\} \end{aligned}$$

더욱이 확률생성함수로부터 적률생성함수와 특성함수를 다음과 같이 구할 수 있다.

$$M(t) = P(e^t), \qquad \varphi(t) = P(e^{it})$$

확률생성함수는 서로 독립이고, 음이 아닌 정수값을 가지는 여러 개의 확률변수의 합의 분포를 구하는 것에 사용되고 편리하다. 이때 다음의 성질이 사용된다.

정리 2.3

$X_1, X_2, \cdots, X_r$은 서로 독립이고, 음이 아닌 정수값을 가지는 확률변수로서

$$S = X_1 + X_2 + \cdots + X_r$$

이라고 놓는다. X_i의 확률생성함수를 $P_i(z)$, S의 확률생성함수를 $P_S(z)$라고 쓰면

$$P_S(z) = P_1(z)\,P_2(z) \cdots P_r(z)$$

이 성립한다.

(증명) $r=2$인 경우에 정리 2.3이 성립하는 것을 증명하면, 일반의 r에 관해서 정리 2.3이 성립하는 것을 수학적 귀납법에 의하여 보일 수 있으므로, $r=2$인 경우에 관해서 증명한다.

그러면

$$\begin{aligned} P(X_1 + X_2 = k) &= \sum_{l=0}^{k} P(X_1 = l \text{ 그리고 } X_2 = k-l) \\ &= \sum_{l=0}^{k} P(X_1 = l)\,P(X_2 = k-l) \end{aligned}$$

이므로

$$\begin{aligned} P_S(z) &= \sum_{k=0}^{\infty} P(X_1 + X_2 = k)\,z^k \\ &= \sum_{k=0}^{\infty}\left\{\sum_{l=0}^{k} P(X_1 = l)\,P(X_2 = k-l)\,z^l z^{k-l}\right\} \end{aligned}$$

으로 된다. 여기서 합의 순서를 바꾸고, $k-l$를 k'이라고 하면,

$$\begin{aligned} P_S(z) &= \sum_{l=0}^{\infty} P(X_1 = l)\,z^l \sum_{k'=0}^{\infty} P(X_2 = k')\,z^{k'} \\ &= P_1(z)\,P_2(z) \end{aligned}$$

를 얻게 된다.

예제 2.14

$X_1, X_2, \cdots, X_r$이 서로 독립이고, 각각 이항분포 $B(n_i, p)$를 따른다면, $S = X_1 + X_2 + \cdots + X_r$은 이항분포 $B(n_1 + n_2 + \cdots + n_r,\ p)$를 따른다. 왜냐하면 정리 2.3으로부터

$$P_i(z) = (pz + 1 - p)^{n_i}$$

이므로

$$P_S(z) = (pz + 1 - p)^{n_1 + n_2 + \cdots + n_r}$$

이 되고, 이 식의 우변은 이항분포 $B(n_1 + n_2 + \cdots + n_r,\ p)$의 확률생성함수이기 때문이다.

특성함수가 중요한 개념인 이유는 분포함수와 특성함수는 1 대 1 대응관계를 이루므로 하나가 구해지면 다른 하나가 구해지고 특성함수의 성질을 조사하여 분포함수의 성질을 알 수 있기 때문이다. 따라서 적률생성함수(또는 확률생성함수)가 존재하면 적률생성함수와 분포함수는 1 대 1 대응관계를 가지므로 적률생성함수(또는 확률생성함수)도 중요한 개념이다. 아울러 분포함수는 확률변수의 모든 가능한 값들에 대한 확률분포를 표현하기 위해 사용되는 통일된 방법이다. 분포함수와 특성함수의 대응관계를 설명하는 정리를 증명 없이 다음에 소개한다.

정리 2.4 (일치성)

F, G를 2개의 분포함수라고 하고 φ, ψ를 각각의 특성함수라고 하면 다음의 동치관계가 성립한다.

$$F = G \Leftrightarrow \varphi = \psi$$

일치성 정리는 분포함수와 특성함수의 1 대 1 대응관계를 설명하는 것이지만 특성함수에서 분포함수를 구하는 다음의 관계식이 좀 더 직접적으로 1 대 1 대응관계를 설명한다.

정리 2.5 (역변환 공식)

분포함수 $F(x)$의 특성함수를 $\varphi(t)$로 하는 경우에 F의 임의의 연속점 y, x에 대해서

$$F(y) - F(x) = \lim_{T \to \infty} \frac{1}{2\pi} \int_{-T}^{T} \frac{\exp(-ity) - \exp(-itx)}{-it} \varphi(t)\, dt$$

가 성립한다. 위의 식을 **역변환 공식**(inversion formula)이라고 한다.

예제 2.15 (연속성)

$F(x)$를 분포함수, $\{F_n(x),\ n=1,\ 2,\cdots\}$를 분포함수의 수열이라고 하고 $\varphi(t)$를 $F(x)$의 특성함수, $\{\varphi_n(t),\ n=1,\ 2,\cdots\}$를 수열 $\{F_n,\ n=1,2,\cdots\}$에 대응되는 특성함수의 수열이라고 하는 경우에 다음의 동치관계가 성립한다.

$$\lim_{n \to \infty} F_n(x) = F(x) \qquad (F\text{의 연속점 } x\text{에 대해})$$

$$\Leftrightarrow \lim_{n \to \infty} \phi_n(t) = \phi(t) \qquad (\text{임의의 } t\text{에 대해})$$

연속성 정리에서와 같이 분포함수의 수열 $\{F_n(x),\ n=1,2,\cdots\}$이 분포함수 $F(x)$의 임의의 연속점 x에서 $F(x)$에 수렴하면, 즉

$$\lim_{n \to \infty} F_n(x) = F(x) \qquad (F\text{의 연속점 } x\text{에 대해서})$$

가 성립하면 분포수열 F_n은 분포 F에 **법칙 수렴한다**(converge in law)고 한다. 또는 **분포 수렴한다**(converge in distribution)고 한다. 이제 확률변수의 수열 $\{X_n, n=1,2,\cdots\}$와 확률변수 X의 분포함수가 각각 분포수열 $\{F_n,\ n=1,2,\cdots\}$과 분포함수 F를 사용해서 F_n이 F에 법칙수렴(분포수렴)하는 것을 다음과 같이 표기한다.

$$F_n \to F \text{ in law (또는 in distribution) 또는 } F_n \xrightarrow{d} F$$

$$X_n \to F \text{ in law (또는 in distribution) 또는 } X_n \xrightarrow{d} F$$

$$X_n \to X \text{ in law (또는 in distribution) 또는 } X_n \xrightarrow{d} X$$

2.5 확률부등식

정리 2.6

확률변수 X의 음이 아닌 함수 $h(X) \geq 0$가 유한의 평균값 $E\{h(X)\} < \infty$을 가질 때 임의의 상수 $a > 0$에 대해서

$$P\{h(X) \geq a\} \leq \frac{1}{a} E\{h(X)\}$$

가 성립한다. 이것을 **마르코프 부등식**(Markov's inequality)이라고 한다.

(증명)

증명은 쉽고 간단하지만 중요하다. 확률변수 X의 분포함수를 $F(x)$라고 하면 $h(x) \geq 0$이므로

$$\begin{aligned} E\{h(X)\} &= \int_{-\infty}^{\infty} h(x)\, dF(x) \\ &= \int_{\{0 < h(x) < a\}} h(x)\, dF(x) + \int_{\{h(x) \geq a\}} h(x)\, dF(x) \\ &\geq \int_{\{h(x) \geq a\}} h(x)\, dF(x) \\ &\geq a \int_{\{h(x) \geq a\}} dF(x) = aP\{h(X) \geq a\} \end{aligned}$$

를 얻는다. 그러므로 정리의 부등식이 얻어진다.

예제 2.16

한 시스템에서 한 주 동안 시스템 중단은 평균이 2이다.
(1) 어떤 한 주 동안에 시스템 중단이 3번 이상일 확률을 구하라.
(2) 만약 시스템 중단이 포아송 분포를 따른다면 (1)의 확률을 구하라.

(해) X를 한 주 동안에 시스템 중단의 수라고 하면

(1) 마르코프 부등식에 의해 $\mu = E[X] = 2,\ a = 3$,

$$P\{X \geq 3\} \leq \frac{2}{3}$$

(2) $\lambda = E[X] = 2$인 포아송 분포

$$P(X = x) = e^{-2}\frac{2^x}{x!}$$

로 $P(X \geq 3) = 1 - P(X \leq 2)$에 대해 R로 하여

```
> 1-ppois(2, 2)
[1] 0.3233236
```

마르코프 근삿값 0.66은 정확한(exact) 확률 0.3233236의 두 배 이상이다. 마르코프의 한계(bound)의 보수성은 단지 평균만 알고 있으므로 놀랄 만하지 않다.

예제 2.17

온라인 컴퓨터 시스템에서 평균 반응시간은 $E(X) = 10s$이다.
(1) 반응 시간이 20s 이상일 확률을 구하라.
(2) 만약 평균 반응 시간이 10s인 지수 분포를 따른다면 (1)의 확률을 구하라.

(해) X를 한 주 동안에 시스템 중단의 수라고 하면
(1) 마르코프 부등식에 의해 $\mu = 10$, $a = 20$,

$$P(X \geq 20) \leq \frac{10}{20} = 0.5$$

(2) $E(T) = 1/\lambda = 10$인 지수분포로부터 $\lambda = 0.1$이므로

$$f(t) = (0.1)e^{(-0.1)t}$$

로 $P(X \geq 20)$에 대해 R로 계산하면

```
> 1-pexp(20, 0.1)
[1] 0.1353353
```

예제 2.18

한 공장에서 생산자는 생산한 제품의 평균 지름을 10으로 알고 있는데 평균 지름이 20을 초과할 확률을 구하고 싶다.
(1) 마르코프 부등식을 이용하여 $P(X \geq 20)$일 확률을 구하라.
(2) 만약 생산자의 측정이 평균은 같고 분산은 모른 정규분포를 따른다면 (1)의 한

계는 가깝겠는가?

(해)

(1) 마르코프 부등식에 의해 $\mu = 10$, $a = 20$,

$$P(X \geq 20) \leq \frac{10}{20} = 0.5$$

(2) $x = 20, \mu = 10$, 여러 σ값에 따른 정규분포에 대해 R로 하여

```
> plot(sd, 1-pnorm(20, 10, sd), ylim =c(0, 1),
+ xlab = "standard deviation", ylab ="P(X >= 20)")
> abline(h = 0.5)
> text(100, 0.55, "Markov's bound")
```

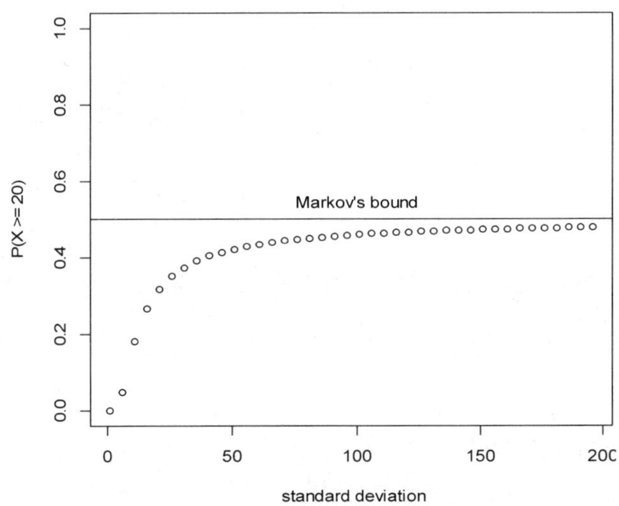

[그림 2.7] $P(X \geq 20)$**의 마르코프 부등식**

그림 2.7로부터 분산이 클수록 마르코프 부등식은 정확하나 적은 분산에 대해서는 좋지 않다. 한편 $\mu = 10$에 대해 $P(X \geq 15)$인 경우 마르코프 부등식으로부터

$$P(X \geq 15) \leq \frac{10}{15} = 0.667$$

에 대해, 마찬가지로

```
> sd <- seq(1, 200, 5)
> plot(sd, 1-pnorm(15, 10, sd), ylim =c(0, 0.5),
+ xlab = "standard deviation", ylab = "P(X >= 15)")
```

```
> plot(sd, 1-pnorm(15, 10, sd), ylim =c(0, 1),
+ xlab = "standard deviation", ylab = "P(X >= 15)")
> abline(h = 10/15)
> text(100, 0.69, "Markov's bound")
```

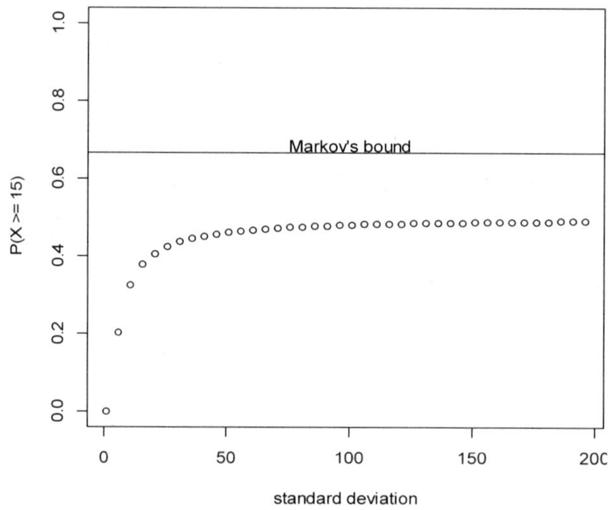

[그림 2.8] 마르코프 한계

여기서 마르코프 한계는 정확한 정규분포의 확률보다 근본적으로 크다. 분산이 200보다 클 경우에도 그렇다. 즉

```
> 1-pnorm(15, 10, 200)
[1] 0.4900275
```

정리 2.7

확률변수 X가 평균 μ, 분산 σ^2을 가질 때 임의의 상수 $k>0$에 대해서

$$P(|X-\mu| \geq k\sigma) \leq \frac{1}{k^2} \quad \text{또는} \quad P(|X-\mu| < k\sigma) > 1-\frac{1}{k^2}$$

가 성립한다. 이것을 **체비셰프 부등식**(Chebyshev's inequality)이라고 한다.

(증명)

이것은 마르코프 부등식의 $h(X)$와 a를 각각 $h(X)=|X-\mu|^2$와 $a=k^2\sigma^2$로 두면 쉽게 증명되지만 직접 증명을 하겠다.

$$\begin{aligned}\sigma^2 &= E\{\mid X-\mu \mid ^2\} = \int_{-\infty}^{\infty} \mid x-\mu \mid ^2 dF(x) \\ &\geq \int_{\{\mid x-\mu \mid \geq k\sigma\}} \mid x-\mu \mid ^2 dF(x) \\ &\geq k^2\sigma^2 \int_{\{\mid x-\mu \mid \geq k\sigma\}} dF(x) = k^2\sigma^2 P\{\mid X-\mu \mid \geq k\sigma\}\end{aligned}$$

을 얻는다. 그러므로 정리의 부등식이 유도된다.
이 경우에 평균을 중심으로 2σ 안에 있을 확률은 $k=2$로

$$P\{|X-\mu|< 2\sigma\} > 1-\frac{1}{2^2}=\frac{3}{4}$$

이고 마찬가지로 평균을 중심으로 3σ 안에 있을 확률은 $k=3$로

$$P\{|X-\mu|< 3\sigma\} > 1-\frac{1}{3^2}=\frac{8}{9}$$

로 거의 90%이다.

위의 두 부등식들은 분포함수의 평균만 알거나, 혹은 평균과 분산만 알고 있을 때 확률의 **한계**(bound)를 정해 주므로 중요하다. 물론 실제로 분포를 다 알고 있다면 확률의 정확한 계산이 가능하므로 그런 경우에는 그다지 필요하지 않다.

예제 2.19

한 공장에서 한 주 동안 생산한 제품의 수는 평균이 25인 확률변수를 따른다.
(1) 이번 주의 생산량이 100개를 초과할 확률을 구하라.
(2) 한 주당 생산량의 분산이 144라고 할 때, 금주의 생산량이 10에서 40 사이일 확률을 구하라.
(3) 위의 (2)의 경우에 한 주의 생산량이 정규분포를 따른다면 어떨까?

(해) X를 한 주 동안에 생산한 제품의 수라고 하면

(1) 마르코프 부등식에 의해

$$P\{X \geq 100\} \leq \frac{E[X]}{100}=\frac{25}{100}=\frac{1}{4}$$

(2) 체비셰프 부등식에 의해

$$P\{|X-25| \geq 15\} = P\{|X-25| \geq 1.25\sigma\} \leq \frac{1}{1.25^2} = 0.64$$

혹은

$$P\{|X-25| < 15\} > 0.36$$

(3) 정확한 확률을 얻기 위해 $X \sim N(25, 144)$로 R로 하여

$$P\{|X-25| < 15\} = P\{10 < X < 40\}$$

```
> pnorm(40, 25, 12) - pnorm(10, 25, 12)
[1] 0.7887005
```

정규분포를 따를 경우는 78.9% 확률로 체비셰프 부등식으로 구한 36%보다 2배 이상 크다.

확률부등식의 문제에서 凸(**볼록**) 함수 또는 凹(**오목**) 함수의 성질을 자주 사용하므로 이제 여기서 이런 함수들의 성질을 정리하고자 한다.

구간 $I = (a, b)$상에서 실수값 함수 $h(x)$가 凸(convex)하다는 것은 임의의 $\alpha \in (0, 1)$와 임의의 x_1, $x_2 \in I$에 대해서

$$h(\alpha x_1 + (1-\alpha)x_2) \leq \alpha h(x_1) + (1-\alpha)h(x_2)$$

가 성립하는 것이다. 만약 $x_1 \neq x_2$에 대해 '≤' 대신에 '<'가 항상 성립하면 **협의의** 凸(strictly convex)이라고 한다. 부등식의 방향이 반대인 경우에 각각 凹(concave), **협의의** 凹(strictly concave)이라고 한다.

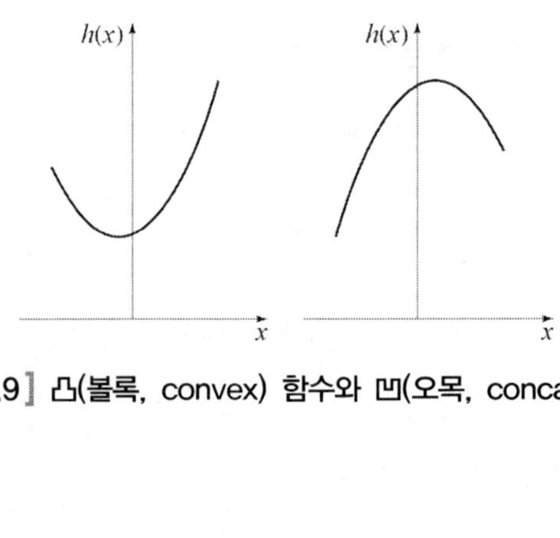

[그림 2.9] 凸(볼록, convex) 함수와 凹(오목, concave) 함수

$h(x)$가 구간 I상에서 凸인 경우에 다음의 성질이 성립한다. 凸 함수의 성질을 다음과 같이 차례로 기술하면 증명 없어도 그 의미를 이해할 수 있을 것이다.

정리 2.8

(1) 임의의 $a < x_1 < x_2 < x_3 < b$에 대해서

$$\frac{h(x_2)-h(x_1)}{x_2-x_1} \le \frac{h(x_3)-h(x_1)}{x_3-x_1} \le \frac{h(x_3)-h(x_2)}{x_3-x_2}$$

가 성립한다. 만약 협의의 凸이라면 위 식의 $\le$는 $<$로 대치된다.

(2) $h(x)$가 좌우 각각에서 편미분 가능하고 편미분계수를

$$D^- h(x) = \lim_{\Delta x \to 0^-} \frac{h(x+\Delta x)-h(x)}{\Delta x} \quad \text{(좌측 미분)}$$

$$D^+ h(x) = \lim_{\Delta x \to 0^+} \frac{h(x+\Delta x)-h(x)}{\Delta x} \quad \text{(우측 미분)}$$

으로 두면 각각은 단조증가함수이고 $D^- h(x) \leqq D^+ h(x)$가 성립한다.

(3) $D^- h(x_0) \leqq r \leqq D^+ h(x_0)$를 만족하는 임의의 수 r에 대해서 평균변화율의 함수를

$$R(x) = \begin{cases} \dfrac{h(x)-h(x_0)}{x-x_0}, & x \neq x_0 \text{인 경우} \\ r, & x = x_0 \text{인 경우} \end{cases}$$

로 두면 $R(x)$는 단조증가함수이다.

(4) 임의의 점 $x_0 \in I$에 대해서 다음의 부등식

$$h(x) \geqq h(x_0) + r(x-x_0) \quad (\text{임의의 } x \in I \text{에 대해})$$

를 만족하는 실수 r이 존재한다. 특히 $h(x)$가 협의의 凸이면 '$\geq$'는 $x(\neq x_0)$에 대해서 '$>$'로 대치된다.

마지막으로 $h(x)$가 I상에서 2번 미분할 수 있으면 (1)과 (2)로부터 다음의 성질이 성립한다.

(5) $h''(x) \geqq 0 \iff h(x)$는 凸 함수이다.

정리 2.9

$h(x)$가 R^1상에서 凸 함수이고 확률변수 X와 $h(X)$의 평균값이 유한일 때 다음의 부등식

$$E\{h(X)\} \geq h(E\{X\})$$

가 성립한다. 만약 $h(x)$가 협의의 凸 함수이면 위 부등식의 '='는 $P\{X=\mu\}=1$인 경우에 성립한다. 위의 부등식을 **젠센 부등식**(Jensen's inequality)이라고 한다.

(증명) 凸 함수의 성질 (4)에서 x와 x_0를 각각 $x=X$(확률변수), $x_0=\mu=E\{X\}$로 두면

$$h(X) \geq h(\mu)+r(X-\mu)$$

가 성립한다. 그러므로 평균을 취하면 $E\{h(X)\} \geq h(\mu)$를 얻는다. 만약 $h(x)$가 협의의 凸 함수이면 $P\{X=\mu\} \neq 1$인 경우에 부등호 '>'가 성립한다. 따라서 정리의 결과가 유도된다.

정리 2.10

확률변수 X의 적률생성함수 $M(t)$가 원점 근방에서 존재하면 무한번 미분가능하고 임의의 n차 적률이 존재한다. 그리고

$$\frac{d^n M(t)}{dt^n}=E\{X^n \exp(tX)\}, \quad \therefore \; E\{X^n\}=\left.\frac{d^n M(t)}{dt^n}\right|_{t=0}$$

가 성립한다.

특성함수에 대해서도 정리 2.11과 같은 결과가 성립한다. 정리의 증명을 생략한다.

정리 2.11

분포함수 $F(x)$가 n차 절대적률을 가진다. 즉

$$\int_{-\infty}^{\infty} |x|^n \, dF(x) < \infty$$

이면 특성함수 $\varphi(t)$는 n번 연속적으로 미분가능하고 n계 미분계수는 다음과 같이 주어진다.

$$\varphi^{(n)}(t) = i^n \int_{-\infty}^{\infty} x^n \exp(itx)\, dF(x)$$

$$\therefore\ \varphi^{(n)}(0) = i^n \int_{-\infty}^{\infty} x^n\, dF(x) = i^n E(X^n)$$

연습문제

01 확률변수 X의 밀도함수 $f(x)$가 다음과 같이 주어질 때 상수 c의 값을 구하고 더욱이 $E(X)$와 $V(X)$의 값을 구하라.

(1) $f(x) = cx^4(1-x)^3, \quad 0 < x < 1$

(2) $f(x) = c\exp\{-2|x-3|\}, \quad -\infty < x < \infty$

02 양의 정수 $0 < \theta < 1$와 $a_x \geqq 0,\ x = 0,\ 1, 2,\ \cdots$에 대해 다음과 같은 급수

$$A(\theta) = \sum_{x=0}^{\infty} a_x \theta^x$$

가 주어져 있다. 그러면 확률변수 X의 확률함수가

$$f(x) = \frac{a_x \theta^x}{A(\theta)}$$

일 때 X의 확률생성함수를 구하라.

03 확률변수 X의 평균값을 μ, 분산을 σ^2이라고 할 때 $E\{X(X-1)\}$를 계산하라.

04 X가 구간 $(a,\ b)$에서만 분포하는 확률변수라고 할 때 다음의 부등식

$$a \le E(X) \le b\ , \qquad V(X) \le \frac{(b-a)^2}{4}$$

이 성립함을 보여라.

05 앞면이 나올 확률이 $p(0<p<1)$이고, 뒷면이 나올 확률이 $1-p$인 동전을 독립적으로 n회 던지는 경우에 앞면이 홀수 번 나오는 확률을 a_n으로 표기한다.

(1) 점화식 $a_{n+1} = p + a_n(1-2p)$가 성립하는 것을 보여라.

(2) 수열 $\{a_n\}$을 계수로 가지는 다음과 같은 함수를 구하라.

$$P(t) = \sum_{n=1}^{\infty} a_n t^n \qquad (|t|<1)$$

(3) a_n을 구하라.

06 확률변수 X의 평균값은 μ이고 a 주변의 2차 적률을 $\mu_2(a) = E\{(X-a)^2\}$이라고 한다. $\mu_2(a)$는 $a=\mu$일 때 최소가 됨을 보여라.

07 확률변수 X의 분포함수를 $F(x)$라고 한다. θ가 $F(\theta)=1/2$를 만족하는 경우에 θ를 중앙값(median)이라고 한다. a 주변의 절대적률을 $\mu_1(a) = E\{|X-a|\}$라고 할 때 $\mu_1(a)$는 $a=\theta$에서 최소가 됨을 보여라.

08 확률변수 X가 연속 분포함수 $F(x)$를 가진다. 부호함수를 다음과 같이 정의한다.

$$sgn(x) = \begin{cases} 1 & (x>0\text{의 경우}) \\ 0 & (x=0\text{의 경우}) \\ -1 & (x<0\text{의 경우}) \end{cases}$$

이 경우에 새로운 확률변수 $Y = sgn(X-a)$의 평균값 $\mu(a)$를 구하라. 그리고 $\mu(a)=0$를 만족하는 a를 구하라.

09 X는 음이 아닌 연속형 확률변수이고 분포함수를 $F(x)$라고 하자. 그러면 평균값이 존재할 때 부분적분을 이용하여 다음 식을 증명하라.

$$E(X) = \int_{0}^{\infty} \{1 - F(x)\}\, dx$$

10 X가 양의 정수값을 가지는 이산형 확률변수이고 평균값이 존재할 때 다음 식을 증명하라.

$$E(X) = \sum_{x=1}^{\infty} P\{X \geq x\}$$

11 확률변수 X와 Y는 공통의 평균값 μ를 가지고 각각의 분산 σ_x^2, σ_y^2 이 존재한다. 임의의 상수 $t > 0$에 대해서

$$P\{ | X - \mu | > t \} \leq P\{ | Y - \mu | > t \}$$

가 성립할 때 $\sigma_x^2 \leqq \sigma_y^2$이 성립함을 보여라.

12 X가 $E(X) = 3$이고 $E(X^2) = 13$인 확률변수일 때 체비셰프 부등식을 이용하여 확률 $P\{-2 < X < 8\}$에 대한 하한을 구하라.

13 확률변수 X가 유한인 적률생성함수 $M(t)$를 가진다. 체비셰프 부등식을 증명할 때와 같은 방법으로 임의의 상수 a와 $0 < t < \infty$에 대해서

$$P(X \geq a) \leq e^{-at} M(t)$$

가 성립하는 것을 증명하라.

14 확률변수 X의 분포함수를 $F(x)$, 적률생성함수를 $M_X(t)$로 한다. 새로이 정의된 분포함수

$$G(y) = \frac{1}{M_X(t)} \int_{-\infty}^{y} \exp(tx)\, dF(x)$$

를 가지는 확률변수를 Y라고 할 때 Y의 적률생성함수 $M_Y(s)$를 구하라.

15 확률변수 X는 양의 값만을 가지고 분포함수 $F(x)$를 가진다. H, G, M는 다음과 같이 정의된다.

$$\frac{1}{H} = \int_0^\infty \frac{1}{x} dF(x) \qquad (H\text{는 조화평균})$$
$$\log G = \int_0^\infty \log x \ dF(x) \qquad (G\text{는 상승평균})$$
$$M = \int_0^\infty x \ dF(x) \qquad (M\text{은 상가평균})$$

(1) $A(t) = \left(\int_0^\infty x^t \, dF(x) \right)^{1/t}$ 는 t의 증가함수임을 증명하라(단, $-1 \le t \le 1$이고, $A(0)$는 $A(0) = \lim_{t \to 0} A(t)$로 정의한다).

(2) $H \le G \le M$이 성립함을 보여라.

16 다음의 밀도함수를 가지는 확률분포의 특성함수를 구하라.

(1) $f(x) = \frac{a}{2} \exp(-a|x|), \quad -\infty < x < \infty$

(2) $f(x) = a\{\pi(a^2 + x^2)\}^{-1}, \quad -\infty < x < \infty$

제 3 장

확률분포의 대표적 모형

3.1 이산모형

확률변수 X가 나이나 소득 등과 같이 유한개 또는 가산 무한개의 질량점만을 가지는 경우에 이산형 확률변수라고 하고 그 분포를 이산분포라고 한다(2.2절 참조). 특히 이산분포 중에는 응용분야에 자주 나오는 것으로 질량점들이 직선상에서 등간격으로 나열하고 있는 것이 있다. 이와 같은 분포를 **산술분포**(arithmetic distribution)라고 한다. 그 중에서도 특히 음이 아닌 정수값을 가지는 것이 이용된다. 예를 들면 음이 아닌 정수값들에 대한 산술분포는 확률함수로

$$f_x = f(x), \quad x = 0, 1, 2, \cdots$$

를 가진다.

이 절에서는 이항분포나 포아송 분포 등과 같은 분포의 특성값 또는 분포의 변환 등을 구하고 각 모형에 관한 고유의 성질에 대해 논한다.

3.1.1 이산균등분포 $DU(n)$

확률변수 X가 다음의 확률함수

$$f(x) = P(X=x) = \frac{1}{n}, \quad x = 1, 2, \cdots, n$$

를 가지면 자연수 1, 2,⋯, n상에서 **이산균등분포**(discrete uniform distribution)를 갖는다고 하고 $DU(n)$으로 나타낸다. **지시함수**(indicator function)를 사용하여 확률함수와 밀도함수를 간단하게 표현해 보자. 지시함수는

$$I_A(x) = \begin{cases} 1, & x \in A \\ 0, & x \notin A \end{cases}$$

로 정의된다. 이 함수를 사용하면 이산균등분포 $DU(n)$의 밀도함수는 다음과 같이 표현된다.

$$f(x) = \frac{1}{n} I_{\{1, 2, \cdots, n\}(x)}$$

정수의 합의 공식

$$\sum_{x=1}^{n} x = \frac{1}{2}n(n+1), \qquad \sum_{x=1}^{n} x^3 = \left\{\frac{1}{2}n(n+1)\right\}^2$$

$$\sum_{x=1}^{n} x^2 = \frac{1}{6}n(n+1)(2n+1),$$
$$\sum_{x=1}^{n} x^4 = \frac{1}{30}n(n+1)(2n+1)(3n^2+3n-1)$$

을 사용하여 4차까지의 적률을 구할 수 있고 분포의 특성값인 평균, 분산, 왜도 및 첨도를 다음과 같이 각각 계산할 수 있다.

$$E(X) = \frac{n+1}{2}, \quad V(X) = \frac{n^2-1}{12}$$
$$\beta_1 = 0, \quad \beta_2 = \frac{3(3n^2-7)}{5(n^2-1)}$$

그리고 확률생성함수는

$$P(t) = E(t^X) = \frac{1}{n}(t+t^2+t^3+\cdots+t^n) = \frac{t(1-t^n)}{n(1-t)}$$

이 된다.

3.1.2 이산형 확률변수의 시뮬레이션과 기댓값

주사위 눈에는 3.5가 없지만 주사위 하나를 던질 때 나오는 눈의 기댓값은 3.5인데 이는 주사위 던지기를 무한히 많이 시행하면 평균적으로 3.5를 기대할 수 있다. 이것을 R 함수 $sample$로 조사하면

```
> roll=sample(c(1:6), 60, replace = T)
> roll
 [1] 6 4 6 1 6 6 2 5 6 6 6 4 5 1 4 6 6 1 2 4 6 6 2 2 1 5 2 6 3 3 2 4 4 4 6 6
[37] 4 5 1 5 3 3 4 6 4 1 5 4 1 6 2 4 4 5 1 4 2 4 3 2
> mean(roll)
[1] 3.866667
```

평균 3.5와 많은 차이가 없다. 분산은 다음과 같다.

```
> variance <- sum((roll-mean(roll))**2)/60
> variance
[1] 3.048889
```

그런데 시행횟수를 더 많이 하면 할수록 좀 더 정확한 추정값을 얻는다. 그래서 시행횟수는 10,000번으로 반복 시행하면

```
> roll=sample(c(1:6), 10000, replace =T)
> table(roll)
roll
   1    2    3    4    5    6
1662 1675 1601 1726 1682 1654
> round(table(roll)/10000, 2)
roll
   1    2    3    4    5    6
0.17 0.17 0.16 0.17 0.17 0.17
```

각각의 확률은 똑같다. 그리고 실제적인 분포와 비교하면

```
> plot (table(roll)/10000, xlab="Die face",
+ ylab="Probability")

> prob<-c(1/6,1/6,1/6,1/6,1/6,1/6)
> plot(x, prob, type="h", xlab="Die face",
+ ylab="Probability")
```

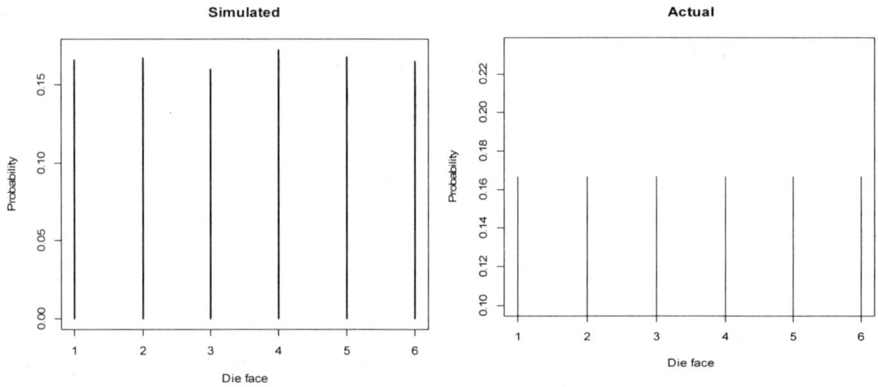

[그림 3.1] 주사위 던지기

그림 3.1로부터 10,000번의 시뮬레이션의 분포는 거의 균등분포와 같다. 상대도수가 1/6에 거의 가깝다. 그리고 평균 역시

```
> mean(roll)
[1] 3.5053
```

실제 평균 3.5와 거의 같음을 알 수 있다.

3.1.3 초기하분포 $HG(N;n,p)$

모집단이 N개의 제품으로 구성되어 있는데, 이 중 $M(0 \leqq M \leqq N)$ 개가 불량품이고 나머지 $N-M$ 개가 양품이면 불량률은 $p = M/N(p = 0, 1/N, 2/N, \cdots, 1)$이다. 이제 N 개의 제품 가운데서 랜덤하게 1개의 제품을 추출하고, 남아 있는 $N-1$개의 제품 가운데서 다시 랜덤하게 1개의 제품을 추출하는 절차를 반복하여 n 개의 제품을 추출한다. 즉 N개의 제품에서 랜덤하게 n개의 제품을 비복원추출(sampling without replacement)한다. 한편 추출된 n 개의 제품 중 양품의 개수를 X라고 하면 이것은 확률변수이고 그 확률함수는

$$f(x \mid p) = \frac{\binom{Np}{x}\binom{N(1-p)}{n-x}}{\binom{N}{n}} I_{\{0,1,2,\cdots,n\}}(x)$$

$$\Theta = \left\{p : p = 0, \frac{1}{N}, \cdots, \frac{N}{N}\right\}$$

이 된다. 일반적으로 확률변수 X가 가질 수 있는 값은

$$\max\{0, n-N(1-p)\} \leq x \leq \min(n, M)$$

이다. 이 분포를 **초기하분포**(hypergeometric distribution)라고 하고 $HG(N;n,p)$로 표기한다.

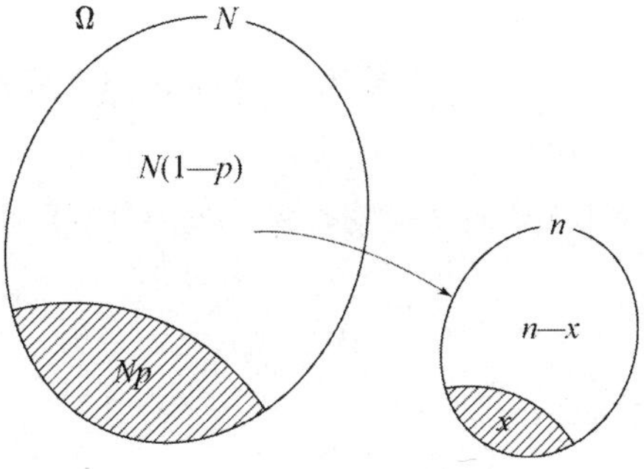

[그림 3.2] 초기하분포의 비복원추출

위의 확률함수가 미지의 **모수**(parameter) p에 종속하고 있는 것을 주지하자. 일반적으로 불량률 p를 알 수 없지만 그 범위는 이미 알고 있다. 미지의 모수의 범위를 **모수공간**(parameter space)이라고 한다.

```
par(mfrow=c(1, 2), pty = "s")
x <- 0:10
m <- 15
n <- 10
k <- 10
px <- dhyper(x, m, n, k)
plot(x, px, type = "h", xlab = "x", ylab="P(X = x)",
     main = "PDF of X ~ Hyper(15, 10, 10)")
xs <- rep(x, round(dhyper(x, m, n, k)*10000000, 0))
plot(ecdf(xs), main = "CDF of X ~ Hyper(15, 10, 10)",
     ylab = expression(P(X <=x)), xlab = "x")
```

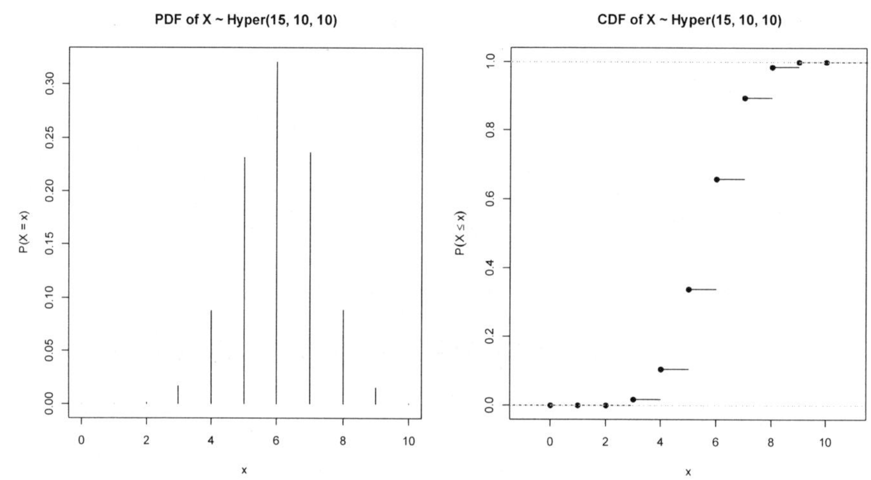

[그림 3.3] 초기하분포의 확률함수와 분포함수

(1) 위의 확률함수가 확률함수의 성질 (PF2)를 만족하는지를 알아보자. 다음의 항등식

$$(a+b)^N = (a+b)^M (a+b)^{N-M}$$

을 이항전개하면

$$\sum_{n=0}^{N} \binom{N}{n} a^n b^{N-n} = \sum_{x=0}^{M} \binom{M}{x} a^x b^{M-x} \sum_{y=0}^{N-M} \binom{N-M}{y} a^y b^{N-M-y}$$

가 된다. 위 식의 $a^n b^{N-n}$ 항의 계수를 비교하면, $x+y=n$ 이므로

$$\binom{N}{n} = \sum_{x=0}^{n} \binom{M}{x} \binom{N-M}{n-x}$$

를 얻게 된다. 그러므로 성질 (PF2)가 성립한다.

(2) 위의 이항계수에 관한 항등식, 즉 $\sum_{i=0}^{m}\binom{a}{i}\binom{b}{m-i}=\binom{a+b}{m}$을 사용하여 평균과 분산을 구하자. 평균은

$$\begin{aligned} E(X) &= \sum_{x=0}^{n} x \frac{\binom{M}{x}\binom{N-M}{n-x}}{\binom{N}{n}} = n\frac{M}{N}\sum_{x=1}^{n}\frac{\binom{M-1}{x-1}\binom{N-M}{n-x}}{\binom{N-1}{n-1}} \\ &= n\frac{M}{N}\sum_{y=0}^{n-1}\frac{\binom{M-1}{y}\binom{N-1-(M-1)}{n-1-y}}{\binom{N-1}{n-1}} \\ &= n\frac{M}{N} \end{aligned}$$

이 된다. 그리고 2차 계승적률은

$$\begin{aligned} E\{X(X-1)\} &= \sum_{x=0}^{n} x(x-1)\frac{\binom{M}{x}\binom{N-M}{n-x}}{\binom{N}{n}} \\ &= n(n-1)\frac{M(M-1)}{N(N-1)}\sum_{x=2}^{n}\frac{\binom{M-2}{x-2}\binom{N-M}{n-x}}{\binom{N-2}{n-2}} \\ &= n(n-1)\frac{M(M-1)}{N(N-1)}\sum_{y=0}^{n-2}\frac{\binom{M-2}{y}\binom{(N-2)-(M-2)}{n-2-y}}{\binom{N-2}{n-2}} \\ &= n(n-1)\frac{M(M-1)}{N(N-1)} \end{aligned}$$

이 된다. 따라서 분산은 다음과 같이 계산된다.

$$\begin{aligned} V(X) &= E\{X(X-1)\} + E(X) - \{E(X)\}^2 \\ &= n(n-1)\frac{M(M-1)}{N(N-1)} + n\frac{M}{N} - \left(n\frac{M}{N}\right)^2 \\ &= n\frac{(N-n)M(N-M)}{(N-1)N^2} \\ &= \frac{N-n}{N-1}np(1-p) \end{aligned}$$

3.1.4 이항분포 $B(n, p)$

오직 두 가지 형태, 즉 성공과 실패만이 나오는 실험을 **베르누이 시행**(Bernoulli trial)이라고 하고 0과 1만을 갖는 확률변수 ϵ을 베르누이 변수라고 한다. 베르누이 시행에서 성공할 확률이 $p(0 < p < 1)$이고 실패할 확률이 $1-p$라고 하면 베르누이 변수는

$$\epsilon = \begin{cases} 1, & (\text{확률 } p) \\ 0, & (\text{확률 } 1-p) \end{cases}$$

이다. 베르누이 시행을 독립적으로 n회 반복하였을 때 그 시행횟수에 대한 성공횟수를 $X = \epsilon_1 + \epsilon_2 + \cdots + \epsilon_n$이라고 하면 X는 이산값 $0, 1, \cdots, n$을 가지는 확률변수이고 그 확률함수는

$$f(x \mid p) = \binom{n}{x} p^x (1-p)^{n-x} I_{\{0, 1, \cdots, n\}}(x)$$

가 된다. 이 분포는 확률함수가 $\{p + (1-p)\}^n$의 이항전개의 각 항이기 때문에 **이항분포**(binomial distribution)라고 하며 $B(n, p)$로 나타낸다. 성공할 확률과 실패할 확률의 비 $p/(1-p)$를 **승산비**(odds ratio)라고 한다. 실제로, 앞면(□)이 나올 확률이 p이고 뒷면(■)이 나올 확률이 $1-p$인 동전을 $n = 4$회 던지는 경우에 앞면이 나오는 횟수 X를 성공횟수라고 하고 이항분포 $B(4, p)$를 따르는 것을 보이자. 앞면이 나오는 횟수가 $x = 2$일 확률은 모든 경우에 $p^2(1-p)^2$이 되고 경우의 수는 $\binom{4}{2}$이므로

□□■■ □■□■ □■■□
■□□■ ■□■□ ■■□□

확률함수는 $f(2 \mid p) = \binom{4}{2} p^2 (1-p)^2$이 된다.

(1) 위의 확률함수가 확률함수의 성질 (PF2)를 만족하는지를 알아보자.

$$\sum_{x=0}^{n} f(x \mid p) = \sum_{x=0}^{n} \binom{n}{x} p^x (1-p)^{n-x} = \{p + (1-p)\}^n = 1$$

(2) 이항계수에 관한 항등식을 사용하여 평균과 분산을 구하자. 평균은

$$\begin{aligned}E(X) &= \sum_{x=0}^{n} x\binom{n}{x}p^x(1-p)^{n-x} \\ &= np\sum_{x=1}^{n}\binom{n-1}{x-1}p^{x-1}(1-p)^{n-x} \\ &= np\sum_{y=0}^{n-1}\binom{n-1}{y}p^y(1-p)^{n-1-y} = np\end{aligned}$$

이 된다. 그리고 2차 계승적률은

$$\begin{aligned}E\{X(X-1)\} &= \sum_{x=0}^{n} x(x-1)\binom{n}{x}p^x(1-p)^{n-x} \\ &= n(n-1)p^2\sum_{x=2}^{n}\binom{n-2}{x-2}p^{x-2}(1-p)^{n-x} \\ &= n(n-1)p^2\sum_{y=0}^{n-2}\binom{n-2}{y}p^y(1-p)^{n-2-y} \\ &= n(n-1)p^2\end{aligned}$$

이 된다. 따라서 분산은 다음과 같이 계산된다.

$$\begin{aligned}V(X) &= E\{X(X-1)\}+E(X)-\{E(X)\}^2 \\ &= n(n-1)p^2+np-(np)^2 \\ &= np(1-p)\end{aligned}$$

(3) 확률생성함수를 구하면 다음과 같이

$$\begin{aligned}P(t) = E(t^X) &= \sum_{x=0}^{n} t^x\binom{n}{x}p^x(1-p)^{n-x} \\ &= \sum_{x=0}^{n}\binom{n}{x}(tp)^x(1-p)^{n-x} \\ &= (pt+1-p)^n\end{aligned}$$

이 된다. 따라서 미분 $P^{(k)}(1)$을 이용하여 k차 적률을 계산할 수 있다.

$$P'(t) = np(pt+1-p)^{n-1} \Rightarrow E(X) = P'(1) = np$$

$$P''(t) = n(n-1)p^2(pt+1-p)^{n-2}$$

$$\Rightarrow E\{X(X-1)\} = P''(1) = n(n-1)p^2$$

$$P^{(3)}(t) = n(n-1)(n-2)p^3(pt+1-p)^{n-3}$$

$$\Rightarrow E\{X(X-1)(X-2)\} = P^{(3)}(1) = n(n-1)(n-2)p^3$$

$$P^{(4)}(t) = n(n-1)(n-2)(n-3)p^4(pt+1-p)^{n-4}$$

$$\Rightarrow E\{X(X-1)(X-2)(X-3)\}$$

$$= P^{(4)}(1) = n(n-1)(n-2)(n-3)p^4$$

이로부터 왜도 및 첨도를 계산할 수 있다.

$$\beta_1 = \frac{1-2p}{\sqrt{np(1-p)}}, \qquad \beta_2 = 3 + \frac{1-6p(1-p)}{np(1-p)}$$

(4) 초기하분포 $HG(N;n,p)$는 N이 큰 경우에 이항분포 $B(n,p)$에 근사한다. 즉 N이 큰 경우에 n개의 표본을 비복원추출해도 추출된 표본이 불량률에 영향을 주지 않아 불량률은 p로서 일정하다고 생각해도 좋으므로 이항분포를 사용할 수 있다. 수학적으로

$$\frac{\binom{Np}{x}\binom{N(1-p)}{n-x}}{\binom{N}{n}} = \binom{n}{x}\frac{{}_{Np}P_{x}\,{}_{N(1-p)}P_{n-x}}{{}_{N}P_{n}}$$

$$= \binom{n}{x}\frac{p\left(p-\frac{1}{N}\right)\cdots\left(p-\frac{x-1}{N}\right)(1-p)\left(1-p-\frac{1}{N}\right)\cdots\left(1-p-\frac{n-x-1}{N}\right)}{\left(1-\frac{1}{N}\right)\left(1-\frac{2}{N}\right)\cdots\left(1-\frac{n-1}{N}\right)}$$

$$\rightarrow f(x \mid p) = \binom{n}{x}p^x(1-p)^{n-x}, \quad (N\rightarrow\infty \text{ 일 때})$$

이 성립한다. 즉 초기하분포 $HG(N;n,p)$는 $N\rightarrow\infty$, $M/N\rightarrow p$이면 이항분포 $B(n,p)$에 근사한다.

예제 3.1

상자에 들어 있는 20개의 제품 가운데서 랜덤하게 1개의 제품을 추출하고, 다시 랜덤하게 1개의 제품을 추출하는 절차를 반복하여 10개의 제품을 추출한다. 즉 20개의 제품에서 랜덤하게 10개의 제품을 복원추출한다. 한편 추출된 10개의 제품 중 불량품의 개수를 X라고 하고 불량률은 $p=0.1$이라고 하자. 이때 X가 이항분포를 따르고 확률은

$$P(X=0)=(0.9)^{10}=0.3487, P(X=1)=0.3874,\ \ P(X=2)=0.1937$$

이고, 실제적으로 표본조사는 비복원추출이다. 그래서 초기하분포로 계산하면

$$P(X=0)=\binom{18}{10}\Big/\binom{20}{10}=0.2368,\ \ P(X=1)=0.5263,\ \ P(X=2)=0.2368$$

이며, 이 확률들은 이항분포 결과들과 다른 것을 알 수 있다. 만약 상자 안에 $N=200$개의 제품이 있는 경우에 초기하분포로 계산하면

$$P(X=0)=\binom{180}{10}/\binom{200}{10}=0.3398,\ \ P(X=1)=0.3974,\ \ P(X=2)=0.1975$$

마찬가지로 상자 안에 $N=2000$개의 제품이 있는 경우에 초기하분포로 계산해 보면

$$P(X=0)=\binom{1800}{10}/\binom{2000}{10}=0.3478,\ \ P(X=1)=0.3884,\ \ P(X=2)=0.1941$$

이고 이들은 이항분포의 결과와 아주 가까운 것을 보인다. 다시 말해 N이 클수록 초기하분포는 이항분포로 근사하는 것을 볼 수 있다. 이들을 R로 확인하여 보자.

```
> M<-2
> L<-18
> y<- dhyper(x, M, L, 10)
> yround = round(y, 3)
> names <- c(yround)
> plot(x, y, type="h", ylim= c(0, 0.51), xlab= " ",
+  main = "Hyper(N=20, p=0.1)", axes = FALSE)
> text(x, dhyper(x, M, L, 10), names)
> axis(1)
> axis(2)
```

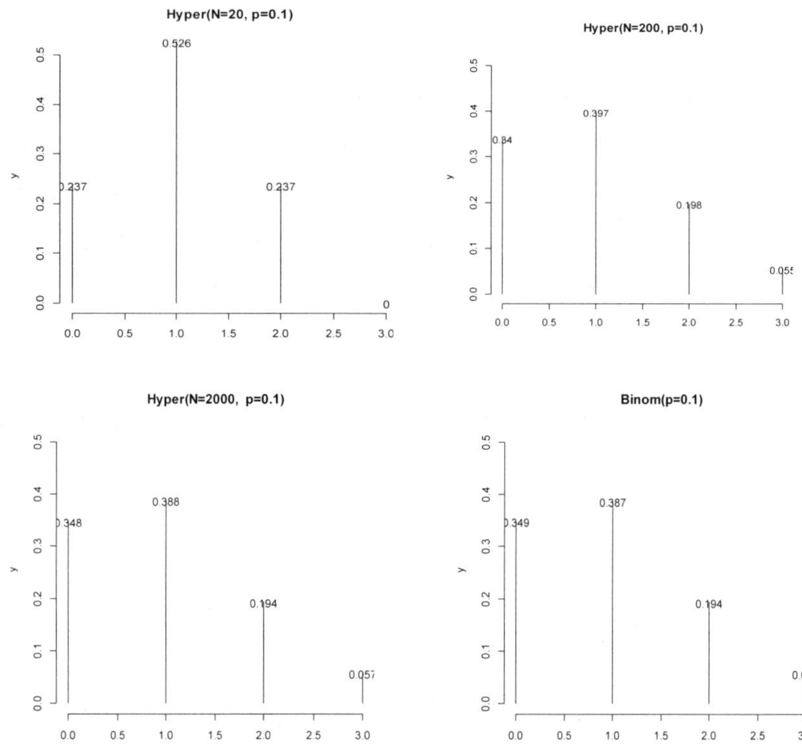

[그림 3.4] 초기하분포와 이항분포($n=10,\ p=0.1$) 확률질량함수

그림으로부터 N이 크면 이항분포와 초기하분포는 차이가 없다. 좀 더 자세한 것은 R에서 다음과 같이 알 수 있다.

```
> par(mfrow=c(2, 2))
> M<-2
> L<-18
> matplot(x, data.frame(dbinom(x, 10, 0.1),
+ dhyper(x, M, L, 10)), pch=25,
+ ylab="Probabilities", xlab="Number of occurrences",
+ main="Hyper(N=20, p=0.1)")
> segments(x, dbinom(x, 10, 0.1), x, dhyper(x, 2, 18, 10))
>
> M<-4
> L<-36
> matplot(x, data.frame(dbinom(x, 10, 0.1),
+ dhyper(x, M, L, 10)), pch=25,
+  ylab="Probabilities", xlab="Number of occurrences",
+  main="Hyper(N=40, p=0.1)")
> segments(x, dbinom(x, 10, 0.1), x, dhyper(x, 4, 36, 10))
```

```
>
> M<-10
> L<-90
> matplot(x, data.frame(dbinom(x, 10, 0.1),
+ dhyper(x, M, L, 10)), pch=25,
+ ylab="Probabilities", xlab="Number of occurrences",
+ main="Hyper(N=100, p=0.1)")
> segments(x, dbinom(x, 10, 0.1), x, dhyper(x, 10, 90, 10))
>
> M<-20
> L<-180
> matplot(x, data.frame(dbinom(x, 10, 0.1),
+  dhyper(x, M, L, 10)), pch=25,
+  ylab="Probabilities", xlab="Number of occurrences",
+  main="Hyper(N=200, p=0.1)")
>  segments(x, dbinom(x, 10, 0.1), x, dhyper(x, 20, 180, 10))
```

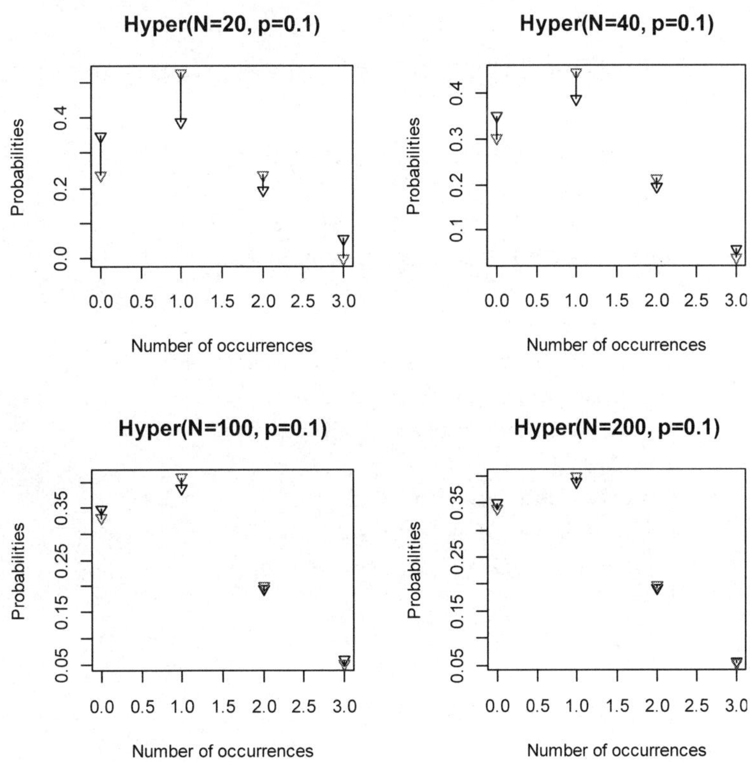

[그림 3.5] 초기하분포와 이항분포($n=10,\ p=0.1$) 확률질량함수

그림으로부터 N이 크면 초기하분포로부터의 확률은 이항분포근사로 얻은 확률과 별 차이가 없다. 즉 비복원추출 초기하분포와 복원추출 이항분포는 동치이다.

3.1.5 이항분포의 시뮬레이션과 기댓값

이항분포 $B(n, p)$에서 a개를 생성하는 R 함수는 $rbinom(a,n,p)$으로, 예를 들어 $B(20, 0.2)$에서 50개의 난수를 발생시키는 것은

```
> defectives<-rbinom(50, 20, 0.2)
> defectives
 [1] 2 5 3 6 3 3 2 5 3 2 5 6 5 4 3 3 5 3 3 7 4 2 1 5 3 3 6 5 3 2 4 5 4 4 7 3
[37] 6 0 3 2 3 5 4 5 7 4 5 7 4 3
```

이고 요약하면

```
> table(defectives)
defectives
 0  1  2  3  4  5  6  7
 1  1  6 15  8 11  4  4
```

이다. 이것의 상대도수를 구하고 이론적인 확률과 비교한 그림은 아래와 같다.

```
> table(defectives)/length(defectives)
defectives
   0    1    2    3    4    5    6    7
0.02 0.02 0.12 0.30 0.16 0.22 0.08 0.08
>
> par(mfrow=c(1, 2))
> plot(table(defectives)/length(defectives)
+ , xlab="Number of defectives",
+ ylab="Relative frequency", type="h")
> x<-1:9
> plot(x, dbinom(x, 20, 0.2),
+ xlab="Number of defectives",
+ ylab="Probability")
```

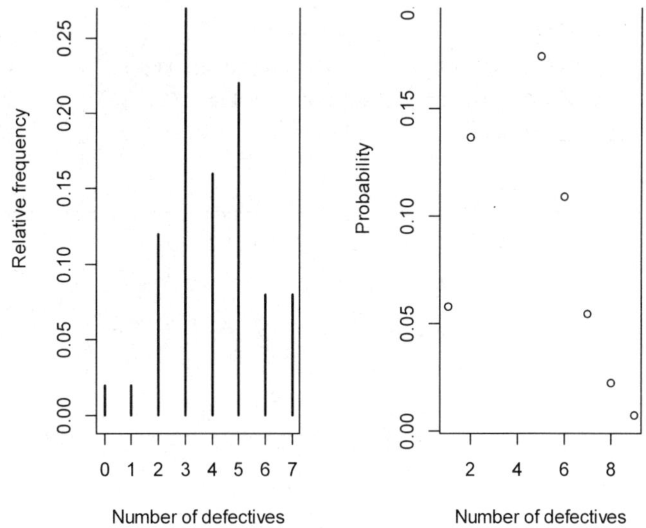

[그림 3.6] 시뮬레이션과 이론적인 이항분포($n=20,\ p=0.2$)

시뮬레이션하여 생성된 자료의 평균은

```
> mean(defectives)
[1] 3.94
```

으로 이론적인 평균 $np=20\times0.2=4$와 비교하면 별 차이가 없다. 분산은

```
> var(defectives)
[1] 2.588163
```

으로 이론적인 분산 $20\times0.2\times0.8=3.2$과 비교하여 좀 적다. 이 차이는 단지 50개의 난수를 발생하였지만 좀 더 정확히 하려면 난수 생성이 더 많이 필요하다.

```
> sd(defectives)
[1] 1.608777
> sqrt(20*0.2*0.8)
[1] 1.788854
```

통계적으로 모든 자료의 95%는 평균으로부터 2×표준편차 안에 있다. 따라서 구간 4 ± 4, 즉 구간 0과 8 사이에 있다. 이것은 다음 그림에서 볼 수 있다.

```
> x<-1:50
> plot(x, defectives, xlab="Sample Number",
+ ylab="Number of defectives", ylim=c(0, 8))
> abline(h=4)
```

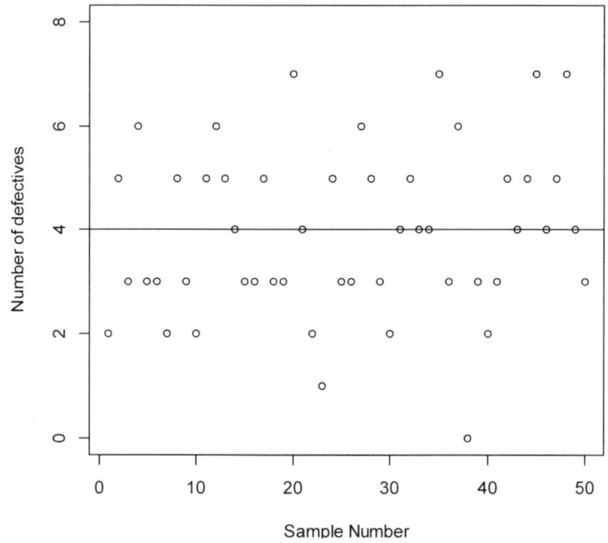

[그림 3.7] 이항분포의 난수 산포도

예제 3.2

R을 이용하여 $X \sim B(100, 0.10)$일 때, $P(X > 5)$를 정확한 값과 시뮬레이션하여 구한 값과 비교하라.

(해) 정확한 값은

```
> 1-pbinom(5, 100, 0.10)
[1] 0.9424231
```

이고 시뮬레이션한 값은

```
> n <- 10000
> cholist <- rbinom(n, 100, 0.10)
> sum(cholist>5)/n
[1] 0.941
```

예제 3.3

$X \sim B(n, 0.88)$일 때 R을 이용하여 $P(X > 100) \leq 0.05$를 만족하는 n을 구하라.

(해)

```
> 1-pbinom(100,108, 0.88)
[1] 0.04492587
> 1-pbinom(100,109, 0.88)
[1] 0.08231748
```

이므로 $n = 108$이다. 이것은 다시 다음 시뮬레이션을 통하여 확인할 수 있다.

```
> rbinom(108, 1, 0.88)
[1] 1 1 1 1 1 1 1 1 1 0 1 0 1 1 0 1 1 1 1 1 1 1 1 1 1 1 1 1 0 1 1 1 1 1 1
[37] 0 1 1 1 1 1 1 1 1 1 1 1 0 1 1 1 1 1 1 1 0 1 1 1 0 1 1 1 1 1 1 1 1 1 1
[73] 1 0 1 0 1 1 0 1 1 1 1 1 0 1 1 1 0 1 1 1 0 1 1 1 1 1 1 1 1 1 1 1 1 1 0

> if (sum(rbinom(108, 1, 0.88))> 100) 1 else 0
[1] 0
> cholist <- replicate(10000,
+ if (sum(rbinom(108, 1, 0.88))> 100) 1 else 0)
> mean(cholist)
[1] 0.0428
```

3.1.6 스털링의 근사

$n!$은 이산 확률계산에서 중요하다. $n \to \infty$일 때 **스털링의 근사**(Stirling's approximation)는

$$n! \approx n^n e^{-n} \sqrt{2\pi n}$$

즉

$$\lim_{n \to \infty} \frac{n!}{n^n e^{-n} \sqrt{2\pi n}} = 1$$

이다.

예제 3.4

동전 $2n$개를 던질 때 정확히 앞면이 n개가 나올 확률은?

(해) 확률변수 X를 앞면의 수라고 하자. 그러면 X는 이항분포 $B(2n, 1/2)$를 따른다. 따라서

$$P(X=n) = \binom{2n}{n}\left(\frac{1}{2}\right)^{2n}$$

스털링의 근사로부터 이항계수는

$$\binom{2n}{n} = \frac{(2n)!}{n!n!} = \frac{2^{2n}}{\sqrt{\pi n}}$$

얻는다. 따라서

$$P(X=n) = \binom{2n}{n}\left(\frac{1}{2}\right)^{2n} \approx \frac{2^{2n}}{\sqrt{\pi n}}\left(\frac{1}{2}\right)^{2n} = \frac{1}{\sqrt{\pi n}} \approx \frac{0.564}{\sqrt{n}}$$

아래 표는 R의 명령어 $dbinom(n,\ 2*n,\ 1/2)$을 이용한 정확한 값과 스털링의 근사를 이용한 값의 비교이다.

[표 3.1] 스털링 근삿값의 비교

n	정확한 확률	스털링 근삿값
1	0.5	0.5642
5	0.246	0.252
10	0.1762	0.1784
50	0.0796	0.0798
10^2	0.0563	0.0564
10^3	0.017939	0.017841
10^4	5.6418×10^{-3}	5.6419×10^{-3}
10^6	5.6419×10^{-4}	5.6419×10^{-4}

3.1.7 포아송 분포 $P(\lambda)$

드물게 일어나는 현상을 대량 관측할 때 발생하는 현상의 개수는 포아송 분포를 따른다. 예를 들어 1대의 자동차가 하루에 교통사고를 낼 확률은 작지만 자동차의 수는 많으므로 하루 동안 발생되는 교통사고의 수는 포아송 분포를 따른다. 또 냉

장고나 자동차에 사용되는 얇은 철판의 **코일**(coil)에서 단위 길이 내에 흠이 있을 확률은 작지만 코일 전체에 있는 흠의 개수는 포아송 분포를 따른다. 포아송 분포는 $P(\lambda)$로 표기되고 확률함수는

$$f(x \mid \lambda) = \frac{\lambda^x}{x!} e^{-\lambda} I_{\{0,1,2,\cdots\}}(x)$$
$$\Theta = \{\lambda : 0 < \lambda < \infty\}$$

로 주어진다. 여기서 모수 λ를 **강도**(intensity)라고 한다.

(1) 위의 확률함수가 확률함수의 성질 (PF2)를 만족하는지는 다음의 지수함수의 급수 전개식을 사용하면 쉽게 증명된다.

$$e^{\lambda} = \sum_{x=0}^{\infty} \frac{\lambda^x}{x!}$$

(2) 이항분포의 경우와 비슷한 방법으로 계승적률을 계산하여 분포의 특성값인 평균, 분산 등을 구할 수 있다. 확률생성함수는 다음과 같이 계산된다.

$$\begin{aligned} P(t) &= E(t^X) = e^{-\lambda} \sum_{x=0}^{\infty} \frac{t^x \lambda^x}{x!} \\ &= e^{-\lambda} e^{t\lambda} = e^{-\lambda(1-t)}, \quad |t| \le 1. \end{aligned}$$

그러면 특성값은 다음과 같다.

$$E(X) = V(X) = \lambda, \quad \beta_1 = \lambda^{-\frac{1}{2}}, \quad \beta_2 = 3 + \frac{1}{\lambda}$$

포아송 분포의 평균과 분산이 같고 그 값은 강도 λ인 것에 주의하자.

(3) 이항분포 $B(n,p)$는 n이 크고 p가 작은 경우에 $P(\lambda)$에 근사한다. 즉 성공할 확률은 작아도 시행횟수가 많은 경우에는 이항분포 대신에 포아송 분포를 사용할 수 있다. 이항분포 $B(n,p)$의 확률함수를 $f_n(x \mid p) = \binom{n}{x} p^x (1-p)^{n-x}$로 놓고 $n \to \infty$, $np \to \lambda$인 경우에 $p = (\lambda + o(1))/n$으로 표현하면

$$\begin{aligned} f_n(x \mid p) &= \frac{n!}{x!(n-x)!} \left(\frac{\lambda + o(1)}{n}\right)^x \left(1 - \frac{\lambda + o(1)}{n}\right)^{n-x} \\ &= \frac{(\lambda + o(1))^x}{x!} \cdot \frac{n(n-1)\cdots(n-x+1)}{n^x} \left(1 - \frac{\lambda + o(1)}{n}\right)^{n-x} \end{aligned}$$

$$\rightarrow \frac{\lambda^x}{x!}\exp(-\lambda) = f(x \mid p), \quad (n \rightarrow \infty \text{ 일 때})$$

가 성립한다.

예제 3.5 (사망한 기마병)

1898년 폴란드 학자 **보트키비츠**(Ladislaus Bortkiewitcz)는 **프러시아**(Prussia)의 기마병 중에서 말에 차여 사망한 숫자를 조사하였다. 그는 20년간 10개의 군단에서 나타난 결과로 아래와 같은 표를 얻었다. 여기서 x는 한 개의 군단에서 일 년간 말에 차여 사망한 기마병의 숫자이다(1898, The Law of Small Numbers).

[표 3.2] 기마병 사망자수

사망자수(x)	빈도(f)
0	109
1	65
2	22
3	3
4	1
>4	0
합	200

표 3.2와 같은 이론적으로 얻은 상대도수, 즉 확률을 얻었다. 표 3.2에서 실제 관찰된 상대도수와 포아송 공식에 의해 구한 확률은 매우 근사한 것을 알 수 있다. 보트키비츠가 관찰한 자료에서 우리는 희귀한 사건의 관찰이라는 것을 알 수 있다. 즉 기마병이라면 말을 다루는 것이 전문인 병사인데 말에 차여 죽는다는 사건은 극히 희귀한 일이다. 이와 같이 희귀하여 일어날 확률이 **아주 작은 경우**(rare event)에는 포아송 분포가 적합하다.

R을 사용하여 위의 실제 자료를 이항분포와 포아송 분포로 확률을 구하고 비교하여 보자. 먼저 주어진 위의 자료로부터 일 년간 말에 차여 사망한 기마병의 평균 발생률을 추정하면

$$\lambda = \frac{(0\times109)+(1\times65)+(2\times22)+(3\times3)+(4\times1)}{200} = 0.61$$

이고 $p=\lambda/200$로 이항분포를 사용하면 각 사망자수가 0, 1, 2, 3, 4, 5일 경우의 추정된 이항 확률은

```
> lambda <- 0.61
> x <-0:5
> prob <- dbinom(x, 200, lambda/200)
> prob
[1] 0.5428446228 0.3321482721 0.1011070735 0.0204151200 0.0030759880
[6] 0.0003688902
```

이고 200명에 대한 이항모형의 기대도수는

```
>  round(200*prob, 2)
[1] 108.57  66.43  20.22   4.08   0.62   0.07
```

이다. 마찬가지로 포아송 분포에 대해 적용하면 다음과 같다.

```
> round(200*dpois(x, lambda), 2)
[1] 108.67  66.29  20.22   4.11   0.63   0.08
```

[표 3.3] 추정된 기마병 사망자 수

사망자수	빈도	이항분포($n=200, p=\lambda/200$)	포아송 분포($\lambda=0.61$)
0	109	108.57	108.67
1	65	66.43	66.29
2	22	20.22	20.22
3	3	4.08	4.11
4	1	0.62	0.63
>4	0	0.07	0.08
합	200		

표 3.3으로부터 이항분포와 포아송 분포의 빈도는 같다는 것을 알 수 있고 이것은 이항분포 $B(n, p)$는 n이 충분히 크고, p가 충분히 적을 때(np는 상수), 포아송 분포 $P_0(np)$로 근사되는 것을 알 수 있다. 실제 빈도수는 추정된 이항분포와 포아송 분포 수에 아주 가까운 것을 알 수 있다.

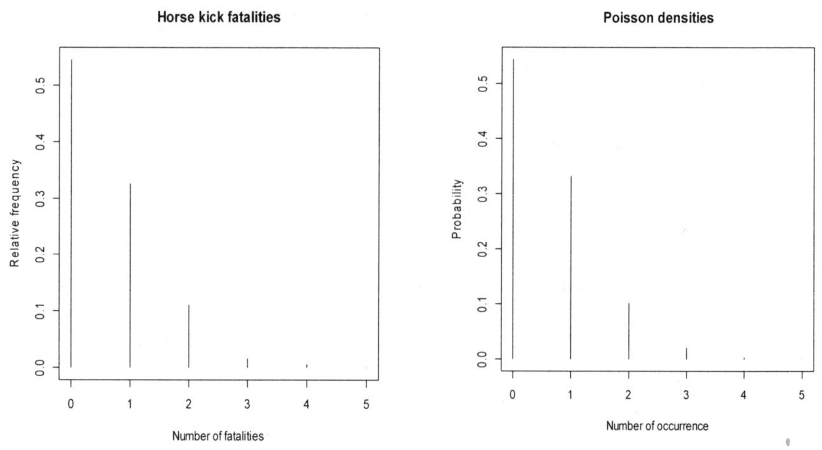

[그림 3.8] 기마병 사망자수

예제 3.6

다음 이항분포에 대해서 $P(X=k)$, $k=0,1,2,3,4$ 의 값을 계산하고, 포아송 분포 $P_0(2)$의 값을 비교하라.

(1) $B(10,\ 1/5)$ (2) $B(30,\ 1/15)$ (3) $B(50,\ 1/25)$ (4) $B(100,\ 0.02)$

(해) 계산 결과는 다음과 같다.

X	0	1	2	3	4
$B(10,1/5)$	0.1074	0.2684	0.3020	0.2013	0.0881
$B(30,1/15)$	0.1262	0.2705	0.2801	0.1867	0.0900
$B(50,1/25)$	0.1299	0.2706	0.2762	0.1842	0.0902
$B(100,\ 0.02)$	0.1326	0.2707	0.2734	0.1823	0.0902
$P_0(2)$	0.1353	0.2707	0.2707	0.1804	0.0902

이것으로 $n=30$ 정도로 이항분포는 포아송 분포로 충분히 근사하는 것을 알 수 있다.

```
> x<-0:10
> n<-10
> prob<-0.2
> plot(x, dbinom(x, n, prob), xlab="X", ylab="P(X=x)", type="h")
```

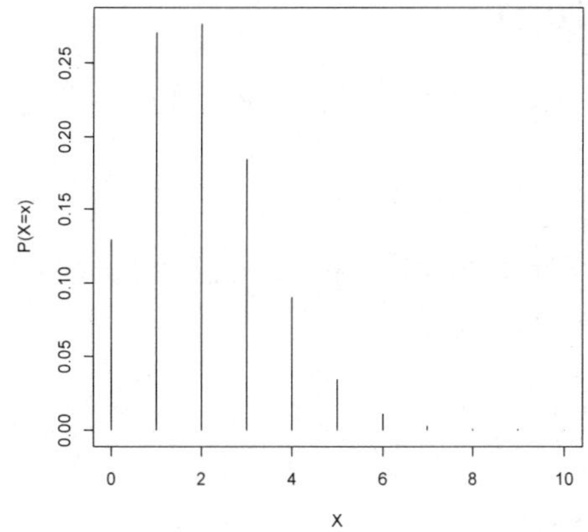

이항분포($n = 10, p = 0.2$)

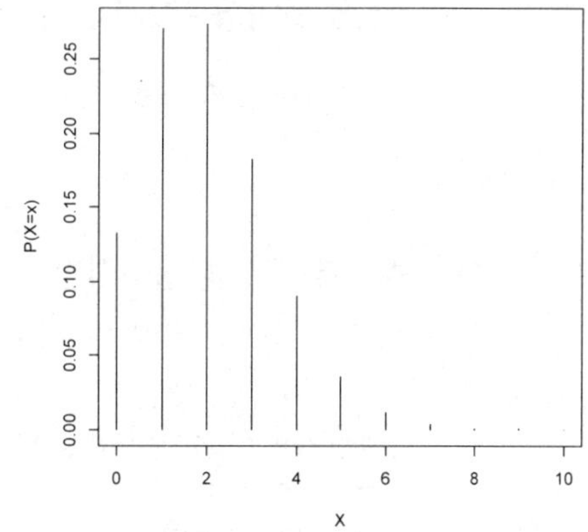

이항분포($n = 30, p = 1/15$)

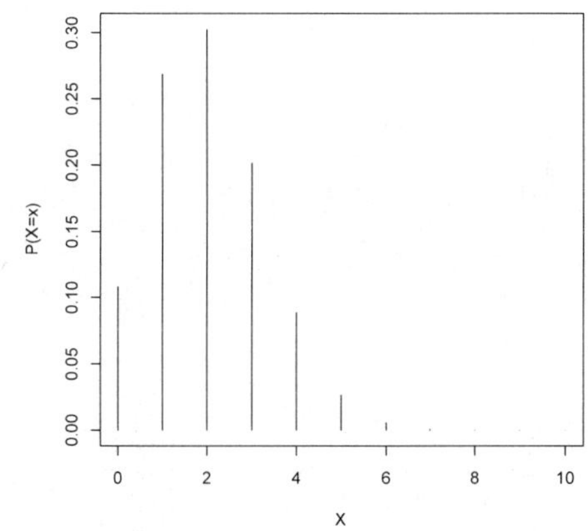

이항분포($n = 50, p = 0.04$)

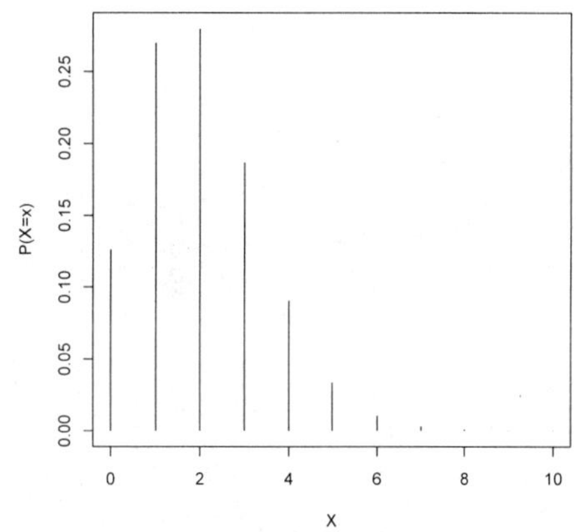

이항분포($n = 100, p = 0.02$)

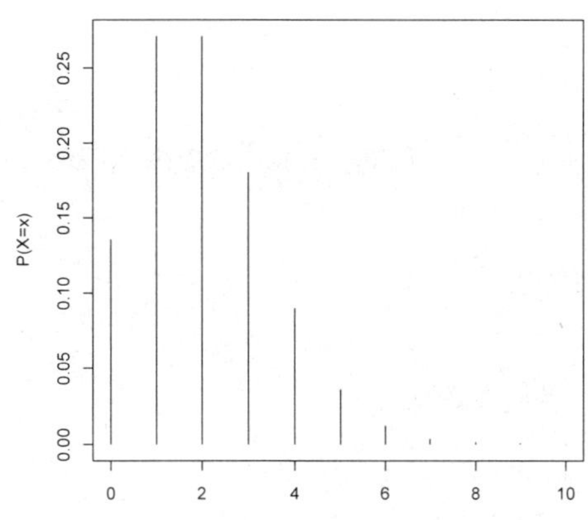

포아송 분포($\lambda = 2$)

[그림 3.9] 이항분포와 대응하는 포아송 분포

3.1.8 포아송 분포의 시뮬레이션

사건 발생에 대한 포아송 분포의 시뮬레이션은 R에서

$$rpois(a, \lambda)$$

로 a개의 값을 생성시킨다. 예를 들어 어느 도시의 교통사고 발생건수는 평균 3건에 대한 100일 동안의 사고건수에 대해

```
> accidents <- rpois(100, 3)
> x <- 1:100
> plot(x, accidents, xlab="Days",
+ ylab = "Number of accidents", type="l")
```

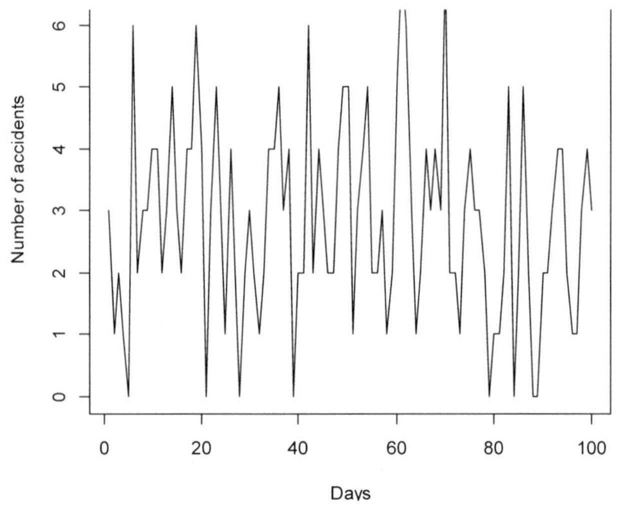

[그림 3.10] 포아송 분포의 시뮬레이션($\lambda = 3$)

R로 요약하면

```
> table(accidents)
accidents
 0  1  2  3  4  5  6  7
 8 12 26 21 18  9  4  2
```

100일 동안에 8일은 사고가 없었고 사고가 가장 많은 건수는 7번이고 2일이었다. 그리고 하루에 나는 사고건수 1, 2, 3건이 대부분 100일 중 59일에 일어났다. 이것을 상대도수로 나타내고 그것을 그림으로 나타내면

```
> table(accidents)/length(accidents)
accidents
   0    1    2    3    4    5    6    7
0.08 0.12 0.26 0.21 0.18 0.09 0.04 0.02
> plot(table(accidents)/length(accidents), xlab="Number of accidents",
+ ylab="Relative frenquency", type ="h")
```

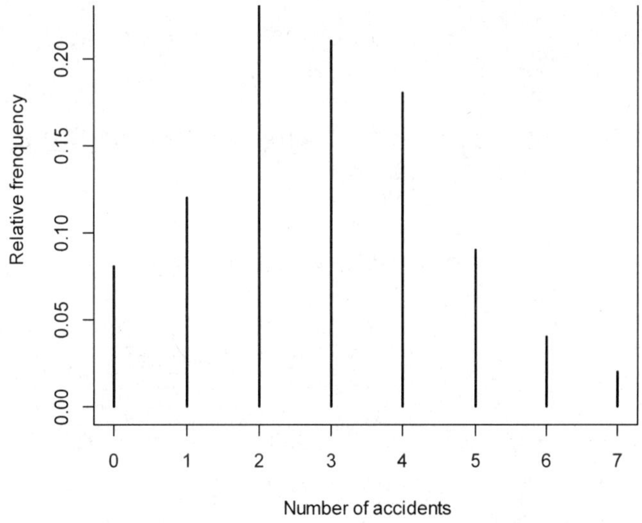

[그림 3.11] 사고건수의 시뮬레이션

이 그림은 실제 자료의 확률과 비슷하다. 그리고 시뮬레이션 자료의 평균은

```
> mean(accidents)
[1] 2.82
```

으로 실제 $\lambda = 3$에 비슷하다. 그리고 분산은

```
> var(accidents)
[1] 2.674343
```

으로 실제 분산 $\lambda = 3$에 가까운 것을 알 수 있다.

3.1.9 기하분포 $G_E(p)$

성공할 확률이 p 인 베르누이 시행을 독립적으로 행하는 경우에 첫 번째 성공이 일어나기 전 실패한 총횟수를 X 로 나타낸다. X 는 **대기시간**(waiting time)이라고 하는 확률변수이고 $X=x$ 일 때 x 회를 실패한 후에 첫 번째의 성공이 일어나므로 확률함수는

$$f(x \mid p) = p(1-p)^x \; I_{\{0,1,2,\cdots\}}(x)$$
$$\Theta = \{p : \; 0 < p < 1\}$$

이다. 이것은 기하급수의 각 항이기 때문에 **기하분포**(geometric distribution)라고 하고 $G_E(p)$ 로 나타낸다.

(1) 확률함수의 성질 (PF2)를 만족하는지를 보이기 위해서 기하급수의 공식

$$\sum_{x=0}^{\infty}(1-p)^x = \frac{1}{1-(1-p)} = \frac{1}{p}$$

을 사용하면 좋다. 더욱이 같은 방법으로 평균, 분산 등 분포의 적률특성값과 확률생성함수를 쉽게 계산할 수 있다.

$$E(X) = \frac{1-p}{p}, \qquad V(X) = \frac{1-p}{p^2}$$
$$\beta_1 = \frac{2-p}{\sqrt{1-p}}, \qquad \beta_2 = 3 + \frac{p^2-6p+6}{1-p}$$
$$P(t) = \frac{p}{1-(1-p)t}$$

(2) "첫 번째 성공이 t 시간 이후에 일어난다."라고 하는 사건을 $\{X \ge t\}$ 로 표현할 수 있다. 그리고 "s 시간 전까지는 성공이 일어나지 않는다는 조건하에서 다시 t 시간이 지난 후에 첫 번째 성공이 일어난다."라고 하는 사건을 $\{X \ge s+t \mid X \ge s\}$ 로 표현할 수 있다. 이런 사건들의 확률을 기하분포를 사용해 구해 보자.

$$P(X \ge t) = \sum_{x=t}^{\infty} p(1-p)^x = (1-p)^t$$

이므로 조건부 확률을 사용해 다음 확률을 계산하면

$$P(X \ge s+t \mid x \ge s) = \frac{P(X \ge s+t, \; X \ge s)}{P(X \ge s)} = \frac{P(X \ge s+t)}{P(X \ge s)}$$

$$= \frac{(1-p)^{s+t}}{(1-p)^s} = (1-p)^t$$

이 된다. 이 확률은 s 와는 무관하며 두 확률은 같게 된다. 즉

$$P(X \geq s+t \mid X \geq s) = P(X \geq t)$$

이 성립한다. 그러므로 기하분포에서는 "어느 시간 전까지 성공이 일어나지 않는다."라고 하는 조건은 "그 후 몇 시에 성공이 일어나는가?"라는 것과는 무관하다. 이런 성질을 기하분포의 **무기억성**(without memory, memoryless, or lack of memory)이라고 한다.

3.1.10 기하분포의 시뮬레이션과 기댓값 계산

먼저 기하분포에 대한 R 명령어는

```
>dgeom(k, p)
>pgeom(k, p)
>rgeom(n, p)
```

여기서 k는 첫 번째 성공을 얻기까지의 실패의 수이다. 따라서 첫 번째 성공을 얻기까지의 시행의 수를 구하기 위해서는 다음과 같이 바꾸어 준다.

```
>dgeom(k-1, p)
>pgeom(k-1, p)
>rgeom(n, p) + 1
```

따라서 기하분포로부터의 난수는 R 함수 $rgeom(n,p)$로 생성시킨다. 예를 들어 첫 성공을 얻기까지의 시행횟수에 대한 $X \sim G_E(0.2)$에서 40개의 난수는

```
> firstsuccess <- rgeom(40, 0.2)
> totalfirstsuccess <-  firstsuccess +1
> totalfirstsuccess
 [1]  9  8  5  8  3  4  2  6  1  2  8  2  8  3  3 12 21  4  5  6  4  3  7  1
[25]  1  2  6  1  2  6  2  5  3  3  1  6  2  5  3  4
```

으로 생성되고, 이를 정리하면 빈도와 그림은 다음과 같다.

```
> table(totalfirstsuccess)
totalfirstsuccess
 1  2  3  4  5  6  7  8  9 12 21
 5  7  7  4  4  5  1  4  1  1  1
> plot(table(totalfirstsuccess)/40,
+ xlab = "Number of first success", ylab =" ")
```

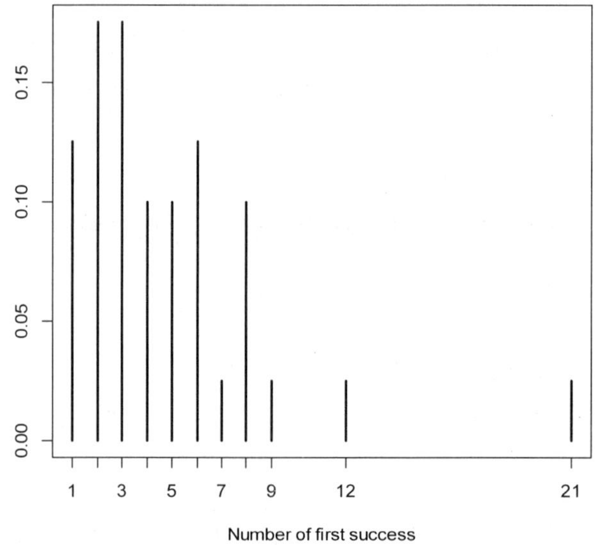

[그림 3.12] 첫 성공에 대한 시행횟수

그리고 생성된 난수의 평균과 분산을 이론적 평균 $\mu = 5$와 분산 $\sigma^2 = 20$과 비교하면 평균은 별 차이가 없으나 분산은 조금 차이가 난다.

```
> mean(totalfirstsuccess)
[1] 4.675
> var(totalfirstsuccess)
[1] 13.76346
> sd(totalfirstsuccess)
[1] 3.709914
> max(totalfirstsuccess)
[1] 21
```

다음 그림은 첫 앞면이 나올 때까지 동전을 던지는 시행($X \sim G_E(0.5)$)을 시뮬레이션 분석을 100번하여 상대도수를 실제 확률과 비교한 것으로 별 차이가 없는 것을 확인할 수 있다.

```
> totalfirsthead<-rgeom(100, 0.5) +1
> par(mfrow=c(1,2))
> plot(table(totalfirsthead)/length(totalfirsthead),
+ xlab="First head", ylab="Relative frequency",
+ type="h")
> x<-0:8
> plot(x+1, dgeom(x, 0.5), xlab ="First head",
+ ylab ="Probability", type ="h")
```

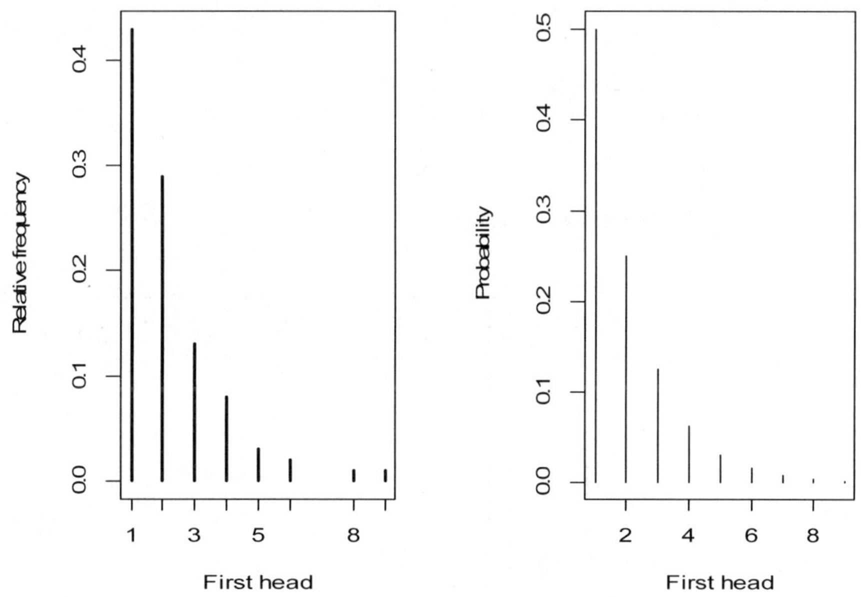

[그림 3.13] 시뮬레이션과 이론적인 기하분포($p = 0.5$)

예제 3.7

철수는 첫 앞면이 나올 때까지 올바른 동전을 던진다. 이때 k번째에서 앞면이 나오면 2^k원을 받는다. 이것을 100번의 시뮬레이션을 통해 알아보자.

```
> k<- rgeom(100, 0.5)
> k
[1] 1 0 3 0 0 0 7 0 0 1 1 1 2 2 0 0 0 0 1 0 1 2 4 1 0 0 0 0 0 0 0 0 0 4 1 2
[37] 2 0 0 0 5 0 2 0 0 0 0 0 2 0 1 1 5 0 1 4 0 1 0 0 0 0 1 1 0 3 1 1 0 2 0 0
[73] 3 1 2 0 3 1 0 0 0 1 2 0 1 0 1 2 0 0 1 1 1 2 3 0 0 0 1 1
```

첫 성공을 얻기 위한 시행횟수는

```
> k<-k+1
> table(k)
k
 1  2  3  4  5  6  8
51 26 12  5  3  2  1
```

첫 시행에서 첫 성공은 51번 나오고 철수는 2원을 받는다. 두 번째, 세 번째, ..., 여덟 번째 시행에서도 마찬가지로 계산하여 보면

```
> winnings<-2**k
> table(winnings)
winnings
  2   4   8  16  32  64 256
 51  26  12   5   3   2   1
> plot(table(winnings))
```

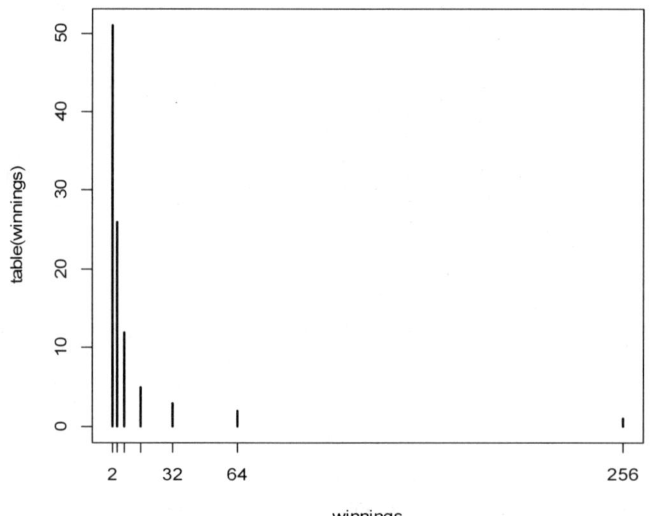

[그림 3.14] 철수의 이기는 금액

철수의 평균 이기는 금액은

```
> mean(winnings)
[1] 8.62
```

으로 평균적으로 게임당 8.6원이다. 따라서 철수가 이 금액보다 많은 돈으로 내기를 하면 결국에는 진다.

3.1.11 음이항분포 $NB(n, p)$

성공할 확률이 p 인 베르누이 시행을 독립적으로 행하는 경우에 n 회 성공하는 데 필요한 실패의 횟수를 X 로 나타낸다. 즉 $X+n$ 은 정확히 n 회 성공하는 데 필요한 시행의 횟수와 같다. X 는 대기시간을 나타내는 확률변수이다. 이 경우에 확률 $P(X=x)$ 는 처음 $x+n-1$ 회에서 정확히 $n-1$ 회의 성공할 확률과 $x+n$ 번째 시행에서 성공할 확률 p 와의 곱이므로 확률함수는

$$f(x \mid p) = \binom{n+x-1}{n-1} p^n (1-p)^x I_{\{0,1,2,\cdots\}}(x)$$
$$\Theta = \{p\,;\, 0 < p < 1\}, \quad n = 1, 2, \cdots$$

이다. 이런 분포를 **음이항분포**(negative binomial distribution)라고 하고 $NB(n, p)$ 로 표기한다.

(1) 음이항 정리를 사용하여 구한 다음의 전개식

$$p^{-n} = (1-(1-p))^{-n} = \sum_{x=0}^{\infty} \binom{-n}{x} (-(1-p))^x$$
$$= \sum_{x=0}^{\infty} \binom{n+x-1}{n-1} (1-p)^x$$

의 양변에 p^n 을 곱하면 확률함수가 확률함수의 성질 (PF1)을 만족하는 것을 알 수 있다. 여기서 음이항 계수는

$$\binom{-n}{x} = \frac{1}{x!}(-n)(-n-1)\cdots(-n-x+1)$$

이다. 가끔 음이항분포를 **파스칼 분포**(Pascal distribution)라고 하기도 한다.

(2) 이항분포의 경우와 마찬가지로 적률특성값 또는 확률생성함수를 쉽게 계산할 수 있다.

$$E(X) = \frac{n(1-p)}{p}, \quad V(X) = \frac{n(1-p)}{p^2}$$
$$\beta_1 = \frac{2-p}{\sqrt{n(1-p)}}, \quad \beta_2 = 3 + \frac{p^3 - 6p + 6}{n(1-p)}$$
$$P(t) = \frac{p^n}{[1-(1-p)t]^n}$$

(3) 특히 $n=1$인 경우의 음이항분포는 기하분포와 일치한다. 즉 다음의 식

$$NB(1,\, p) = G_E(p)$$

이 성립한다.

예를 들어 $n=3$에 대해 $p=0.5$, 0.3, 0.1의 경우에 그림을 그리면

```
> support <-0:40
> plot(support+3, dnbinom(support, 3, 0.5), type="l")
> points(support+3, dnbinom(support, 3, 0.3), type="l")
> points(support+3, dnbinom(support, 3, 0.1), type="l")
```

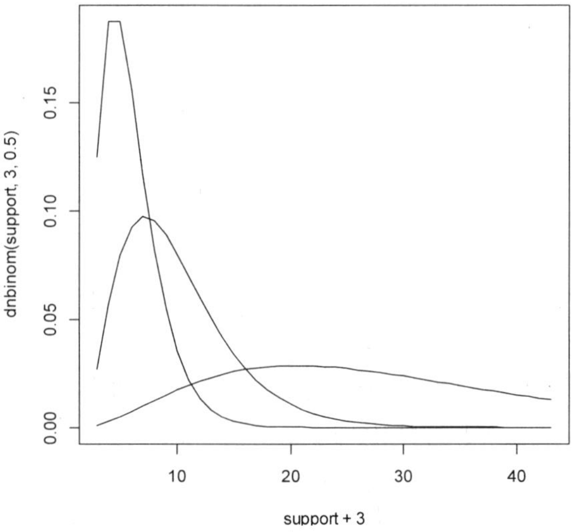

[그림 3.15] 음이항분포

다음으로 고정된 $p=0.5$에 대해 $n=1, 3, 10$의 경우에 그림을 그리면

```
> support <- 0:40
> plot(support+1, dnbinom(support,1,0.5), type="l")
> points(support+3, dnbinom(support,3,0.5), type="l")
> points(support+10, dnbinom(support,10,0.5), type="l")
```

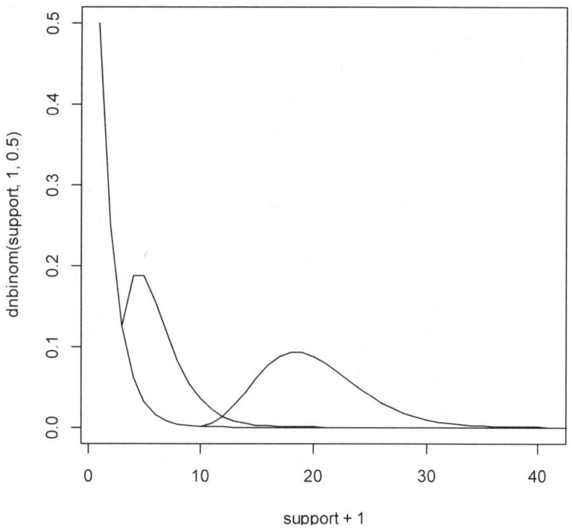

[그림 3.16] 음이항분포($p = 0.5$, $n = 1, 3, 10$)

한편 음이항분포인 경우는 기하분포와 같이 R에서는

```
>dnbinom(k, r, p)
>pnbinom(k, r, p)
>rnbinom(n, r, p)
```

여기서 k는 r변의 성공을 얻기까지의 총 실패 횟수이다. 그러나 k를 r변의 성공을 얻기까지의 총 시행횟수로 할 경우에는

```
>dnbinom(k-r, r, p)
>pnbinom(k-r, r, p)
>rnbninom(n, r, p) +r
```

이다. 예로 난수 10,000개를 발생시켜 $n = 3$인 경우의 음이항분포 R 함수 $rnbinom$을 이용하여 그리면

```
> plot(1:100, tabulate(rnbinom(10000,3,0.1)+3, 100))
```

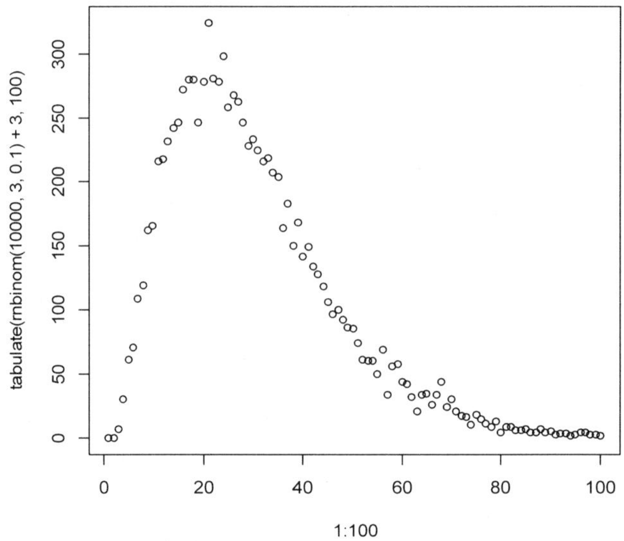

[그림 3.17] 음이항분포($n=3,\ p=0.1$)

3.2 연속모형

확률변수 X가 키, 몸무게 등과 같은 '연속적'인 값을 가지는 경우에 연속형 확률변수라고 하고 그 분포를 연속분포라고 한다. 연속분포의 분포함수 $F(x)$가 미분가능인 경우 그 미분 $f(x)=dF(x)/dx$를 (확률)밀도함수라고 한다. 이 절에서는 정규분포나 지수분포와 같은 연속분포의 대표적 모형에 대한 특성치, 분포의 변환 등을 설명하고 각 모형의 성질에 관해서 논한다.

3.2.1 균등분포 $U(\alpha,\beta)$

확률변수 X가 구간 $(\alpha,\ \beta)$ 상의 값을 가지며 X의 밀도함수가

$$f(x) = \frac{1}{\beta-\alpha} I_{(\alpha,\beta)}(x)$$
$$\Theta = \{\theta=(\alpha,\beta):\ -\infty<\alpha<\beta<\infty\}$$

인 분포를 **균등분포**(uniform distribution)라고 하고 $U(\alpha,\beta)$로 표기한다. 그리고 편의상 $f(x)=\dfrac{1}{\beta-\alpha}I_{\{\alpha<x<\beta\}}$로 표현하기도 한다. 간단한 적분 계산으로 $f(x)$가 밀도함수의 성질 (Dn2)를 만족하는 것을 보일 수 있으며 적률도 쉽게 구할 수 있다.

$$E(X) = \frac{\alpha+\beta}{2}, \quad V(X) = \frac{(\alpha-\beta)^2}{12}$$

$$\beta_1 = 0, \quad \beta_2 = 1.8$$

$$M(t) = \frac{\exp(\beta t) - \exp(\alpha t)}{(\beta-\alpha)t}$$

```
> curve(dunif(x, 2, 5), from=0, to=7, main="pdf")
> curve(punif(x, 2, 5), from=0, to=7, main="cdf")
```

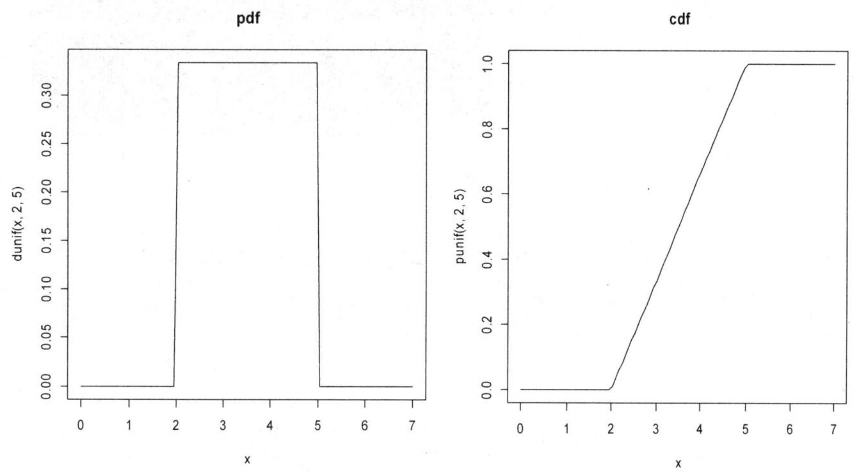

[그림 3.18] 균등분포 $U(2,5)$의 확률밀도함수와 누적분포함수

예제 3.8

$X \sim U(0,1)$으로부터 난수 10개를 생성하라.

(해)

```
> runif(10)
 [1] 0.49799810 0.18756423 0.14496703 0.94645561 0.23598449 0.73088217
 [7] 0.00982285 0.02614148 0.59087349 0.58889357
```

예제 3.9

$X \sim U(0,1)$으로부터 난수 10,000개를 생성하고 히스토그램을 그려라.

```
> x=runif(10000)
> hist(x, col="blue")
```

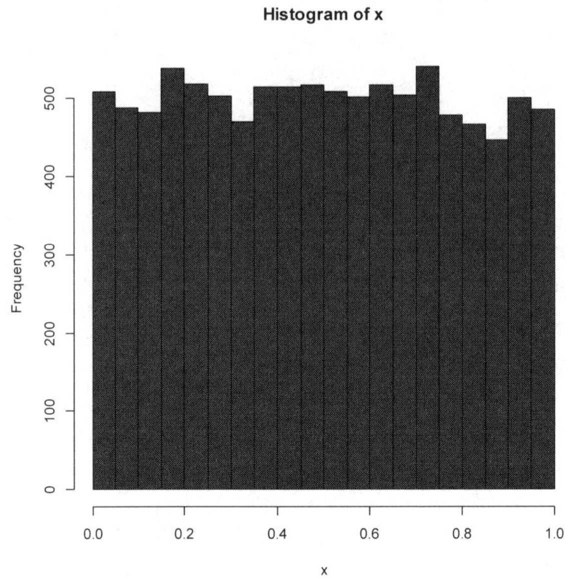

[그림 3.19] 난수의 히스토그램

예제 3.10

$X \sim U(0,2)$으로부터 난수 5개를 생성하라.

```
> runif(5,0,2)
[1] 1.8651566 1.9546664 1.4061139 0.3937929 0.5186611
```

또한 구간 (0, 1)인 균등분포로부터 100개, 1000개 표본을 생성하여 평균과 분산을 비교하여 보자.

```
> cuniform <- runif(100, 0, 1)
> mean(cuniform)
[1] 0.4072581
> var(cuniform)
[1] 0.07489674
> cuniform <- runif(1000, 0, 1)
> mean(cuniform)
[1] 0.5092746
> var(cuniform)
[1] 0.08749486
> cuniform <- runif(10000, 0, 1)
> mean(cuniform)
[1] 0.499861
```

```
> var(cuniform)
[1] 0.0840864
```

위 결과처럼 시행횟수를 많이 할수록 평균 1/2과 분산 1/12=8.33에 가까워진다.

3.2.2 정규분포 $N(\mu, \sigma^2)$

통계학에서 가장 많이 사용되는 분포는 밀도함수

$$f(x \mid \theta) = \frac{1}{\sqrt{2\pi\sigma^2}} e^{-\frac{(x-\mu)^2}{2\sigma^2}} \quad I_{\{-\infty < x < \infty\}}$$

$$\Theta = \{\theta = (\mu, \sigma^2) : -\infty < \mu < \infty, \ \sigma > 0\}$$

을 가지는 **정규분포**(normal distribution) 또는 **가우스 분포**(Gaussian distribution)이다. 정규분포는 이항분포를 따르는 확률변수들의 합의 분포에 대한 근사로 1733년 **드모와브르**(DeMoivre)에 의해 처음 발표되었다. 정규분포는 모수 μ, σ^2에만 의존하므로 $N(\mu, \sigma^2)$로 표기한다. 특히 $\mu = 0$, $\sigma^2 = 1$인 정규분포를 **표준정규분포**(standard normal distribution)라고 한다. 즉 표준정규분포의 밀도함수는

$$\phi(z) = \frac{1}{\sqrt{2\pi}} e^{-\frac{z^2}{2}} I_{-\infty < z < \infty}$$

가 된다. 일반적인 정규분포 $N(\mu, \sigma^2)$의 밀도함수를 표준정규분포의 밀도함수를 사용하여 표현하면 다음과 같이 된다.

$$f(x \mid \theta) = \frac{1}{\sigma} \phi\left(\frac{x-\mu}{\sigma}\right)$$

그러므로 $f(x \mid \theta)$에 관한 적분을 $\phi(z)$에 관한 적분으로 변환할 수 있다. 또한 "확률변수 X가 정규분포 $N(\mu, \sigma^2)$을 따르면 확률변수 $Z = (X - \mu)/\sigma$는 표준정규분포 $N(0, 1)$을 따른다."라는 사실이 성립하는데 지금 증명하지는 않을 것이 다. 여기서 X와 Z를 각각 정규확률변수와 표준정규확률변수라고 한다. 표준정규확률변수에서 정규확률변수를 유도할 수 있고, 정규확률변수 X의 선형변환 $Y = a + bX$는 다시 정규확률변수가 되는 것을 기억하자.

(1) 표준정규분포의 밀도함수는

$$\phi(z) = \phi(-z)$$

가 되어 $z=0$ 에 관하여 대칭이 되고 임의의 z 에 대해 $\phi(z)>0$ 이다. 그리고 $\phi(z)$ 의 미분은

$$\phi'(z)=-z\phi(z), \quad \phi''(z)=(z^2-1)\phi(z)$$

이므로 함수 $\phi(z)$의 모양은 $z=0$에서 유일한 최대점이고 $z=\pm 1$에서 **변곡점**(point of inflection)이 있으며, $z\to\pm\infty$일 때 $\phi(z)\to 0$이고, $\phi'(z)=-z/[\sqrt{2\pi}\exp(z^2/2)]\to 0$ 이 된다. 그러므로 $\phi(z)$는 y축에 대칭인 **종형**(bell-shaped)이다. 일반적인 정규밀도함수 $f(x \mid \theta)$ 의 모양은 $\phi(z)$와 같고 $x=\mu$축에 대칭이며 $x=\mu\pm\sigma$에서 변곡점이 있다.

(2) 밀도함수의 성질 (Dn2)가 성립하는 것을 보이자. z-변환으로 변수변환하여 밀도함수를 적분하면

$$I=\int_{-\infty}^{\infty} f(x \mid \theta)\,dx=\int_{-\infty}^{\infty}\phi(z)\,dz=\int_{-\infty}^{\infty}\frac{1}{\sqrt{2\pi}}\exp\left(-\frac{z^2}{2}\right)dz$$

이 된다. 한편 변수변환 $y=z/\sqrt{2}$ 라고 하면 $I=(\sqrt{\pi})^{-1}\int_{\infty}^{\infty}\exp(-y^2)dy$이고, $I=1$이다. 따라서

$$J=\int_0^{\infty}\exp(-x^2)\,dx=\frac{\sqrt{\pi}}{2}$$

라고 하자. J^2을 이중적분으로 나타내면

$$\begin{aligned} J^2&=\int_0^{\infty}\exp(-x^2)\,dx\int_0^{\infty}\exp(-y^2)\,dy \\ &=\int_0^{\infty}\int_0^{\infty}\exp\big(-(x^2+y^2)\big)\,dx\,dy \end{aligned}$$

이 된다. 이 이중적분은 극좌표로 변환함으로써 계산될 수 있다. x와 y를

$$x=r\cos\theta, \quad y=r\sin\theta$$

로 두면 **쟈코비안**(Jacobian)은 다음과 같이 된다.

$$\frac{\partial(x,y)}{\partial(r,\theta)}=\begin{vmatrix}\cos\theta & -r\sin\theta \\ \sin\theta & r\cos\theta\end{vmatrix}=r$$

그러므로 적분의 변수변환에 의해

$$\begin{aligned} J^2 &= \int_0^{\pi/2}\int_0^{\infty} \exp(-r^2) r\,dr\,d\theta \\ &= \int_0^{\pi/2} d\theta \int_0^{\infty} \exp(-r^2) r dr \\ &= \frac{\pi}{2}\left[-\frac{\exp(-r^2)}{2}\right]_0^{\infty} = \frac{\pi}{4} \end{aligned}$$

이고, 따라서 $J = \sqrt{\pi}/2$ 이며 $I = 1$ 이 된다.

(3) 표준정규분포 $N(0,1)$의 적률로부터 z-변환을 사용하여 정규분포 $N(\mu, \sigma^2)$의 적률을 구할 수 있다. 예를 들면 평균과 분산은

$$\begin{aligned} E(X) &= E(\mu + \sigma Z) = \mu + \sigma E(Z) \\ V(X) &= V(\mu + \sigma Z) = \sigma^2 V(Z) \end{aligned}$$

가 된다. 우선 표준정규분포 $N(0,1)$의 k차 적률을 계산하자. 임의의 k에 대해 k차 적률은 $\phi(z)$가 지수함수이기 때문에 존재하고, 더욱이 $\phi(z)$가 우함수이기 때문에 홀수차의 적률은 0이다. 적률 $E(Z^{2k})$를 다음과 같은 점화식을 사용해 구할 수 있다.

$$J_k = E(Z^{2k}) = \int_{-\infty}^{\infty} z^{2k}\phi(z)\,dz = -\int_{-\infty}^{\infty} z^{2k-1}\phi'(z)\,dz$$

$$J_0 = \int_{-\infty}^{\infty} \phi(z)\,dz = 1$$

부분적분을 사용해서 J_k를 표현하면

$$\begin{aligned} J_k &= [-z^{2k-1}\phi(z)]_{-\infty}^{\infty} + \int_{-\infty}^{\infty} (2k-1)\, z^{2k-2}\phi(z)\,dz \\ &= (2k-1)\, J_{k-1} \\ &= (2k-1)(2k-3)\cdots 3\cdot 1 = \frac{(2k)!}{2^k k!} \end{aligned}$$

이다. 예를 들면 $E(Z^2) = 1$, $E(Z^4) = 3$ 이다. 그러므로 정규분포 $N(\mu, \sigma^2)$의 적률 특성값은

$$E(X) = \mu,\quad V(X) = \sigma^2,\quad \beta_1 = 0,\quad \beta_2 = 3$$

이 된다. 즉 정규분포는 평균 μ와 분산 σ^2에 의해 결정되는 것을 의미한다.

(4) 정규분포 $N(\mu, \sigma^2)$의 적률생성함수를 계산할 수 있다. 그래서 Z의 적률생성함수를 $M_Z(t)$로 표기하면

$$M_Z(t) = E\{\exp(tZ)\} = \int_{-\infty}^{\infty} \exp(tz)\phi(z)\,dz$$
$$= \exp\left(\frac{t^2}{2}\right)\int_{-\infty}^{\infty} \frac{1}{\sqrt{2\pi}} \exp\left\{-\frac{(z-t)^2}{2}\right\}dz = \exp\left(\frac{t^2}{2}\right)$$

이 된다. 따라서 정규분포 $N(\mu, \sigma^2)$의 적률생성함수는 다음과 같다.

$$M_X(t) = E\{\exp(tX)\} = E\{\exp(t(\mu + \sigma Z))\}$$
$$= \exp(\mu t)M_Z(t\sigma) = \exp\left(\mu t + \frac{\sigma^2 t^2}{2}\right)$$

(5) 표준정규분포의 분포함수를 $\Phi(z)$로 표기하면 $\Phi(z)$는

$$P(Z \leqq z) = \Phi(z) = \int_{-\infty}^{z} \phi(x)\,dx$$

이고 그 값은 표준정규분포표로부터 구해진다. (1)에서 설명한 바와 같이 밀도함수 $\phi(z)$는 원점 대칭이므로 $\Phi(0) = 1/2$이고 $z > 0$에 대해서 관계식 $\Phi(-z) = 1 - \Phi(z)$가 성립한다. 그러므로 표준정규 분포표는 $z > 0$에 대해서 $I(z) = \Phi(z) - 0.5 = P(0 \leqq Z \leqq z)$ 또는 $\Phi(z) = P(Z \leqq z)$의 값으로 주어진다. 그러므로 z 값이 주어지면 $\Phi(z)$값을 구할 수 있고, $\alpha\,(0 \leqq \alpha \leqq 1)$ 값에 대해 $1 - \alpha = \Phi(z)$를 만족하는 점 z를 구할 수도 있다. 그리고 이 점을 z_α로 표기하고 정규분포의 **우측** α **점**(upper α point) 또는 $100(1-\alpha)$ 백분위수라고 한다. 자주 사용되는 수치는 다음과 같은 것이다.

[표 3.4] 표준정규분포의 확률과 z_α의 값

z	1	2	3	1.282	1.645	1.96	2.275	z_α
$\Phi(z)$	.8413	.9773	.9987	.10	.05	.025	.005	α

그리고 표준정규분포는 원점에 관해 대칭이기 때문에 α에 대해 $z_\alpha^* = z_{\alpha/2}$로 놓으면 $\alpha = P(|Z| \geq z_\alpha^*)$이므로 z_α^*를 **양측** α **점**(two-sided α point)이라고 한다.

z-변환과 표준정규분포표를 사용하여 정규분포 $N(\mu, \sigma^2)$의 확률을 구할 수 있다. 즉

$$P(X \leq x) = P\left\{\frac{X-\mu}{\sigma} \leq \frac{x-\mu}{\sigma}\right\}$$
$$= P\left\{Z \leq \frac{x-\mu}{\sigma}\right\} = \Phi\left(\frac{x-\mu}{\sigma}\right) \quad .$$

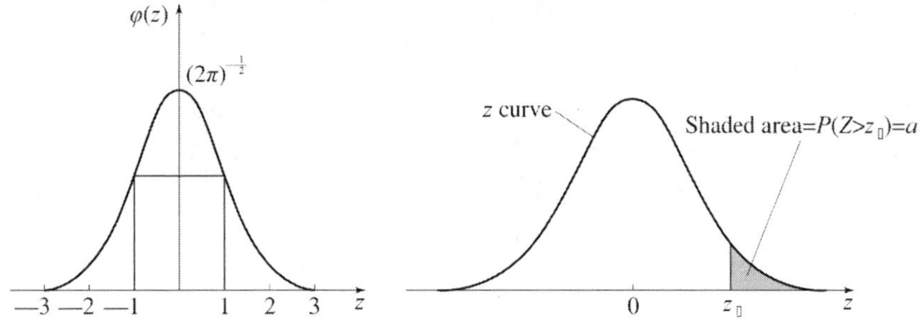

[그림 3.20] 표준정규분포의 밀도함수와 z_α와의 관계

예를 들면 X가 정규분포 $N(3,4)$를 따를 때 $P(1 \leq X \leq 7)$을 구하면 다음과 같다.

$$P(1 \leq X \leq 7) = P\left\{-1 \leq \frac{X-3}{2} \leq 2\right\}$$
$$= \Phi(2) - \Phi(-1) = \Phi(2) + \Phi(1) - 1$$
$$= 0.9773 + 0.8413 - 1 = 0.8186$$

예제 3.11

예를 들어 $X \sim N(10, 2^2)$에서 $P(5 < X < 15)$의 확률은

```
> pnorm(15, 10, 2) - pnorm(5, 10, 2)
[1] 0.9875807
```

그래프에 구하려는 구간인 회색 빗금 부분을 그려 넣기 위한 R 프로그램은

```
> curve(dnorm(x, 10, 2), 0, 20, xlab="x", ylab= "f(x)")
> x <- seq(5, 15, 0.01)
> lines (x, dnorm(x, mean = 10, sd =2), type = "h", col= "grey")
```

이고

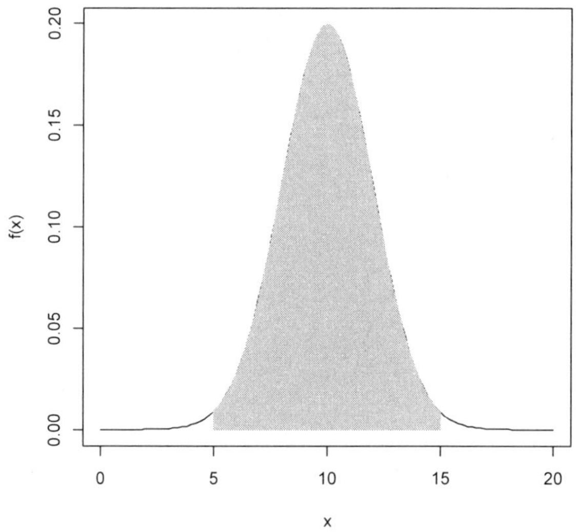

[그림 3.21] 정규분포 $N(10,2^2)$

이다.

확률변수 X가 하나의 건전지의 수명(단위: 월)을 나타내고 $X \sim N(60,36)$이라고 하자. 건전지가 4년 보증기간 내에 수명이 다하는 확률은

$$P\{X \leqq 48\} = \Phi\left(\frac{48-60}{6}\right) = \Phi(-2) = 0.0228$$

이다. 또 건전지의 5%가 수명이 다하는 데 대한 보증기간은

$$P\{X \leqq x_{0.95}\} = \Phi\left(\frac{x_{0.95}-60}{6}\right) = 0.05$$

에서 $(x_{0.95}-60)/6 = -1.645$이므로

$$x_{0.95} = -1.645 \times 6 + 60 = 50.13$$

임을 알 수 있다.

일반적으로 $100p$ 백분위수는 다음의 관계식으로부터 구할 수 있다.

$$x_p = \mu + z_p \sigma$$

예제 3.12

$X \sim N(0, 4)$으로부터 난수 5개를 생성하라.

```
> rnorm(5, 0, 2)
[1] -2.3390467 -1.8364297 -0.2255255 -2.5564021 -0.3287167
```

3.2.3 지수분포 $E_X(\lambda)$

공학 분야에서 정규분포 이상으로 자주 사용되는 분포를 **지수분포**(exponential distribution)라고 하며, 밀도함수는

$$f(x \mid \lambda) = \lambda e^{-\lambda x} I_{(0, \infty)}(x)$$
$$\Theta = \{\lambda : 0 < \lambda < \infty\}$$

이고 지수분포는 $E_X(\lambda)$로 표기한다. 위의 밀도함수가 밀도함수의 성질 (Dn1) ~ (Dn2)를 만족하는 것을 쉽게 증명할 수 있으며 적률특성값도 쉽게 구할 수 있다.

$$E(X) = \frac{1}{\lambda}, \quad V(X) = \frac{1}{\lambda^2}$$
$$\beta_1 = 2, \quad \beta_2 = 9$$

(1) $T(\geq 0)$가 **수명**(lifetime)을 나타내는 확률변수이면 그 분포를 **수명분포**(lifetime distribution)라고 한다. 그리고 분포함수를 $F(t)$로 표기할 때 다음과 같이

$$S(t) = 1 - F(t) = P(T > t)$$

로 정의되는 함수 $S(t)$를 **생존함수**(survival function)라고 한다. 그러므로 지수분포 $E_X(\lambda)$의 생존함수는

$$S(t) = \int_t^{\infty} \lambda e^{-\lambda x} dx = e^{-\lambda t}$$

가 된다. 예를 들어 $\lambda = 0.5$인 지수분포를 따를 때 시간 t가 증가할 때 생존함수(신뢰도)를 R로 조사하면 생존(신뢰도)은 줄어드는 것을 볼 수 있다.

```
> curve(exp(-0.5*x), 0, 7, xlab = " Time",
+ ylab = "Survival(Reliability)", type = "l")
```

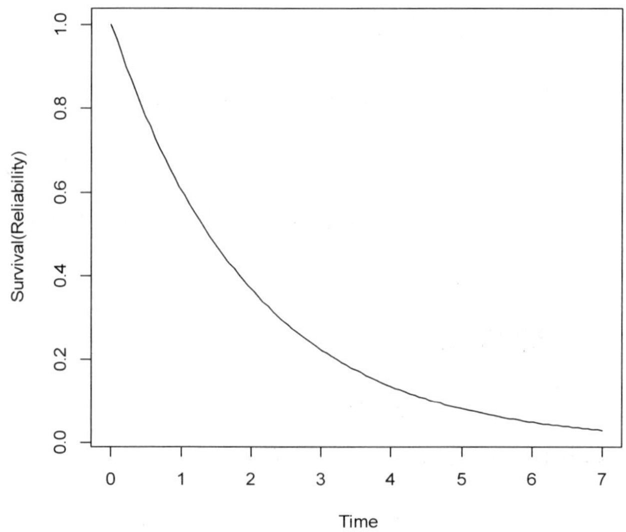

[그림 3.22] 생존함수

역으로 신뢰도가 5%, 즉 $P(T > a) = 0.05$ 일 때를 만족하는 경우는 $P(T \le a) = 0.95$ 에서 a를 찾는 것과 같으므로

```
> qexp(0.95,  0.5)
[1] 5.991465
```

이것은 시간이 6 이상 더 생존할 가능성이 5%로 시간 6 이후에는 끝난다. 즉

$$P(T > 6) = 0.05$$

이다. 이를 R로 시뮬레이션하면

```
> y <- rexp(10000, 0.5)
> terminalgreater6 <- subset( y, y>6)
> length(terminalgreater6)/length(y)
[1] 0.0563
```

이것은 $P(T > 6) \approx 0.05$ 이다.

기하분포 (2)에서와 같이 어떤 기계가 t 시간 동안 작동하였다는 가정하에 앞으로 s 시간 이상을 더 작동할 확률은

$$\begin{aligned} P(T > t+s \mid T > t) &= \frac{P(T > t+s)}{P(T > t)} \\ &= \frac{S(t+s)}{S(t)} = \frac{e^{-\lambda(t+s)}}{e^{-\lambda t}} \end{aligned}$$

$$= e^{-\lambda s} = S(s) = P(T > s)$$

이다. 이것은 어떤 기계가 t 시간 동안 작동하였다고 가정할 때 기계가 앞으로 적어도 s 시간 동안 더 작동할 확률은 기계가 처음부터 적어도 s 시간 동안 작동할 확률과 같다. 즉 지수분포는 기하분포와 마찬가지로 **무기억성**(without memory, memoryless, or lack of memory) 혹은 **마르코프 성질**(Markov's property)을 가진다. 무기억성은 $t, s \in R^1$ 에 대해 함수방정식 $S(t+s) = S(t)S(s)$ 가 성립한다는 것과 동치이지만, 사실 이 함수방정식의 해는

$$S(t) = e^{-\lambda t}$$

이다. 즉 $F(t) = 1 - e^{-\lambda t}$ 이다. 그러므로 무기억성을 가지는 연속분포는 지수분포뿐이다.

이것을 시뮬레이션한 자료로 $P(T > 0.5 \mid T > 0.25)$에 대해 지수분포의 마르코프 성질을 체크하여 보자.

```
> chas<-rexp(10000, 4)
> chas25plus<-subset(chas, chas >0.25)
> length(chas25plus)
[1] 3688
```

0.25보다 클 대기시간에 3,688개의 시간 간격이 있고, 다음 0.25를 더 기다려야 하는 새로운 변수로 평균과 분산은

```
> y <- chas25plus - 0.25
> mean(y)
[1] 0.2568093
> var(y)
[1] 0.06892264
```

로, 전체 chas의 평균과 분산을 비교하면

```
> mean(chas)
[1] 0.2530999
> var(chas)
[1] 0.06624293
```

로 두 변수가 별 차이가 없음을 보인다. 그리고 이론적 평균 $\mu = 1/4 = 0.25$과 분산은 $1/4^2 = 0.0625$로 차이가 없다.

0.25를 더 대기하여야 하는 분포와 원래 대기하여야 하는 분포를 시뮬레이션하여 히스토그램으로 비교하면

```
> hist(y, freq = F, xlab = "X-0.25|X>0.25",
+ main = "f(x-0.25|x>0.25)")
> hist(chas, freq = F, xlab = "x", main ="f(x)")
```

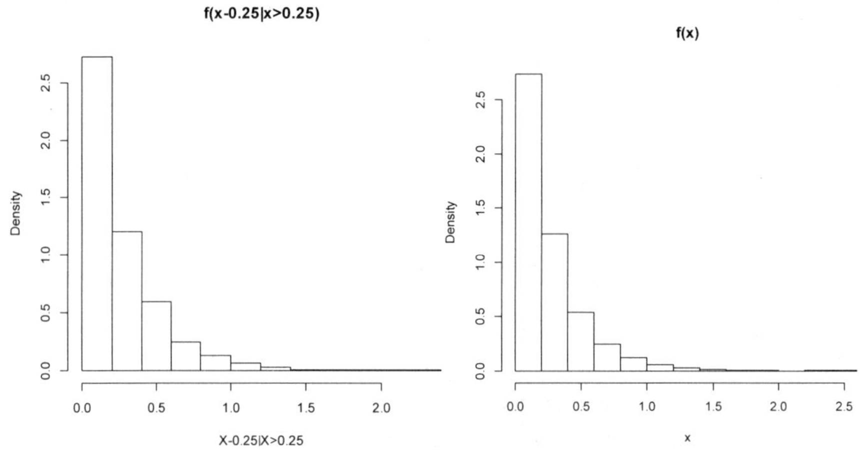

[그림 3.23] 히스토그램

위 그림으로부터 두 히스토그램은 똑같다. 이는 마르코프 성질을 통해 알 수 있다. 마찬가지로 $P(T<0.5 \mid T>0.25)$도 R로 찾아보자.
먼저 조건부 분포는

```
> chas2 <- length(subset(chas25plus, chas25plus < 0.5))
> total <- length(chas25plus)
```

으로 추정된 $P(T<0.5 \mid T>0.25)$은

```
> conditionalprobability <- chas2/total
> conditionalprobability
[1] 0.6263557
```

이다. 이것을 시뮬레이션한 지수분포의 $P(X<0.25)$

```
> length(subset(chas, chas < 0.25))/10000
[1] 0.6312
```

와 비교하면 거의 같다.

예제 3.13

은행에서 어떤 손님이 소비하는 시간은 평균 5분인 지수분포를 따른다고 하자. 이때 은행에서 손님이 15분 이상 소비할 확률은 얼마인가? 이 손님이 10분이 지난 후에도 계속 은행에 있다면, 다음 5분 이상 있을 확률은 얼마인가?

(해) X를 손님이 은행에서 소비하는 시간이라고 하자. 그러면 첫 번째 질문의 해는

$$P\{X > 15\} = e^{-15\lambda} = e^{-3}$$

이다. 그리고 마르코프 성질에 의해 두 번째 질문의 해는

$$P(X > 15 \mid X > 10) = P(X > 5) = e^{-1} = 0.37$$

이다.

```
> 1-pexp(5, 0.2)
[1] 0.3678794
```

예제 3.14

어떤 자동차가 배터리를 교환하지 않고 주행할 수 있는 거리가 평균 10,000킬로미터인 지수분포를 따른다고 한다. 만일 어떤 사람이 5,000킬로미터 여행을 계획하고 있다면, 그가 배터리를 교환하지 않고 여행을 마칠 확률은 얼마이고, 만약 지수분포를 따르지 않을 경우는?

(해) 이것은 지수분포가 무기억성이라는 사실로부터 배터리의 남은 수명(1,000킬로미터 단위로)은 $\lambda = 1/10$의 지수분포를 따름을 알 수 있다. 그러므로 요구되는 확률은

$$P\{\text{남은 수명} > 5\} = 1 - F(5) = e^{-5\lambda} = e^{-1/2} \approx 0.604$$

이다. 그러나 수명분포 F가 지수분포를 따르지 않는다고 할때 관련되는 확률은, t를 여행을 떠나기 전에 사용한 배터리의 킬로미터의 수라고 한다면

$$P\{\text{수명} > t+5 \mid \text{수명} > t\} = \frac{1 - F(t+5)}{1 - F(t)}$$

로 나타난다. 즉 만일 지수분포가 아니라면, 확률을 계산하기 전에 t에 대한 부수적인 정보가 필요하다.

(2) 무기억성은 지수분포의 **고장률**(failure rate) 함수[혹은 **위험률**(hazard rate) 함수]에 의해서도 설명될 수 있다.

연속확률변수 X가 분포함수 F와 확률밀도함수 f를 가질 때 고장률 함수 $r(t)$는

$$r(t) = \frac{f(t)}{1-F(t)}$$

로 정의된다. 이것은 t시간 동안 작동한 기계가 고장 날 조건부 확률을 의미한다. 이를 확률적으로 해석해 보면

$$\begin{aligned} P\{X \in (t, t+dt) | X > t\} &= \frac{P\{X \in (t, t+dt), X > t\}}{P\{X > t\}} \\ &= \frac{P\{X \in (t, t+dt)\}}{P\{X > t\}} \\ &\approx \frac{f(t)dt}{1-F(t)} \\ &= r(t)dt \end{aligned}$$

즉 $r(t)dt$는 시간 t까지 고장 나지 않은 어느 관찰 대상이 시간 $(t, t+dt)$ 사이에서 고장 날 조건부 확률을 나타낸다. 예를 들면 고장 날 때까지의 시간 분포가 지수분포인 경우를 보자. 그러면 무기억성에 의해 고장률은

$$\begin{aligned} r(t) &= \frac{f(t)}{1-F(t)} \\ &= \frac{\lambda e^{-\lambda t}}{e^{-\lambda t}} \\ &= \lambda \end{aligned}$$

이다. 이처럼 지수분포의 고장률은 일정하다. 따라서 고장률이 일정한 요소는 고장 날 때까지의 시간의 분포가 지수분포를 따라야 하며, t시간 동안 사용한 어느 관찰 대상의 남은 수명과 새로운 대상의 수명은 같음을 알 수 있다.

또한 고장률은 재미있는 특성을 가지고 있다. 즉 고장 날 때까지의 시간의 분포는 고장률에 의해 유일하게 결정된다. 이것은 고장률 함수 $r(t)$에 의하여

$$r(t) = \frac{d/dt\, F(t)}{1-F(t)}$$

이므로, 양변을 적분하면

$$\log(1-F(t)) = -\int_0^t r(t)dt + k$$

즉

$$1-F(t) = e^k \exp\left\{-\int_0^t r(t)dt\right\}$$

여기서 $t=0$을 넣어 보면 $k=0$임을 알 수 있으므로

$$F(t) = 1-\exp\left\{-\int_0^t r(t)dt\right\}$$

임을 쉽게 보일 수 있다. 따라서 고장률에 관한 가정은 고장 날 때까지의 시간의 분포에 직접적으로 관여하는 것이다.

(3) 적률생성함수는 다음과 같이 계산된다.

$$M(t) = \int_0^\infty e^{tx}\,\lambda e^{-\lambda x}\,dx = \left(1-\frac{t}{\lambda}\right)^{-1}, \quad -\infty < t < \lambda$$

(4) 방사선 입자의 방사, 지진 또는 교통사고와 같이 시간축상에서 이산적으로 발생하는 점사건의 수열을 **점과정**(point process)이라고 한다. 시간 간격 $[s,t)$에서 발생하는 점사건의 수를 $N([s,t))$로 표기하고, 특히 시간 간격 $[0,t)$에서 발생하는 점사건의 총수를 $N(t) = N([0,t))$로 표기할 때 다음 조건 (PP1) ~ (PP4)를 만족하는 점과정을 **포아송 과정**(Poisson process)이라고 한다.

(PP1) $P\{\mathrm{N}(0)=0\}=1$
(PP2) $P\{\mathrm{N}([\mathrm{t},\mathrm{t}+\Delta \mathrm{t}))=1\}=\lambda\Delta \mathrm{t}+\mathrm{o}(\Delta \mathrm{t})$
(PP3) $P\{\mathrm{N}([\mathrm{t},\mathrm{t}+\Delta \mathrm{t}))\geqq 2\}=\mathrm{o}(\Delta \mathrm{t})$
(PP4) 임의의 시간분할 $0<t_1<t_2<\cdots<t_n<\infty$에 대해, 사건
$N([0,t_1)), N([t_1,t_2)), N([t_2,t_3)), \cdots, N([t_n,\infty))$은 독립이다.

여기서 $o(\Delta t)$는 $\lim_{\Delta t\to\infty} o(\Delta t)/\Delta t = 0$를 만족하는 Δt의 함수이다. 즉 $o(\Delta t)$는 Δt와 비교할 때 무시할 수 있을 정도로 작은 수인 것을 의미한다.

조건 (PP2)에 있는 λ를 **강도**(intensity)라고 하는데 일반적으로 강도는 시간의 함수 $\lambda = \lambda(t)$가 되며 **강도함수**(intensity function)라고 한다. 특히 λ가 상수이면 **정상 포아송 과정**(stationary 또는 homogeneous Poisson process)이라고 한다. 한편 조건 (PP4)를 **독립증분**(independent increments)이라고 한다. 조건 (PP4)에 의해 **채프만-콜모고로프의 방정식**(Chapman-Kolmogorov's equation)

$$P\{N(t+s)=x\}=\sum_{k=0}^{x} P\{N(t)=x-k\}\,P\{N([t,t+s))=k\}$$

가 성립한다. 따라서 $s=\Delta t$ 로 두면 (PP2)와 (PP3)에 의해

$$P\{N([t,t+\Delta t))=0\}=1-\lambda\Delta t+o(\Delta t)$$

가 성립하기 때문에 $f(x \mid t)=P\{N(t)=x\}$ 로 두면 $x \geqq 1$인 경우에

$$f(x \mid t+\Delta t)=f(x \mid t)\{1-\lambda\Delta t\}+f(x-1 \mid t)\{\lambda\Delta t\}+o(\Delta t)$$

가 된다. 그리고 $x=0$인 경우에는

$$f(0 \mid t+\Delta t)=f(0 \mid t)\{1-\lambda\Delta t\}+o(\Delta t)$$

이다. 그러므로 위의 두 식으로부터 다음의 방정식

$$\frac{\partial}{\partial t} f(x \mid t)=\lim_{\Delta t\to\infty}\frac{f(x \mid t+\Delta t)-f(x \mid t)}{\Delta t}=\lambda\{f(x-1 \mid t)-f(x \mid t)\}$$

$$\frac{\partial}{\partial t} f(0 \mid t)=\lim_{\Delta t\to\infty}\frac{f(0 \mid t+\Delta t)-f(0 \mid t)}{\Delta t}=-\lambda f(0 \mid t)$$

$$f(0 \mid 0)=1 \qquad \text{(조건 (PP1)에 의해)}$$

이 성립한다. 위의 두 번째 미분방정식으로부터 쉽게

$$f(0 \mid t)=e^{-\Lambda},\quad \Lambda=\Lambda(t)=\int_0^t \lambda(s)\,ds$$

를 구할 수 있다. 이제 점사건이 일어나기 직전까지의 시간을 나타내는 확률변수를 T 라고 하면

$$P(T>t)=P\{N(t)=0\}=f(0 \mid t)=e^{-\Lambda}$$

가 성립한다. 이제 확률생성함수를 이용해 $\{f(x \mid t)\}_{x=0}^{\infty}$ 을 구해 보자. 확률생성함수를 $P(u \mid t)$ 로 표기하면

$$P(u \mid t)=\sum_{x=0}^{\infty} f(x \mid t)\,u^x$$

가 성립한다. 따라서 위의 두 미분방정식으로부터 다음의 새로운 미분방정식을 얻을 수 있다.

$$\frac{\partial}{\partial t} P(u \mid t) = \lambda(u-1) P(u \mid t), \qquad P(u \mid 0) = 1$$

이 미분방정식을 풀면

$$P(u \mid t) = \exp\{\Lambda(u-1)\}$$

가 된다. 그러므로 [D3] 포아송 분포에서처럼 이것은 포아송 분포 $P(\Lambda)$의 확률생성함수이기 때문에

$$f(x \mid t) = \frac{\Lambda^x}{x!}\exp(-\Lambda), \quad x = 0, 1, 2, \cdots$$

가 성립한다. 즉 시간축을 분할하여 생각하는 경우에 t 시각 직전까지 일어나는 점사건의 개수 $N(t)$의 분포는 강도함수가 Λ인 포아송 분포 $P(\Lambda)$를 따르는 것으로 판명된다. 이와 같은 $N(t)$에 관한 성질을 **계수적 성질**(counting property)이라고 한다. λ가 상수인 경우에 $\Lambda = \lambda t$이기 때문에 확률변수 T는 지수분포 $E_X(\lambda)$를 따른다. 시간축을 분할하여 생각하는 경우에 $x+1$개의 점사건을 관측하기 직전까지 소요되는 시간 $T(x)$의 분포는 다음에 설명할 감마분포 $G_A(x+1, (\lambda t)^{-1})$을 따른다. 여기서 $T(0)$는 앞에서 언급한 확률변수 T와 같다. k번째 점사건이 일어난 시점에서 $k+1$번째 점사건이 일어나기 직전까지의 시간 구간을 T_k로 두면 조건 (PP2)와 (PP4)에 의해 $T_0, T_1, T_2, \cdots, T_x$는 서로 독립이며 동일한 지수분포 $E_X(\lambda)$를 따른다. 그리고 $T(x) = T_0 + T_1 + T_2 + \cdots + T_x$가 성립한다. $T(x)$에 관한 이런 성질을 **구간적 성질**(interval property)이라고 한다.

3.2.4 감마분포 $G_A(\alpha, \beta)$

밀도함수가 다음과 같이

$$f(x \mid \theta) = \frac{1}{\Gamma(\alpha)\beta^{\alpha}} x^{\alpha-1}\exp\left(-\frac{x}{\beta}\right) I_{(0,\infty)}(x)$$

$$\Theta = \{\theta = (\alpha, \beta);\ 0 < \alpha, \beta < \infty\}$$

로 주어질 때 그 분포를 **감마분포**(gamma distribution)라고 하고 $G_A(\alpha, \beta)$로 표기한다. 여기서 $\Gamma(\alpha)$는 **감마함수**(gamma function)이다.

```
par(mar = c(2, 3, 2,2) , mex = .8, cex = .8)
curve(dgamma(x,1,1/4),0,23,main="",xlab="",ylab="",lty=1,cex.axis=.8)
curve(dgamma(x,2,1/3),0, 23,add=T,lty=2)
```

```
curve(dgamma(x,7,1),0,23,add=T,lty=6,lwd=2)
curve(dgamma(x,30,2),0,23, add=T, lty=3,lwd=3)
leg.txt <- c("Gamma(1,1/4)", "Gamma(1,1/3)","Gamma(7,1)", "Gamma(30,2)")
legend(x = 18,y=1/4,legend=leg.txt,lty=c(1,2,6,3),lwd=c(1,1,2,3),cex=.7)
```

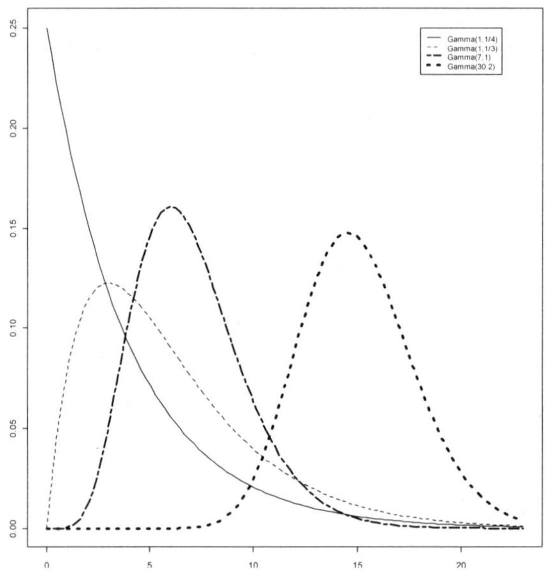

[그림 3.24] 다양한 감마분포

(1) 감마함수는 다음과 같은 $s\,(s>0)$의 함수이다.

$$\Gamma(s)=\int_0^\infty x^{s-1}\exp(-x)\,dx$$

감마함수는 다음과 같은 성질을 가진다.

(i) $\Gamma(1)=1$

(ii) $\Gamma(\frac{1}{2})=\sqrt{\pi}$

(iii) $s>1$일 때

$\Gamma(s)=(s-1)\Gamma(s-1)$

로 된다. 특히 양의 정수 n에 대해서

$$\Gamma(n)=(n-1)!$$

이다. (i)는 명확하고 (ii)는 다음과 같이 증명된다. 정규분포 (2)에서 설명된 I와 변수변환 $w=z^2/2$을 사용하여 다음의 적분을 얻는다.

$$I = 2\int_0^\infty \phi(z)\,dz = \int_0^\infty \frac{w^{-1/2}}{\sqrt{\pi}} \exp(-w)\,dw = \frac{\Gamma(\frac{1}{2})}{\sqrt{\pi}} = 1$$

그러므로 $\Gamma(\frac{1}{2}) = \sqrt{\pi}$ 이다. 그리고 (iii)는 부분적분법을 이용하면 다음과 같이 쉽게 증명된다.

$$\begin{aligned}\Gamma(s) &= [-x^{s-1}\exp(-x)]_0^\infty + (s-1)\int_0^\infty x^{s-2}\exp(-x)\,dx \\ &= (s-1)\,\Gamma(s-1)\end{aligned}$$

그러므로 양의 정수 n 에 대해

$$\Gamma(n) = (n-1)\,\Gamma(n-1) = \cdots = (n-1)!\,\Gamma(1) = (n-1)!$$

이 된다.

(2) 다음의 적분값은 변수변환 $y = x/\beta$ 에 의해 감마함수로 표현된다.

$$\int_0^\infty x^{\alpha-1}\exp\left(-\frac{x}{\beta}\right)dx = \beta^\alpha \int_0^\infty y^{\alpha-1}\exp(-y)\,dx = \Gamma(\alpha)\,\beta^\alpha$$

그러므로 밀도함수의 성질 (Dn1) ~ (Dn3)이 성립한다. 그리고 적률특성값과 적률생성함수는 다음과 같이 주어지는데 계산은 쉽다.

$$\begin{aligned}&E(X) = \alpha\beta,\ V(X) = \alpha\beta^2,\ \beta_1 = \frac{2}{\sqrt{\alpha}},\ \beta_2 = 3 + \frac{6}{\alpha} \\ &M(t) = (1-\beta t)^{-\alpha}\end{aligned}$$

예를 들어 평균값의 계산 과정은 다음과 같다.

$$E(X) = \frac{1}{\Gamma(\alpha)\,\beta^\alpha}\int_0^\infty x \cdot x^{\alpha-1}\exp\left(-\frac{x}{\beta}\right)dx = \frac{\Gamma(\alpha+1)\,\beta^{\alpha+1}}{\Gamma(\alpha)\,\beta^\alpha} = \alpha\beta$$

(3) $\alpha = 1,\ \beta = \lambda^{-1}$ 일 때 지수분포가 된다. 즉 $G_A(1, \lambda^{-1}) = E_X(\lambda)$ 이다. 그러므로 지수분포는 감마분포의 특별한 경우이다. 그리고 6장의 표본분포 [S1]의 카이제곱분포도 감마분포의 특별한 경우로서 $\chi_n^2 = G_A(n/2, 2)$ 이다.

지수분포의 합으로부터 시뮬레이션한 감마분포

크기가 20인 서로 독립이고 $\lambda = 2$ 인 지수분포의 합으로부터 시뮬레이션한 감마분포와 $\alpha = 20,\ \beta = 1/2$ 인 감마밀도함수와 비교하면 다음 그림과 같다.

```
cholist <- replicate(10000, sum(rexp(20, 1/2)))
hist(cholist, prob=T)
curve(dgamma(x, 20, 1/2), 0, 100, add=T)
```

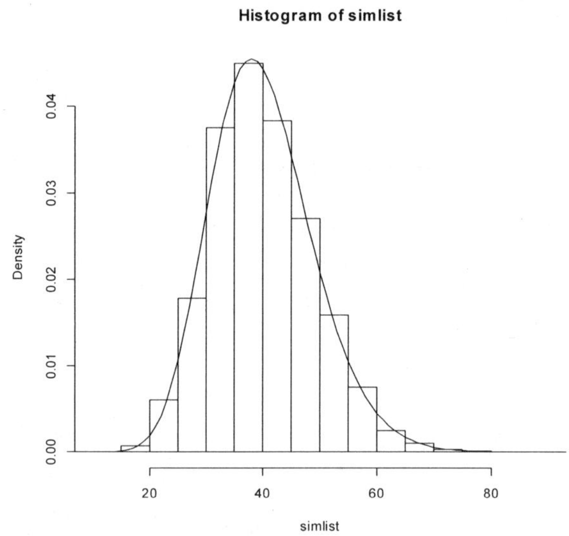

[그림 3.25] 지수분포로 시뮬레이션한 히스토그램과 감마밀도함수

```
cho.list = rgamma(10000, shape=20, rate=1/2)
hist(cho.list, freq=FALSE, main="", xlab="Beta")
curve(dgamma(x, shape=20, rate=1/2), add=TRUE)
```

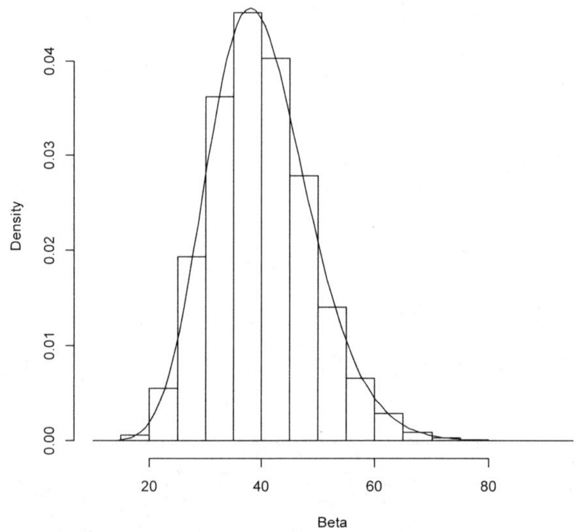

[그림 3.26] 감마분포로 시뮬레이션한 히스토그램과 감마밀도함수

3.2.5 베타분포 $B_E(\alpha, \beta)$

구간 (0, 1)상에서 정의되고 다음의 밀도함수

$$f(x \mid \theta) = \frac{1}{B(\alpha, \beta)} x^{\alpha - 1}(1 - x)^{\beta - 1} I_{(0,1)}(x)$$
$$\Theta = \{\theta = (\alpha, \beta);\ 0 < \alpha, \beta < \infty\}$$

를 가지는 분포를 **베타분포**(beta distribution)라고 하고 $B_E(\alpha, \beta)$로 표기한다. 여기서 $B(\alpha, \beta)$는 **베타함수**(beta function)이며 다음과 같이 정의된다.

$$B(\alpha, \beta) = \int_0^1 x^{\alpha - 1}(1 - x)^{\beta - 1} dx, \quad \alpha, \beta > 0$$

```
par(mar = c(2, 3, 2,2) , mex = .8, cex = .75)
x <- seq(0,1,.01)
curve(dbeta(x,1,1),0,1,xlab="x",ylab="",ylim=c(0,2))
text(0.34,.9,"a=1, b=1")
curve(dbeta(x,.5,.5),0,1,add=T)
text(.5,.53, "a=0.5, b=0.5")
curve(dbeta(x,2,2),0, 1, add=T)
text(.68,1.52, "a=2, b=2")
curve(dbeta(x,2,3.5),0,1,add=T)
text(.53,1.79,"a=2, b=3.5")
```

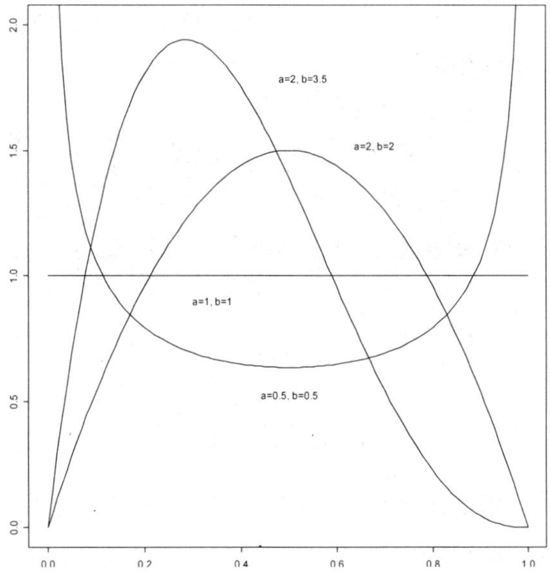

[그림 3.27] 다양한 베타분포

(1) 베타함수는 감마함수를 사용해 다음과 같이 나타낼 수 있다.

$$B(\alpha, \beta) = \frac{\Gamma(\alpha)\Gamma(\beta)}{\Gamma(\alpha+\beta)}$$

이중적분의 변수변환을 이용하여 이것을 쉽게 증명할 수 있다.

$$\Gamma(\alpha)\Gamma(\beta) = \int_0^\infty \int_0^\infty x^{\alpha-1}\exp(-x)y^{\beta-1}\exp(-y)\,dx\,dy$$

위의 이중적분에 대해 변수변환 $u = x+y$, $v = x/(x+y)$, 즉 $x = uv, y = u(1-v)$를 생각하면 그 자코비안은

$$\frac{\partial(x,y)}{\partial(u,v)} = \begin{vmatrix} \frac{\partial x}{\partial u} & \frac{\partial x}{\partial v} \\ \frac{\partial y}{\partial u} & \frac{\partial y}{\partial v} \end{vmatrix} = \begin{vmatrix} v & u \\ 1-v & -u \end{vmatrix} = -u$$

이다. 그러므로 이중적분은 다음과 같이 된다.

$$\Gamma(\alpha)\Gamma(\beta) = \int_0^\infty u^{\alpha+}\beta - 1\exp(-u)\,du \int_0^1 v^{\alpha-1}(1-v)^{\beta-1}\,dv$$
$$= \Gamma(\alpha+\beta)B(\alpha, \beta)$$

(2) 이것에 의해 밀도함수의 성질 (Dn1) ~ (Dn3)이 성립하고 적률특성값은 다음과 같이 주어진다.

$$E(X) = \frac{\alpha}{\alpha+\beta},\ V(X) = \frac{\alpha\beta}{(\alpha+\beta)^2(\alpha+\beta+1)}$$

예를 들어 평균값의 계산 과정은 다음과 같다.

$$E(X) = \frac{1}{B(\alpha,\beta)}\int_0^1 x\,x^{\alpha-1}(1-x)^{\beta-1}\,dx = \frac{B(\alpha+1,\beta)}{B(\alpha,\beta)}$$
$$= \frac{\Gamma(\alpha+1)\Gamma(\alpha+\beta)}{\Gamma(\alpha)\Gamma(\alpha+\beta+1)} = \frac{\alpha}{\alpha+\beta}$$

(3) 밀도함수의 정의에 의해서 베타분포의 특별한 경우로는 $B_E(1,1) = U(0,1)$, 즉 균등분포가 있다. (1)의 증명에서 알 수 있는 것과 같이 확률변수 X, Y가 독립

이고, 각각 감마분포 $G_A(\alpha_1, \beta)$, $G_A(\alpha_2, \beta)$를 따를 때 $V = \dfrac{X}{X+Y}$는 베타분포 $B_E(\alpha_1, \alpha_2)$를 따른다.

6장의 변수변환법을 이용한 $B_E(3, 2)$는

```
> n <- 1000
> a <- 3
> b <- 2
> u <- rgamma(n, shape=a, rate=1)
> v <- rgamma(n, shape=b, rate=1)
> x <- u / (u + v)
```

생성 자료를 Q−Q 그림으로 그려 보면 아래 그림처럼 거의 선형이므로 잘 맞는다고 볼 수 있다.

```
> q <- qbeta(ppoints(n), a, b)
> qqplot(q, x, cex=0.25, xlab="Beta(3, 2)", ylab="Sample")
> abline(0, 1)
```

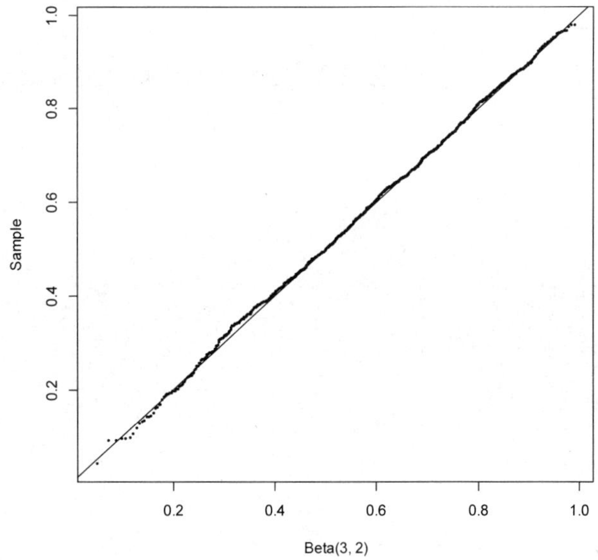

[그림 3.28] 베타분포 $B_E(3, 2)$

균등분포로부터 시뮬레이션하여 베타분포를 유도한다.

```
par(mar = c(3, 3, 2,3) , mex = .8, cex = .8)
m <- 2
n <- 8
cholist <- replicate(50000,sort(runif(n+m-1))[n])
hist(cholist,prob=T,xlab="",main="",ylab="")
curve(dbeta(x,n,m),0,1,add=T)
```

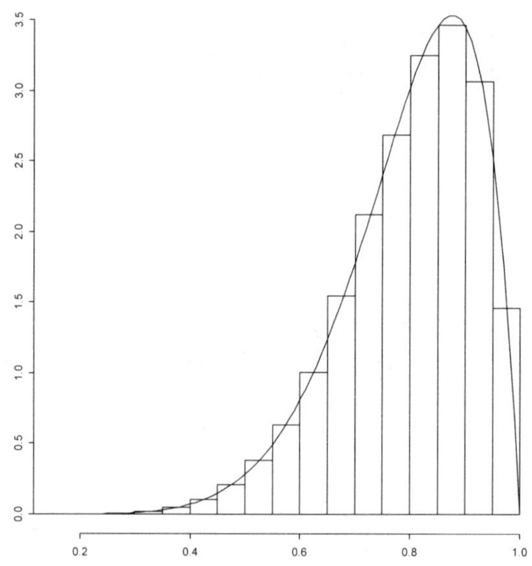

[그림 3.29] 균등분포로부터 시뮬레이션한 베타분포

연습문제

01 어떤 운전자가 한 달 사이에 사고를 일으킬 확률은 0.02라고 한다. 100달간 운전자가 3회 이상 사고를 일으킬 확률을 구하라.

02 조커(joker)를 제외한 52장의 트럼프로부터 4장의 카드를 뽑을 때 스페이드와 하트가 1장씩 포함되어 있을 확률을 구하라.

03 2명의 후보자 A, B를 뽑는 선거를 하는 경우에 A 후보자는 a표, B 후보자는 b표$(a > b)$를 획득하여 A 후보자가 선택되었다. 그러나 선거인 $N = a + b$명 중에는 선거권이 없는 사람이 n명 포함되어 있다고 하고, 이 n명을 제외하는 경우에 B가 역전승할 확률을 구하라. $a = 16,\ b = 14,\ n = 4$의 경우에 이 확률은 얼마인가?

04 타율 3할의 타자가 다섯 번 타석에 들어선다고 할 때 다음의 확률을 구하라.

(1) 적어도 2번 이상 안타를 친다.

(2) 모두 안타를 치지 않는다.

05 1의 눈이 나올 때까지 주사위를 던지는 경우에 다음 물음에 답하라.

(1) 6번째에 처음으로 1의 눈이 나올 확률

(2) 처음으로 1의 눈이 나올 확률이 적어도 ½이 되기 위해서 필요한 시행횟수

06 주어진 관측치 x에 대해 다음 분포의 확률함수 $f(x \mid p)$를 최대로 하는 모수 p의 값을 구하라.

(1) 이항분포 $B(n, p)$

(2) 기하분포 $G_e(p)$

(3) 음이항분포 $NB(n, p)$

07 [D7] 대수급수분포 $LS(\theta)$: 확률변수 X가 밀도함수

$$f(x \mid \theta) = \frac{\alpha\,\theta^{x}}{x} I_{\{1,2,\cdots\}}(x)$$
$$\Theta = \{\theta;\ 0 < \theta < 1\}, \quad \alpha = \{-\log(1-\theta)\}^{-1}$$

를 가지는 분포를 **대수급수분포**(logarithmic series distribution)라고 한다. 이 분포의 평균, 분산 및 확률생성함수를 구하라.

08 확률변수 X가 균등분포 $U(0,2)$를 따를 때 다음의 확률을 구하라.

(1) $P\{X > 0.5\}, P\{X < 1.2\}$

(2) $P\{X > 1.5 \mid X > 0.5\}$

09 확률변수X가 $N(\mu, \sigma^2)$을 따른다.

(1) $\mu = 5,\ \sigma = 2$인 경우에 $P\{X \le 7\}$을 구하라.

(2) $P\{X \le 6\} = 0.9773, P\{X \le 4\} = 0.8413$인 경우에 $\mu,\ \sigma$의 값을 구하라.

10 확률변수 X는 지수분포 $E_X(\lambda)$를 따른다. 실수 x에 대해 $[x]$는 x를 넘지 않는 최대의 정수라고 정의한다.

(1) 정수값만을 가지는 확률변수 $Y = [X]$의 분포를 구하라.

(2) Y의 평균 $E(Y)$와 분산 $V(Y)$을 구하라.

11 n은 임의의 양의 정수, k는 $1 \le k \le n$인 정수이고, p는 $0 < p < 1$인 실수라고 한다. 이 경우에 다음의 등식이 성립함을 증명하라.

$$\sum_{r=k}^{n} \binom{n}{r} p^{r} (1-p)^{n-r} = \frac{1}{B(k, n-k+1)} \int_0^p x^{k-1} (1-x)^{n-k} dx$$

12 임의의 상수 λ와 양의 정수 k에 대해 다음의 등식이 성립함을 증명하라.

$$\sum_{r=k}^{\infty} \exp(-\lambda) \frac{\lambda^{r}}{r!} = \frac{1}{\Gamma(k)} \int_0^{\lambda} x^{k-1} \exp(-x)\, dx$$

13 [C6] **대수정규분포**(log-normal distribution) $LN(\mu, \sigma^2)$: 양의 확률변수 X가 밀도함수

$$f(x \mid \theta) = \frac{1}{\sqrt{2\pi\sigma^2}} x^{-1} \exp\left\{-\frac{(\log x - \mu)^2}{2\sigma^2}\right\} I_{\{0 < x < \infty\}}$$
$$\Theta = \{\theta = (\mu, \sigma^2);\ -\infty < \mu < \infty,\ 0 < \sigma^2 < \infty\}$$

을 가지는 경우에 이 분포를 대수정규분포라고 한다. 다음 물음에 답하라.

(1) $Y = \log X$ 는 정규분포 $N(\mu, \sigma^2)$을 따른다.

(2) X의 평균과 분산을 구하라.

(3) 양의 정수 r에 대해 r차 적률 $E(X^r)$을 구하라.

14 어느 시스템의 고장 시각을 나타내는 양의 확률변수 T의 고장률함수 $h(t)$가 주어져 있는 경우에 다음을 증명하라.

(1) $s,\ t > 0$ 에 대해

$$P(T > s + t \mid T > s) = \exp\left\{-\int_s^{s+t} h(u)\,du\right\}$$

(2) [C7] **와이블 분포**(Weibull distribution) $W_B(\alpha, \beta)$의 고장률함수가

$$h(t) = \left(\frac{\alpha}{\beta}\right)\left(\frac{t}{\beta}\right)^{\alpha - 1}, \qquad t > 0, \quad \alpha, \beta > 0$$

일 때, 밀도함수는

$$f(t) = \left(\frac{\alpha}{\beta}\right)\left(\frac{t}{\beta}\right)^{\alpha - 1} \exp\left\{-\left(\frac{t}{\beta}\right)^{\alpha}\right\} I_{\{t > 0\}}$$

인 것을 보여라.

(3) 와이블 분포의 평균과 분산을 구하라.

15 관측치 x가 주어진 경우에 다음의 밀도함수를 최대로 하는 모수를 구하라.

(1) 정규분포 $N(\mu, \sigma^2)$의 밀도함수(σ^2이 기지인 경우)

(2) 지수함수 $E_X(\lambda)$의 밀도함수

(3) 대수정규분포 $LN(\mu, \sigma^2)$의 밀도함수(σ^2이 기지인 경우)

제 **4** 장

이차원 확률벡터의 분포

4.1 확률변수의 독립성과 종속성

4.1.1 두 확률변수의 결합분포

모집단이 인구인 경우를 다시 생각한다. 2.2절에서는 나이, 소득, 키, 몸무게 등을 각각 확률변수로 하고 그 변수를 '단독으로' 생각하였다. 그러나 이 절에서는, 예를 들면 나이와 소득의 관계 또는 키와 몸무게의 관계와 같이 두 개의 확률변수를 '결합하여' 생각하고 그 분포를 통해 그 변수들의 관계를 조사하고자 한다. 이제 인구 모집단을 Ω로 하고 그 모집단에 속하는 개인을 $w\,(w \in \Omega)$로 하며 모집단에 대한 키 X와 몸무게 Y의 분포를 생각한다. 한편 $(X(w),\ Y(w))$는 개인의 키와 몸무게의 쌍을 나타낸다. 이 경우에 우리는 점 $(X(w),\ Y(w))$에 관심을 가지는 것이 아니라 모집단의 키와 몸무게의 구성에 관심이 있다. 예를 들면 키가 $a < X \le b$ (cm)이고 체중이 $c < Y \le d$ (g)인 사람의 비율, 즉 점 (X, Y)의 분포에 관심이 있으며 그 분포를 통해서 키와 몸무게의 상관관계를 조사한다. 이상의 것을 일반화하여 논하자.

두 개의 확률변수 $X,\ Y\colon (\Omega,\ \mathscr{A},\ P) \to (R^1, \mathscr{B}^1)$에 대해 이 변수들의 모임 (X, Y)를 이차원 **확률벡터**(random vector)라고 한다. 그리고 그 분포를 **결합분포**(joint distribution)라고 하고

$$\begin{aligned} P_{X,Y}(B_1,\ B_2) &= P[w\colon\ X(w) \in B_1,\ Y(w) \in B_2] \\ &= P(X \in B_1,\ Y \in B_2),\ B_i \in \mathscr{B}^1,\ i = 1,\ 2 \end{aligned}$$

로 정의한다. 즉 $P_{X,Y}$는 확률벡터 (X, Y)로부터 유도된 평면에 대한 확률측도이며 다음 관계가 성립한다.

$$(X,\ Y)\colon\ (\Omega,\ \mathscr{A},\ P) \to (R^2,\ \mathscr{B}^2,\ P_{X,Y})$$

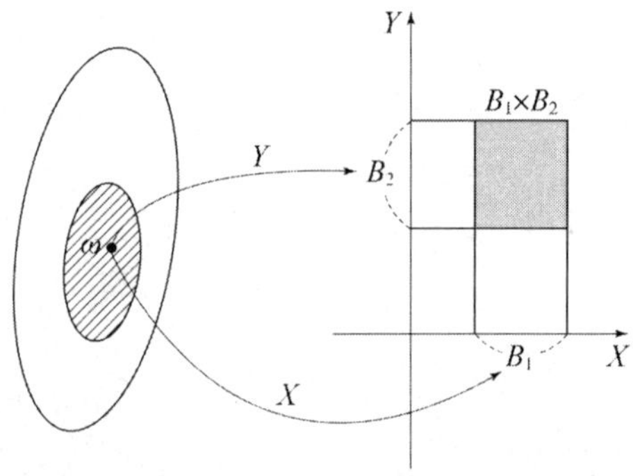

[그림 4.1] 확률벡터 (X, Y)로부터 유도된 평면에 대한 확률측도

한편 확률변수 X와 Y의 각 분포 P_X와 P_Y를 **주변분포**(marginal distribution)라고 한다. 사건의 독립성에 대해서 1.4.3절에서 서술하였는데 그 개념을 확장해서 확률변수의 독립성을 정의하자. 그러나 독립인 베르누이 시행의 성공의 확률을 사용해서 이항분포를 설명하거나, 지수분포의 구간적 성질을 설명할 때 확률변수의 독립성의 개념을 이미 사용한 바 있다.

정의 4.1

두 개의 확률변수 X와 Y의 결합분포 $P_{X,Y}$가 주변분포 P_X와 P_Y의 곱으로 표현될 때, 즉 $P_{X,Y} = P_X \cdot P_Y$일 때 확률변수 X와 Y는 **독립**(independent)이라고 한다. 즉 임의의 집합 $B_1, B_2 \in \mathscr{B}^1$에 대해

$$P(X \in B_1,\ Y \in B_2) = P(X \in B_1)\,P(Y \in B_2)$$

가 성립하는 것이다. 독립이 아닌 경우에 **종속**(dependent)이라고 한다.

이차원 확률벡터 (X, Y)의 **결합분포함수**(joint distribution function)는

$$F(x,\ y) = P(X \le x,\ Y \le y)$$

로 정의된다. 각 확률변수 X와 Y에 대한 분포함수, 즉

$$F_1(x) = F(x, \infty) = P(X \le x, Y \le \infty) = P(X \le x)$$
$$F_2(y) = F(\infty, y) = P(X \le \infty, Y \le y) = P(Y \le y)$$

를 각각 X와 Y의 **주변분포함수**(marginal distribution function)라고 한다. 그러므로 결합분포함수가 각 분포함수들의 곱으로 표현되면, 즉 임의의 $x,\ y \in R^1$에 대해

$$F(x,y) = F_1(x)F_2(y)$$

가 성립하면 $X,\ Y$는 독립이다.

4.1.2 결합분포가 이산형인 경우

X와 Y가 모두 이산형 확률변수이고 X와 Y의 질량점들이 각각

$$x = x_1,\ x_2,\ \cdots,\ x_r, \qquad y = y_1,\ y_2,\ \cdots,\ y_c$$

라고 하자. 그러면 결합분포는 다음과 같은 결합확률함수

$$f_{ij} = P(X = x_i,\ Y = y_j), \quad i = 1, 2, \cdots, r\,; \quad j = 1, 2, \cdots, c$$

로 주어진다. 그리고 결합확률함수의 두 가지 조건 (PF1)과 (PF2)는 다음과 같다.

(PF1) $f_{ij} \geqq 0, \quad i = 1, 2, \cdots, r\,; \quad j = 1, 2, \cdots, c$

(PF2) $\sum_{i=1}^{r} \sum_{j=1}^{c} f_{ij} = 1$

이 경우에 $X,\ Y$의 주변분포는 각각 $f_{i\cdot}$, $f_{\cdot j}$가 된다. 여기서 주변확률함수 $f_{i\cdot}$와 $f_{\cdot j}$는 각각

$$f_{i\cdot} = P(X = x_i), \quad f_{\cdot j} = P(Y = y_j)$$

로 정의되고 주변확률함수의 두 가지 조건은

$$f_{i\cdot} \geqq 0, \quad \sum_{i=1}^{r} f_{i\cdot} = 1\,; \quad f_{\cdot j} \geqq 0, \quad \sum_{j=1}^{c} f_{\cdot j} = 1$$

이다. 이것을 표로 나타낸 것을 **분할표**(contigency table)라고 한다.

참고

(i) $(X,\ Y)$의 결합분포는 분할표의 가운데 부분이고 X의 주변분포는 분할표의 오른쪽 가장자리 열 부분이며 Y의 주변분포는 분할표의 아래쪽 가장자리 행 부분이다.

(ii) 분할표에서 행(row)의 수를 r, 열(column)의 수를 c로 나타내고 있다.

(iii) 오른쪽 하단부의 1은 결합분포와 주변분포가 확률분포인 것을 나타내고 있다.

이산형의 경우에 결합확률함수가 주변확률함수의 곱으로 표현되면, 즉

$$\begin{aligned} f_{ij} &= P(X = x_i,\ Y = y_j) \\ &= P(X = x_i)P(Y = y_j) = f_{i\cdot}\, f_{\cdot j}, \\ &\qquad i = 1, 2, \cdots, r, \quad j = 1, 2, \cdots, c \end{aligned}$$

가 성립하면 확률변수 $X,\ Y$는 독립이다.

[표 4.1] 분할표

$x \backslash y$	y_1 y_2 $\cdots\cdots$ y_c	
x_1	f_{11} f_{12} $\cdots\cdots$ f_{1c}	$f_{1\cdot}$
x_2	f_{21} f_{22} $\cdots\cdots$ f_{2c}	$f_{2\cdot}$
$\vdots$	$\vdots$ $\vdots$ $\vdots$	$\vdots$
$\vdots$	$\vdots$ $\vdots$ $\vdots$	$\vdots$
x_r	f_{r1} f_{r2} $\cdots\cdots$ f_{rc}	$f_{r\cdot}$
	$f_{\cdot 1}$ $f_{\cdot 2}$ $\cdots\cdots$ $f_{\cdot c}$	1

1.3절에서는 사건에 대해 조건부 확률을 정의하였다. 이제 그 개념을 확률변수에 적용시키고자 한다. $Y = y_j$가 주어졌을 때 $X = x_i$의 조건부 확률을

$$f_1(x_i \mid y_j) = \frac{P(X = x_i,\ Y = y_j)}{P(Y = y_j)}, \qquad i = 1, 2, \cdots, r$$

로 정의한다. 그러면 조건부 확률함수 $f_1(\cdot \mid y_j)$를 가지는 분포를 $Y = y_j$가 주어졌을 때 X의 **조건부 분포**(conditional distribution)라고 하고 같은 방법으로 조건부 확률함수 $f_2(\cdot \mid x_i)$를 가지는 분포를 $X = x_i$가 주어졌을 때 Y의 조건부 분포라고 한다. 우리는 가끔 기호 $f_{i \mid j}$, $f_{j \mid i}$를 사용하는데 이들은 다음과 같이 정의된다.

$$f_{i \mid j} = \frac{f_{ij}}{f_{\cdot j}}, \qquad f_{j \mid i} = \frac{f_{ij}}{f_{i\cdot}}$$

$Y = y_j$가 주어졌을 때 X의 조건부 분포의 평균과 분산을 각각

$$E[X \mid y_j] = \sum_{i=1}^{r} x_i\, f_1(x_i \mid y_j)$$

$$V[X \mid y_j] = \sum_{i=1}^{r} (x_i - E[X \mid y_j])^2\, f_1(x_i \mid y_j)$$

로 정의하고 $Y = y_j$가 주어졌을 때 X의 **조건부 평균**(conditional mean), **조건부 분산**(conditional variance)이라고 한다. 일반적으로 확률변수의 함수 $h(X)$의 조건부 기댓값(또는 평균)도 같은 방법으로 정의된다. 즉 다음과 같이 정의된다.

$$E[h(X) \mid y_j] = \sum_{i=1}^{r} h(x_i)\, f_1(x_i \mid y_j)$$

$X = x_i$가 주어졌을 때 Y의 조건부 기댓값이나 조건부 분산도 같은 방법으로 정의된다.

예제 4.1

X, Y가 서로 독립이며 평균이 각각 λ_1, λ_2인 포아송 확률변수일 때, 주어진 $X+Y=n$에서 X의 조건부 기댓값을 구하라.

(해) 먼저 주어진 $X+Y=n$에서 X의 조건부 확률질량함수는

$$
\begin{aligned}
P\{X=k \mid X+Y=n\} &= \frac{P\{X=k, X+Y=n\}}{P\{X+Y=n\}} \\
&= \frac{P\{X=k, Y=n-k\}}{P\{X+Y=n\}} \\
&= \frac{P\{X=k\}P\{Y=n-k\}}{P\{X+Y=n\}} \\
&= \frac{e^{-\lambda_1}\lambda_1^k}{k!}\frac{e^{-\lambda_2}\lambda_2^{n-k}}{(n-k)!} \times \\
&\quad \left[\frac{e^{-(\lambda_1+\lambda_2)}(\lambda_1+\lambda_2)^n}{n!}\right]^{-1} \\
&= \binom{n}{k}\left(\frac{\lambda_1}{\lambda_1+\lambda_2}\right)^k\left(\frac{\lambda_2}{\lambda_1+\lambda_2}\right)^{n-k}
\end{aligned}
$$

이는 n과 $\lambda_1/(\lambda_1+\lambda_2)$를 모수로 하는 이항 확률분포이므로

$$E[X \mid X+Y=n] = n\frac{\lambda_1}{\lambda_1+\lambda_2}$$

4.1.3 결합분포가 연속형인 경우

결합분포함수 $F(x, y)$를 미분할 수 있는 경우에

$$f(x, y) = \frac{\partial^2}{\partial x\,\partial y}F(x, y)$$

를 (X, Y)의 **결합밀도함수**(joint density function)라고 한다. 그러면 일차원의 경우와 마찬가지로 밀도함수에 관한 다음의 성질이 성립한다.

(Dn1) $f(x, y) \geqq 0$

(Dn2) $\int_{-\infty}^{\infty}\int_{-\infty}^{\infty} f(x, y)\,dx\,dy = 1$

(Dn3) $F(x, y) = \int_{-\infty}^{x}\int_{-\infty}^{y} f(u, v)\,du\,dv$

X와 Y의 **주변밀도함수**(marginal density function)는 각각

$$f_1(x) = \frac{dF_1(x)}{dx} = \int_{-\infty}^{\infty} f(x, y)\,dy$$

$$f_2(y) = \frac{dF_2(y)}{dy} = \int_{-\infty}^{\infty} f(x, y)\,dx$$

로 된다. 그러므로 연속형인 경우에 결합밀도함수가 주변밀도함수의 곱으로 표현되면, 즉

$$f(x, y) = f_1(x)\,f_2(y)$$

가 성립하면 X와 Y는 독립이다. 확률변수 X, Y가 종속인 경우에 $Y = y$가 주어졌을 때 X의 **조건부 밀도함수**(conditional density function)는

$$f_1(x \mid y) = \frac{f(x, y)}{f_2(y)} = \frac{f(x, y)}{\int_{-\infty}^{\infty} f(x, y)\,dx}$$

로 정의된다. 이런 조건부 밀도함수를 가지는 분포에 대한 평균과 분산은

$$E[X \mid Y = y] = \int_{-\infty}^{\infty} x\, f_1(x \mid y)\,dx$$

$$V[X \mid Y = y] = \int_{-\infty}^{\infty} (x - E[X \mid Y = y])^2\, f_1(x \mid y)\,dx$$

로 정의되고 $Y = y$가 주어졌을 때 X의 조건부 평균, 조건부 분산이라고 한다. 일반적으로 확률변수의 함수 $h(X)$에 대해 $Y = y$가 주어졌을 때의 조건부 기댓값은 다음과 같이

$$E[h(X) \mid Y = y] = \int_{-\infty}^{\infty} h(x)\, f_1(x \mid y)\,dx$$

로 정의된다. 조건부 평균 $E[h(X) \mid Y=y]$를 계산하면 y의 함수가 되는데, y를 확률변수 Y로 대치한 것을 $E[h(X) \mid Y]$로 정의한다. 따라서 $E[h(X) \mid Y]$는 확률변수이며 Y의 함수이다. 그리고 $X=x$가 주어졌을 때 Y의 조건부 밀도함수와 조건부 기댓값도 같은 방법으로 정의된다.

예제 4.2

X와 Y의 확률밀도함수가

$$f(x,y)=\begin{cases}4y(x-y)e^{-(x+y)}, & 0<x<\infty, 0\le y\le x\\ 0, & \text{그밖에서}\end{cases}$$

일 때 $E[X \mid Y=y]$를 구하라.

(해) 먼저

$$f_{X \mid Y}(x \mid y)=\frac{f(x,y)}{f_Y(y)}=\frac{4y(x-y)e^{-(x+y)}}{\int_y^\infty 4y(x-y)e^{-(x+y)}dx}$$

$$=\frac{(x-y)e^{-(x+y)}}{\int_y^\infty (x-y)e^{-(x+y)}dx}$$

$$=\frac{(x-y)e^{-x}}{e^{-y}}$$

$$=(x-y)e^{(x-y)}, \qquad x>y$$

따라서

$$E[X \mid Y=y]=\int_{-\infty}^{\infty} x f_{X \mid Y}(x \mid y)d$$

$$=\int_y^\infty x(x-y)e^{-(x-y)}dx$$

$$=y+2$$

예제 4.3

X와 Y의 결합 확률밀도함수가

$$f(x, y) = \begin{cases} \frac{1}{2} y e^{-xy}, & 0 < x < \infty, 0 < y < x \\ 0, & \text{그밖에서} \end{cases}$$

일 때 $E[e^{X/2} \mid Y=1]$을 구하라.

(해) 주어진 $Y=1$에서 X의 조건부 확률밀도함수는

$$\begin{aligned} f_{X \mid Y}(x \mid 1) &= \frac{f(x, 1)}{f_Y(1)} \\ &= \frac{\frac{1}{2}e^{-x}}{\int_0^\infty \frac{1}{2}e^{-x}dx} \end{aligned}$$

따라서

$$\begin{aligned} E[e^{X/2} \mid Y=1] &= \int_0^\infty e^{\frac{x}{2}} f_{X \mid Y}(x \mid 1)dx \\ &= \int_0^\infty e^{\frac{x}{2}} e^{-x} dx \\ &= 2 \end{aligned}$$

이제 조건부 기댓값을 사용해 기댓값과 분산을 구하는 것을 생각해 보자. 이것은 조건부 기댓값의 매우 중요한 성질 중 하나이다. 확률변수 X와 Y가 연속형인 경우로 국한해서 설명하고자 한다. 그러나 이산형의 경우에도 마찬가지이다.

$$\begin{aligned} E[E[h_1(X) \mid Y]] &= \int_{-\infty}^{\infty} E[h_1(X) \mid Y=y] f_2(y)\, dy \\ &= \int_{-\infty}^{\infty}\int_{-\infty}^{\infty} h_1(x) f_1(x \mid y) f_2(y)\, dx\, dy \\ &= \int_{-\infty}^{\infty}\int_{-\infty}^{\infty} h_1(x) \frac{f(x, y)}{f_2(y)} f_2(y)\, dx\, dy \\ &= \int_{-\infty}^{\infty}\int_{-\infty}^{\infty} h_1(x) f(x, y)\, dx\, dy \\ &= \int_{-\infty}^{\infty} h_1(x) \int_{-\infty}^{\infty} f(x, y)\, dy\, dx \end{aligned}$$

$$= \int_{-\infty}^{\infty} h_1(x) f_1(x)\, dx = E[h_1(X)]$$

그러므로 다음 사실이 성립한다.

(E5) $E[E[h_1(X) \mid Y]] = E[h_1(X)]$

한편 $Y=y$가 주어졌을 때 X의 조건부 분산은 확률변수 X와 Y가 연속형일 때 또는 이산형일 때 다 같이

$$V[X \mid Y=y] = E[X^2 \mid Y=y] - (E[X \mid Y=y])^2$$

로 간단하게 표현된다. 그러므로 다음의 중요한 결과를 얻는다.

정리 4.1

$$V[X] = E[V[X \mid Y]] + V[E[X \mid Y]]$$

(증명)

$$\begin{aligned} E[V[X \mid Y]] &= E[E[X^2 \mid Y]] - E[(E[X \mid Y])^2] \\ &= E[X^2] - (E[X])^2 - E[(E[X \mid Y])^2] + (E[X])^2 \\ &= V[X] - E[(E[X \mid Y])^2] + (E[E[X \mid Y]])^2 \\ &= V[X] - V[E[X \mid Y]] \end{aligned}$$

예제 4.4 (기하분포의 평균)

앞면이 나올 확률이 p인 동전을 처음으로 앞면이 나올 때까지 던진다. 이때 처음으로 앞면이 나올 때까지 던진 횟수의 기댓값을 구하라.

(해) N이 처음으로 앞면이 나올 때까지 던진 횟수라고 하고

$$Y = \begin{cases} 1, & \text{첫번째 시행의 결과가 앞면일때} \\ 0, & \text{첫번째 시행의 결과가 뒷면일때} \end{cases}$$

이라면

$$\begin{aligned} E[N] &= E[N \mid Y=1]P\{Y=1\} + E[N \mid Y=0]P\{Y=0\} \\ &= pE[N \mid Y=1] + (1-p)E[N \mid Y=0] \end{aligned}$$

그런데

$$E[N \mid Y=1] = 1,\ E[N \mid Y=0] = 1 + E[N]$$

이므로

$$E[N] = p + (1-p)(1 + E[N])$$

따라서

$$E[N] = 1/p$$

위의 예제에서 확률변수 N은 확률질량함수 $p(n) = p(1-p)^{n-1}$을 갖는 확률변수이므로 N의 기댓값은 $E[N] = \sum_{1}^{\infty} np(n)$에 의해 직접 구할 수 있지만, 때때로 어떤 문제들은 '**조건**(conditioning)'에 의해 쉽게 구할 수 있다.

예제 4.5

철수는 확률론 책을 한 장 읽거나 한국사 책을 한 장 읽는다. 확률론 책 한 장에서의 오자의 수는 평균이 2인 포아송 분포를 따르고, 한국사 책의 한 장에서의 오자의 수는 평균이 5인 포아송 분포를 따른다. 철수가 같은 확률로 두 책 중 하나를 선택하여 읽을 때, 오자의 수의 기댓값을 구하라.

(해) X를 오자의 수라고 하고,

$$Y = \begin{cases} 1, & \text{철수가 한국사 책을 선택할때} \\ 2, & \text{철수가 확률론 책을 선택할때} \end{cases}$$

이라면

$$\begin{aligned} E[X] &= E[X \mid Y=1]P\{Y=1\} + E[X \mid Y=2]P\{Y=2\} \\ &= 5\left(\frac{1}{2}\right) + 2\left(\frac{1}{2}\right) \\ &= \frac{7}{2} \end{aligned}$$

예제 4.6

어떤 공장에서 일주일 동안 기대되는 사고의 수는 4건이다. 각 사고에서 각 사고에서 부상당한 근로자의 수는 평균 2인 서로 독립인 확률변수들이다. 또한 각 사고에서 부상당한 근로자의 수는 사고의 수와 서로 독립이다. 일주일 동안에 부상당하는 근로자 수의 기댓값을 구하라.

(해) N을 사고의 수라고 하고, X_i, $i=1, 2, \ldots$, i번째 사고에서의 부상자의 수라고 하면, 부상당한 근로자의 수는 $\sum_{i=1}^{N} X_i$로 나타낸다. 지금

$$E[\sum_1^N X_i] = E[E[\sum_1^N X_i \mid N]]$$

그런데

$$\begin{aligned} E[\sum_1^N X_i \mid N=n] &= E[\sum_1^n X_i \mid N=n] \\ &= E[\sum_1^n X_i] \ (X_i\text{와 } N\text{은 서로 독립이므로}) \\ &= nE[X] \end{aligned}$$

따라서

$$E[\sum_1^N X_i \mid N] = NE[X]$$

이므로

$$E[\sum_{i=1}^N X_i] = E[NE[X]] = E[N]E[X]$$

그리고

$$E[N] = 4, \ E[X] = 2$$

이므로

$$E[\sum_{i=1}^N X_i] = 4 \times 2 = 8$$

또한 조건부 기댓값은 확률변수의 분산을 구하는 데 유용하다. 즉

$$\begin{aligned} Var(X) &= E[X^2] - (E[X])^2 \\ &= E[E[X^2 \mid Y]] - (E[E[X \mid Y]])^2 \end{aligned}$$

예제 4.7

예제 4.6에서

$$E[\sum_{i=1}^{N} X_i] = E[N]E[X]$$

임을 보였다. 그러면 $Var(\sum_{i=1}^{N} X_i)$는 어떻게 나타낼 수 있는가?

(해) $Var(\sum_{i=1}^{N} X_i) = E[(\sum_{i=1}^{N} X_i)^2] - (E[\sum_{i=1}^{N} X_i])^2$

먼저,

$$E[(\sum_{i=1}^{N} X_i)^2] = E[E[(\sum_{i=1}^{N} X_i)^2 \mid N]]$$

이고 $N=n$이 주어질 때

$$\begin{aligned} E[(\sum_{i=1}^{N} X_i)^2 \mid N=n] &= Var(\sum_{i=1}^{n} X_i) + (E[\sum_{i=1}^{n} X_i])^2 \\ &= n\,Var(X) + (nE[X])^2 \end{aligned}$$

이므로

$$E[(\sum_{i=1}^{N} X_i)^2 \mid N] = N\,Var(X) + N^2(E[X])^2$$

이다. 이때 위 식의 양변에 기댓값을 취하면

$$E[(\sum_{i=1}^{N} X_i)^2] = E[N]\,Var(X) + E[N^2](E[X])^2$$

이다. 그러므로

$$\begin{aligned} Var(\sum_{i=1}^{N} X_i)^2 &= E[N]\,Var(X) + E[N^2](E[X])^2 - (E[\sum_{i=1}^{N} X_i])^2 \\ &= E[N]\,Var(X) + E[N^2](E[X])^2 - (E[N]E[X])^2 \\ &= E[N]\,Var(X) + (E[X])^2(E[N^2] - (E[N])^2) \\ &= E[N]\,Var(X) + (E[X])^2\,Var(N) \end{aligned}$$

임을 알 수 있다.

예제 4.8 (기하분포의 분산)

각 시행의 성공 확률이 p인 독립시행에서, N을 처음으로 성공이 나타날 때까지의 시행횟수라고 할 때, $Var(N)$을 구하라.

(해) 먼저

$$Y = \begin{cases} 1, \text{ 첫 번째 시행이 성공일 때} \\ 0, \text{ 그밖에서} \end{cases}$$

이라고 하자. 그런데

$$Var(N) = E[N^2] - (E[N])^2$$

이므로, 주어진 Y에 의해 $E[N^2]$과 $E[N]$을 구하여 보자. 예를 들면

$$E[N^2] = E[E[N^2 \mid Y]]$$

이다. 그런데

$$\begin{aligned} E[N^2 \mid Y=1] &= 1 \\ E[N^2 \mid Y=0] &= E[(1+N)^2] \end{aligned}$$

이다. 따라서

$$\begin{aligned} E[N^2] &= E[N^2 \mid Y=1]P\{Y=1\} + E[N^2 \mid Y=0]P\{Y=0\} \\ &= p + E[(1+N)^2](1-p) \\ &= 1 + (1-p)E[2N + N^2] \end{aligned}$$

한편 예제 4.6에서 $E[N] = 1/p$임을 보였으므로

$$E[N^2] = 1 + \frac{2(1-p)}{p} + (1-p)E[N^2]$$

이고, 혹은

$$E[N^2] = \frac{2-p}{p^2}$$

이다. 그러므로

$$
\begin{aligned}
Var(N) &= E[N^2] - (E[N])^2 \\
&= \frac{2-p}{p^2} - (\frac{1}{p})^2 \\
&= \frac{1-p}{p^2}
\end{aligned}
$$

4.2 기댓값 정의: 공분산과 상관계수

이차원 확률벡터 (X, Y)의 함수인 $h(X, Y)$의 기댓값은 2.3절에서 $E[h(X)]$를 정의할 때와 같이

$$
\begin{aligned}
E[h(X, Y)] &= \int_{-\infty}^{\infty}\int_{-\infty}^{\infty} h(x, y)\, d^2F(x, y) && \text{(일반형)} \\
&= \begin{cases} \sum_{i=1}^{r}\sum_{j=1}^{c} h(x_i, y_j)\, f(x_i, y_j) & \text{(이산형)} \\ \int_{-\infty}^{\infty}\int_{-\infty}^{\infty} h(x, y)\, f(x, y)\, dx\, dy & \text{(연속형)} \end{cases}
\end{aligned}
$$

정의되고 2.3절의 기댓값에 대한 성질 (E1) ~ (E4)를 만족한다. 그리고 연속형인 경우에 결합밀도함수 $f(x,y)$는 $Y=y$가 주어졌을 때 X의 조건부 밀도함수 $f_1(x \mid y)$와 Y의 주변밀도함수 $f_2(y)$의 곱, 즉

$$f(x, y) = f_1(x \mid y)\, f_2(y)$$

로 표현되기 때문에 $h(X, Y) = h_1(X)\, h_2(Y)$ 이면

$$
\begin{aligned}
E[h_1(X)\, h_2(Y)] &= \int_{-\infty}^{\infty}\int_{-\infty}^{\infty} h_1(x) h_2(y) f_1(x \mid y) f_2(y)\, dx\, dy \\
&= \int_{-\infty}^{\infty}\left\{\int_{-\infty}^{\infty} h_1(x) f_1(x \mid y)\, dx\right\} h_2(y) f_2(y)\, dy \\
&= E\{E[h_1(X) \mid Y]\, h_2(Y)\}
\end{aligned}
$$

가 성립한다. 그리고 X와 Y가 독립이면 $f_1(x \mid y) = f_1(x)$가 성립하므로

$$E[h_1(X) \mid Y] = E[h_1(X)] \qquad (Y\text{에 무관})$$

가 된다. 따라서

$$E[h_1(X)\,h_2(Y)] \;=\; E[h_1(X)]\,E[h_2(Y)]$$

가 구해진다. 이 결과를 다음 기댓값의 성질로 설명하자.

(E6) $h(X,\ Y) = h_1(X)\,h_2(Y)$ 이면 조건부 평균을 사용하여 다음의 관계식을 얻는다.

$$E[h_1(X)\,h_2(Y)] \;=\; E\{E[h_1(X) \mid Y]\,h_2(Y)\}$$

(E7) 더욱이 확률변수 $X,\ Y$가 독립인 경우에 함수의 곱의 평균은 각각의 평균의 곱과 같다.

$$E[h_1(X)\,h_2(Y)] \;=\; E[h_1(X)]\,E[h_2(Y)]$$

확률벡터 $(X,\ Y)$의 2차까지 적률특성값으로 각각의 평균과 분산: $E(X) = \mu_1$, $V(X) = \sigma_1^2$; $E(Y) = \mu_2$, $V(Y) = \sigma_2^2$ 및 **공분산**(covariance)이 있다. 공분산은 중심 주변의 상호적률이며 다음과 같이

$$Cov(X,\ Y) \;\equiv\; E[(X - \mu_1)(Y - \mu_2)]$$

로 정의된다. 위의 공분산을 간단히 하면

$$Cov(X,\ Y) \;=\; E(XY) - E(X)E(Y)$$

가 된다. 더욱이 $V(X),\ V(Y) > 0$ 인 경우에 $X,\ Y$ 의 표준화 $Z_1 = (X - \mu_1)/\sigma_1$, $Z_2 = (Y - \mu_2)/\sigma_2$ 의 공분산을 **상관계수**(correlation coefficient)라고 하고 상관계수는

$$Corr(X,\ Y) \;=\; \frac{Cov(X,\ Y)}{\sqrt{V(X)\,V(Y)}} = \; E\left[\left(\frac{X - \mu_1}{\sigma_1}\right)\left(\frac{Y - \mu_2}{\sigma_2}\right)\right]$$

로 정의된다. 일반적으로 문자 ρ로 표기한다. "$\rho > 0$ 일 때 확률변수 $X,\ Y$는 양의 상관관계, $\rho < 0$일 때 음의 상관관계, $\rho = 0$ 일 때는 서로 아무런 선형관계가 없다."라고 말한다.

정리 4.2

(1) 상관계수의 절댓값은 1 이하이다: $|\rho| \leqq 1$

(2) 상관계수가 $\rho = \pm 1$ 이 되는 경우는 두 확률변수 간에 다음과 같은 선형관계식

$$Y = \mu_2 \pm \frac{\sigma_2}{\sigma_1}(X - \mu_1) \qquad \text{(복호동순)}$$

이 성립하는 경우로 한정된다.

(3) X, Y가 독립이면 공분산은 $Cov(X, Y) = 0$ 이 되고, 따라서 상관계수도 $\rho = 0$ 이다.

(증명)

(1) 임의의 상수 t 에 대해 확률변수 $W = Z_2 - tZ_1$ 을 생각하자. 여기서 Z_1 과 Z_2 는 확률변수 X와 Y의 표준화이다. $E(W) = 0$이므로 분산을 계산하면

$$0 \leqq V(W) = E(W^2) = EZ_2^2 - 2tZ_1Z_2 + t^2Z_1^2 = 1 - 2\rho t + t^2$$

이다. 이 부등식이 임의의 $t \in \boldsymbol{R}^1$ 에 대해 성립하기 위해서는 t에 대한 이차식의 판별식을 D로 두면

$$\frac{D}{4} = \rho^2 - 1 \leqq 0$$

가 성립해야 한다. 즉 $|\rho| \leqq 1$이다.

(2) $\rho = \pm 1$ 이 되는 것은 $D = 0$ 일 때이다. 그러므로 $\rho = \pm 1$ 일 때 $t = \pm 1$ 이면 $V(W) = 0$ 이 성립하며 'W=상수'로 된다. 그러나 $E(W) = 0$ 이므로 $W = 0$ 이 된다. 따라서 $Z_2 = \pm Z_1$ 이 성립한다(복호동순).

(3) X, Y가 독립이면 기댓값의 성질 (E5)에 의해 다음과 같이 된다.

$$Cov(X, Y) = E[(X - \mu_1)(Y - \mu_2)] = E(X - \mu_1)E(Y - \mu_2) = 0$$

예제 4.9

확률변수 U가 균등분포 $U(0, 1)$을 따를 때 X와 Y를 각각

$$X = \cos 2\pi U, \quad Y = \sin 2\pi U$$

로 두면 $X^2 + Y^2 = 1$ 이 성립하여 X의 값에 의해 Y의 값이 결정되므로 X, Y는 독립이 아니다. 그러나 다음의 계산에 의해 $\rho = 0$ 이 된다.

$$E(X) = E(\cos 2\pi U) = \int_0^1 \cos 2\pi u\, d$$
$$= \frac{1}{2\pi}[\sin 2\pi u]_0^1 = 0$$

이 성립하고 같은 방법으로 $E(Y)=0$ 이므로

$$Cov(X,\ Y) = E(\cos 2\pi U)(\sin 2\pi U)$$
$$= \int_0^1 \cos 2\pi u \cdot \sin 2\pi u\ du$$
$$= \int_0^1 \frac{1}{2}\sin 4\pi u\ du = \frac{1}{8\pi}[-\cos 4\pi u]_0^1 = 0$$

이 성립한다. 그러므로 $\rho=0$ 이 된다. 이 예제는 정리 4.2의 (3)의 역이 성립하지 않음을 보여 준다. 상관계수는 두 확률변수의 선형관계를 측정하는 척도이지 일반적인 **연관성**(association)을 측정하는 것은 아니다. 즉 이 예제에서와 같이 원주상의 관계를 의미하는 것은 아니다.

참고 양의 상관관계는 X가 증가하면 Y도 증가하는 것을 의미하며, 음의 상관관계는 X가 증가하면 Y는 감소하는 것을 의미한다.

더욱 일반적으로 n개의 확률변수 $X_1,\ X_2,\ \cdots\ ,\ X_n$ 에 관하여 다음의 성질이 성립하는 것이 쉽게 판명된다.

$$Var(X_1+X_2+\cdots+X_n) = \sum_{i=1}^{n} Var(X_i) + 2\sum_{i=1}^{n-1}\sum_{j=i+1}^{n} Cov(X_i,\ X_j) \quad (4.38)$$

특히 $X_1,\ X_2,\ \cdots\ ,\ X_n$이 서로 독립이면

$$Var(X_1+X_2+\cdots+X_n) = Var(X_1) + Var(X_2) + \cdots + Var(X_n) \quad (4.39)$$

이 성립한다.

예제 4.10

모수 $n,\ p$를 가지는 이항 확률변수 X의 분산을 계산하라.

(해) X는 성공할 확률이 p인 시행을 n번 독립적으로 시행하였을 때 성공한 수를 나타내므로 $X = X_1 + X_2 + \ \cdots\ + X_N$이 된다. 여기서 X_i는 독립적인 베르누이 확

률변수로서

$$X_i = \begin{cases} 1, i\text{번째 시행이 성공했을 때} \\ 0, \text{그 이외} \end{cases}$$

을 나타낸다. 따라서 X의 분산은 식 (4.39)로부터

$$Var(X) = Var(X_1) + \cdots + Var(X_n)$$

한편 각각의 i에 대하여 X_i의 분산은

$$\begin{aligned} Var(X_i) &= E[X_i^2] - (E[X_i]) \\ &= E[X_i] - (E[X_i])^2 \\ &= p - p^2 \end{aligned}$$

이다. 그러므로

$$Var(X) = \sum_{i=1}^{n} Var(X_i) = np(1-p)$$

예제 4.11

예제 2.8에서 자신의 모자를 선택한 사람의 수를 X라고 할 때 X의 분산을 구하라.

(해) 예제 2.8에서 $X = X_1 + \cdots + X_N$이므로, 여기서

$$X_i = \begin{cases} 1, i\text{번째 사람이 자신의 모자를 선택했을 때} \\ 0, \text{그 이외} \end{cases}$$

식 (4.38)로부터

$$Var(X) = \sum_{i=1}^{N} Var(X_i) + 2\sum\sum_{i<j} Cov(X_i, X_j)$$

이다. 한편 $P\{X_i = 1\} = 1/N$이므로

$$\begin{aligned} Var(X_i) &= E[X_i^2] - (E[X_i])^2 \\ &= E[X_i] - (E[X_i])^2 \\ &= \frac{1}{N} - \left(\frac{1}{N}\right)^2 \\ &= \frac{N-1}{N^2} \end{aligned}$$

또한

$$X_i X_j = \begin{cases} 1, i\text{번째와 } j\text{번째 사람이 자신의 모자를 선택했을 때} \\ 0, \text{그 이외} \end{cases}$$

이므로

$$\begin{aligned} E[X_i X_j] &= P\{X_i = 1,\ X_j = 1\} \\ &= P\{X_i = 1\}\, P\{X_j = 1 \mid X_i = 1\} \\ &= \frac{1}{N} \cdot \frac{1}{N-1} \end{aligned}$$

따라서

$$\begin{aligned} Cov(X_i,\ X_j) &= E[X_i X_j] - E[X_i]\, E[X_j] \\ &= \frac{1}{N(N-1)} - \left(\frac{1}{N}\right)^2 \\ &= \frac{1}{N^2(N-1)} \end{aligned}$$

그러므로

$$\begin{aligned} Var(X) &= \frac{N-1}{N} + 2\binom{N}{2}\frac{1}{N^2(N-1)} \\ &= \frac{N-1}{N} + \frac{1}{N} \\ &= 1 \end{aligned}$$

위의 결과와 예제 2.8을 비교하므로 X의 평균과 분산이 1인 것이 놀라운 사실은 아니다.

예제 4.12

1학년 기숙사에 백인 300명과 흑인 101명의 학생이 있다. 피부색에 관계없이 한 방에 2명씩 무작위로 배정하려고 할 때, 백인 학생과 같은 방에 배정받은 흑인 학생들의 수의 평균과 분산을 구하라.

(해) X를 백인 학생과 같은 방에 배정받은 흑인 학생들의 수라고 하면

$$X = \sum_{i=1}^{101} X_i$$

가 된다. 여기서

$$X_i = \begin{cases} 1, i\text{번째 흑인 학생이 백인 학생과 같은 방에 배정받을 때} \\ 0, \text{그 이외} \end{cases}$$

한편

$$\begin{aligned} E[X_i] &= P\{X_i = 1\} = \frac{300}{400} \\ Var(X_i) &= E[X_i^2] - (E[X_i])^2 \\ &= E[X_i] - (E[X_i])^2 \\ &= E[X_i](1 - E[X_i]) \\ &= \left(\frac{300}{400}\right)\left(\frac{100}{400}\right) \end{aligned}$$

$$\begin{aligned} E[X_iX_j] &= P\{X_iX_j = 1\} \\ &= P\{X_i = 1,\ X_j = 1\} \\ &= P\{X_i = 1\}P\{X_j = 1 \mid X_i = 1\} \\ &= \left(\frac{300}{400}\right)\left(\frac{299}{398}\right) \end{aligned}$$

따라서

$$E[X] = \sum_{i=1}^{101} E[X_i] = (101)\left(\frac{3}{4}\right) = 75.75$$

$$\begin{aligned} Var(X) &= \sum_{i=1}^{101} Var(X_i) + 2\sum_{i<j} Cov(X_i,\ X_j) \\ &= (101)\left(\frac{3}{16}\right) + 2\binom{101}{2}\left[\left(\frac{299}{398}\right)\left(\frac{3}{4}\right) - \left(\frac{3}{4}\right)^2\right] \\ &\approx 27.02 \end{aligned}$$

4.3 이차원 분포의 대표적 모형

이 절에서 이차원 확률벡터의 대표적 모형을 소개한다. 5.3절에 설명되는 다변량 분포의 대표적 모형인 [MD1] 다항분포와 [MC1] 다변량 정규분포의 이변량의 경우이므로 기호 [MD1′], [MC1′]을 사용한다.

[MD1′] 삼항분포 $T_N(n;p,q)$

모집단 Ω가 3개의 서로소(서로 배반)인 사건 A, B, C로 분할되어 있다고 한다. 즉

$$\Omega = A + B + C$$

여기서 $P(A)$, $P(B)$, $P(C)$는 각각 $P(A) = p$, $P(B) = q$, $P(C) = 1 - p - q$로 정의된다. 이제 모집단 Ω에서 n개의 표본을 랜덤하게 복원추출할 때 사건 A, B, C에 속하는 표본의 개수를 X, Y, $n - X - Y$로 한다. 이 경우에 (X, Y)의 결합분포의 확률함수는 다음과 같이

$$f(x,\ y \mid p,\ q) = \binom{n}{x\ \ y\ \ n-x-y} p^x q^y (1-p-q)^{n-x-y}$$

$$\Theta = \{(p,\ q):\ p,\ q \geq 0,\ 0 \leq p+q \leq 1\}$$

가 되고, 그 분포를 **삼항분포**(trinomial distribution)라고 하며 $T_N(n;p,q)$로 표기한다. $(x,\ y)$의 영역은

$$\triangle_n^* = \{(x,\ y):\quad \text{정수 } x,\ y \geq 0,\ 0 \leq x+y \leq n\}$$

이다. $n=5$, $r=1-p-q$일 때 $(X,\ Y)$의 결합분포는 다음 표와 같이 주어지고 주변분포는 이항분포가 된다.

[표 4.2] 삼항분포표 $n = 5$

y \ x	0	1	2	3	4	5	
5	p^5	0	0	0	0	0	p^5
4	$5p^4r$	$5p^4q$					$5p^4(1-p)$
3	$10p^3r^2$	$20p^3qr$	$10p^3q^2$	0	0	0	$10p^3(1-p)^2$
2	$10p^2r^3$	$30p^2qr^2$	$30p^2q^2r$	$10p^2q^3$			$10p^2(1-p)^3$
1	$5pr^4$	$20pqr^3$	$30pq^2r^2$	$20pq^3r$	$5pq^4$	0	$5p(1-p)^4$
0	r^5	$5qr^4$	$10q^2r^3$	$10q^3r^2$	$5q^4r$	q^5	$(1-p)^5$
	(1-q)5	$5q(1-q)^4$	$10q^2(1-q)^3$	$10q^3(1-q)^2$	$5q^4(1-q)$	q^5	1

(1) 1.2.4절에서 서술한 다항정리를 이용하여 위의 확률함수가 조건 (PF1), (PF2)를 만족하는지를 쉽게 증명할 수 있다. 사건 A와 그 외의 사건 A^C를 생각하면 삼항분포는 이항분포에 귀착되므로 X의 평균과 분산을 쉽게 구할 수 있는데 다음과 같이 주어진다.

$$E(X) = np, \quad V(X) = np(1-p)$$

그리고 Y에 대해서도 같은 방법을 적용하면 다음의 결과를 얻는다.

$$E(Y) = nq, \quad V(Y) = nq(1-q).$$

(2) 영역 Δ_n^* 상의 합계를 $\sum_n^*$로 표기한다. X와 Y의 공분산을 구하자. $E(XY)$는 다음과 같이

$$\begin{aligned} E(XY) &= \sum_n^* xy \binom{n}{x\ y\ n-x-y} p^x q^y (1-p-q)^{n-x-y} \\ &= n(n-1)pq \sum_{n-2}^* \binom{n-2}{s\ t\ n-2-s-t} p^s q^t (1-p-q)^{n-2-s-t} \\ &= n(n-1)pq \qquad (\text{여기서 } s = x-1,\ t = y-1\ ) \end{aligned}$$

가 되므로 공분산 공식에 의해

$$\begin{aligned} Cov(X, Y) &= E(XY) - E(X)E(Y) \\ &= n(n-1)pq - npnq = -npq \end{aligned}$$

가 된다. 따라서 상관계수는 다음과 같이 주어진다.

$$Corr(X, Y) = -\sqrt{\frac{p}{1-p} \cdot \frac{q}{1-q}}$$

n개의 표본을 각 사건에 할당할 때 사건 A에 속하는 표본의 개수 X가 증가하면 사건 B에 속하는 표본의 개수 Y는 감소하는 경향이 있기 때문에 음의 상관을 가지는 것을 직관적으로 알 수 있다.

(3) 이차원 확률벡터의 적률생성함수는

$$M(s, t) \equiv E\{e^{sX+tY}\}$$

으로 정의된다. 따라서 삼항분포에 대한 적률생성함수는

$$M(s, t) = (pe^s + qe^t + 1-p-q)^n$$

으로 주어진다.

[MC1′] 이변량 정규분포 $N_2(\boldsymbol{\mu}, \boldsymbol{\Sigma})$

이차원 확률벡터 (X, Y)의 결합밀도함수가

$$f(x, y) = \frac{1}{2\pi\sigma_1\sigma_2\sqrt{1-\rho^2}} \exp\left[-\frac{1}{2(1-\rho^2)} \cdot \left\{\left(\frac{x-\mu_1}{\sigma_1}\right)^2 - 2\rho\left(\frac{x-\mu_1}{\sigma_1}\right)\left(\frac{y-\mu_2}{\sigma_2}\right) + \left(\frac{y-\mu_2}{\sigma_2}\right)^2\right\}\right],$$

$$-\infty < x, \ y < \infty$$

$$\Theta = \{(\boldsymbol{\mu}, \boldsymbol{\Sigma}): \ \infty < \mu_1, \mu_2 < \infty, 0 < \sigma_1, \sigma_2 < \infty, -1 \le \rho \le 1\}$$

로 주어질 때 그 분포를 **이변량 정규분포**(bivariate normal distribution)라고 하며 $N_2(\boldsymbol{\mu}, \boldsymbol{\Sigma})$로 표기한다. 여기서 $\boldsymbol{\mu}$와 $\boldsymbol{\Sigma}$는 각각

$$\boldsymbol{\mu} = \begin{pmatrix}\mu_1 \\ \mu_2\end{pmatrix}, \quad \boldsymbol{\Sigma} = \begin{pmatrix}\sigma_1^2 & \rho\sigma_1\sigma_2 \\ \rho\sigma_1\sigma_2 & \sigma_2^2\end{pmatrix}$$

로 정의된다. 지금부터 벡터와 스칼라를 구별하기 위하여 벡터는 굵은 활자체로 표기한다. 예를 들면 μ는 스칼라이고 $\boldsymbol{\mu}$는 벡터이다.

```
> par(mar = c(0, 3, 2,2) , mex = .8, cex = .8)
> mu1<-0 # setting the expected value of x1
> mu2<-0 # setting the expected value of x2
> s11<-1 # setting the variance of x1
> #s12<-1 # setting the covariance between x1 and x2
> s22<-1 # setting the variance of x2
> rho<- .5 # setting the correlation coefficient between x1 and x2
> s12 <- rho *sqrt(s11)*sqrt(s22)
> x<-seq(-3,3,length=41) # generating the vector series x1
> y<-x # copying x1 to x2
> #
> f<-function(x,y)
+ {
+ term1<-1/(2*pi*sqrt(s11*s22*(1-rho^2)))
+ term2<--1/(2*(1-rho^2))
+ term3<-(x-mu1)^2/s11
+ term4<-(y-mu2)^2/s22
+ term5<--2*rho*((x-mu1)*(y-mu2))/(sqrt(s11)*sqrt(s22))
+
+ term1*exp(term2*(term3+term4+term5))
+ } # setting up the function of the multivariate normal density
```

```
> #
> z<-outer(x,y,f) # calculating the density values
> #
> persp(x, y, z,
+ main="",
+ theta=-19, phi=16,
+ r=30,
+ d=0.1,
+ expand=0.45,
+ ltheta=90, lphi=180,
+ shade=0.5,
+ ticktype="detailed",
+ nticks=5,cex.lab=0.8,cex.axis=0.8) # produces the 3-D plot
```

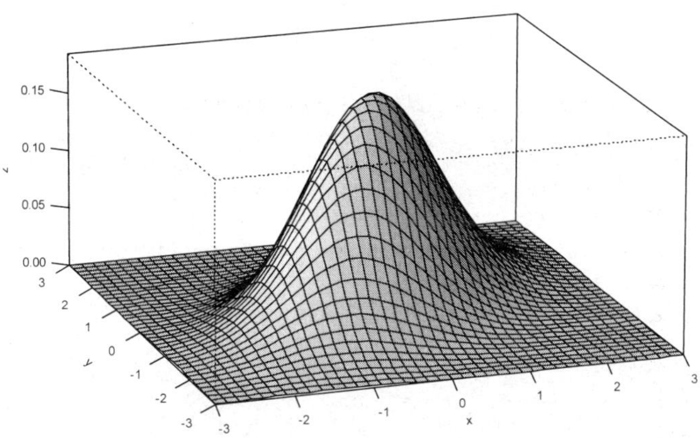

[그림 4.2] 이변량 표준정규분포

```
> par(mfrow=c(2,2), mar = c(4,2,1,2), oma = c(0,0,0,0),cex=0.5)
>
> n <- 60
> x <- seq(-3,3, length= 60); y <- x; rho <- -.75
> bivnd <- function(x,y){
+ exp(-(x^2 - 2*rho *x *y +y^2)/(2*(1- rho^2)))
+ }
> z <- x %*% t(y) # to set up z as a matrix of the right size
> for (i in 1:n){
+ for (j in 1:n){
+ z[i,j] <- bivnd(x[i],y[j])
+ }
+ }
>
> contour(x,y,z,drawlabels=F,cex.axis=0.8)
```

```
> text(-2,2.5,"(a)")
> rho <- 0
> z <- x %*% t(y) # to set up z as a matrix of the right size
> for (i in 1:n){
+ for (j in 1:n){
+ z[i,j] <- bivnd(x[i],y[j])
+ }
+ }
> contour(x,y,z,drawlabels=F, cex.axis=0.8)
> text(-2,2.5,"(b)")
> rho <- 0.5
> z <- x %*% t(y) # to set up z as a matrix of the right size
> for (i in 1:n){
+ for (j in 1:n){
+ z[i,j] <- bivnd(x[i],y[j])
+ }
+ }
> contour(x,y,z,drawlabels=F,cex.axis=0.8)
> text(-2,2,"(c)")
>
> rho <- 0.9
> z <- x %*% t(y) # to set up z as a matrix of the right size
> for (i in 1:n){
+ for (j in 1:n){
+ z[i,j] <- bivnd(x[i],y[j])
+ }
+ }
> contour(x,y,z,drawlabels=F,cex.axis=.8)
> text(-2,2,"(d)")
```

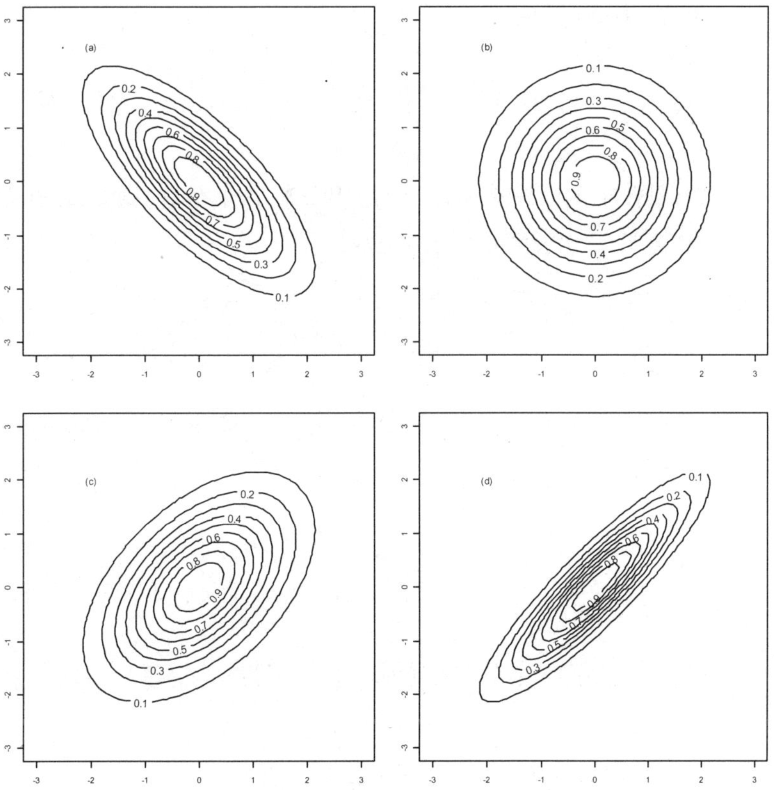

(a) $\rho=-0.75$ (b) $\rho=0$ (c) $\rho=0.5$ (d) $\rho=0.9$

[그림 4.3] 이변량 표준정규분포의 등고선

(1) 밀도함수의 대괄호 [ ] 안에 있는 식을 y에 관해 정리하면

$$-\frac{1}{2(1-\rho^2)\sigma_2^2}\left(y-\mu_2-\rho\sigma_2\frac{x-\mu_1}{\sigma_1}\right)^2-\frac{1}{2}\left(\frac{x-\mu_1}{\sigma_1}\right)^2$$

이 되므로 이변량 정규분포 $N_2(\boldsymbol{\mu},\boldsymbol{\Sigma})$의 결합밀도함수 $f(x,\ y)$는 두 개의 (일변량) 정규분포 $N(\mu_1,\sigma_1^2)$와 $N(\mu_2+\rho\sigma_2(x-\mu_1)/\sigma_1,\ (1-\rho^2)\sigma_2^2)$의 밀도함수 $f_1(x)$와 $f_2(y\mid x)$의 곱으로 표현된다. 여기서 $f_1(x)$와 $f_2(y\mid x)$는 각각 다음과 같이

$$f_1(x)=\frac{1}{\sqrt{2\pi}\,\sigma_1}\exp\left[-\frac{1}{2}\left(\frac{x-\mu_1}{\sigma_1}\right)^2\right],$$

$$f_2(y\mid x)=\frac{1}{\sqrt{2\pi(1-\rho^2)}\,\sigma_2}\exp\left[-\frac{1}{2(1-\rho^2)\sigma_2^2}\left(y-\mu_2-\rho\sigma_2\frac{x-\mu_1}{\sigma_1}\right)^2\right]$$

로 주어진다. 한편

$$f_1(x) = \int_{-\infty}^{\infty} f(x,\ y)\,dy, \quad \int_{-\infty}^{\infty} f_1(x)\,dx = 1$$

이 성립하기 때문에 $f(x,\ y)$는 밀도함수의 성질 (Dn2)을 만족한다. 따라서 $f_1(x)$는 X의 주변밀도함수이다. 그리고

$$f_2(y \mid x) = \frac{f(x,\ y)}{f_1(x)}$$

에 의해 $f_2(y \mid x)$는 $X = x$가 주어졌을 때 Y의 조건부 밀도함수이다. 같은 방법으로 Y의 주변밀도함수를 구하면 다음과 같이 주어진다.

$$f_2(y) = \frac{1}{\sqrt{2\pi}\,\sigma_2} \exp\left[-\frac{1}{2}\left(\frac{y-\mu_2}{\sigma_2}\right)^2\right]$$

따라서 결론적 이차원 확률벡터 $(X,\ Y)$가 정규분포 $N_2(\boldsymbol{\mu},\ \boldsymbol{\Sigma})$를 따를 때 확률변수 X와 Y의 주변분포는 각각 정규분포 $N(\mu_1, \sigma_1^2)$와 $N(\mu_2, \sigma_2^2)$이고 X가 주어졌을 때 Y의 조건부 분포의 평균과 분산은

$$E[Y \mid X] = \mu_2 + \rho\frac{\sigma_2}{\sigma_1}(X - \mu_1)$$
$$V[Y \mid X] = (1-\rho^2)\sigma_2^2$$

이다. 그러므로 정규분포에 대해서는 일반회귀와 선형회귀가 일치하는 것에 주의하자.

(2) 조건부 기댓값의 성질 (E5)를 사용해 다음과 같이 공분산과 상관계수를 구한다.

$$\begin{aligned} Cov(X,\ Y) &= E\{(X-\mu_1)E[(Y-\mu_2) \mid X]\} \\ &= E\left\{(X-\mu_1)\left[\rho\frac{\sigma_2}{\sigma_1}(X-\mu_1)\right]\right\} \\ &= \rho\frac{\sigma_2}{\sigma_1}E\{(X-\mu_1)^2\} = \rho\sigma_1\sigma_2 \\ Corr(X,\ Y) &= \rho \end{aligned}$$

즉 이변량 정규밀도함수의 정의식에 있는 ρ는 $X,\ Y$의 상관계수로 판명되었다. 이변량 정규분포에서 $\rho = 0$이면 $f(x, y) = f_1(x)f_2(y)$가 성립하므로 확률변수

X, Y는 독립이 된다. 그러므로 정규분포에서는 정리 4.2의 (3)의 역이 성립한다. 즉 이변량 정규분포에서는 "상관관계가 없다"는 것과 "독립이다"라는 말은 같은 뜻이다.

(3) 적률생성함수는 다음과 같다.

$$
\begin{aligned}
M(s,t) &= E\{\exp(sX+tY)\} \\
&= E\{\exp(sX)E[\exp(tY) \mid X]\} \\
&= E\left\{\exp(sX)\exp\left[\left\{\mu_2+\rho\frac{\sigma_2}{\sigma_1}(X-\mu_1)\right\}t+\frac{1}{2}t^2(1-\rho^2)\sigma_2^2\right]\right\} \\
&= \exp\left\{s\mu_1+t\mu_2+\frac{1}{2}t^2(1-\rho^2)\sigma_2^2\right\}\times E\left[\exp\left\{\left(s+t\rho\frac{\sigma_2}{\sigma_1}\right)(X-\mu_1)\right\}\right] \\
&= \exp\left\{s\mu_1+t\mu_2+\frac{1}{2}t^2(1-\rho^2)\sigma_2^2\right\}\times \exp\left\{\frac{1}{2}\left(s+t\rho\frac{\sigma_2}{\sigma_1}\right)^2\sigma_1^2\right\} \\
&= \exp\left\{s\mu_1+t\mu_2+\frac{1}{2}s^2\sigma_1^2+st\rho\sigma_1\sigma_2+\frac{1}{2}t^2\sigma_2^2\right\}
\end{aligned}
$$

다음은 이변량 표준정규분포($\rho=0.75$)로 생성된 자료이다.

```
> n <- 1000
> rho <- 0.75
> xlist <- numeric(n)
> ylist <- numeric(n)
> for  (i in 1:n) {
+ z1 <- rnorm(1)
+ z2 <- rnorm(1)
+ xlist[i] <- z1
+ ylist[i] <- rho*z1 + sqrt(1-rho^2)*z2
+ }
> plot(cbind(xlist, ylist))
```

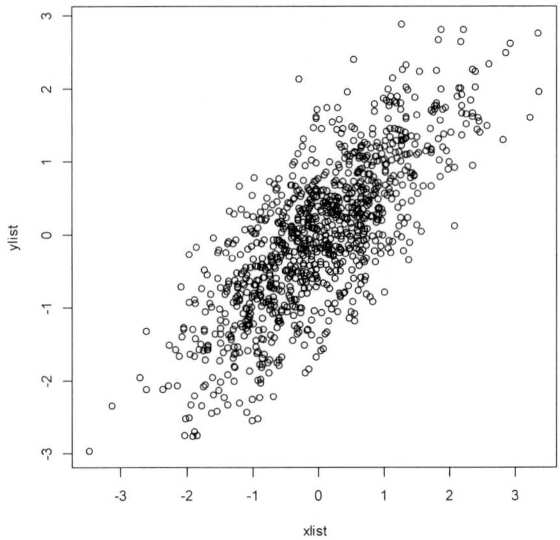

[그림 4.4] 이변량 표준정규분포($\rho = 0.75$)로 생성된 자료

4.4 두 확률변수의 1차함수의 평균과 분산

정리 4.3

확률변수 X, Y는 다음과 같은 평균, 분산 및 공분산을 가진다고 하자.

$$E(X) = \mu_1, \quad E(Y) = \mu_2,$$

$$V(X) = \sigma_1^2, \quad V(Y) = \sigma_2^2, \quad Cov(X, Y) = \sigma_{12}$$

이 경우에 상수 a, b에 대해 일차결합 $aX + bY$를 새로운 확률변수라고 하면 그 평균과 분산은 다음과 같이 주어진다.

(L1) $E(aX + bY) = aE(X) + bE(Y) = a\mu_1 + b\mu_2$

(L2) $V(aX + bY) = a^2 V(X) + b^2 V(Y) + 2ab\,Cov(X, Y)$

$= a^2\sigma_1^2 + b^2\sigma_2^2 + 2ab\sigma_{12}$

(L3) X, Y가 독립이면 분산이 다음과 같이 주어진다.

$$V(aX + bY) = a^2 V(X) + b^2 V(Y) = a^2\sigma_1^2 + b^2\sigma_2^2$$

(증명)

2.4절과 4.2절에서 설명한 연산자 E의 선형성 (E2)의 특별한 경우가 (L1)이다. 그리고 (L2)는 (L1)을 사용해 다음과 같이 구해진다.

$$\begin{aligned} V(aX+bY) &= E[\{(aX+bY)-(a\mu_1+b\mu_2)\}^2] \\ &= E\{a^2(X-\mu_1)^2+b^2(Y-\mu_2)^2+2ab(X-\mu_1)(Y-\mu_2)\} \\ &= a^2E\{(X-\mu_1)^2\}+b^2E\{(Y-\mu_2)^2\}+2ab\,E\{(X-\mu_1)(Y-\mu_2)\} \\ &= a^2V(X)+b^2V(Y)+2ab\,Cov(X,\ Y) \end{aligned}$$

$X,\ Y$가 독립이면 $Cov(X,\ Y)=0$ 이기 때문에 (L3)은 자명하다.

벡터와 행렬을 사용하여 이상의 것을 간단하게 표현하자. 행벡터를 사용하여 설명할 수도 있지만 여기서는 모든 벡터를 열벡터로 표현하여 설명한다. 그러나 경우에 따라서 행벡터를 사용하기도 한다. 상수벡터와 이차원 확률벡터에 대해 그 평균벡터와 공분산행렬을 다음과 같이 정의하자.

확률벡터: $\boldsymbol{W} = \begin{pmatrix} X \\ Y \end{pmatrix}$, 상수벡터: $\boldsymbol{c} = \begin{pmatrix} a \\ b \end{pmatrix}$

평균벡터: $E(\boldsymbol{W}) = \begin{pmatrix} E(X) \\ E(Y) \end{pmatrix} = \begin{pmatrix} \mu_1 \\ \mu_2 \end{pmatrix} \equiv \boldsymbol{\mu}$

공분산행렬: $D(\boldsymbol{W}) = \begin{pmatrix} V(X) & Cov(X,\ Y) \\ Cov(Y,\ X) & V(Y) \end{pmatrix} = \begin{pmatrix} \sigma_{11} & \sigma_{12} \\ \sigma_{21} & \sigma_{22} \end{pmatrix} = \boldsymbol{\Sigma}$

여기서 $\sigma_{11} = V(X) = \sigma_1^2, \sigma_{22} = V(Y) = \sigma_2^2$ 이고 $\sigma_{12} = Cov(X, Y) = Cov(Y, X) = \sigma_{21}$ 이므로 $\boldsymbol{\Sigma}$는 대칭행렬이다. 이 경우에 성질 (L1)과 (L2)는 벡터와 행렬을 사용해 다음과 같이 표현된다. 단 "^{t}"는 벡터와 행렬의 **전치**(transpose)를 나타낸다.

정리 4.4

선형함수 $\boldsymbol{c}^t\boldsymbol{W} = aX+bY$의 평균과 분산은 다음과 같다.

(L1) $E(\boldsymbol{c}^t\boldsymbol{W}) = a\mu_1+b\mu_2 = \boldsymbol{c}^t\boldsymbol{\mu} = \boldsymbol{c}^tE(\boldsymbol{W})$

(L2) $V(\boldsymbol{c}^t\boldsymbol{W}) = a^2\sigma_{11}+b^2\sigma_{22}+2ab\sigma_{12} = \boldsymbol{c}^t\boldsymbol{\Sigma}\,\boldsymbol{c} = \boldsymbol{c}^tD(\boldsymbol{W})\boldsymbol{c}$

4.5 두 독립인 확률변수의 합의 분포

합판의 두께를 계산하는 문제를 생각해 보자. 두께 X(cm)의 뒤판과 두께 Y(cm)의 앞판을 합쳐서 생기는 합판의 두께 Z(cm)는 $Z=X+Y$이다. 뒤판과 앞판은 독립적으로 제조되고 각각의 제조 공정은 관리 상태하에 있다고 한다. 이 경우에 뒤판의 두께 X의 분포 F와 앞판의 두께 Y의 분포 G는 이미 알고 있다고 가정하자. 그러면 합판의 두께 Z의 분포 H는 F와 G에 의해 어떻게 표현될까?

4.5.1 합성

독립인 확률변수 X, Y는 각각 분포함수 $F(x)$, $G(y)$를 가진다고 한다. 이 경우에 합 $Z=X+Y$의 분포함수를 $H(z)$라고 하면

$$H(z) = \int_{-\infty}^{\infty} F(z-y)\,dG(y) = \int_{-\infty}^{\infty} G(z-x)\,dF(x)$$

가 성립한다. 이것을 $H=F*G$로 표기하며 F와 G의 **합성**(convolution)이라고 한다. 특히 분포함수 F, G가 밀도함수 f, g를 가질 때 H는 밀도함수

$$h(z) = \int_{-\infty}^{\infty} f(z-y)\,g(y)\,dy = \int_{-\infty}^{\infty} g(z-x)\,f(x)\,dx$$

를 가진다. 이 밀도함수를 $h=f*g$로 표기하고 f와 g의 합성이라고 한다. 실제로 (X, Y)의 결합분포함수는 $F(x)\,G(y)$이므로 $H(z)$는 다음과 같이 계산된다.

$$\begin{aligned} H(z) &= P(X+Y \le z) \\ &= \iint_{(x+y \le z)} dF(x)\,dG(y) \\ &= \int_{-\infty}^{\infty} \left\{ \int_{-\infty}^{z-y} dF(x) \right\} dG(y) \\ &= \int_{-\infty}^{\infty} F(z-y)\,dG(y) \end{aligned}$$

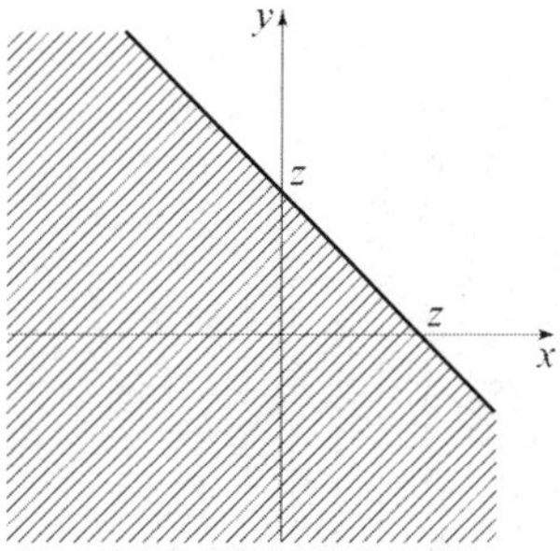

[그림 4.5] $X+Y \le z$의 영역

같은 방법으로 y에 대해 먼저 적분하면 $H(z) = \int_{-\infty}^{\infty} G(z-x)\,dF(x)$가 얻어진다. 그리고 X와 Y의 특성함수를 φ와 ψ로 두면 합 Z의 특성함수 $\eta(t)$는 기댓값의 성질 (E6)에 의해

$$
\begin{aligned}
\eta(t) &= E\{\exp(itZ)\} = E\{\exp(itX)\exp(itY)\} \\
&= E\{\exp(itX)\}E\{\exp(itY)\} = \varphi(t)\psi(t)
\end{aligned}
$$

로 주어진다. 즉 각 특성함수의 곱으로 표현된다: $\eta(t) = \varphi(t)\psi(t)$. 적률생성함수와 확률생성함수가 존재할 때 그것들에 대해서도 같은 성질이 성립한다.

예제 4.13 두 균등분포의 합의 분포에 대한 시뮬레이션

```
> X<-runif(1000,40, 60)
> Y<-runif(1000,45, 80)
> total <- X+Y
> hist(total)

> qqnorm(total)
> qqline(total)
>
> mean(total < 90)
[1] 0.02
```

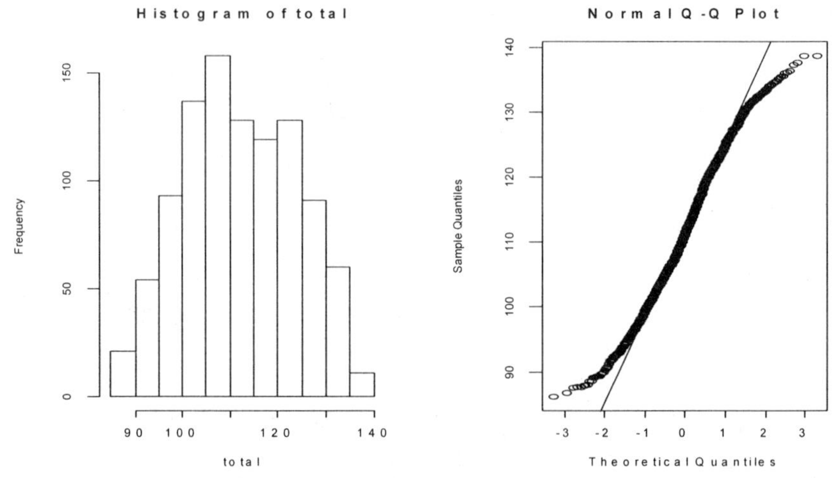

[그림 4.6] 두 균등분포의 합의 분포

4.5.2 분포의 재생성

분포들의 모임을 분포집합이라고 한다. 이항분포집합 또는 정규분포집합 등과 같은 분포집합들은 일반적으로 모수에 의해 특징지어진 확률함수나 밀도함수의 집합이다.

$$\xi = \{f(x \mid \theta) : \theta \in \Theta\}$$

확률변수 X와 Y가 독립이고 이들의 분포가 분포집합 ξ에 속할 때 X와 Y의 합 $Z = X + Y$의 분포도 ξ에 속하면 Z는 **재생성**(reproduction)을 가진다고 한다. 즉 X와 Y의 분포를 F와 G로 두고 Z의 분포를 H로 하는 경우에 다음의 사실이 성립한다.

$$F,\ G \in \xi \ \Rightarrow \ H = F * G \in \xi$$

재생성을 가지는 분포집합에서는 분포형을 알고 있기 때문에 확률변수의 합의 분포를 구하기 위해서는 모수만 구하면 된다. 다음의 정리에서는 이항분포, 포아송분포, 정규분포 및 감마분포의 재생성을 설명하기 위해 기호를 사용한다.

정리 4.5

다음의 분포집합은 재생성을 가진다.

(1) 이항분포: $B(m,\ p) + B(n,\ p) = B(m+n,\ p)$

(2) 포아송 분포: $P(\lambda_1) + P(\lambda_2) = P(\lambda_1 + \lambda_2)$

(3) 정규분포: $N(\mu_1,\ \sigma_1^2)+N(\mu_2,\ \sigma_2^2)\ =\ N(\mu_1+\mu_2,\ \sigma_1^2+\sigma_2^2)$

(4) 감마분포: $G_A(\alpha_1,\ \beta)+G_A(\alpha_2,\ \beta)\ =\ G_A(\alpha_1+\alpha_2,\ \beta)$

(증명)

2.4절에서 설명한 분포함수와 적률생성함수의 1 대 1 대응관계를 사용한다. (1)은 이미 설명한 것처럼 독립인 확률변수 X, Y와 그 합 $Z=X+Y$의 분포를 생각할 때 다음의 명제

$$X\sim B(m,\ p),\ Y\sim B(n,\ p)\ \Rightarrow\ Z\sim B(m+n,\ p)$$

를 의미한다. X와 Y의 적률생성함수는 [D3] 이항분포에서 서술한 것처럼

$$M_X(t)=(e^t p+1-p)^m,\qquad M_Y(t)=(e^t p+1-p)^n$$

이기 때문에 Z의 적률생성함수는

$$M_Z(t)\ =\ M_X(t)M_Y(t)\ =\ (e^t p+1-p)^{m+n}$$

으로 된다. 이것은 이항분포 $B(m+n,\ p)$의 적률생성함수이기 때문에 분포함수와 적률생성함수의 1 대 1 대응관계에 의해 Z가 이항분포 $B(m+n,\ p)$를 따르는 것을 의미한다. 포아송 분포, 정규분포 및 감마분포에 대한 재생성도 같은 방법으로 증명된다.

예제 4.14

$X_1, X_2, \cdots, X_{10}\sim N(20, 8^2)$이고 $Y_1, Y_2, \cdots, Y_{15}\sim N(16, 7^2)$일 때 $W=\overline{X}+\overline{Y}$의 분포에 대한 히스토그램과 Q−Q 그림은 다음과 같다.

```
> W <- numeric(1000)

>     for (i in 1:1000)
+     {
+         x <- rnorm(10, 20, 8)  #draw 10 from N(20, 8^2)
+         y <- rnorm(15, 16, 7)  #draw 15 from N(16, 7^2)
+        W[i] <- mean(x)+mean(y) #save sum of means
+     }
>
>     hist(W)

>     qqnorm(W)
```

```
>     qqline(W)
>
>     mean(W < 40)
[1] 0.9
```

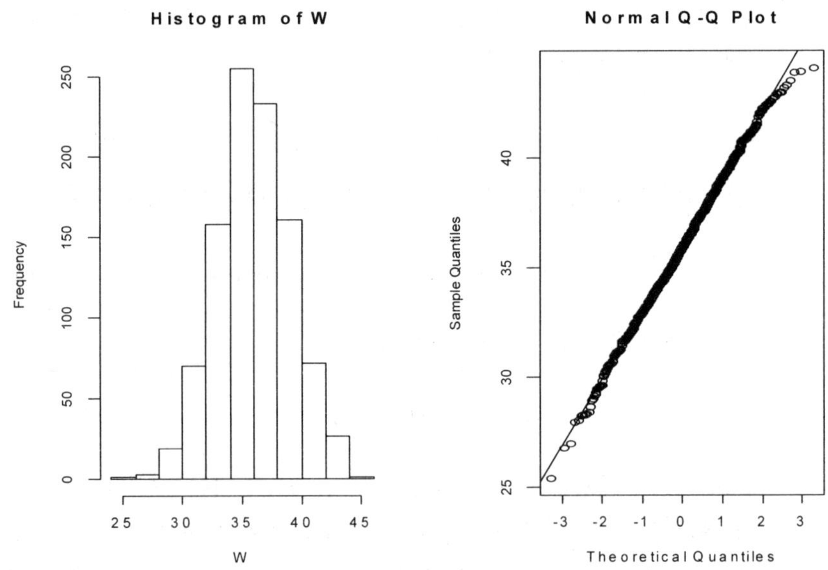

[그림 4.7] 두 정규분포의 표본평균분포 합에 대한 히스토그램과 Q-Q 그림

예제 4.15

$X_1 \sim G(2,2)$과 $X_2 \sim G(2,4)$의 합 $S = X_1 + X_2$ 분포에 대한 히스토그램과 Q−Q 그림은 다음과 같다.

```
>     n <- 1000
>     x1 <- rgamma(n, 2, 2)
>     x2 <- rgamma(n, 2, 4)
>     s <- x1 + x2                 #the convolution
> par(mfcol=c(1,2))
>     hist(s, prob=TRUE)
>      qqnorm(s)
>      qqline(s)
```

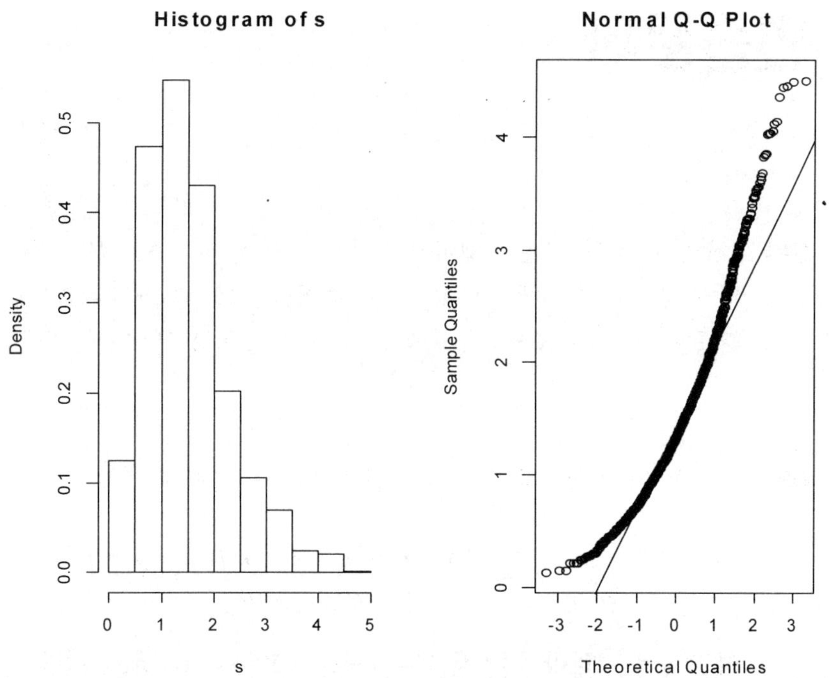

[그림 4.8] 두 감마분포의 합 S 분포에 대한 히스토그램과 Q–Q 그림

연습문제

01 확률변수 X와 Y는 독립이고 각각 포아송 분포 $P(\lambda)$, $P(\mu)$를 따른다고 한다. 임의의 정수 n에 대해 $X+Y=n$이 주어졌을 때 $X=r(r=0,\ 1,\ \cdots,\ n)$의 조건부 확률 $P(X=r \mid X+Y=n)$을 구하라. 그리고 X의 조건부 평균과 분산을 구하라.

02 $(X,\ Y)$가 삼항분포 $T_N(n;p,\ q)$를 따르는 경우에 통계량

$$\chi^2 = \frac{(X-np)^2}{np} + \frac{(Y-nq)^2}{nq} + \frac{(Z-nr)^2}{nr}$$

의 평균을 구하라. 여기서 $Z=n-X-Y$, $r=1-p-q$이다.

03 X와 Y는 독립이고 균등분포 $U(0,1)$을 따르는 확률변수일 때 다음의 확률을 구하라.

(1) $P(\mid X-Y \mid \le 0.5)$

(2) $P(\mid X/Y-1 \mid \le 0.5)$

(3) $P(Y \le X \mid Y \le 0.5)$

04 확률변수 X와 Y의 결합밀도함수가

$$f(x,y) = cx^3 \exp\{-x(1+y)\}\, I_{\{0<x,\ y<\infty\}}$$

인 경우에 다음의 물음에 답하라.

(1) 상수 c의 값을 구하라.

(2) X, Y의 주변밀도함수 $f_1(x)$, $f_2(y)$를 구하라.

(3) X, Y의 평균과 분산을 구하라. X와 Y의 상관계수를 구하라.

05 확률변수 X, Y의 결합밀도함수는

$$f(x, y) = (\alpha\beta)^{-1}\exp\left\{-\frac{x}{\alpha}-\frac{y-x}{\beta}\right\} I_{\{0 < x \le y < \infty\}}$$

이라고 한다. 여기서 α 와 β 는 α, $\beta > 0$ 이고 $\alpha \neq \beta$ 가 되는 정수이다.

(1) X, Y의 주변밀도함수 $f_1(x)$, $f_2(y)$를 구하라.

(2) $X = x$가 주어졌을 때 Y의 조건부 밀도함수 $f(y \mid x)$를 구하라.

(3) X, Y의 평균과 분산을 구하라. X와 Y의 상관계수를 구하라.

06 확률변수 X와 Y는 서로 독립이고 각각 모수가 p, $q(0 < p,\ q < 1)$인 기하분포 $G_E(p)$, $G_E(q)$를 따른다고 한다. 이 경우에 $Z = \min(X,\ Y)$는 어떤 분포를 따르는가? 그리고 평균 $E(Z)$와 분산 $V(Z)$를 구하라.

07 구간 [0, 1]에서 임의로 한 점을 택하여 그 점을 X로 한다. 다음에 구간 $[X, 1]$에서 임의로 한 점을 택하여 그 점을 Y로 한다. 이 경우에 $(X,\ Y)$의 결합분포를 구하라. 그리고 확률변수 X와 Y의 평균과 분산, X와 Y의 상관계수를 구하라.

08 확률변수 X와 Y가 독립일 때 다음의 확률을 구하라.

(1) X와 Y가 동일한 기하분포 $G_E(p)$를 따를 때 $P(Y > X)$.

(2) X와 Y가 동일한 지수분포 $E_X(\lambda)$를 따를 때 $P(Y > X)$.

09 3개의 확률변수 Z, U, W는 서로 독립이고 각각 정규분포 $N(0,\ \sigma^2)$를 따른다고 한다. 확률변수 X와 Y를 다음과 같이 정의한다.

$$X = Z + U, \quad Y = \alpha + \beta Z + W$$

여기서 α 와 β 는 상수이다. 이 경우에 다음 물음에 답하라.

(1) X와 Y의 평균, 분산 및 공분산을 구하라.

(2) $(X,\ Y)$의 결합분포를 구하라.

(3) X가 주어졌을 때 Y의 조건부 평균을 구하라.

10 정규분포가 재생성을 가짐을 밀도함수의 **합성**(convolution)을 이용하여 증명하라.

11 다섯 개의 판으로 이루어진 어떤 합판이 제조되고 있다고 한다. 이때 각 합판의 바깥쪽 두 개의 판은 평균 0.5cm, 표준편차 0.05cm인 정규분포를 따르는 두께를 가지고, 안쪽 세 개의 판은 평균 0.3cm, 표준편차 0.04cm의 정규분포를 따르는 두께를 가질 때 각 판을 랜덤하게 취해 만든 합판 두께의 분포를 구하라.

12 확률변수 X와 Y는 독립이고 정규분포 $N(\mu,\ \sigma^2)$을 따를 때

$$T = \frac{X+Y}{2}, \quad U = \frac{X-Y}{2}$$

의 분포를 구하라. 그리고 T와 U는 독립임을 보여라.

13 확률변수 I는 베타분포 $B_E(\alpha,\ \beta)$를 따르고 $I=\theta$가 주어졌을 때 X의 조건부 분포는 이항분포 $B(n,\ \theta)$를 따른다고 한다.

(1) $X=x$가 주어졌을 때 I의 조건부 분포를 구하라. 이런 분포를 관측한 후에 구한 분포라고 하는 의미에서 **사후분포**(posterior distribution)라고 한다. 반면에 관측을 하기 전부터 주어진 I의 분포를 **사전분포**(prior distribution)라고 한다.

(2) I의 사전분포와 사후분포의 평균과 분산을 각각 구해 비교하라.

14 확률변수 I의 사전분포는 정규분포 $N(\mu,\ \delta^2)$이고 $I=\theta$가 주어졌을 때 X의 조건부 분포는 정규분포 $N(\theta,\ \sigma^2)$이라고 한다.

(1) $X=x$를 관측한 후에 I의 사후분포를 구하라.

(2) I의 사전분포와 사후분포의 평균과 분산을 각각 구해 비교하라.

15 확률변수 $\begin{pmatrix} X \\ Y \end{pmatrix}$는 이변량 정규분포 $N_2\left(\begin{pmatrix} 0 \\ 0 \end{pmatrix},\ \begin{pmatrix} 1 & \rho \\ \rho & 1 \end{pmatrix}\right)$를 따르고 밀도함수와 분포함수는 각각 다음과 같이 주어진다.

$$\phi(s,\ t:\rho) = \frac{1}{2\pi\sqrt{1-\rho^2}}\exp\left(-\frac{1}{2(1-\rho^2)}(s^2-2\rho s t+t^2)\right),$$

$$F(x,\ y:\rho) = \int_{-\infty}^{x}\int_{-\infty}^{y}\phi(s,\ t:\rho)\,ds\,dt$$

(1) $\frac{\partial}{\partial\rho}F(x,\ y:\rho) = \phi(x,\ y:\rho)$임을 보여라.

(2) (1)을 이용해서 $F(0,\ 0:\rho)$를 구하라.

제 5 장

다변량 확률벡터의 분포

5.1 n 차원 확률벡터의 결합분포

기상대에서 측정하는 매일의 강우량을 확률변수로 나타낼 때 365일 동안 강우량을 측정하면 365개의 확률변수가 생기고, 백화점의 월별 매출액을 확률변수로 나타내면 1년에 12개의 확률변수가 생긴다. 그러므로 이차원 이상의 다변량 확률벡터를 생각할 필요가 있다. 그러나 이차원 확률벡터에 대한 이론은 일반적인 n 차원 확률벡터로 그대로 확장된다.

n 개의 확률변수 $X_1, X_2, \cdots, X_n$

$$X_i: (\Omega, \mathscr{A}, P) \rightarrow (R^1, \mathscr{B}^1), \quad i = 1, 2, \cdots, n$$

을 집합으로 생각한 n 차원 확률벡터 $\boldsymbol{X} = (X_1, \cdots, X_n)$의 결합분포는 임의의 $B_1, \cdots, B_n \in \mathscr{B}^1$에 대해

$$\begin{aligned} P_{\boldsymbol{X}}(B_1 \times \cdots \times B_n) &= P(\{\omega: X_1(\omega) \in B_1, \cdots, X_n(\omega) \in B_n\}) \\ &= P(X_1 \in B_1, \cdots, X_n \in B_n) \end{aligned}$$

으로 정의되며 n 차원 유클리드 공간에 유도된 확률측도이다. 즉

$$\boldsymbol{X} = (X_1, \cdots, X_n): (\Omega, \mathscr{A}, P) \rightarrow (R^n, \mathscr{B}^n, P_{\boldsymbol{X}})$$

이다. 각 확률변수 X_i 의 단독의 분포 P_{X_i} 를 $X_i (i = 1, \cdots, n)$의 주변분포라고 한다. $\boldsymbol{X}$의 결합분포함수는

$$F(x_1, \cdots, x_n) = P(X_1 \leq x_1, \cdots, X_n \leq x_n)$$

로 정의되며, 그것이 미분가능인 경우에

$$f(x_1, \cdots, x_n) = \frac{\partial^n}{\partial x_1 \cdots \partial x_n} F(x_1, \cdots, x_n)$$

을 $\boldsymbol{X}$의 **결합밀도함수**(joint density function)라고 한다. 결합밀도함수는 다음과 같은 성질을 가진다.

(Dn1) $f(x_1, \cdots, x_n) \geq 0$

(Dn2) $\int_{-\infty}^{\infty} \cdots \int_{-\infty}^{\infty} f(x_1, \cdots, x_n) dx_1 \cdots dx_n = 1$

(Dn3) $F(x_1, \cdots, x_n) = \int_{-\infty}^{x_1} \cdots \int_{-\infty}^{x_n} f(y_1, \cdots, y_n) dy_1 \cdots dy_n$

확률변수 X_i 의 단독의 분포함수

$$F_i(x_i) = F(\infty,\ \cdots,\ \infty,\ x_i,\ \infty,\ \cdots,\ \infty) = P(X_i \le x_i),\ i = 1, \cdots, n$$

를 X_i 의 **주변분포함수**(marginal distribution function)라고 한다. 그 밀도함수

$$f_i(x_i) = \frac{\partial F_i(x_i)}{\partial x_i} = \int_{-\infty}^{\infty} \cdots \int_{-\infty}^{\infty} f(x_1, \cdots, x_n)\, dx_1 \cdots dx_{i-1} dx_{i+1} \cdots dx_n$$

를 **주변밀도함수**(marginal density function)라고 한다. 조건부 밀도함수나 조건부 기대치에 관한 이론은 이차원 확률벡터의 경우와 마찬가지이다.

n 개의 확률변수 $X_1, X_2, \cdots, X_n$ 의 결합분포함수 $F(x_1, x_2, \cdots, x_n)$가 일변수 확률변수의 분포함수의 곱

$$F(x_1, x_2, \cdots, x_n) = F_1(x_1) F_2(x_2) \cdots F_n(x_n)$$

으로 표현되면 이들 n 개의 확률변수는 **서로 독립**(mutually independent)이라고 한다. n 개의 확률변수가 모두 이산형 또는 연속형 확률변수일 때 결합확률함수나 결합밀도함수가

$$f(x_1, x_2, \cdots, x_n) = f_1(x_1) f_2(x_2) \cdots f_n(x_n)$$

으로 표현되면 n 개의 확률변수는 서로 독립이다. 여기서 $f_i(x_i)$는 주변분포 $F_i(x_i)$ 의 확률함수 또는 밀도함수이다.

참고 만일 n 개의 확률변수 중에서 임의의 두 확률변수가 독립이라고 해서 n 개의 확률변수가 서로 독립인 것은 아니다.

5.2 n 차원 확률벡터의 일차함수의 평균과 분산

여기서 확률벡터 $\boldsymbol{X}$, $\boldsymbol{Y}$와 상수벡터 $\boldsymbol{a}$, $\boldsymbol{b}$는 모두 열벡터라고 하자. 그러면 확률벡터의 평균벡터와 공분산행렬은 다음과 같이 정의된다.

확률벡터: $\boldsymbol{X}=(X_1,\ X_2,\ \cdots,\ X_n)^t,\quad \boldsymbol{Y}=(Y_1,\ Y_2,\ \cdots,\ Y_m)^t$

상수벡터: $\boldsymbol{a}=(a_1,\ a_2,\ \cdots,\ a_n)^t,\quad \boldsymbol{b}=(b_1,\ b_2,\ \cdots,\ b_m)^t$

평균벡터: $E(\boldsymbol{X}) = (E(X_1),\ E(X_2),\ \cdots,\ E(X_n))^t$

$$= (\mu_1, \mu_2,\ \cdots,\ \mu_n)^t = \boldsymbol{\mu}$$

자기(auto)공분산행렬:

$$D(\boldsymbol{X}) = \begin{pmatrix} Cov(X_1, X_1) & Cov(X_1, X_2) & \cdots & Cov(X_1, X_n) \\ Cov(X_2, X_1) & Cov(X_2, X_2) & \cdots & Cov(X_2, X_n) \\ \vdots & \vdots & \vdots & \vdots \\ Cov(X_n, X_1) & Cov(X_n, X_2) & \cdots & Cov(X_n, X_n) \end{pmatrix} = \begin{pmatrix} \sigma_{11} & \sigma_{12} & \cdots & \sigma_{1n} \\ \sigma_{21} & \sigma_{22} & \cdots & \sigma_{2n} \\ \vdots & \vdots & & \vdots \\ \sigma_{n1} & \sigma_{n2} & \cdots & \sigma_{nn} \end{pmatrix} = \boldsymbol{\Sigma}$$

여기서 $\sigma_{ij} = Cov(X_i,\ X_j) = Cov(X_j,\ X_i) = \sigma_{ji}$에 의해 $\boldsymbol{\Sigma}$는 대칭행렬이다.

상호(cross)공분산행렬:

$$Cov(\boldsymbol{X}, \boldsymbol{Y}) = \begin{pmatrix} Cov(X_1, Y_1) & Cov(X_1, Y_2) & \cdots & Cov(X_1, Y_m) \\ Cov(X_2, Y_1) & Cov(X_2, Y_2) & \cdots & Cov(X_2, Y_m) \\ \vdots & \vdots & & \vdots \\ Cov(X_n, Y_1) & Cov(X_n, Y_2) & \cdots & Cov(X_n, Y_m) \end{pmatrix}$$

참고 $D(\boldsymbol{X})$를 $Cov(\boldsymbol{X}, \boldsymbol{X})$로 표기해도 된다.

다음 두 개의 일차결합

$$\boldsymbol{a}^t\boldsymbol{X} = a_1X_1 + a_2X_2 + \cdots + a_nX_n$$

$$\boldsymbol{b}^t\boldsymbol{Y} = b_1Y_1 + b_2Y_2 + \cdots + b_mY_m$$

을 새로운 확률변수로 생각하면 4.4절에서 이차원 확률벡터에 대한 성질과 비슷한 다음과 같은 성질이 성립한다. 증명은 이차원 확률변수의 경우와 비슷하므로 생략한다. 여기서 't'는 벡터와 행렬의 전치를 나타낸다.

(L1) $E(\boldsymbol{a}^t\boldsymbol{X}) = \boldsymbol{a}^tE(\boldsymbol{X}) = \boldsymbol{a}^t\boldsymbol{\mu}$

(L2) $V(\boldsymbol{a}^t \boldsymbol{X}) = \boldsymbol{a}^t D(\boldsymbol{X})\boldsymbol{a} = \boldsymbol{a}^t \boldsymbol{\Sigma}\, \boldsymbol{a}$,
특히 $X_1, X_2, \cdots, X_n$ 이 독립이면
$V(\boldsymbol{a}^t \boldsymbol{X}) = a_1^2 V(X_1) + a_2^2 V(X_2) + \cdots + a_n^2 V(X_n)$ 이 성립한다.

(L3) $Cov(\boldsymbol{a}^t \boldsymbol{X}, \boldsymbol{b}^t \boldsymbol{Y}) = \boldsymbol{a}^t Cov(\boldsymbol{X}, \boldsymbol{Y})\boldsymbol{b}$

일반적인 경우를 생각해 보자. 다음 두 개의 상수행렬

$$A = (\boldsymbol{a}_1, \boldsymbol{a}_2, \cdots, \boldsymbol{a}_p) = \begin{pmatrix} a_{11} & a_{12} & \cdots & a_{1p} \\ a_{21} & a_{22} & \cdots & a_{2p} \\ \vdots & \vdots & & \vdots \\ a_{n1} & a_{n2} & \cdots & a_{np} \end{pmatrix}$$

$$B = (\boldsymbol{b}_1, \boldsymbol{b}_2, \cdots, \boldsymbol{b}_p) = \begin{pmatrix} b_{11} & b_{12} & \cdots & b_{1p} \\ b_{21} & b_{22} & \cdots & b_{2p} \\ \vdots & \vdots & & \vdots \\ b_{m1} & b_{m2} & \cdots & b_{mp} \end{pmatrix}$$

와 확률벡터 $\boldsymbol{X}$, $\boldsymbol{Y}$ 의 일차변환에 의해 얻어지는 p 차원 확률벡터 $\boldsymbol{S}$와 q 차원 확률벡터 $\boldsymbol{T}$

$$\boldsymbol{S} = A^t \boldsymbol{X} = \begin{pmatrix} \boldsymbol{a}_1^t \boldsymbol{X} \\ \vdots \\ \boldsymbol{a}_p^t \boldsymbol{X} \end{pmatrix}, \quad \boldsymbol{T} = B^t \boldsymbol{Y} = \begin{pmatrix} \boldsymbol{b}_1^t \boldsymbol{Y} \\ \vdots \\ \boldsymbol{b}_q^t \boldsymbol{Y} \end{pmatrix}$$

를 생각하면 성질 (L1) ~ (L3)에 의해 다음의 성질이 성립한다.

정리 5.1

확률벡터의 일차변환에 대해 다음의 성질이 성립한다.

(L1) $E(\boldsymbol{S}) = E(A^t \boldsymbol{X}) = A^t E(\boldsymbol{X}) = A^t \boldsymbol{\mu}$

(L2) $D(\boldsymbol{S}) = D(A^t \boldsymbol{X}) = A^t D(\boldsymbol{X})\, A = A^t \boldsymbol{\Sigma}\, A$

(L3) $Cov(\boldsymbol{S}, \boldsymbol{T}) = Cov(A^t \boldsymbol{X}, B^t \boldsymbol{Y}) = A^t Cov(\boldsymbol{X}, \boldsymbol{Y})\, B$

정리 5.2

다음의 상수행렬

$$C = \begin{pmatrix} c_{11} & c_{12} & \cdots & c_{1n} \\ c_{21} & c_{22} & \cdots & c_{2n} \\ \vdots & \vdots & & \vdots \\ c_{n1} & c_{n2} & \cdots & c_{nn} \end{pmatrix}$$

에 대해 **이차형식**(quadratic form)

$$U = \boldsymbol{X}^t C\boldsymbol{X} = \sum_{i=1}^{n}\sum_{j=1}^{n} c_{ij} X_i X_j$$

를 새로운 확률변수로 생각하면, 그 평균은 다음과 같다.

$$\begin{aligned} E(U) &= (E(\boldsymbol{X}))^t CE(\boldsymbol{X}) + trace(CD(\boldsymbol{X})) \\ &= \boldsymbol{\mu}^t C\boldsymbol{\mu} + trace(C\boldsymbol{\Sigma}) \end{aligned}$$

(증명) 공분산공식에 의해

$$\begin{aligned} E(U) &= \sum_{i=1}^{n}\sum_{j=1}^{n} c_{ij} E(X_i X_j) \\ &= \sum_{i=1}^{n}\sum_{j=1}^{n} c_{ij}\{ Cov(X_i, X_j) + E(X_i)E(X_j)\} \\ &= \sum_{i=1}^{n}\sum_{j=1}^{n} c_{ij}\mu_i\mu_j + \sum_{i=1}^{n}\sum_{j=1}^{n} c_{ij}\sigma_{ij} \\ &= \boldsymbol{\mu}^t C\boldsymbol{\mu} + trace(C\boldsymbol{\Sigma}) \end{aligned}$$

확률변수 X_1, X_2, $\cdots$, X_n 을 표본이라고 하고 그 평균

$$\overline{X}_n = \frac{X_1 + \cdots + X_n}{n}$$

을 **모평균**(population mean) 또는 **수학적 평균**(mathematical mean)과 구별하여 **표본평균**(sample mean)이라고 한다. 그리고 확률변수 X_1, $X_2, \cdots$, X_n 이 서로 독립이고 동일한 분포를 따를 때 이런 확률변수들을 **확률(무작위)표본**(random sample)이라고 한다. 이 경우에 $\boldsymbol{X}$의 분산은 $D(\boldsymbol{X}) = \sigma^2 I_n$ 이 된다. 여기서 $\sigma^2 = V(X_i)$ 이고 I_n 는 n차 단위행렬이다.

정리 5.3

$X_1, \cdots, X_n$ 이 평균 μ 와 분산 σ^2 을 가지는 분포의 확률표본일 때 표본평균 $\overline{X}_n$ 의 기댓값과 분산은 다음과 같이 주어진다.

(i) $E(\overline{X}_n) = \mu$, (ii) $V(\overline{X}_n) = \sigma^2 / n$

(증명)

(i)은 (L1)에 의해 명확하다.

(ii)는 (L2)에서 $D(\boldsymbol{X}) = \sigma^2 I_n$ 인 것에 의해 쉽게 증명된다. 그러나 직접 계산을 해 보자. 독립성에 의해 $E\{(X_i - \mu)(X_j - \mu)\} = 0 \ (i \neq j)$ 이 성립하기 때문에 분산은 다음과 같이 계산된다.

$$\begin{aligned} V(\overline{X}_n) &= \left(\frac{1}{n}\right)^2 E\left[\left\{\sum_{i=1}^{n}(X_i - \mu)\right\}^2\right] \\ &= \left(\frac{1}{n}\right)^2 \sum_{i=1}^{n} E\{(X_i - \mu)^2\} + 2\sum_{i>j}\sum E\{(X_i - \mu)(X_j - \mu)\} \\ &= \left(\frac{1}{n}\right)^2 n\sigma^2 = \frac{\sigma^2}{n} \end{aligned}$$

예제 5.1

[D3] 이항분포에서 성공확률이 p 인 베르누이 시행을 n 회 독립적으로 시행할 때 성공횟수 X 는 이항분포 $B(n, p)$ 를 따른다. 이제 다음과 같은 두 값을 가지는 확률변수를 생각한다.

$$\epsilon = \begin{cases} 1 & (\text{확률 } p) \\ 0 & (\text{확률 } 1-p) \end{cases}$$

이 경우에 평균과 분산은

$$\begin{aligned} E(\epsilon) &= 1 \cdot p + 0 \cdot (1-p) = p \\ V(\epsilon) &= E(\epsilon^2) - \{E(\epsilon)\}^2 = E(\epsilon) - p^2 = p - p^2 = p(1-p) \end{aligned}$$

로 주어진다. $\epsilon_1, \cdots, \epsilon_n$ 은 서로 독립이며 ϵ 의 분포와 동일한 분포를 가지는 확률변수, 즉 n 개의 독립적 베르누이 시행이면 X 는

$$X = \epsilon_1 + \cdots + \epsilon_n$$

이기 때문에 X 의 평균과 분산은 성질 (L1)과 (L2)에 의해

$$E(X) = E(\epsilon_1 + \cdots + \epsilon_n) = np$$
$$V(X) = V(\epsilon_1) + \cdots + V(\epsilon_n) = np(1-p)$$

로 주어진다.

5.3 다변량 분포의 대표적 모형

이차원 이상의 확률벡터의 결합분포를 **다변량 분포**(multivariate distribution)라고 한다. 이 절에서는 다변량 분포의 대표적인 모형인 다항분포와 다변량 정규분포를 다룬다.

[MD1] 다항분포 $M_N(n;\ p_1, \cdots, p_k)$

모집단 Ω가 k개의 서로 배반인 사건 $A_1, \cdots, A_k$로 분할되어 있다고 하자.

$$\Omega = A_1 + \cdots + A_k$$

여기서

$$P(A_i) = p_i, \quad \sum_{i=1}^{k} p_i = 1$$

이다. 그리고 모집단 Ω에서 n개의 표본을 무작위 복원추출할 때 사건 A_i에 속하는 표본의 개수를 X_i로 한다. 이 경우에 $\boldsymbol{X} = (X_1, \cdots, X_k)$의 결합분포의 확률함수는

$$f(\boldsymbol{x} \mid \boldsymbol{p}) = \binom{n}{x_1 \cdots x_k} p_1^{x_1} \cdots p_k^{x_k}, \quad \boldsymbol{x} = (x_1, \cdots, x_k)$$
$$\Theta = \left\{ \boldsymbol{p} = (p_1, \cdots, p_k) : p_i \geq 0, \ \sum_{i=1}^{k} p_i = 1 \right\}$$

이며 그 분포를 **다항분포**(multinomial distribution)라고 하고 $M_N(n;\ p_1, \cdots, p_k)$로 표기한다. 변수 $\boldsymbol{x}$의 영역은 $\Delta_n = \{\boldsymbol{x} = (x_1, \cdots, x_k) :$ 정수 $x_i \geq 0, \ \sum_{i=1}^{k} x_i = n\}$이다.

위의 확률함수가 (PF1)과 (PF2)를 만족하는지는 1.4절의 다항정리를 사용하여 쉽게 증명할 수 있다. 사건 A_i와 그 외의 사건에 대해 이항분포를 사용하면 각 성분 X_i의 평균과 분산을 쉽게 구할 수 있다:

$$E(X_i) = np_i, \quad V(X_i) = np_i(1-p_i)$$

k항 분포에서 $X_1 + \cdots + X_k = n$(상수)이므로 자유로운 확률변수는 사실상 $k-1$개뿐이다. 실제 $k=2$인 경우는 이항분포이지만 n회의 베르누이 시행 중에서 성공 횟수를 확률변수 X로 하고 실패의 수는 $n-X$로 하였다. 사건 A_i, A_j, $\Omega - A_i - A_j$에 속하는 표본의 개수가 각각 X_i, X_j, $n - X_i - X_j$인 삼항분포 $T_N(n;\ p_i, p_j)$를 생각하는 경우에 X_i와 X_j의 공분산과 상관계수는 4.3절의 [MD1'] (2)에서 설명한 바와 같이

$$Cov(X_i, X_j) = -np_ip_j$$
$$Corr(X_i, X_j) = -\sqrt{\frac{p_i}{1-p_i} \cdot \frac{p_j}{1-p_j}}$$

로 주어진다.

예제 5.2

n개의 연속형 확률변수 X_1, X_2, $\cdots$, X_n은 각각 동일한 분포 $F(x)$를 따르고 서로 독립이라고 한다. X_1, X_2, $\cdots$, X_n을 크기순으로 나열한 것을

$$X_{n:1} \le X_{n:2} \le \cdots \le X_{n:n}$$

으로 표기하고 **순서통계량**(order statistics)이라고 한다.

```
> runif(5)
[1] 0.4317833 0.8479657 0.6953988 0.2638359 0.3987439
```

그러면 r번째의 순서통계량 $X_{n:r}$의 분포함수 $F_r(x)$를 구해 보자. $X_{n:n+1} = \infty$로 두면 사건의 확률계산에 의해

$$F_r(x) = P\{X_{n:r} \le x\} = \sum_{i=r}^{n} P\{X_{n:i} \le x < X_{n:i+1}\}$$

을 얻는다. 한편 다음과 같은 동치관계

$\{X_{n:i} \le x < X_{n:i+1}\} \Leftrightarrow$ "n 개의 독립인 관측 중에서 i 개는 x 와 같거나 작고 $n-i$ 개는 x 보다 크다."

에 의해 x 와 같거나 작은 경우를 성공으로 간주하고 x 보다 큰 경우를 실패로 간주하면 성공할 확률이 $p = P(X \le x) = F(x)$ 인 이항분포이므로

$$P\{X_{n:i} \le x < X_{n:i+1}\} = \binom{n}{i} F(x)^i \{1 - F(x)\}^{n-i}$$

이 되고

$$F_r(x) = \sum_{i=r}^{n} \binom{n}{i} F(x)^i \{1 - F(x)\}^{n-i}$$

가 성립한다. 더욱이 $F(x)$가 밀도함수 $f(x)$를 가지면 $F_r(x)$도 다음의 밀도함수

$$\begin{aligned} f_r(x) &= \frac{dF_r(x)}{dx} \\ &= \sum_{i=r}^{n} \binom{n}{i} [i\,F(x)^{i-1}\{1-F(x)\}^{n-i} \\ &\quad - (n-i)\,F(x)^i\{1-F(x)\}^{n-i-1}]\,f(x) \\ &= \sum_{i=r}^{n} [i\binom{n}{i} F(x)^{i-1}\{1-F(x)\}^{n-i} \\ &\quad - (i+1)\binom{n}{i+1} F(x)^i\{1-F(x)\}^{n-i-1}]\,f(x) \\ &= r\binom{n}{r} F(x)^{r-1}\{1-F(x)\}^{n-r} f(x) \end{aligned}$$

를 가지게 된다. 여기서 $\binom{n}{n+1} = 0$ 이다.

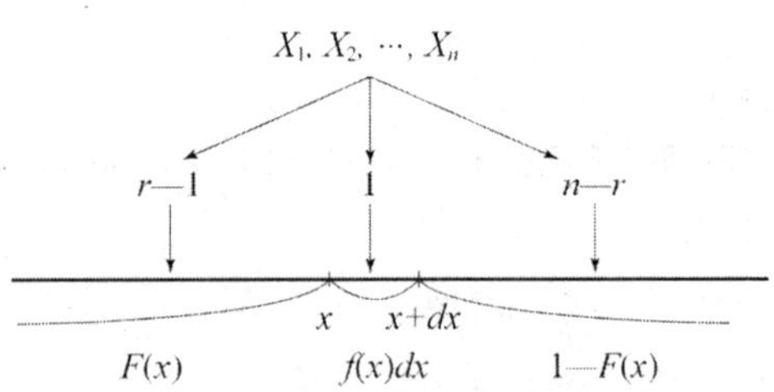

[그림 5.1] 삼항분포

예제 5.3

$X_1,\ X_2,\ \cdots,\ X_n$ 이 서로 독립이고 동일한 균등분포 $U(0,1)$를 따르면, 순서통계량 $X_1,\ X_2,\ \cdots,\ X_n$ 이라고 하자. 그러면 $k=1,2,\cdots,n$에 대하여

$$X(k) \sim B(k, n-k+1)$$

를 따른다.

삼항분포를 사용하여 직관적으로 이 밀도함수를 더욱 간단하게 구할 수 있다. 다음의 그림과 같이 n 개의 확률표본을 세 개의 사건 $\{X_i \le x\}$, $\{x < X_i \le x+dx\}$, $\{x+dx < X_i\}$ 으로 나누어 생각한다. 그러면 세 개의 사건에 대한 확률은 각각 $F(x)$, $f(x)dx$, $1-F(x+dx)$ 이고 연속분포에 대해 $1-F(x+dx) = 1-F(x)$ 로 생각해도 좋으므로 삼항분포 $T_N(n;\ F(x),\ f(x)dx)$의 순서통계량 $X_{n:r}$ 의 밀도함수

$$f_r(x)dx = \binom{n}{r-1\ \ 1\ \ n-r} F(x)^{r-1}\{f(x)dx\}\{1-F(x)\}^{n-r}$$

가 구해진다.

같은 방법으로 5항 분포를 사용하면 $r,\ s\,(1 \le r < s \le n)$ 에 대해 r 번째의 순서통계량 $X_{n:r}$ 과 s 번째 순서통계량 $X_{n:s}$ 의 결합분포의 밀도함수 $f_{rs}(x,y)$를 구할 수 있다. 그림과 같이 n 개의 확률표본을 5개의 사건 $\{X_i \le x\}$, $\{x < X_i \le x+dx\}$, $\{x+dx < X_i \le y\}$, $\{y < X_i \le y+dy\}$, $\{y+dy < X_i\}$ 로 나누는 것을 생각한다. 연속분포에 대해서 $F(x+dx) = F(x)$, $F(y+dy) = F(y)$ 로 생각해도 좋으므로 각각의 확률을 $F(x)$, $f(x)dx$, $F(y)-F(x)$, $f(y)dy$, $1-F(y)$ 로 간주해도 좋다. 그러므로 5항 분포를 사용하여 다음의 밀도함수를 얻는다.

$$f_{rs}(x,y)\,dx\,dy = \binom{n}{r-1\ \ 1\ \ s-r-1\ \ 1\ \ n-s}$$

$$\cdot\ F(x)^{r-1}\{f(x)dx\}\{F(y)-F(x)\}^{s-r-1}\{f(y)dy\}$$

$$\cdot\ \{1-F(y)\}^{n-s}, \qquad x < y$$

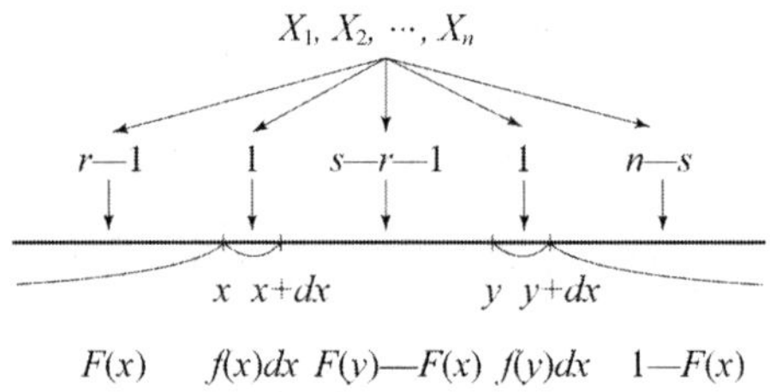

[그림 5.2] 5항 분포

[MC1] 다변량 정규분포

통계학에서 가장 중요한 다변량 분포는 확률벡터 $\boldsymbol{X} = (X_1, X_2, \cdots, X_n)^t$의 결합밀도함수가

$$f(\boldsymbol{x}) = \frac{1}{(2\pi)^{n/2} |\boldsymbol{\Sigma}|^{1/2}} \exp\left\{-\frac{1}{2}(\boldsymbol{x}-\boldsymbol{\mu})^t \boldsymbol{\Sigma}^{-1}(\boldsymbol{x}-\boldsymbol{\mu})\right\}$$

로 주어지는 n차원 정규분포이다. 이 분포를 $N_n(\boldsymbol{\mu}, \boldsymbol{\Sigma})$로 표기한다. 일반적인 다차원 정규분포를 **다변량 정규분포**(multivariate normal distribution)라고도 한다. 여기서

$$\boldsymbol{x} = (x_1, x_2, \cdots, x_n)^t \in R^n, \quad \boldsymbol{\mu} = (\mu_1, \mu_2, \cdots, \mu_n)^t \in \boldsymbol{\Theta} \subset R^n$$

$$\boldsymbol{\Sigma} = \begin{pmatrix} \sigma_{11} & \cdots & \sigma_{1n} \\ \vdots & & \vdots \\ \sigma_{n1} & \cdots & \sigma_{nn} \end{pmatrix}$$

이며 $\boldsymbol{\Sigma}$는 대칭행렬, 즉 $\sigma_{ij} = \sigma_{ji} (i, j = 1, \cdots, n)$이고 **양정치**(positive definite)행렬이다. 특히 $n=1$인 경우는 3.2절의 [C2]에서 설명한 일차원 정규분포이고 $n=2$인 경우는 4.3절의 [MC1']에서 설명한 이차원 정규분포이다.

확률벡터 $\boldsymbol{Z} = (Z_1, \cdots, Z_n)^t$가 모수로

$$\boldsymbol{\mu} = \begin{pmatrix} 0 \\ 0 \\ \vdots \\ 0 \\ 0 \end{pmatrix} = \boldsymbol{0}, \quad \boldsymbol{\Sigma} = \begin{pmatrix} 1 & 0 & \cdots & 0 & 0 \\ 0 & 1 & \cdots & 0 & 0 \\ \vdots & \vdots & \ddots & \vdots & \vdots \\ 0 & 0 & \cdots & 1 & 0 \\ 0 & 0 & \cdots & 0 & 1 \end{pmatrix} = I_n$$

를 가지는 n차원 정규분포 $N_n(\boldsymbol{0}, I_n)$를 따르는 경우에 그 결합밀도함수는

$$\phi_n(\boldsymbol{z}) = \frac{1}{(2\pi)^{n/2}} \exp\left\{-\frac{1}{2}\boldsymbol{z}^t\boldsymbol{z}\right\}, \qquad \boldsymbol{z} = (z_1, \cdots, z_n)^t$$
$$= \prod_{i=1}^{n} \frac{1}{\sqrt{2\pi}} \exp\left(-\frac{1}{2}z_i^2\right) = \prod_{i=1}^{n} \phi(z_i)$$

로 되고 결합밀도함수가 표준정규분포의 밀도함수의 곱으로 표현된다. 여기서 $\boldsymbol{\mu}$는 n차 영벡터이고 $\boldsymbol{\Sigma}$는 n차 단위행렬이며 $\boldsymbol{z} = (z_1, \cdots, z_n)^t$는 $\boldsymbol{Z}$의 관측값이다. 그러므로 $\boldsymbol{Z} = (Z_1, \cdots, Z_n)^t$는 서로 독립인 n개의 표준정규확률변수를 성분으로 가지는 확률벡터이다. 이런 분포를 n차원 표준정규분포라고 하며, 확률벡터 $\boldsymbol{Z}$를 n차원 표준정규확률벡터라고 한다. $\boldsymbol{Z}$의 평균벡터와 공분산행렬은 각각 다음과 같다.

$$E(\boldsymbol{Z}) = \boldsymbol{0}, \qquad D(\boldsymbol{Z}) = I_n$$

(1) $\boldsymbol{\Gamma}^t\boldsymbol{\Gamma} = \boldsymbol{\Gamma}\boldsymbol{\Gamma}^t = I_n$를 만족하는 **직교행렬**(orthogonal matrix) $\boldsymbol{\Gamma}$가 존재하여 $\boldsymbol{\Gamma}$는 양정치 대칭행렬 $\boldsymbol{\Sigma}$를 다음과 같이 **대각화**(diagonalize)시킨다고 가정하자.

$$\boldsymbol{\Gamma}^t\boldsymbol{\Sigma}\boldsymbol{\Gamma} = \begin{pmatrix} \lambda_1 & 0 & 0 & \cdots & 0 & 0 \\ 0 & \lambda_2 & 0 & \cdots & 0 & 0 \\ \vdots & \vdots & \ddots & \vdots & \vdots & \vdots \\ 0 & 0 & 0 & \cdots & \lambda_{n-1} & 0 \\ 0 & 0 & 0 & \cdots & 0 & \lambda_n \end{pmatrix} = \boldsymbol{\Lambda} \qquad \text{(대각행렬)}$$

특히 3.2절의 [C2]에서 설명한 z-변환을 다차원의 경우로 확장하기 위해서 $\boldsymbol{\Lambda}^{1/2}$, $\boldsymbol{\Lambda}^{-1/2}$, $\boldsymbol{\Sigma}^{1/2}$, $\boldsymbol{\Sigma}^{-1/2}$을 각각 다음과 같이

$$\boldsymbol{\Lambda}^{1/2} = \begin{pmatrix} \lambda_1^{1/2} & 0 & 0 & \cdots & 0 & 0 \\ 0 & \lambda_2^{1/2} & 0 & \cdots & 0 & 0 \\ \vdots & \vdots & \ddots & \vdots & \vdots & \vdots \\ 0 & 0 & 0 & \cdots & \lambda_{n-1}^{1/2} & 0 \\ 0 & 0 & 0 & \cdots & 0 & \lambda_n^{1/2} \end{pmatrix}, \qquad \boldsymbol{\Lambda}^{-1/2} = (\boldsymbol{\Lambda}^{1/2})^{-1},$$

$$\boldsymbol{\Sigma}^{1/2} = \boldsymbol{\Gamma}\boldsymbol{\Lambda}^{1/2}, \qquad \boldsymbol{\Sigma}^{-1/2} = \boldsymbol{\Lambda}^{-1/2}\boldsymbol{\Gamma}^t$$

로 두고, 변수변환

$$\boldsymbol{z} = \boldsymbol{\Sigma}^{-1/2}(\boldsymbol{x} - \boldsymbol{\mu}), \text{ 즉 } \boldsymbol{x} = \boldsymbol{\mu} + \boldsymbol{\Sigma}^{1/2}\boldsymbol{z}$$

을 행한다. 그러면 자코비안은

$$\frac{\partial \boldsymbol{x}}{\partial \boldsymbol{z}} = \pm \mid \boldsymbol{\Sigma} \mid^{1/2} = \pm (\lambda_1 \cdots \lambda_n)^{1/2}$$

이므로 변수변환 후의 밀도함수는 n 차원 표준정규분포 $N_n(\mathbf{0}, I_n)$의 밀도함수 $\phi_n(\boldsymbol{z})$ 와 같게 된다. 그러므로

$$\boldsymbol{Z} = \boldsymbol{\Sigma}^{-1/2}(\boldsymbol{X} - \boldsymbol{\mu}), \qquad \text{즉} \quad \boldsymbol{X} = \boldsymbol{\mu} + \boldsymbol{\Sigma}^{1/2}\boldsymbol{Z}$$

를 다차원 정규확률벡터 $\boldsymbol{X}$의 z-변환 또는 표준화라고 한다. 표준화된 $\boldsymbol{Z}$는 다차원 표준정규확률벡터이다. 그러므로 $f(\boldsymbol{x})$는 결합밀도함수의 성질 (Dn2)를 만족하는 것도 판명된다.

(2) 위의 변수변환과 성질 (L1) ~ (L2)를 사용하여 확률벡터 $\boldsymbol{X}$의 평균벡터와 공분산행렬을 구하면

$$E(\boldsymbol{X}) = E(\boldsymbol{\mu} + \boldsymbol{\Sigma}^{1/2}\boldsymbol{Z}) = \boldsymbol{\mu} + \boldsymbol{\Sigma}^{1/2}E(\boldsymbol{Z}) = \boldsymbol{\mu}$$
$$D(\boldsymbol{X}) = D(\boldsymbol{\Sigma}^{1/2}\boldsymbol{Z}) = \boldsymbol{\Sigma}^{1/2}D(\boldsymbol{Z})(\boldsymbol{\Sigma}^{1/2})^t = \boldsymbol{\Sigma}^{1/2}(\boldsymbol{\Sigma}^{1/2})^t = \boldsymbol{\Sigma}$$

로 되고 다변량 정규분포는 평균벡터와 공분산행렬에 의해 결정된다. 그리고 다변량 확률벡터 $\boldsymbol{X}$의 적률생성함수는 $\boldsymbol{t} = (t_1, \cdots, t_n)^t$ 에 대해

$$M(\boldsymbol{t}) = E\{\exp(\boldsymbol{t}^t\boldsymbol{X})\} = E\{\exp(t_1X_1 + \cdots + t_nX_n)\}$$

로 정의된다. 그러므로 위의 변수변환을 사용하여 n 차원 정규확률벡터의 적률생성함수 $M_n(\boldsymbol{t})$를 구하면

$$\begin{aligned} M_n(\boldsymbol{t}) &= E\{\exp(\boldsymbol{t}^t\boldsymbol{\mu} + \boldsymbol{t}^t\boldsymbol{\Sigma}^{1/2}\boldsymbol{Z})\} \\ &= \exp(\boldsymbol{t}^t\boldsymbol{\mu})E\{\exp(\boldsymbol{t}^t\boldsymbol{\Sigma}^{1/2}\boldsymbol{Z})\} \end{aligned}$$

로 주어진다. 여기서 $\boldsymbol{u}$를 $\boldsymbol{u} = (u_1, \cdots, u_n)^t = (\boldsymbol{\Sigma}^{1/2})^t\boldsymbol{t}$ 로 두면 $\boldsymbol{Z}$는 n 차원 정규확률벡터이므로 다음 식

$$\begin{aligned} &E\{\exp(\boldsymbol{t}^t\boldsymbol{\Sigma}^{1/2}\boldsymbol{Z})\} = E\{\exp(\boldsymbol{u}^t\boldsymbol{Z})\} \\ &= E\{\exp(u_1Z_1 + \cdots + u_nZ_n)\} = E\{\exp(u_1Z_1)\}\cdots E\{\exp(u_nZ_n)\} \\ &= \exp\left(\frac{1}{2}u_1^2\right)\cdots\exp\left(\frac{1}{2}u_n^2\right) = \exp\left\{\frac{1}{2}(u_1^2 + \cdots + u_n^2)\right\} \\ &= \exp\left(\frac{1}{2}\boldsymbol{u}^t\boldsymbol{u}\right) = \exp\left(\frac{1}{2}\boldsymbol{t}^t\boldsymbol{\Sigma}\boldsymbol{t}\right) \end{aligned}$$

이 성립한다. 그러므로 다변량 정규분포 $N_n(\boldsymbol{\mu}, \boldsymbol{\Sigma})$의 적률생성함수는

$$M_n(\boldsymbol{t}) = \exp(\boldsymbol{t}^t \boldsymbol{\mu} + \frac{1}{2}\boldsymbol{t}^t \boldsymbol{\Sigma} \boldsymbol{t})$$

로 주어진다. 특히 $n=2$ 인 경우에는 4.3절의 [MC1'] (3)에서 구한 이변량 정규분포의 적률생성함수와 같은 것을 확인할 수 있다.

위의 적률생성함수의 성질로부터 정규분포에 관한 중요한 성질이 유도된다.

정리 5.4

다음의 두 명제는 동치이다.

(i) 확률벡터 $\boldsymbol{X} = (X_1, X_2, \cdots, X_n)^t$ 가 다변량 정규분포 $N_n(\boldsymbol{\mu}, \boldsymbol{\Sigma})$를 따른다.

(ii) 임의의 상수벡터 $\boldsymbol{t} = (t_1, \cdots, t_n)^t$ 에 대해 일차결합

$$\boldsymbol{t}^t \boldsymbol{X} = t_1 X_1 + \cdots + t_n X_n$$

은 정규분포 $N(\boldsymbol{t}^t \boldsymbol{\mu}, \boldsymbol{t}^t \boldsymbol{\Sigma} \boldsymbol{t})$를 따른다.

(증명)

(i)⇒(ii)는 임의의 상수 s 에 대해 일차결합 $\boldsymbol{t}^t \boldsymbol{X}$ 의 적률생성함수는

$$M_1(s) = M_n(s\boldsymbol{t}) = \exp\left\{s(\boldsymbol{t}^t \boldsymbol{\mu}) + \frac{1}{2}s^2(\boldsymbol{t}^t \boldsymbol{\Sigma} \boldsymbol{t})\right\}$$

이기 때문에 이것은 $N(\boldsymbol{t}^t \boldsymbol{\mu}, \boldsymbol{t}^t \boldsymbol{\Sigma} \boldsymbol{t})$의 적률생성함수이다. 그러므로 분포함수와 적률생성함수의 1 대 1 대응에 의해 (ii)가 증명된다.

(ii)⇒(i)은 (ii)가 성립할 때 위의 적률생성함수의 등식이 성립하므로, 여기서 $s=1$로 두면 확률벡터 $\boldsymbol{X}$ 의 적률생성함수는

$$M_n(\boldsymbol{t}) = \exp\left(\boldsymbol{t}^t \boldsymbol{\mu} + \frac{1}{2}\boldsymbol{t}^t \boldsymbol{\Sigma} \boldsymbol{t}\right)$$

이다. 다차원의 경우도 분포함수와 적률생성함수의 1 대 1 대응이 성립하기 때문에 이것은 $\boldsymbol{X}$ 가 다변량 정규분포 $N_n(\boldsymbol{\mu}, \boldsymbol{\Sigma})$를 따르는 것을 나타내고 있다.

다변량 정규확률벡터 $\boldsymbol{X}$ 의 일차변환을 생각하는 경우에도 역시 정규성이 유지됨을 알 수 있다.

정리 5.5

확률벡터 $\boldsymbol{X}$가 n차원 정규분포 $N_n(\boldsymbol{\mu}, \boldsymbol{\Sigma})$를 따르는 경우에 상수행렬 A에 의한 일차변환으로부터 얻어지는 p차원 확률벡터 $\boldsymbol{S} = A^t\boldsymbol{X}$는 p차원 정규분포 $N_p(A^t\boldsymbol{\mu},\ A^t\boldsymbol{\Sigma}A)$를 따른다. 여기서 A와 $\boldsymbol{S}$는 다음과 같이 정의된다.

$$A = (\boldsymbol{a}_1, \boldsymbol{a}_2, \cdots, \boldsymbol{a}_p) = \begin{pmatrix} a_{11} & a_{12} & \cdots & a_{1p} \\ a_{21} & a_{22} & \cdots & a_{2p} \\ \vdots & \vdots & & \vdots \\ a_{n1} & a_{n2} & \cdots & a_{np} \end{pmatrix},\quad S = A^t\boldsymbol{X} = \begin{pmatrix} \boldsymbol{a}_1^t\boldsymbol{X} \\ \vdots \\ \boldsymbol{a}_p^t\boldsymbol{X} \end{pmatrix}$$

(증명)

임의의 상수벡터 $\boldsymbol{t} = (t_1,\ \cdots,\ t_p)^t$에 대해 p차원 확률벡터 $\boldsymbol{S}$의 일차결합 $\boldsymbol{t}^t\boldsymbol{S}$는 다음과 같이 된다.

$$\boldsymbol{t}^t\boldsymbol{S} = (A\boldsymbol{t})^t\boldsymbol{X} = \boldsymbol{u}^t\boldsymbol{X}$$

여기서 $\boldsymbol{u} = A\boldsymbol{t}$이다. 따라서 $\boldsymbol{u}$에 대한 n차원 정규확률벡터 $\boldsymbol{X}$의 일차결합이므로 정리 5.4의 (i)에 의해 평균과 분산이 각각

$$E(\boldsymbol{t}^t\boldsymbol{S}) = E\{(A\boldsymbol{t})^t\boldsymbol{X}\} = (A\boldsymbol{t})^t\boldsymbol{\mu} = \boldsymbol{t}^t(A^t\boldsymbol{\mu})$$
$$D(\boldsymbol{t}^t\boldsymbol{S}) = D\{(A\boldsymbol{t})^t\boldsymbol{X}\} = (A\boldsymbol{t})^t\boldsymbol{\Sigma}(A\boldsymbol{t}) = \boldsymbol{t}^t(A^t\boldsymbol{\Sigma}A)\boldsymbol{t}$$

인 정규분포를 따른다. 그러므로 정리 5.4의 (ii)에 의해 p차원 확률벡터 $\boldsymbol{S}$가 p차원정규분포 $N_p(A^t\boldsymbol{\mu},\ A^t\boldsymbol{\Sigma}A)$를 따른다.

(3) n차원 정규확률벡터 $\boldsymbol{X}$를 각각 $p,\ q(n = p+q)$ 차원인 두 개의 부분 확률벡터 $\widetilde{\boldsymbol{X}}_1, \widetilde{\boldsymbol{X}}_2$로 분할하여 생각해 보자. 정규확률벡터 $\boldsymbol{X}$와 그에 대응되는 평균벡터와 공분산행렬의 분할은 다음과 같다.

$$\boldsymbol{X} = \begin{pmatrix} \widetilde{\boldsymbol{X}}_1 \\ \widetilde{\boldsymbol{X}}_2 \end{pmatrix} = (X_1, \cdots, X_p, X_{p+1}, \cdots, X_{p+q})^t$$

$$\boldsymbol{\mu} = \begin{pmatrix} \tilde{\boldsymbol{\mu}}_1 \\ \tilde{\boldsymbol{\mu}}_2 \end{pmatrix} = (\mu_1, \cdots, \mu_p, \mu_{p+1}, \cdots, \mu_{p+q})^t$$

$$\boldsymbol{\Sigma} = \begin{pmatrix} \boldsymbol{\Sigma}_{11} & \boldsymbol{\Sigma}_{12} \\ \boldsymbol{\Sigma}_{21} & \boldsymbol{\Sigma}_{22} \end{pmatrix} = \begin{pmatrix} \sigma_{11} & \cdots & \sigma_{1p} & \sigma_{1,p+1} & \cdots & \sigma_{1,p+q} \\ \vdots & & \vdots & \vdots & & \vdots \\ \sigma_{p1} & \cdots & \sigma_{pp} & \sigma_{p,p+1} & \cdots & \sigma_{p,p+q} \\ \sigma_{p+1,1} & \cdots & \sigma_{p+1,p} & \sigma_{p+1,p+1} & \cdots & \sigma_{p+1,p+q} \\ \vdots & & \vdots & \vdots & & \vdots \\ \sigma_{p+q,1} & \cdots & \sigma_{p+q,p} & \sigma_{p+q,p+1} & \cdots & \sigma_{p+q,p+q} \end{pmatrix}$$

이 경우에

$$E(\widetilde{\boldsymbol{X}}_1) = \tilde{\boldsymbol{\mu}}_1, \quad E(\widetilde{\boldsymbol{X}}_2) = \tilde{\boldsymbol{\mu}}_2$$
$$D(\widetilde{\boldsymbol{X}}_1) = \boldsymbol{\Sigma}_{11}, \quad D(\widetilde{\boldsymbol{X}}_2) = \boldsymbol{\Sigma}_{22}$$
$$Cov(\widetilde{\boldsymbol{X}}_1, \widetilde{\boldsymbol{X}}_2) = \boldsymbol{\Sigma}_{12} = (\boldsymbol{\Sigma}_{21})^t$$

이 성립한다. 이제 만약 $Cov(\widetilde{\boldsymbol{X}}_1, \widetilde{\boldsymbol{X}}_2) = \boldsymbol{\Sigma}_{12} = (\boldsymbol{\Sigma}_{21})^t = \mathbf{0}$(영행렬)이면

$$|\boldsymbol{\Sigma}| = |\boldsymbol{\Sigma}_{11}| \cdot |\boldsymbol{\Sigma}_{22}|, \quad \boldsymbol{\Sigma}^{-1} = \begin{pmatrix} (\boldsymbol{\Sigma}_{11})^{-1} & \mathbf{0} \\ \mathbf{0} & (\boldsymbol{\Sigma}_{22})^{-1} \end{pmatrix}$$

이기 때문에 $(\widetilde{\boldsymbol{X}}_1, \widetilde{\boldsymbol{X}}_2)$의 결합밀도함수는

$$f(\boldsymbol{x}) = \frac{1}{(2\pi)^{p/2} |\boldsymbol{\Sigma}_{11}|^{1/2}} \exp\left\{-\frac{1}{2}(\tilde{\boldsymbol{x}}_1 - \tilde{\boldsymbol{\mu}}_1)^t (\boldsymbol{\Sigma}_{11})^{-1} (\tilde{\boldsymbol{x}}_1 - \tilde{\boldsymbol{\mu}}_1)\right\}$$
$$\cdot \frac{1}{(2\pi)^{q/2} |\boldsymbol{\Sigma}_{22}|^{1/2}} \exp\left\{-\frac{1}{2}(\tilde{\boldsymbol{x}}_2 - \tilde{\boldsymbol{\mu}}_2)^t (\boldsymbol{\Sigma}_{22})^{-1} (\tilde{\boldsymbol{x}}_2 - \tilde{\boldsymbol{\mu}}_2)\right\}$$

로 된다. 그러므로 두 개의 부분 확률벡터 $\widetilde{\boldsymbol{X}}_1$, $\widetilde{\boldsymbol{X}}_2$는 독립이고 각각 다변량 정규분포 $N_p(\tilde{\boldsymbol{\mu}}_1, \boldsymbol{\Sigma}_{11}), N_q(\tilde{\boldsymbol{\mu}}_2, \boldsymbol{\Sigma}_{22})$를 따르는 것이 판명된다. 역도 물론 성립한다.

참고 (i) 확률벡터 $\boldsymbol{X}$가 다변량 정규분포를 따르면 $\boldsymbol{X}$의 모든 원소 X_i는 일변량 정규분포를 따른다. 그러나 역은 성립하지 않는다.
(ii) 정리 2.1에서 설명한 분포함수와 적률생성함수의 1 대 1 대응관계에 의해 다변량 정규분포를 밀도함수로 정의하는 대신에 적률생성함수로 정의해도 무방하다. 그러나 밀도함수에는 공분산행렬의 역행렬이 포함되므로 공분산행렬이 정칙이어야 한다. 그런데 적률생성함수에는 공분산행렬이 포함되고 그것의 역행렬은 포함되지 않으므로 공분산행렬이 정칙일 필요는 없다. 그러므로 다변량 정규분포의 정의로서 적률생성함수에 따른 넓은 의미의 정의를 채택한다.

정리 5.6

임의의 상수벡터 $\boldsymbol{t}=(t_1, \cdots, t_n)^t$ 에 대해 일차결합

$$\boldsymbol{t}^t \boldsymbol{X}= t_1 X_1 + \cdots + t_n X_n$$

이 정규분포 $N(\boldsymbol{t}^t \boldsymbol{\mu}, \boldsymbol{t}^t \boldsymbol{\Sigma} \boldsymbol{t})$ 를 따를 때 확률벡터 $\boldsymbol{X}$ 는 n 차원 정규분포 $N_n(\boldsymbol{\mu}, \boldsymbol{\Sigma})$ 를 따른다고 한다. 여기서 $\boldsymbol{\Sigma}$ 는 정칙일 필요는 없다.

다음의 정리는 다변량 정규분포의 넓은 의미의 정의에 대해서도 성립한다.

정리 5.7

이변량 정규분포의 경우와 마찬가지로 $(\widetilde{\boldsymbol{X}}_1, \widetilde{\boldsymbol{X}}_2)$ 가 다변량 정규분포를 따를 때

$$\widetilde{\boldsymbol{X}}_1 \text{과 } \widetilde{\boldsymbol{X}}_2 \text{가 독립이다} \quad \Leftrightarrow \quad Cov(\widetilde{\boldsymbol{X}}_1, \widetilde{\boldsymbol{X}}_2) = \mathbf{0}\,(\text{영행렬})$$

이 성립한다.

그러나 다음은 다변량 정규분포의 밀도함수의 성질이기 때문에 공분산행렬은 정칙이어야 된다. $\widetilde{\boldsymbol{X}}_1, \widetilde{\boldsymbol{X}}_2$ 가 독립이 아닌 경우에는 다음의 행렬계산

$$\begin{pmatrix} I_n & \mathbf{0} \\ -\boldsymbol{\Sigma}_{21}\boldsymbol{\Sigma}_{11}^{-1} & I_n \end{pmatrix} \begin{pmatrix} \boldsymbol{\Sigma}_{11} & \boldsymbol{\Sigma}_{12} \\ \boldsymbol{\Sigma}_{21} & \boldsymbol{\Sigma}_{22} \end{pmatrix} \begin{pmatrix} I_n & -\boldsymbol{\Sigma}_{11}^{-1}\boldsymbol{\Sigma}_{12} \\ \mathbf{0} & I_n \end{pmatrix} = \begin{pmatrix} \boldsymbol{\Sigma}_{11} & \mathbf{0} \\ \mathbf{0} & \boldsymbol{\Sigma}_{22} - \boldsymbol{\Sigma}_{21}\boldsymbol{\Sigma}_{11}^{-1}\boldsymbol{\Sigma}_{12} \end{pmatrix}$$

에 의해 $\boldsymbol{\Sigma}$ 의 역행렬은

$$\begin{pmatrix} I_n & -\boldsymbol{\Sigma}_{11}^{-1}\boldsymbol{\Sigma}_{12} \\ \mathbf{0} & I_n \end{pmatrix} \begin{pmatrix} \boldsymbol{\Sigma}_{11}^{-1} & \mathbf{0} \\ \mathbf{0} & (\boldsymbol{\Sigma}_{22} - \boldsymbol{\Sigma}_{21}\boldsymbol{\Sigma}_{11}^{-1}\boldsymbol{\Sigma}_{12})^{-1} \end{pmatrix} \begin{pmatrix} I_n & \mathbf{0} \\ -\boldsymbol{\Sigma}_{21}\boldsymbol{\Sigma}_{11}^{-1} & I_n \end{pmatrix}$$

가 된다. 그러므로 4.3절의 [MC1]에서 논한 것과 같이

$$\begin{pmatrix} I_n & \mathbf{0} \\ -\boldsymbol{\Sigma}_{21}\boldsymbol{\Sigma}_{11}^{-1} & I_n \end{pmatrix} \begin{pmatrix} \widetilde{\boldsymbol{X}}_1 - \tilde{\boldsymbol{\mu}}_1 \\ \widetilde{\boldsymbol{X}}_2 - \tilde{\boldsymbol{\mu}}_2 \end{pmatrix} = \begin{pmatrix} \widetilde{\boldsymbol{X}}_1 - \tilde{\boldsymbol{\mu}}_1 \\ \widetilde{\boldsymbol{X}}_2 - \tilde{\boldsymbol{\mu}}_2 - \boldsymbol{\Sigma}_{21}\boldsymbol{\Sigma}_{11}^{-1}(\widetilde{\boldsymbol{X}}_1 - \tilde{\boldsymbol{\mu}}_1) \end{pmatrix}$$

이고 다변량 정규분포 $N_n(\boldsymbol{\mu}, \boldsymbol{\Sigma})$의 밀도함수 $f(\boldsymbol{x})$의 지수부 { }는

$$
\begin{aligned}
&-\frac{1}{2}(\tilde{\boldsymbol{X}}_1-\tilde{\boldsymbol{\mu}}_1)^t\boldsymbol{\Sigma}_{11}^{-1}(\tilde{\boldsymbol{X}}_1-\tilde{\boldsymbol{\mu}}_1)\\
&-\frac{1}{2}\left\{\tilde{\boldsymbol{X}}_2-\tilde{\boldsymbol{\mu}}_2-\boldsymbol{\Sigma}_{21}\boldsymbol{\Sigma}_{11}^{-1}(\tilde{\boldsymbol{X}}_1-\tilde{\boldsymbol{\mu}}_1)\right\}^t\\
&\cdot(\boldsymbol{\Sigma}_{22}-\boldsymbol{\Sigma}_{21}\boldsymbol{\Sigma}_{11}^{-1}\boldsymbol{\Sigma}_{12})^{-1}\left\{\tilde{\boldsymbol{X}}_2-\tilde{\boldsymbol{\mu}}_2-\boldsymbol{\Sigma}_{21}\boldsymbol{\Sigma}_{11}^{-1}(\tilde{\boldsymbol{X}}_1-\tilde{\boldsymbol{\mu}}_1)\right\}
\end{aligned}
$$

이고, 또 계수 부분의 행렬식은

$$
|\boldsymbol{\Sigma}|^{\frac{1}{2}}=|\boldsymbol{\Sigma}_{11}|^{\frac{1}{2}}\,|\boldsymbol{\Sigma}_{22}-\boldsymbol{\Sigma}_{21}\boldsymbol{\Sigma}_{11}^{-1}\boldsymbol{\Sigma}_{12}|^{\frac{1}{2}}
$$

이기 때문에 n차원 정규분포 $N_n(\boldsymbol{\mu}, \boldsymbol{\Sigma})$의 밀도함수 $f(\boldsymbol{x})$는 p차원 정규분포 $N_p(\tilde{\boldsymbol{\mu}}_1, \boldsymbol{\Sigma}_{11})$의 밀도함수 $f_1(\tilde{\boldsymbol{x}}_1)$ 과 q차원 정규분포

$$
N_q\left(\tilde{\boldsymbol{\mu}}_2+\boldsymbol{\Sigma}_{21}\boldsymbol{\Sigma}_{11}^{-1}(\tilde{\boldsymbol{x}}_1-\tilde{\boldsymbol{\mu}}_1), \boldsymbol{\Sigma}_{22}-\boldsymbol{\Sigma}_{21}\boldsymbol{\Sigma}_{11}^{-1}\boldsymbol{\Sigma}_{12}\right)
$$

의 밀도함수 $f_2(\tilde{\boldsymbol{x}}_2 \mid \tilde{\boldsymbol{x}}_1)$의 곱인 $f(\boldsymbol{x})=f_1(\tilde{\boldsymbol{x}}_1)\ f_2(\tilde{\boldsymbol{x}}_2 \mid \tilde{\boldsymbol{x}}_1)$로 되어 있다. 여기서

$$
\begin{aligned}
f_1(\tilde{\boldsymbol{x}}_1)&=\frac{1}{(2\pi)^{p/2}\,|\boldsymbol{\Sigma}_{11}|^{1/2}}\exp\left\{-\frac{1}{2}(\tilde{\boldsymbol{x}}_1-\tilde{\boldsymbol{\mu}}_1)^t\boldsymbol{\Sigma}_{11}^{-1}(\tilde{\boldsymbol{x}}_1-\tilde{\boldsymbol{\mu}}_1)\right\}\\
f_2(\tilde{\boldsymbol{x}}_2 \mid \tilde{\boldsymbol{x}}_1)&=\frac{1}{(2\pi)^{q/2}\,|\boldsymbol{\Sigma}_{22}-\boldsymbol{\Sigma}_{21}\boldsymbol{\Sigma}_{11}^{-1}\boldsymbol{\Sigma}_{12}|^{1/2}}\\
&\cdot\exp[-\frac{1}{2}\left\{\tilde{\boldsymbol{x}}_2-\tilde{\boldsymbol{\mu}}_2-\boldsymbol{\Sigma}_{21}\boldsymbol{\Sigma}_{11}^{-1}(\tilde{\boldsymbol{x}}_1-\tilde{\boldsymbol{\mu}}_1)\right\}^t\\
&\quad\cdot(\boldsymbol{\Sigma}_{22}-\boldsymbol{\Sigma}_{21}\boldsymbol{\Sigma}_{11}^{-1}\boldsymbol{\Sigma}_{12})^{-1}\\
&\quad\cdot\left\{\tilde{\boldsymbol{x}}_2-\tilde{\boldsymbol{\mu}}_2-\boldsymbol{\Sigma}_{21}\boldsymbol{\Sigma}_{11}^{-1}(\tilde{\boldsymbol{x}}_1-\tilde{\boldsymbol{\mu}}_1)\right\}].
\end{aligned}
$$

따라서 $f_1(\tilde{\boldsymbol{x}}_1)$은 $\tilde{\boldsymbol{X}}_1$의 주변밀도함수이고 $f_2(\tilde{\boldsymbol{x}}_2 \mid \tilde{\boldsymbol{x}}_1)$은 $\tilde{\boldsymbol{X}}_1=\tilde{\boldsymbol{x}}_1$가 주어졌을 때 $\tilde{\boldsymbol{X}}_2$의 조건부 밀도함수이다.

이상으로부터 n차원 확률벡터 $\boldsymbol{X}=(\tilde{\boldsymbol{X}}_1, \tilde{\boldsymbol{X}}_2)$가 정규분포 $N_n(\boldsymbol{\mu}, \boldsymbol{\Sigma})$를 따를 때 p, q차원 확률벡터 $\tilde{\boldsymbol{X}}_1, \tilde{\boldsymbol{X}}_2$의 주변분포는 각각 정규분포 $N_p(\tilde{\boldsymbol{\mu}}, \boldsymbol{\Sigma}_{11})$와 $N_q(\widetilde{\boldsymbol{\mu}_2}, \boldsymbol{\Sigma}_{22})$이고 $\tilde{\boldsymbol{X}}_1$이 주어졌을 때 $\tilde{\boldsymbol{X}}_2$의 조건부 분포는 평균벡터와 공분산행렬이 각각

$$
\begin{aligned}
E[\tilde{\boldsymbol{X}}_2 \mid \tilde{\boldsymbol{X}}_1]&=\tilde{\boldsymbol{\mu}}_2+\boldsymbol{\Sigma}_{21}\boldsymbol{\Sigma}_{11}^{-1}(\tilde{\boldsymbol{X}}_1-\tilde{\boldsymbol{\mu}}_1)\\
D[\tilde{\boldsymbol{X}}_2 \mid \tilde{\boldsymbol{X}}_1]&=\boldsymbol{\Sigma}_{22}-\boldsymbol{\Sigma}_{21}\boldsymbol{\Sigma}_{11}^{-1}\boldsymbol{\Sigma}_{12}
\end{aligned}
$$

인 q차원 정규분포이다.

예제 5.4

이변량 정규표본 $\boldsymbol{\mu}=\mathbf{0}$ 이고 $\boldsymbol{\Sigma}=\begin{pmatrix} 1.0 & 0.9 \\ 0.9 & 1.0 \end{pmatrix}$로부터 다변량 정규표본을 생성시킨다.

```
>     mu <- c(0, 0)
>     Sigma <- matrix(c(1, .9, .9, 1), nrow = 2, ncol = 2)
>     rmvn.eigen <-
+     function(n, mu, Sigma) {
+         d <- length(mu)
+         ev <- eigen(Sigma, symmetric = TRUE)
+         lambda <- ev$values
+         V <- ev$vectors
+         R <- V %*% diag(sqrt(lambda)) %*% t(V)
+         Z <- matrix(rnorm(n*d), nrow = n, ncol = d)
+         X <- Z %*% R + matrix(mu, n, d, byrow = TRUE)
+         X}
>
>     X <- rmvn.eigen(1000, mu, Sigma)
>
>     plot(X, xlab = "x", ylab = "y", pch = 20)
>     print(colMeans(X))
[1] -0.0007540408  0.0104620075
>     print(cor(X))
          [,1]      [,2]
[1,] 1.0000000 0.8945533
[2,] 0.8945533 1.0000000
```

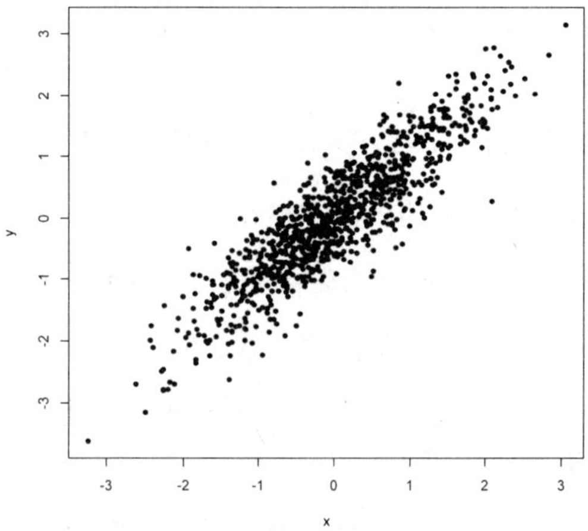

[그림 5.3] 이변량 정규표본(평균벡터 0, 분산 $\sigma_1=\sigma_2=1,\ \rho=0.9$)

5.4 대수의 법칙

$X_1,\ X_2,\ \cdots, X_n$은 서로 독립이며 모평균이 μ이고 모분산이 σ^2인 동일한 분포를 따르는 확률변수인 경우에 표본평균 $\overline{X}_n = \frac{1}{n}(X_1 + X_2 + \cdots + X_n)$의 수학적인 평균과 분산은 정리 5.3에 의해

$$E(\overline{X}_n) = \mu, \qquad V(\overline{X}_n) = \frac{\sigma^2}{n}$$

이다. 사실 표본의 크기 n이 크면 표본평균 $\overline{X}_n$는 모평균 μ에 수렴하게 된다. 예를 들면 어떤 사물의 길이를 몇 번 측정해서 그 관측값들의 평균을 구하면 그 평균은 사물의 원래 길이에 가까워지는 것을 의미하는데 이것을 **대수의 법칙**(law of large numbers)이라고 한다. 관측을 반복하는 것을 시간적 경과로 생각하면 표본평균 $\overline{X}_n$는 시간적 평균이고 수학적 평균은 공간적 평균으로 간주되므로 대수의 법칙은 "시간적 평균이 공간적 평균에 수렴한다."라는 것을 의미한다. 이것은 이른바 **에르고딕 정리**(ergodic theorem)의 가장 기본적인 것이다. $\overline{X}_n$는 n에 관한 수열이다. 이 절에서는 확률변수의 수열에 대한 확률수렴을 정의하고 그 성질을 설명한다.

정리 5.8 대수의 약법칙(Weak Law of Large Numbers)

$X_1,\ X_2,\ \cdots, X_n$은 서로 독립이며 모평균이 μ이고 모분산이 σ^2인 동일한 분포를 따르는 확률변수이다. 이 경우에 임의의 상수 $\epsilon > 0$에 대해

$$\lim_{n\to\infty} P\{\,|\,\overline{X}_n - \mu\,|\, \geq \epsilon\} = 0$$

이 성립한다. 이것은 "표본평균 $\overline{X}_n$은 모평균 μ에 **확률수렴**(converge in probability)한다."라고 말하고 $\overline{X}_n \xrightarrow{p} \mu$로 표기한다.

(증명) 체비셰프 부등식에 의해

$$P\{\,|\,\overline{X}_n - \mu\,|\, \geq \epsilon\} \leq \frac{\sigma^2}{n\epsilon^2}$$

이므로 정리의 결과가 유도된다.

1. 베르누이 분포

```
p <- 0.5
eps <- 0.1
wlln <- function(n) {
        pbinom((n*p + n*eps), n, p)- pbinom(n*(p - eps), n, p)
}
plot(wlln(1:500),type="l")
p <- 0.2
eps <- 0.01
plot(wlln(1:15000),type="l")
```

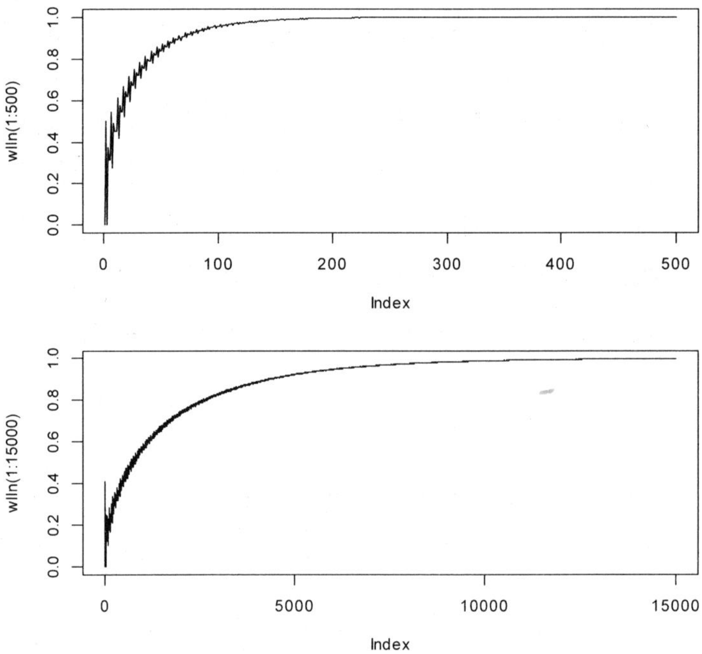

[그림 5.4] 대수의 약법칙($n = 500,\ 15000$)

2. 정규분포

```
> mu <- 4
> sig <- 10000
> eps <- 0.01
>
> wlln <- function(n) {
+ pnorm(n*(mu + eps) , n*mu, sig*sqrt(n))- pnorm(n*(mu - eps), n*mu,
sig*sqrt(n))
```

```
+ }
>
> wlln(10^(1:20))
 [1] 2.523133e-06 7.978846e-06 2.523133e-05 7.978846e-05 2.523132e-04
 [6] 7.978844e-04 2.523128e-03 7.978713e-03 2.522712e-02 7.965567e-02
[11] 2.481704e-01 6.826895e-01 9.984346e-01 1.000000e+00 1.000000e+00
[16] 1.000000e+00 1.000000e+00 1.000000e+00 1.000000e+00 1.000000e+00
>
> ###### X <- Poisson(lambda)
>
> lambda <- 10
> wlln <- function(n) {
+ ppois(n*(lambda + eps) , n*lambda)- ppois(n*(lambda - eps), n*lambda)
+ }
> wlln(10^(1:20))
 [1] 0.03986100 0.02521662 0.07965238 0.24816941 0.68268937 0.99843460
 [7] 1.00000000 1.00000000 1.00000000 1.00000000 1.00000000 1.00000000
[13] 1.00000000 1.00000000 1.00000000 1.00000000 1.00000000 1.00000000
[19] 1.00000000 1.00000000
```

3. 동전던지기

```
> n = 1000;
> U = runif(n, min = 0, max = 1);
> toss = U < 0.5;
> a = numeric(n + 1);
> avg = numeric(n);
> for(i in 2 : n + 1)
+ {
+ a[i] = a[i - 1] + toss[i - 1];
+ avg[i - 1] = a[i]/(i - 1);
+ }
>
> plot(1:n, avg[1:n], type = "l", lwd = 5, col = "blue", ylab = "Proportion of Heads",
+ xlab = "Coin Toss Number", cex.main =1.25, cex.lab =1.5, cex.axis =1.75)
```

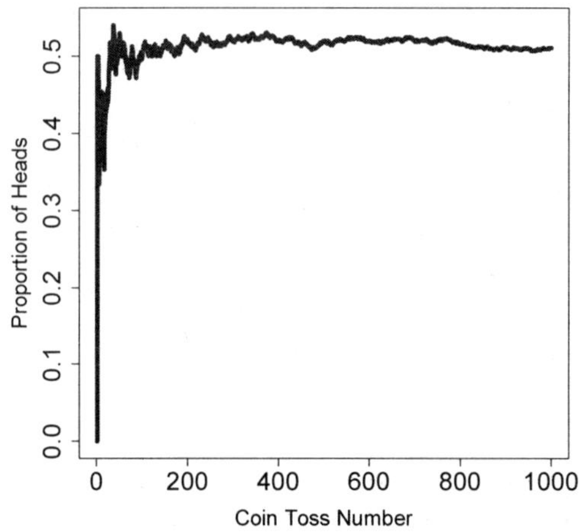

[그림 5.5] 동전던지기의 대수의 법칙

위의 정리의 결과보다 더 강한 결론인 다음의 정리를 증명없이 정리만 소개한다.

정리 5.9 **대수의 강법칙**(Strong Law of Large Numbers)

$X_1,\ X_2,\ \cdots,\ X_n$ 은 서로 독립이며 모평균이 μ 인 동일한 분포를 따르는 확률변수이다. 이 경우에

$$P\left\{\lim_{n\to\infty}\overline{X}_n = \mu\right\} = 1$$

이 성립한다. 이것을 "표본평균 $\overline{X}_n$ 는 모평균 μ 에 확률 1로 수렴(converge with probability one)한다."라고 말하고 $\overline{X}_n \to \mu \quad \text{a.s.}$ 혹은 $\overline{X}_n \to \mu \quad \text{with prob. 1}$ 또는 $\overline{X}_n \xrightarrow{a.s} \mu$, $\overline{X}_n \xrightarrow{w.p.1} \mu$ 로 표기한다.

```
> par(mfrow=c(3,3),oma=c(0,0,5,0))
> layout(matrix(1:9,nrow=3))
> sllnBern <- function(n,p) {
+ for (i in 1:9) {
+ seq <- rbinom(n,1,p)
+ avgs <- cumsum(seq)/(1:n)
+     plot(avgs,type="l",xlab="n",ylab="Average")
+     abline(h = p)
+     }
+  mtext(paste("Strong Law of Large Numbers ( n = ",n,")"),side=3, font=2,outer=T)
+  mtext(paste("Bernoulli trials ( p = ",p,")"),side=3, outer=T, font=2, line =-2)
```

```
+ }
> sllnBern(10,.5)
> sllnBern(100,.5)
> sllnBern(1000,.5)
```

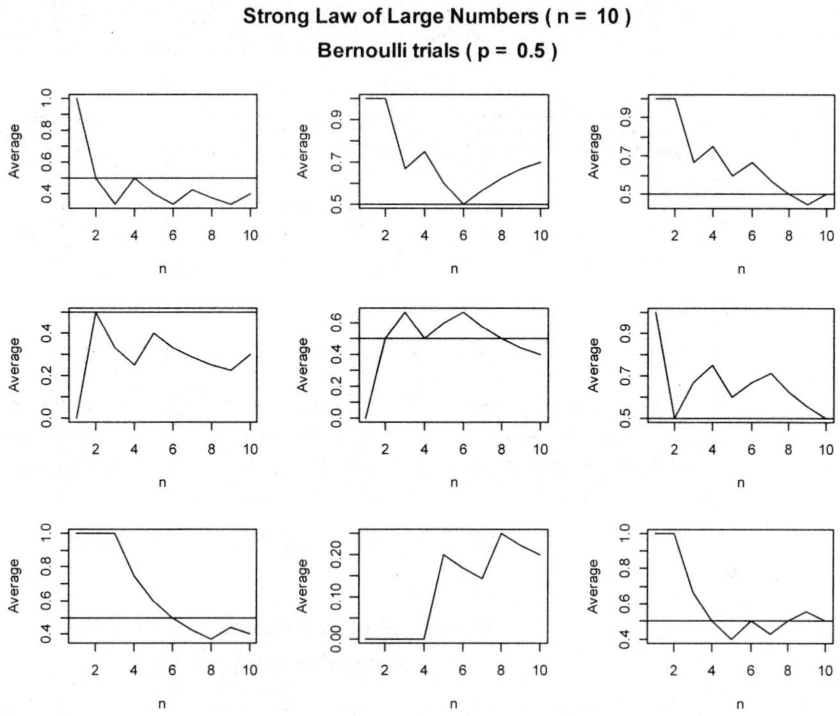

[그림 5.6] 대수의 강법칙($n=10$, 이항분포)

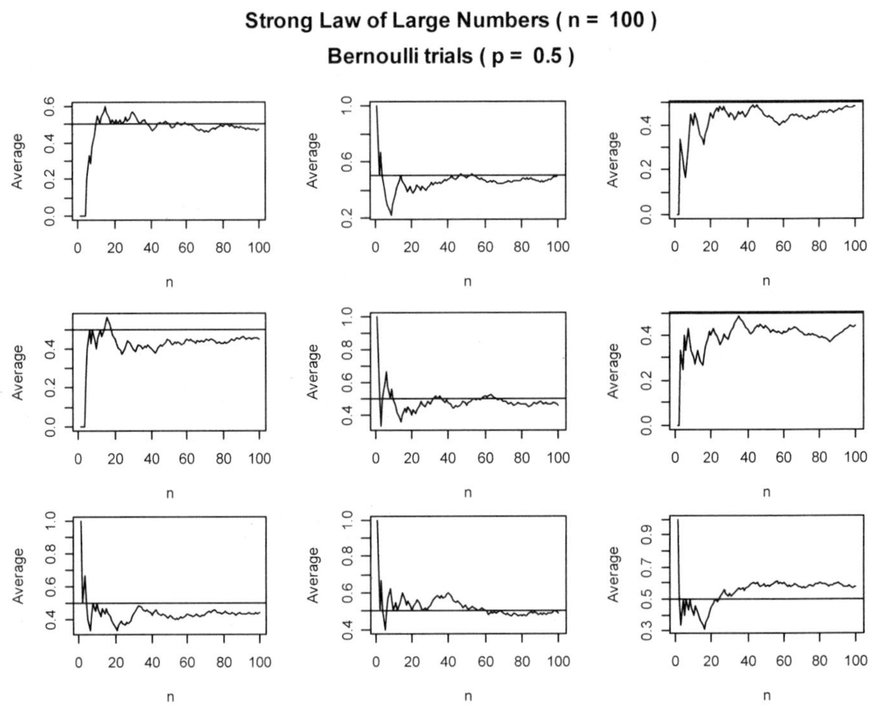

[그림 5.7] 대수의 강법칙($n = 100$, 이항분포)

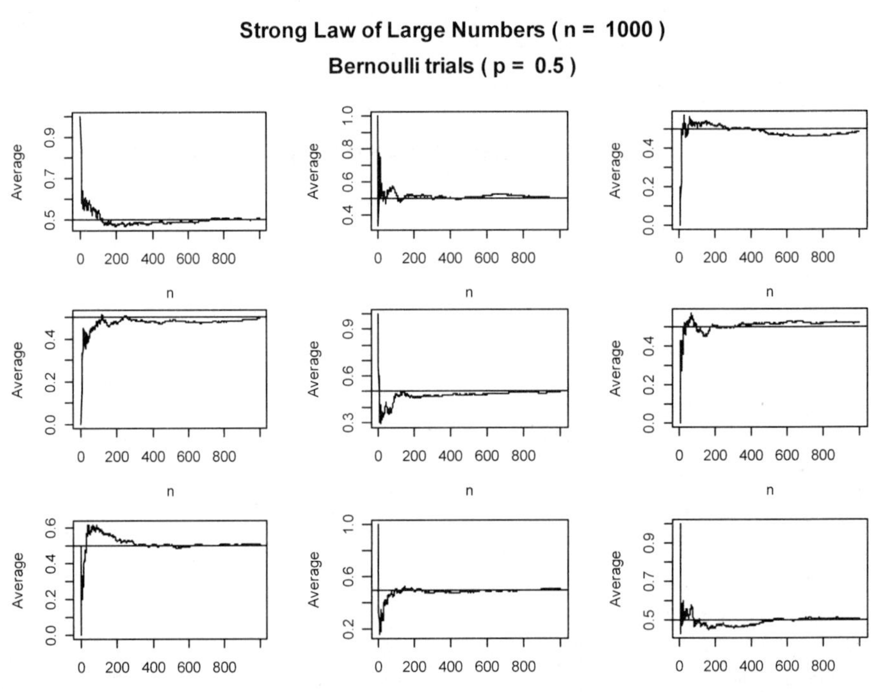

[그림 5.8] 대수의 강법칙($n = 1000$, 이항분포)

```
> par(mfrow=c(3,3),oma=c(0,0,5,0))
> layout(matrix(1:9,nrow=3))
> sllnNorm <- function(n,mu,sigma) {
+ for (i in 1:9) {
+ seq <- rnorm(n,mu,sigma)
+ avgs <- cumsum(seq)/(1:n)
+     plot(avgs,type="l",xlab="n",ylab="Average")
+     abline(h = mu)}
+  mtext(paste("Strong Law of Large Numbers ( n = ",n,")"),side=3,font=2,outer=T)
+  mtext(paste("Normal Random Variables ( mu = ",mu," sigma = ",sigma,")"),side=3,
outer=T, line =-2,font=2)
+  }
> sllnNorm(10,4,2)
> sllnNorm(100,4,2)
> sllnNorm(1000,4,2)
```

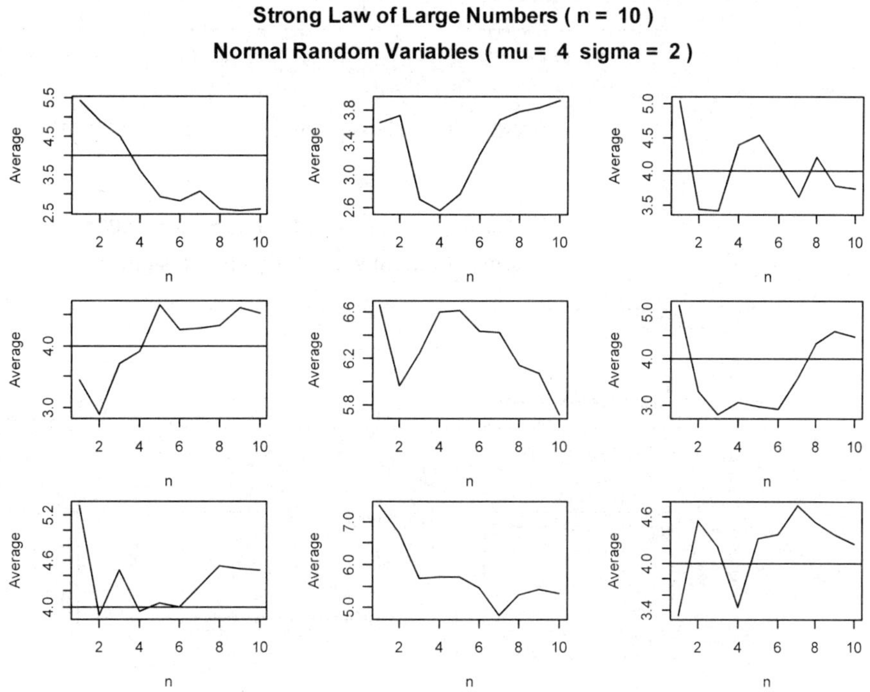

[그림 5.9] 대수의 강법칙($n = 10$, 정규분포)

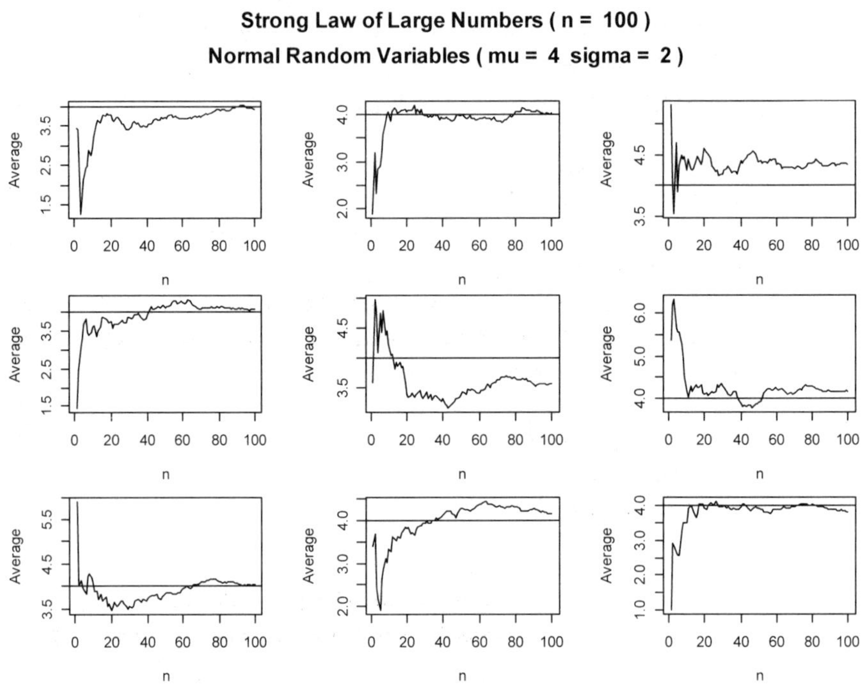

[그림 5.10] 대수의 강법칙($n = 100$, 정규분포)

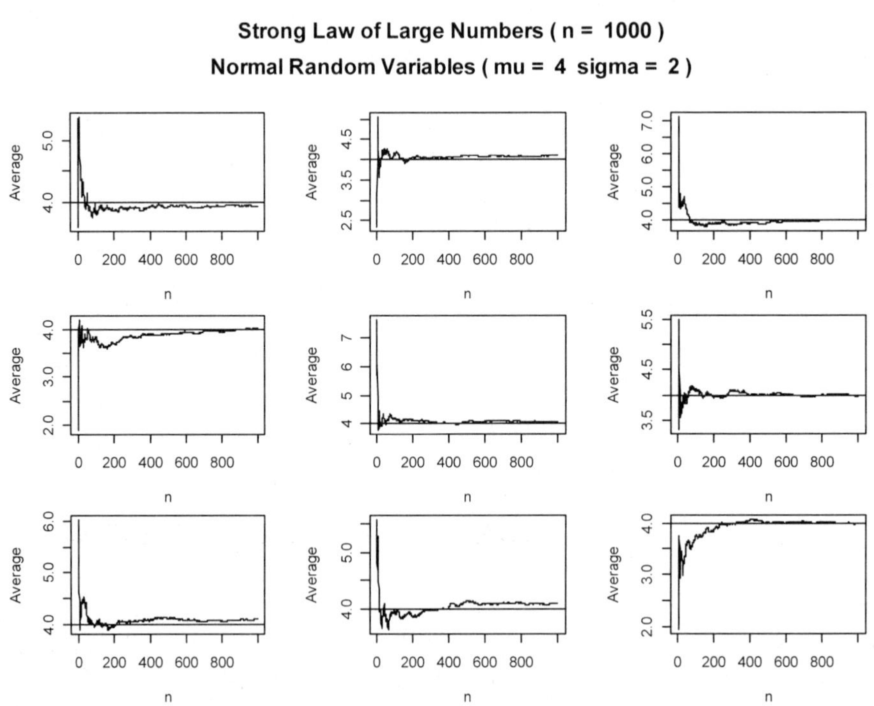

[그림 5.11] 대수의 강법칙($n = 1000$, 정규분포)

```
> par(mfrow=c(3,3),oma=c(0,0,5,0))
> layout(matrix(1:9,nrow=3))
> sllnCauchy <- function(n) {
+ for (i in 1:9) {
+ seq <- rcauchy(n)
+ avgs <- cumsum(seq)/(1:n)
+     plot(avgs,type="l",xlab="n",ylab="Average")
+     abline(h = 0)
+     }
+  mtext(paste("Behavior of Sequence of Averages ( n = ",n,")"),side=3, font=2,outer=T)
+  mtext(paste("Cauchy distribution"),side=3, outer=T, font=2, line =-2)
+  }
> sllnCauchy(10)
> sllnCauchy(100)
> sllnCauchy(50000)
```

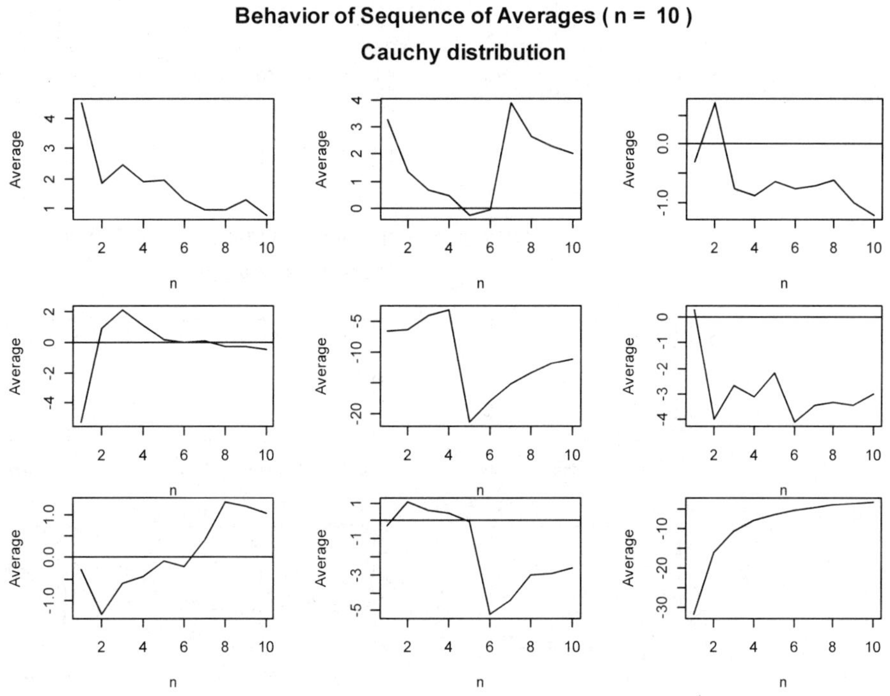

[그림 5.12] 대수의 강법칙($n = 10$, 코시분포)

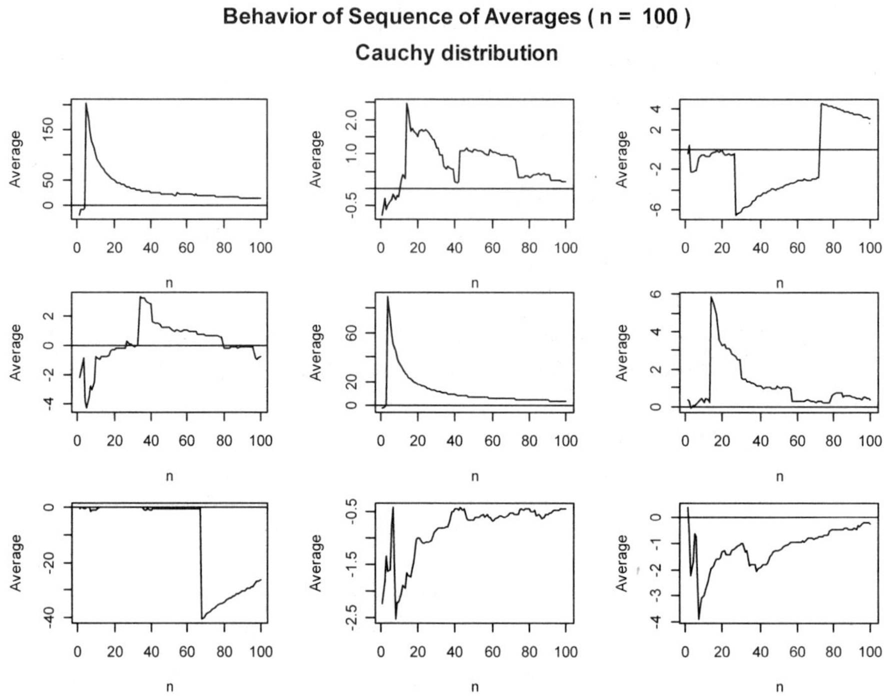

[그림 5.13] 대수의 강법칙($n = 100$, 코시분포)

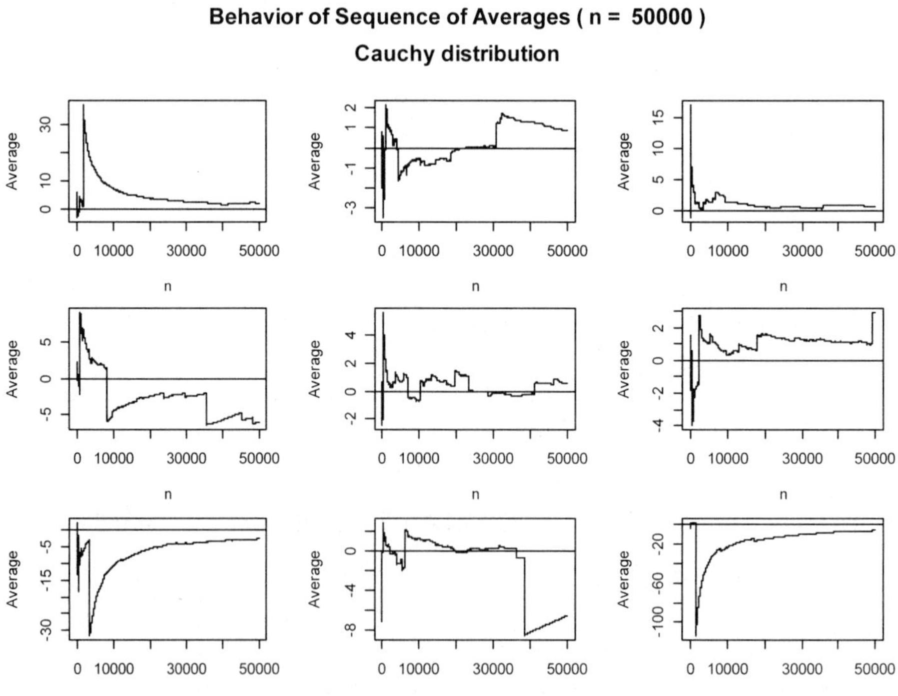

[그림 5.14] 대수의 강법칙($n = 50000$, 코시분포)

$\overline{X}_n$ 는 n 에 관한 확률변수의 수열이다. 이제 확률변수의 일반적 수열에 대한 확률수렴을 정의하고 그 성질을 설명한다.

정의 5.1

확률변수들의 수열 X_n 에 대해, 만일 $\lim_{n\to\infty} P\{\,|X_n - X| \geq \epsilon\} = 0$ 이면 X_n 이 X 에 확률수렴 한다고 하고 $X_n \xrightarrow{p} X$ 로 표기한다.

정리 5.10

확률변수들의 수열 X_n 에 대해, 만일 $X_n \xrightarrow{p} X$ 이면 $X_n \xrightarrow{d} X$ 가 성립한다. 특별한 경우로서, 만일 $X = c$ 이면 극한분포는 **퇴화분포**(degenerated distirbution), 즉 $P\{X = c\} = 1$ 이다.

정리 5.11 슬럿츠키(Slutsky) 정리

X_n 과 Y_n 은 각각 $X_n \xrightarrow{p} c$ 와 $Y_n \xrightarrow{d} Y$ 를 만족하는 확률변수들의 수열이라고 하자. 그러면 다음 사실이 성립한다.

(1) $X_n + Y_n \xrightarrow{d} c + Y$

(2) $X_n Y_n \xrightarrow{d} c\,Y$

(3) $Y_n / X_n \xrightarrow{d} Y / c,\ c \neq 0$

예제 5.5

Y 가 이항분포 $B(n, p)$ 를 따른다고 가정하자. 그러면 $\hat{p} = Y/n \xrightarrow{p} p$ 가 성립하고, 또한 $\hat{p}(1-\hat{p}) \xrightarrow{p} p(1-p)$ 도 성립한다.

5.5 중심극한정리

X_1, X_2, $\cdots$, X_n은 서로 독립이며 모평균이 μ이고 모분산이 σ^2인 동일한 분포를 따르는 확률변수이다. 이 경우에 표본평균 $\overline{X}_n = \frac{1}{n}(X_1 + X_2 + \cdots + X_n)$의 평균과 분산은 각각 $E(\overline{X}_n) = \mu$와 $V(\overline{X}_n) = \sigma^2 / n$이고 표본의 크기 n이 클 때 대수의 법칙에 의해 $\overline{X}_n \xrightarrow{p} \mu$이 된다.

이제 표본평균 $\overline{X}_n$의 분포를 생각해 보자. 만약 표본 X_i가 정규분포를 따르면 정규분포의 재생성(4.5.2절 참조)에 의해 독립인 표본들의 합은 다시 정규분포를 따르므로 표본평균 $\overline{X}_n$도 정규분포를 따른다. 그러므로 표준화 $Z_n = \sqrt{n}\,(\overline{X}_n - \mu) / \sigma$은 표준정규분포를 따른다. 즉

$$Z_n = \frac{\sqrt{n}\,(\overline{X}_n - \mu)}{\sigma} \sim N(0, 1)$$

이다. 물론 표본 X_i가 정규분포를 따르지 않는 경우에는 이것이 성립하지 않는다. 그러나 사실은 표본의 크기 n이 클 때 '근사적으로' 이것이 성립한다. 이것을 **중심극한정리**(central limit theorem)라고 한다. 응용분야에서 중심극한정리를 사용하기 위해서는 $n > 30$이면 충분하다. 연속성 정리(1장 참조)에 의해 중심극한정리의 증명을 위해서는 Z_n의 특성함수가 표준정규분포 $N(0, 1)$의 특성함수에 근사하는 것을 증명하면 된다. 먼저 초월함수 $\exp(it)$의 전개에 관한 다음의 정리를 소개한다.

정리 5.12

임의의 $t \in R^1$에 대해 다음의 부등식이 성립한다.

$$\left| \exp(it) - 1 - \frac{it}{1!} - \frac{(it)^2}{2!} - \cdots - \frac{(it)^{n-1}}{(n-1)!} \right| \leq \frac{|t|^n}{n!}$$

(증명) 다음과 같은 함수열 $\{\xi_n(t)\}$을 생각한다.

$$\xi_1(t) = i\int_0^t \exp(ix)\,dx = \exp(it) - 1,$$

$$\xi_2(t) = i\int_0^t \xi_1(x)\,dx = \exp(it) - 1 - it,$$

$$\xi_3(t) = i\int_0^t \xi_2(x)\,dx = \exp(it) - 1 - it - \frac{(it)^2}{2!},$$

$$\cdots\cdots$$

$$\xi_n(t) = i\int_0^t \xi_{n-1}(x)\,dx = \exp(it) - 1 - it - \frac{(it)^2}{2!} - \cdots - \frac{(it)^{n-1}}{(n-1)!}$$

이 경우에 다음의 부등식이 성립한다.

$$|\xi_1(t)| \leqq \int_0^{|t|} |\exp(ix)|\,dx = |t|$$

그러므로 다음의 두 부등식

$$|\xi_2(t)| \leqq i\int_0^{|t|} |\xi_1(x)|\,dx \leqq \int_0^{|t|} x\,dx \leqq \frac{|t|^2}{2!}$$

$$|\xi_3(t)| \leqq i\int_0^{|t|} |\xi_2(x)|\,dx \leqq \int_0^{|t|} \frac{x^2}{2}dx \leqq \frac{|t|^3}{3!}$$

이 성립한다. 같은 방법으로, 엄밀하게는 수학적 귀납법을 사용하면, 다음의 부등식이 성립한다.

$$|\xi_n(t)| \leqq \frac{|t|^n}{n!}$$

정리 5.13 중심극한정리

$X_1, X_2, \cdots, X_n$은 서로 독립이며 모평균이 μ이고 모분산이 σ^2인 동일한 분포를 따르는 확률변수이다. 이 경우에 표본평균의 표준화는 표준정규분포에 분포수렴한다. 즉 $n \to \infty$에 따라

$$Z_n = \frac{\sqrt{n}\,(\overline{X}_n - \mu)}{\sigma} \xrightarrow{d} N(0,\ 1)$$

이다. 또는 다음 식이 성립한다.

$$\lim_{n\to\infty} P(Z_n \leqq z) = \Phi(z) = \int_{-\infty}^{z} \frac{1}{\sqrt{2\pi}} \exp\left(-\frac{x^2}{2}\right) dx$$

(증명)

확률변수 X_k의 표준화를 $Y_k = (X_k - \mu)/\sigma$로 두면 평균과 분산은

$$E(Y_k) = 0, \quad E(Y_k^2) = 1$$

로 주어진다. 이 정리의 증명을 간단히 하기 위해서는 Y_k의 3차 절대적률이 존재한다고 가정한다. 즉

$$E\{|Y_k|^3\} = r < \infty$$

를 가정한다. Y_k의 특성함수를 $\varphi(\tau)$로 나타내면 $E(Y_k) = 0$, $E(Y_k^2) = 1$에 의해

$$\left|\varphi(\tau) - 1 + \frac{\tau^2}{2}\right|$$

$$= \left| E\left\{\exp(i\tau Y_k) - 1 - (i\tau Y_k) - \frac{(i\tau Y_k)^2}{2}\right\}\right|$$

$$\leqq E\left\{\left|\exp(i\tau Y_k) - 1 - (i\tau Y_k) - \frac{(i\tau Y_k)^2}{2}\right|\right\}$$

이 성립한다. 위 식의 { } 안의 식에 보조정리 5.13을 적용하면

$$\left|\exp(i\tau Y_k) - 1 - (i\tau Y_k) - \frac{(i\tau Y_k)^2}{2}\right| \leqq \frac{|\tau Y_k|^3}{3!}$$

이기 때문에

$$\left|\varphi(\tau) - 1 + \frac{\tau^2}{2}\right| \leqq E\left\{\frac{|\tau Y_k|^3}{3!}\right\} = r\frac{|\tau|^3}{3!}$$

이 성립한다. 그리고 $\tau = n^{-1/2}t$로 두면, $n \to \infty$ 일 때

$$\varphi(n^{-1/2}t) = 1 - \frac{t^2}{2n}\{1 + o(1)\}$$

이 성립하며 $Z_n = n^{-1/2}(Y_1 + Y_2 + \cdots + Y_n)$의 특성함수를 $\psi_n(t)$로 두면, $n \to \infty$

일 때

$$\psi_n(t) = E\left[\exp\{i\,t\,n^{-1/2}(Y_1 + Y_2 + \cdots + Y_n)\}\right]$$
$$= [\varphi(n^{-1/2}t)]^n = \left[1 - \frac{t^2}{2n}\{1 + o(1)\}\right]^n$$
$$\to \exp\left(-\frac{t^2}{2}\right)$$

이 성립한다. 한편 $\exp(-t^2/2)$은 표준정규분포 $N(0, 1)$의 특성함수이다. 즉 Z_n의 특성함수 $\psi_n(t)$는 표준정규분포 $N(0, 1)$ 의 특성함수 $\exp(-t^2/2)$에 근사한다. 그러므로 연속성 정리에 의해 확률변수 Z_n은 표준정규분포 $N(0, 1)$에 분포수렴한다.

예제 5.6

$X_1, X_2, \cdots, X_{30}$가 감마분포 $G(5,1/2)$를 따를 때 중심극한정리를 이용하여 $P(\overline{X} > 3)$을 구하라.

(해) 감마분포의 평균과 분산(3장 참조)은 $E(X_i) = 5/2$, $SD(X_i) = \sqrt{5/2^2}$ 이므로 $\overline{X}$는 근사적으로 평균 $E(\overline{X}) = 5/2$이고, 표준편차는 $SD(\overline{X}) = \sqrt{5/2^2}\,/\sqrt{30}$ 이므로

$$P(\overline{X} > 3) = P\left(\frac{\overline{X} - 5/2}{\sqrt{(5/2^2)}/\sqrt{30}} > \frac{3 - 5/2}{\sqrt{(5/2^2)}/\sqrt{30}}\right)$$
$$\approx P(Z > 2.4495)$$
$$= 0.0072$$

이를 R을 사용하여 보면 다음과 같다.

```
> my.means<-numeric(1000)
> for (i in 1:1000)
+   {
+     x <- rgamma(30, shape=5, rate=2)
+     my.means[i] <- mean(x)
+   }
>
> hist(my.means, main="Distribution of means")
>
> qqnorm(my.means)
> qqline(my.means)
>
```

```
> mean(my.means)
[1] 2.491015
> sd(my.means)
[1] 0.2044028
> sum(my.means > 3)/1000
[1] 0.009
> #alternatively
> mean(my.means > 3)
[1] 0.009
```

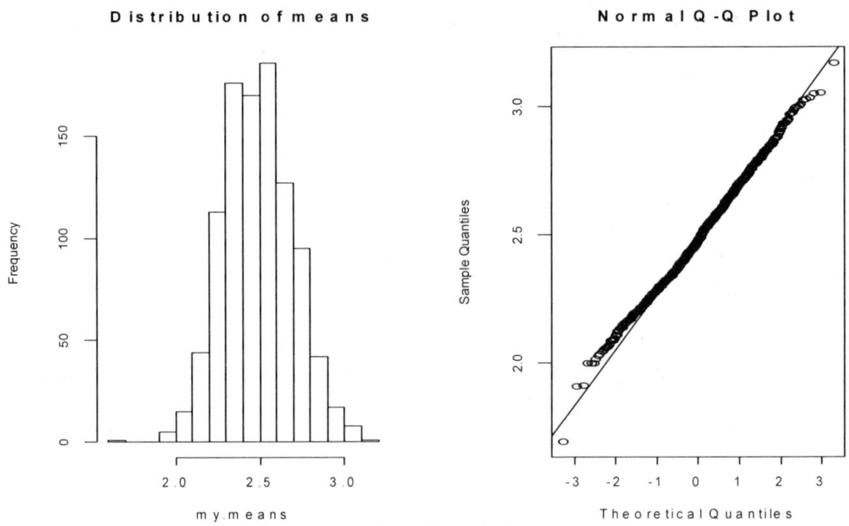

[그림 5.15] $G(5,1/2)$**에 대한** $\overline{X}$

예제 5.7 **(드모아르-라플라스의 정리,** 이항분포의 정규근사)

성공할 확률이 $p(0< p< 1)$인 n회의 독립인 베르누이 시행을 $\epsilon_1,\ \epsilon_2,\ \cdots,\ \epsilon_n$으로 나타내면 성공횟수 $X= \epsilon_1+ \epsilon_2+ \cdots + \epsilon_n$은 이항분포 $B(n,\ p)$를 따른다. 그러므로 X의 표준화는 중심극한정리에 의해 표준정규분포에 근사한다.

$$Z_n = \frac{X - np}{\sqrt{np(1-p)}} \xrightarrow{d} Z \sim N(0,\ 1)$$

즉 이항분포는 n이 큰 경우에 정규분포에 근사한다. 따라서 이항분포는 다음 두 가지 가능한 근사가 있다. 첫째는 포아송 분포 근사로 n이 큰 값으로 np가 적당한 값일 때 좋은 근사로 나타난다. 둘째는 정규분포 근사로 $np(1-p)$가 큰 값일 때 아주 좋은 근사로 알려져 있다. 일반적으로, $np(1-p) \geq 10$을 만족하는 n의 값에서 정규분포 근사를 사용한다.

예제 5.8

X를 동전을 40회 던져서 앞면이 나올 수라고 하자. $X=20$이 될 확률이 얼마인가를 정규분포 근사를 사용하여 구하고, 정확한 값과 비교하라.

(해) 이항분포는 이산 확률변수이고 정규분포는 연속 확률변수이므로 최량의 근사 확률은 다음과 같이 구할 수 있다.

$$\begin{aligned} P\{X=20\} &= P\{19.5 < X < 20.5\} \\ &= P\left\{\frac{19.5-20}{\sqrt{10}} < \frac{X-20}{\sqrt{10}} < \frac{20.5-20}{\sqrt{10}}\right\} \\ &= P\left\{-0.16 < \frac{X-20}{\sqrt{10}} < 0.16\right\} \\ &\approx \Phi(0.16) - \Phi(-0.16) = 0.1272 \end{aligned}$$

이고, 정확한 값은

$$P\{X=20\} = \binom{40}{20}\left(\frac{1}{2}\right)^{40} = 0.1268$$

예제 5.9

어떤 공장에서 생산된 물품의 20%가 불량이라고 한다.

(해) 이때 X를 생산 물품 n개 중의 불량품 수라고 하자. 그러면 X는 n과 $p=0.2$인 이항 확률변수를 따른다. 먼저 $n=20$이라고 하자. 그러면 $E(X)=4, \sigma=1.78$이므로 이항분포를 정규분포 $X \sim N(4, 1.78^2)$로 근사시키는 것을 살펴보자. 먼저 정규분포의 99% 신뢰구간에 이항분포 $X \sim B(20, 0.2)$를 같이 그리면

```
> np = 20*0.2
> npq = 20 * 0.2 * 0.8
> curve (dnorm(x, np, sqrt(npq)), np-3*sqrt(npq), np+3*sqrt(npq),
+ xlab= "Number of defectives", ylab= "pdf")
> x <- 0:20
> lines(x, dbinom(x, 20, 0.2), type = "h")
```

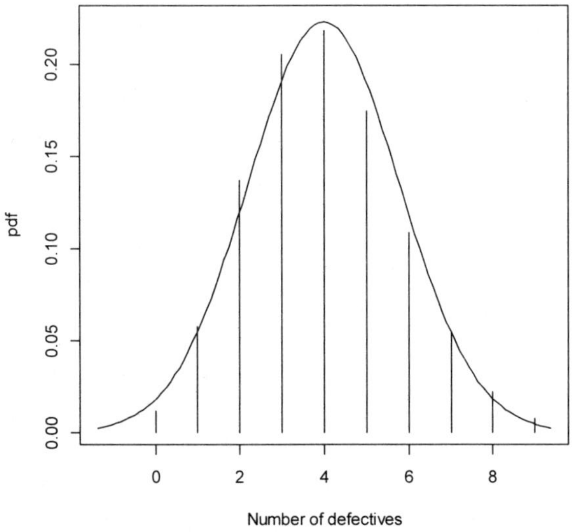

[그림 5.16] 이항분포의 정규분포 근사

그림 5.16으로부터 정규분포는 이항분포를 잘 근사시킨다. 그러나 이항분포는 이산형이고 정규분포는 연속형이므로 범위 ± 0.5를 위와 아래에 보정하여 준다. 이와 같은 것을 **연속성의 보정**(continuity correction)이라고 한다. 예를 들어 이항분포 $P(X=x)$는 정규분포 $P(x-0.5<X<x+0.5)$로 하여 준다. 따라서 이를 R에서 적용하면 다음과 같다.

```
> x <- seq(0, 20, 1)
> n <- 20
> p <- 0.2
> x1 <- dbinom(x, n, p)
> x2 <- pnorm(x+0.5, n*p, sqrt(n*p*(1-p)))-
+  pnorm(x-0.5, n*p, sqrt(n*p*(1-p)))
> y <- cbind(round(x1, 3), round(x2, 3))
> y
```

```
       [,1]  [,2]
 [1,] 0.012 0.019
 [2,] 0.058 0.056
 [3,] 0.137 0.120
 [4,] 0.205 0.189
 [5,] 0.218 0.220
 [6,] 0.175 0.189
 [7,] 0.109 0.120
 [8,] 0.055 0.056
 [9,] 0.022 0.019
```

```
[10,] 0.007 0.005
[11,] 0.002 0.001

[19,] 0.000 0.000
[20,] 0.000 0.000
[21,] 0.000 0.000
```

위의 결과로부터 정규근사가 이항분포에 아주 잘 근사함을 알 수 있다. 이것을 좀 더 조사하기 위해 먼저 고정된 $p=0.2$에 대해 $n=5,10,20,25,50,100$의 변화에 따라 근사를 알아보자.

```
> p <- 0.2
> q <- 1-p
> n <- 5
> curve (dnorm(x, n*p, sqrt(n*p*q)), n*p-3*sqrt(n*p*q),
+ n*p+3*sqrt(n*p*q), xlab = " ", ylab = " ", main = "n=5")
> lines(x, dbinom(x, n, 0.2), type = "h")
```

로 생성된 그림은

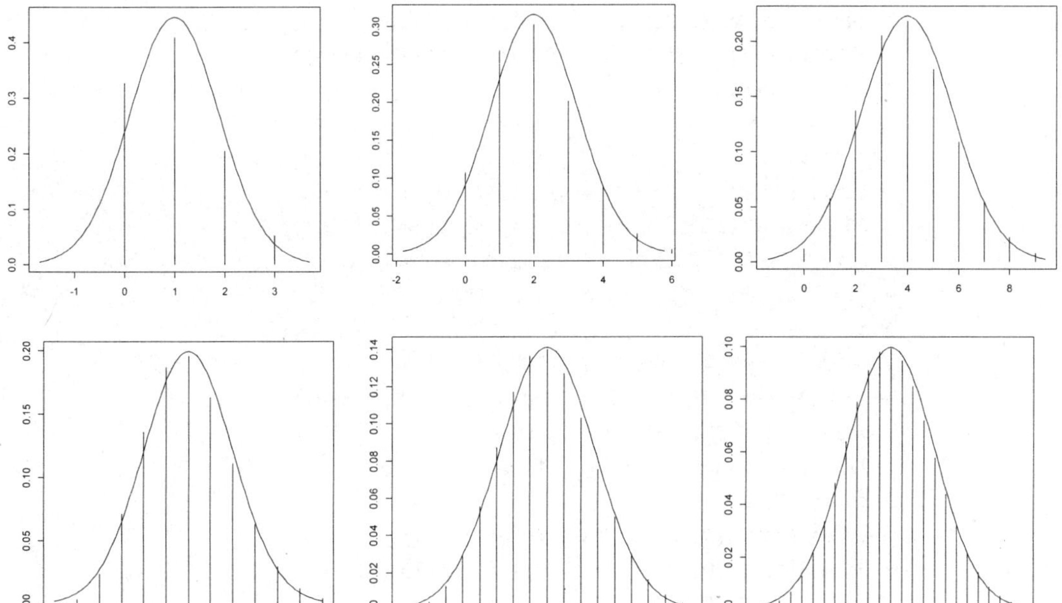

[그림 5.17] 이항분포의 정규분포 근사($p=0.2,\ n$)

그림 5.17로부터 $n=5,10$인 경우에는 정규근사가 만족하지 않으나 $n=20,25$인 경우 정규근사가 개선되었으며 $n=50,100$인 경우에는 정규근사를 잘 볼 수 있다.

다음으로 이항분포에서 $n=20$인 경우에 $p=0.01,0.02,0.05,0.1,0.2,0.5$로 변화할 때 수렴의 정확성을 살펴보자.

```
> par(mfrow=c(2,3))
> x<-seq(0, 20, 1)
> plot(x, dbinom(x, 20, 0.01), main = " p=0.01", type="h")
> plot(x, dbinom(x, 20, 0.02), main = " p=0.02", type="h")
> plot(x, dbinom(x, 20, 0.05), main = " p=0.05", type="h")
> plot(x, dbinom(x, 20, 0.1), main = " p=0.1", type="h")
> plot(x, dbinom(x, 20, 0.2), main = " p=0.2", type="h")
> plot(x, dbinom(x, 20, 0.5), main = " p=0.5", type="h")
>  p<- 0.01
> curve (dnorm(x, 20*p, sqrt(20*p*(1-p))),
+ 20*p-3*sqrt(20*p*(1-p)), 20*p+3*sqrt(20*p*(1-p)),
+  main = "p=0.01", xlab = " ", ylab = " ")
> lines(x, dbinom(x, 20, p), type="h")
> p<- 0.02
> curve (dnorm(x, 20*p, sqrt(20*p*(1-p))),
+ 20*p-3*sqrt(20*p*(1-p)), 20*p+3*sqrt(20*p*(1-p)),
+ main = "p=0.02", xlab = " ", ylab = " ")
> lines(x, dbinom(x, 20, p), type="h")
> p<- 0.05
> curve (dnorm(x, 20*p, sqrt(20*p*(1-p))),
+ 20*p-3*sqrt(20*p*(1-p)), 20*p+3*sqrt(20*p*(1-p)),
+ main = "p=0.05", xlab = " ", ylab = " ")
> lines(x, dbinom(x, 20, p), type="h")
> p<- 0.1
> curve (dnorm(x, 20*p, sqrt(20*p*(1-p))),
+ 20*p-3*sqrt(20*p*(1-p)), 20*p+3*sqrt(20*p*(1-p)),
+ main = "p=0.1", xlab = " ", ylab = " ")
> lines(x, dbinom(x, 20, p), type="h")
> p<- 0.2
> curve (dnorm(x, 20*p, sqrt(20*p*(1-p))),
+ 20*p-3*sqrt(20*p*(1-p)), 20*p+3*sqrt(20*p*(1-p)),
+ main = "p=0.2", xlab = " ", ylab = " ")
> lines(x, dbinom(x, 20, p), type="h")
> p <- 0.5
> curve (dnorm(x, 20*p, sqrt(20*p*(1-p))),
+ 20*p-3*sqrt(20*p*(1-p)), 20*p+3*sqrt(20*p*(1-p)),
+ main = "p=0.5", xlab = " ", ylab = " ")
> lines(x, dbinom(x, 20, p), type="h")
```

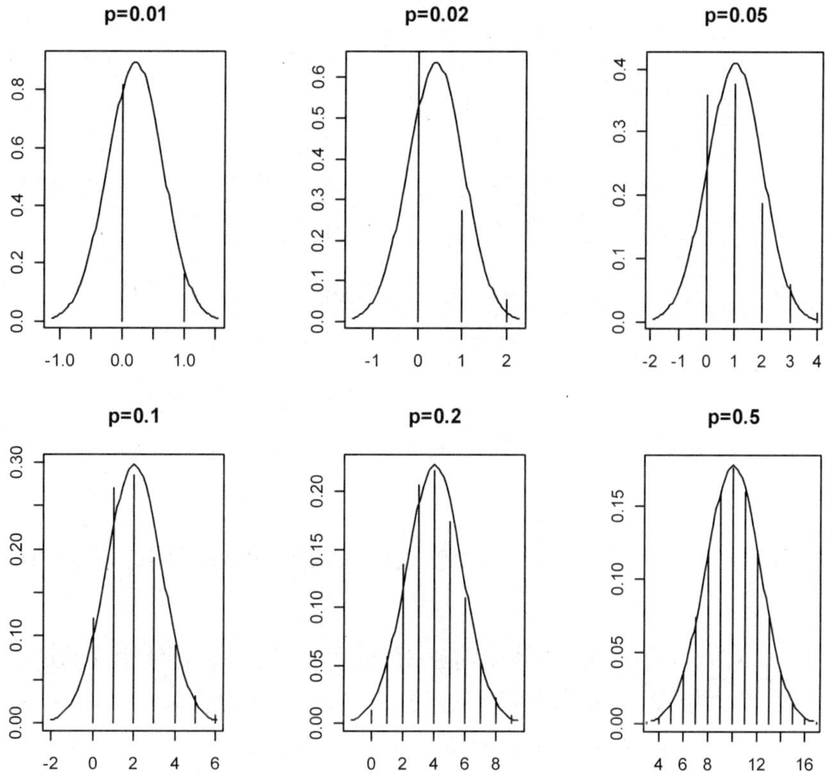

[그림 5.18] 이항분포의 정규분포 근사(p, $n=20$)

그림 5.18로부터 p가 적은 값을 가질 경우에는 정규근사가 좋지 않지만 p가 커짐에 따라 정규근사가 좋아지는 것을 볼 수 있다. 실제적으로 $p=0.5$인 경우 정확하게 적합함을 보여 준다.

예제 5.10 포아송 분포의 정규분포 근사

확률변수 X가 $\lambda=6$(hr)로 포아송 분포를 따른다고 하자. 포아송 분포의 평균은 $E(X)=\lambda=6$이고 표준편차는 $\sigma=\sqrt{\lambda}=\sqrt{6}$이다. 이것을 정규분포 평균 $\mu=6$과 표준편차는 $\sigma=\sqrt{6}$에 겹쳐 그려 보자.

```
> curve(dnorm(x, 6, sqrt(6)), xlab = " Number of accidents",
+ ylab = "pdf", xlim = c(0, 20))
> lines(x, dpois(x, 6), type ="h")
```

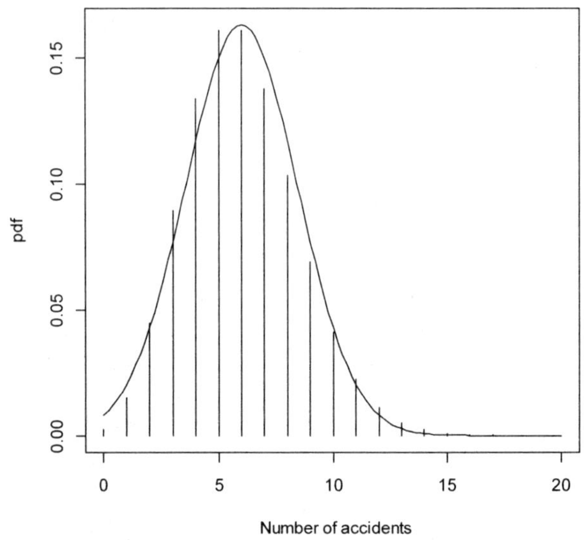

[그림 5.19] 포아송 분포의 정규근사($\lambda = 6$)

그림 5.19로부터 포아송 분포는 정규분포에 근사할 수 있는 것을 볼 수 있다. 이항분포와 마찬가지로 포아송 분포는 정수 값을 갖는 이산형이므로 보정을 하여 준다. 즉 포아송 분포 $P(X = x)$는 정규분포 $P(x - 0.5 < X < x + 0.5)$로 하여 준다. 따라서 이를 R에서 적용하면 다음과 같다.

```
> x <-seq(0, 12, 1)
> x1 <- dpois(x, 6)
> x2 <- pnorm(x+0.5, 6, sqrt(6)) - pnorm(x-0.5, 6, sqrt(6))
> y <- cbind(round(x1, 3), round(x2, 3))
> y
       [,1]  [,2]
 [1,] 0.002 0.008
 [2,] 0.015 0.021
 [3,] 0.045 0.043
 [4,] 0.089 0.077
 [5,] 0.134 0.116
 [6,] 0.161 0.149
 [7,] 0.161 0.162
 [8,] 0.138 0.149
 [9,] 0.103 0.116
[10,] 0.069 0.077
[11,] 0.041 0.043
[12,] 0.023 0.021
[13,] 0.011 0.008
```

다음으로 포아송 분포에서 $\lambda = 2, 4, 6, 8, 10, 12$로 변화할 때 정규근사를 살펴보자.

```
> par(mfrow=c(2,3))
> x<-seq(0, 20, 1)
> lambda <- 2
> curve(dnorm(x, lambda, sqrt(lambda)),
+ lambda - 3*sqrt(lambda), lambda + 3*sqrt(lambda),
+ main = "lambda = 2", xlab=" ", ylab=" ")
> lines(x, dpois(x, lambda), type = "h")
> lambda <- 4
> curve(dnorm(x, lambda, sqrt(lambda)),
+ lambda - 3*sqrt(lambda), lambda + 3*sqrt(lambda),
+ main = "lambda = 4", xlab=" ", ylab=" ")
> lines(x, dpois(x, lambda), type = "h")
> lambda <- 6
> curve(dnorm(x, lambda, sqrt(lambda)),
+ lambda - 3*sqrt(lambda), lambda + 3*sqrt(lambda),
+ main = "lambda = 6", xlab=" ", ylab=" ")
> lines(x, dpois(x, lambda), type = "h")
> lambda <- 8
> curve(dnorm(x, lambda, sqrt(lambda)),
+ lambda - 3*sqrt(lambda), lambda + 3*sqrt(lambda),
+ main = "lambda = 8", xlab=" ", ylab=" ")
> lines(x, dpois(x, lambda), type = "h")
> lambda <- 10
> curve(dnorm(x, lambda, sqrt(lambda)),
+ lambda - 3*sqrt(lambda), lambda + 3*sqrt(lambda),
+ main = "lambda = 10", xlab=" ", ylab=" ")
> lines(x, dpois(x, lambda), type = "h")
> lambda <- 12
> curve(dnorm(x, lambda, sqrt(lambda)),
+ lambda - 3*sqrt(lambda), lambda + 3*sqrt(lambda),
+ main = "lambda = 12", xlab=" ", ylab=" ")
> lines(x, dpois(x, lambda), type = "h")
```

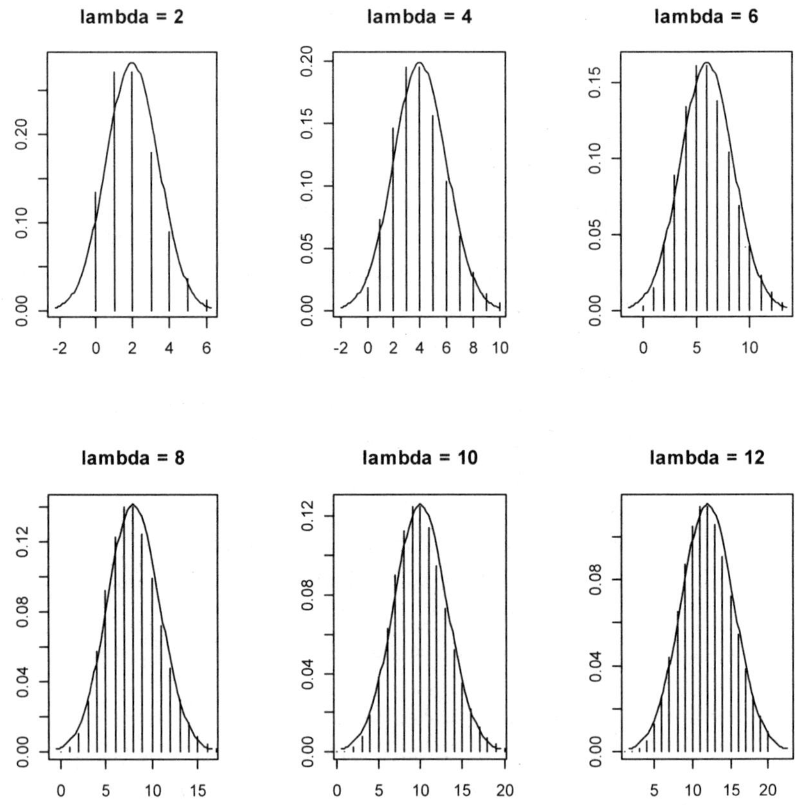

[그림 5.20] 포아송 분포의 정규분포 근사(λ)

그림 5.20으로부터 λ가 커짐으로 정규분포 근사의 정확성이 높아짐을 알 수 있다. 다음은 지수분포, 균등분포, 포아송 분포, 이산분포로부터 표본분포의 히스토그램이다.

```
par(mfrow=c(2,2),mar=c(5,5,4,2),cex=.4)
cholist <- replicate(10000,sqnce1(1000))
hist(cholist,prob=T,xlab ="",main="Population distribution Exp(13)")
cholist <- replicate(10000, sqnce2(1000))
hist(cholist, prob=T,xlab="", main="Population Uniform(1,5)")
cholist <- replicate(10000,sqnce3(1000))
hist(cholist,prob=T,xlab ="",main="Population Poisson(7))")
cholist <- replicate(10000, sqnce2(1000))
hist(cholist, prob=T,xlab="", main="Population X=1,2,3  with prob (.1, .2, .7)")
```

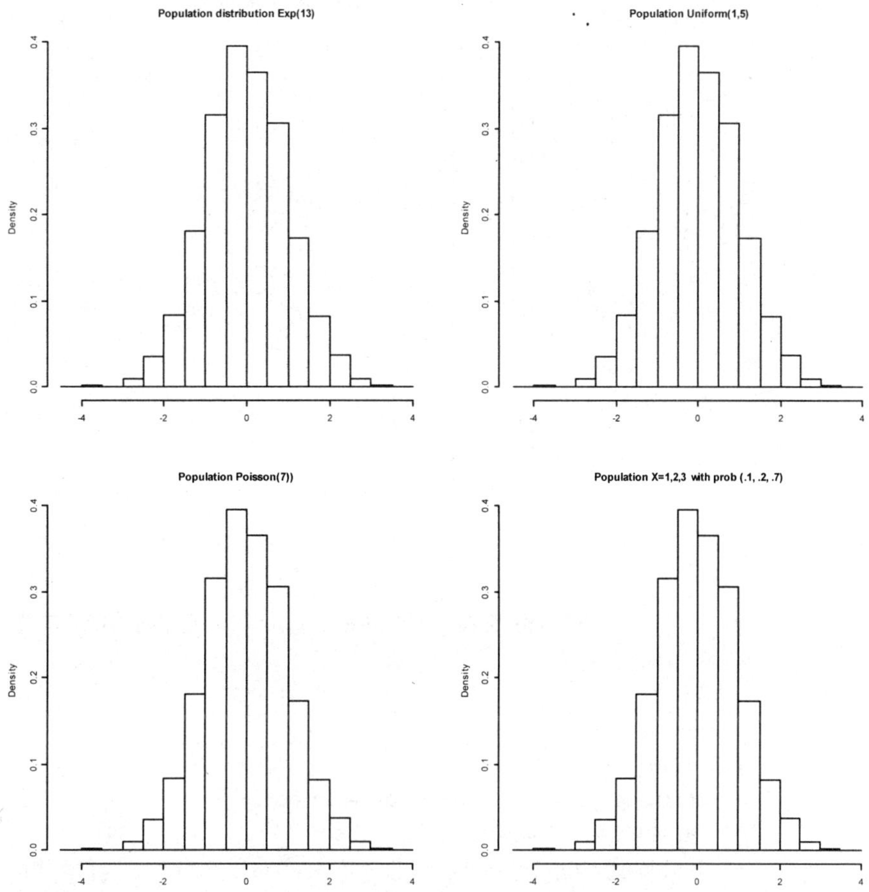

[그림 5.21] 히스토그램

다음은 유한모집단(finite population)에 대한 중심극한정리를 보여 준다.

```
> N <- 400 # population size
> n <- 5 # sample size
> finpop <- rexp(N, 1/10) # Create a finite pop. of size N=400 from
> # Exp(1/10)
> hist(finpop) # distribution of your finite pop.
```

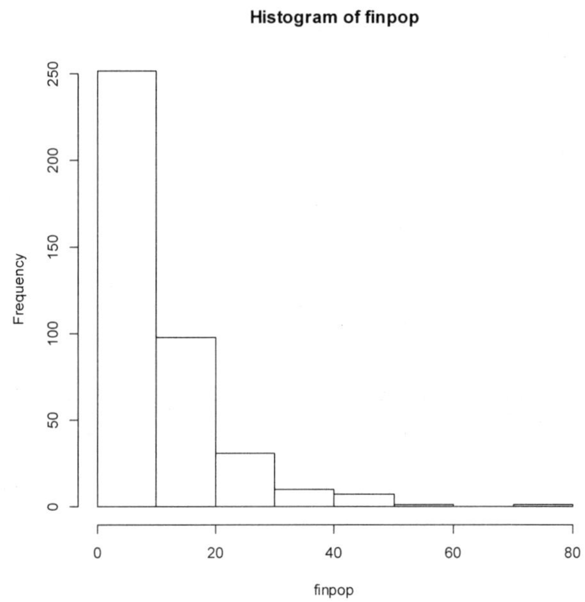

[그림 5.22] 지수분포 $\mathrm{Exp}(1/10)$로부터 히스토그램

```
> mean(finpop) # mean (mu) of your pop.
[1] 9.807213
> sd(finpop) # stdev (sigma) of your pop.
[1] 9.84904
> sd(finpop)/sqrt(n) # theoretical standard error of sampling
[1] 4.404625
> # dist. of mean(x), with replacement
> sd(finpop)/sqrt(n) * sqrt((N-n)/(N-1)) # without replacement
[1] 4.382491
> my.means <- numeric(1000)
> for (i in 1:1000)
+ {
+ x <- sample(finpop, n) # Random sample of size n (w/o replacement)
+ my.means[i] <- mean(x) # Find mean of sample, store in my.means
+ }
> hist(my.means)
> qqnorm(my.means)
> qqline(my.means)
> mean(my.means)
[1] 9.891652
> sd(my.means) # estimated standard error of sampling distribution
[1] 4.402092
```

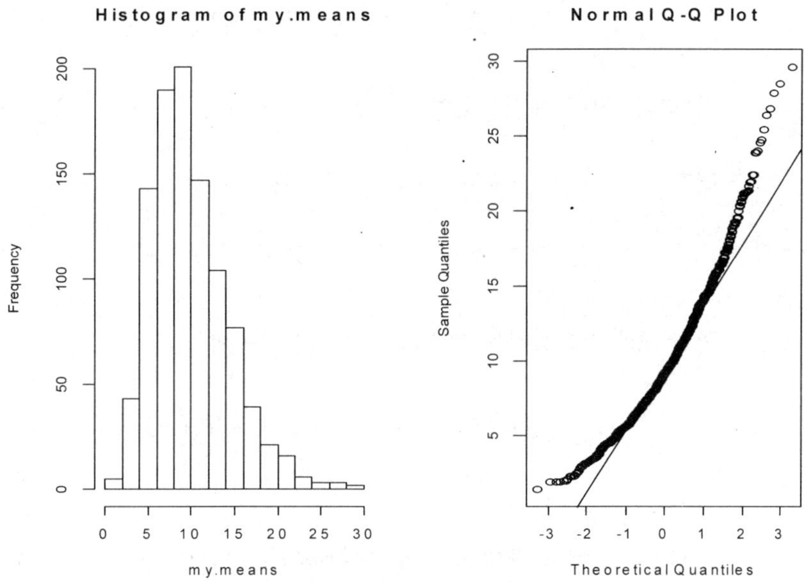

[그림 5.23] 지수분포에 대한 표본분포 $\overline{X}$

5.6 경험분포함수

어떤 특정한 연속모형의 적합성을 조사하기 위해 이산분포에 관한 결과들을 사용할 수 있다. 예를 들어 $X_1, X_2, \cdots, X_n$ 을 밀도함수 $f(x)$와 분포함수 $F(x)$를 가지는 모집단으로부터 추출된 확률표본이라고 하자. 그리고 각 실수값 x 에 대해 확률표본 중에서 x 보다 작거나 같은 확률변수 X_i 의 개수를 W 로 표기하자. 그러면 사건 $\{X_i \le x\}$ 의 발생을 '성공'으로 간주할 때, $X_1, X_2, \cdots, X_n$ 은 서로 독립이기 때문에 W 는 성공할 확률이 $p = P\{X \le x\}$ 인 n 회의 독립 베르누이 시행에서 성공횟수가 된다. 즉 $W \sim B(n, p)$, $p = F(x)$이다. 상대도수 W/n 을 $F_n(x)$로 표기하며 **경험분포함수**(empirical distribution function)라고 한다. 즉

$$F_n(x) = \frac{1}{n} \#\{X_i : X_i \le x, \; i = 1, 2, \cdots, n\}$$

이다. 여기서 $\#\{\ \}$는 집합$\{\ \}$의 원소의 개수를 나타낸다. 집합 $A_x = \{w : w \le x\}$ 의 **지시함수**(indicator function)를 $I_x(w)$로 두면 $I_x(X_i)$는 이항분포 $B(1, F(x))$를 따르기 때문에 평균과 분산은

$$E\{I_x(X_i)\} = F(x), \quad V\{I_x(X_i)\} = F(x)(1 - F(x))$$

이 된다. 한편 경험분포함수는 $I_x(X_i)$의 합 $F_n(x) = \frac{1}{n}\sum_{i=1}^{n} I_x(X_i)$로 표현되므로 경험분포함수의 평균과 분산은 각각 다음과 같이 계산된다.

$$E\{F_n(x)\} = F(x), \quad V\{F_n(x)\} = \frac{1}{n}F(x)(1 - F(x))$$

또한 중심극한정리에 의해 $n \to \infty$ 인 경우에

$$\sqrt{n}\,(F_n(x) - F(x)) \;\xrightarrow{d}\; N(0, F(x)(1 - F(x)))$$

가 성립한다.

무작위하게 추출된 n개의 확률변수의 집합을 생각할 때 그들은 **표본**(sample)이고 알파벳 대문자로 나타낸다. 그러나 일반적으로 관측값과 표본은 거의 구별 없이 사용되므로 주의할 필요가 있다. 표본의 수가 크면 자료로부터 자료가 가진 특성을 파악하기 어렵기 때문에 **통계처리**(statistical treament)라고 하는 자료의 축약을 행할 필요가 있다. 자료를 정리해서 얻어지는 특성값을 **통계량**(statistic)이라고 한다. 통계량은 어떤 모수에 의존하지 않는 표본의 함수이며 확률변수가 된다. 통계량의 분포는 때때로 모집단 분포와 구분하여 표본분포로 소개된다. 이 절에서 설명되는 통계량은 경험분포함수, 표본적률(특히 표본평균, 표본분산), 순서통계량 등이다.

밀도함수 $f(x)$와 분포함수 $F(x)$를 가지는 모집단으로부터 추출된 확률표본 $X_1, X_2, \cdots, X_n$의 자료를 $x_1, x_2, \cdots, x_n$으로 표기하자. 그리고 이것을 크기순으로 나열하여 $z_1 < z_2 < \cdots < z_n$과 같이 되었다고 하자. 이때 자료에 근거한 경험분포함수는 다음과 같다.

$$F_n(x) = \begin{cases} 0, & x < z_1 \\ \dfrac{i}{n}, & z_i \le x < z_{i+1} \\ 1, & z_n \le x \end{cases}$$

예제 5.11

파레토 분포 $P_A(1, 2)$에서 크기 $n = 10$인 모의실험 표본자료를 다음과 같이 얻었다. 이 분포의 분포함수는 $F(x) = 1 - (1 + x)^{-2}$, $x > 0$이다.

x_i : 0.85, 1.08, 0.35, 3.28, 1.24, 2.58, 0.02, 0.13, 0.22, 0.52
z_i : 0.02, 0.13, 0.22, 0.35, 0.52, 0.85, 1.08, 1.24, 2.58, 3.28

분포함수 $F(x)$와 경험분포함수 $F_{10}(x)$를 그림 5.21에 도시하였다. 일반적으로

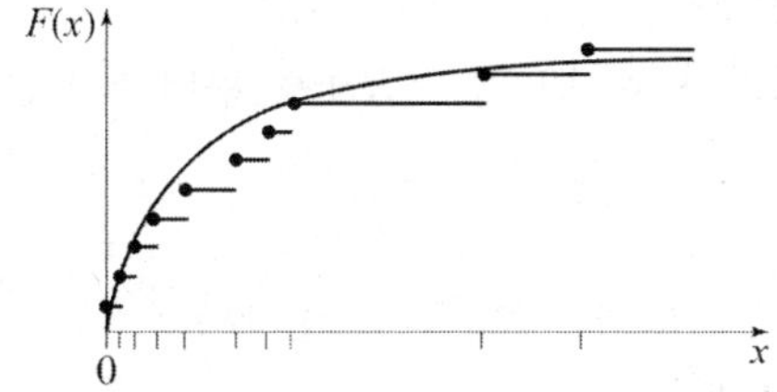

[그림 5.24] 분포함수와 경험분포함수의 비교

경험분포함수 $F_n(x)$의 그래프는 계단함수이지만 대응되는 분포함수 $F(x)$와 매우 유사한 형태를 가지므로 $F_n(x)$는 분포함수 $F(x)$의 모양에 대한 연구를 위해 많이 이용된다. 이 예제에서 표본크기 $n=10$이 작을지도 모른다. 그러나 그림 5.21의 두 그래프는 상당히 좋은 일치를 이룬다.

경험분포함수의 그래프인 그림 5.21을 통해서도 자료의 형태를 알 수 있지만 좀 더 명확하게 알기 위해 경험분포의 적률을 생각해 볼 필요가 있다. 예를 들어 모평균 μ의 추정하는 문제를 생각해 보자. 표본자료로부터 계산되는 경험분포의 평균이 μ의 자연스런 추정값이 될 수 있다. 경험분포함수에 대응되는 분포는 확률함수 $f_n(x)$를 갖는 이산분포이다. 여기서 $f_n(x)$는 자료 $x = x_1, x_2, \cdots, x_n$의 각 값에 $1/n$을 할당하는 확률함수이다. n개의 표본값 $x_1, x_2, \cdots, x_n$의 k차 적률은 경험분포의 k차 적률로 나타낼 수 있다. 즉

$$\sum_{i=1}^{n} x_i f_n(x_i) = x_1^k(1/n) + x_2^k(1/n) + \cdots + x_n^k(1/n) = \frac{1}{n}\sum_{i=1}^{n} x_i^k$$

이다. 이 경우에 2차까지의 표본적률은

$$\bar{x}_n = \frac{1}{n}(x_1 + x_2 + \cdots + x_n), \quad s^2 = \frac{1}{n}\sum_{i=1}^{n}(x_i - \bar{x}_n)^2$$

으로 되며, 각각을 표본평균, 표본분산이라고 한다. 그리고 표본표준편차는

$$s = \sqrt{\frac{1}{n}\sum_{i=1}^{n}(x_i - \bar{x}_n)^2}$$

이다. 표본분산에 대해서도 2.4절에서 설명한 분산공식

$$s^2 = \frac{1}{n}\sum_{i=1}^{n}(x_i - \overline{x}_n)^2 = \frac{1}{n}\sum_{i=1}^{n}x_i^2 - (\overline{x}_n)^2$$

가 성립한다.

다음은 자료 3, 6, 15, 15, 17, 19로부터와 표준정규분포 $N(0,1)$로부터 경험분포함수를 보여 준다.

```
> x <- c(3, 6, 15, 15, 17, 19, 24)
> plot.ecdf(x)
> x <- rnorm(25)             # random sample of size 25 from N(0,1)
> plot.ecdf(x, xlim = c(-4, 4))             # adjust x range
> x <- rnorm(25)             # random sample of size 25 from N(0,1)
> plot.ecdf(x, xlim = c(-4, 4))             # adjust x range
> curve(pnorm(x), col = "blue", add = TRUE) # impose normal cdf
```

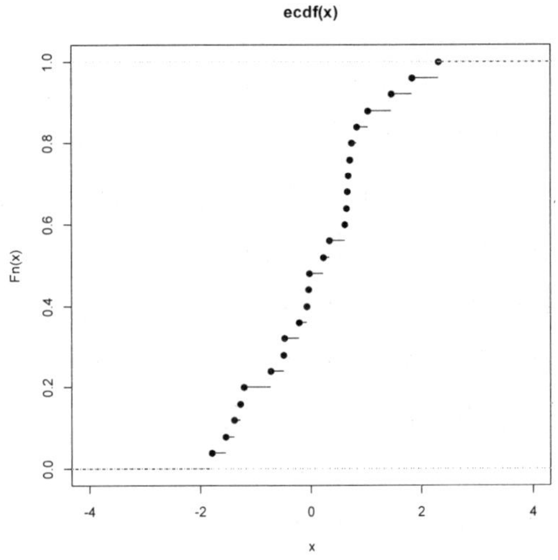

[그림 5.25] 자료 3, 6, 15, 15, 17, 19로부터 경험분포함수

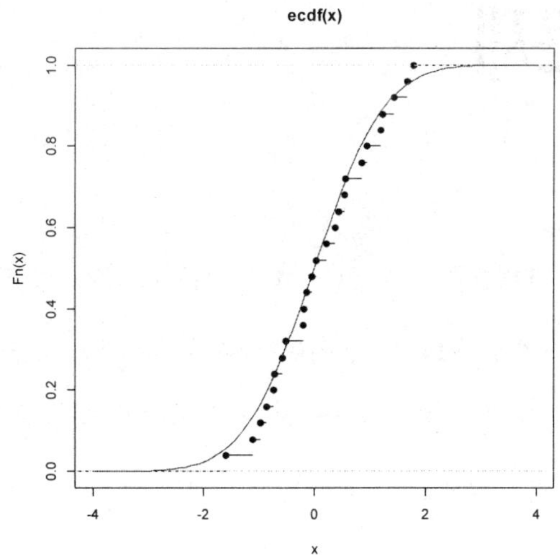

[그림 5.26] $N(0,1)$로부터 경험누적분포함수

패키지 stats를 이용한 경험분포는 다음과 같다.

```
library(stats)
x <- rnorm(20)
plot(ecdf(x))
```

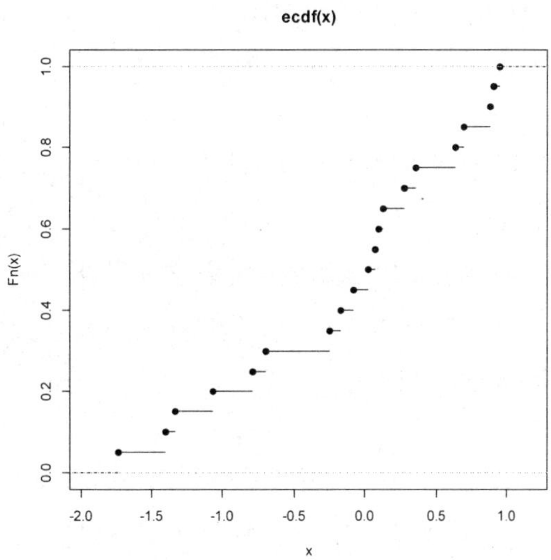

[그림 5.27] $N(0,1)$로부터 경험누적분포함수

연습문제

01 n 개의 분포함수 $F_i(x)\ (i=1, \cdots, n)$ 는 각각 평균 μ_i 와 분산 σ_i^2 을 가진다고 한다. 그러면 n 개의 음이 아닌 상수 $c_i\ (i=1, \cdots, n)$ 가 $\sum_{i=1}^{n} c_i = 1$ 을 만족할 때 일차결합 $F(x) = \sum_{i=1}^{n} c_i F_i(x)$ 도 분포함수가 됨을 증명하라. 그리고 이 분포의 평균과 분산을 구하라.

02 아래 그림과 같이 어떤 시스템이 3개의 구성요소로 구성되어 있다. 이 시스템의 첫 번째 구성요소가 작동을 하고 구성요소 2 또는 구성요소 3 중에서 하나가 작동을 하면 시스템은 작동을 계속한다. 구성요소 1, 2, 또는 3의 수명을 각각 X_1, X_2, X_3 로 표기하자. 그리고 X_i 는 서로 독립이고 지수분포 $E_X(\lambda)$를 따른다고 가정한다.

(1) 시스템의 수명을 Y 로 표기할 때 Y 의 분포함수와 밀도함수를 구하라.
[**Hint**: $F(y) = P\{Y \le y\}$; $\{X_1 \le y\}, \{X_2 \le y\}, \{X_3 \le y\}$ 의 합집합과 곱집합을 사용하여 $\{Y \le y\}$ 를 표현하라.]

(2) 시스템의 기대수명을 계산하라.

03 확률변수 $X_1,\ X_2,\ \cdots,\ X_n$ 은 서로 독립이고 균등분포 $U(0, 1)$ 을 따른다고 한다. 이 확률변수들의 최솟값과 최댓값을 각각 $X_{n:1}$ 과 $X_{n:n}$ 으로 놓는 경우에 다음 물음에 답하라.

(1) $X_{n:1}$ 과 $X_{n:n}$ 의 결합밀도함수를 구하라.

(2) $X_{n:1}$ 과 $X_{n:n}$ 의 평균과 분산을 구하라.

(3) 상관계수를 구하라.

04 확률변수 $X_1, X_2, \cdots$ 은 서로 독립이고 지수분포 $E_X(\mu)$를 따르며 확률변수 N 은 확률변수 X_i 와 독립이고 포아송 분포 $P(\lambda)$를 따른다고 한다. 이 경우에 확률변수 $X_1,\ X_2, \cdots$ 의 N 개의 **랜덤합**(random sum) $Y = X_1 + X_2 + \cdots + X_N$ 의 적률생성함수를 구하라. 그리고 Y 의 평균과 분산을 구하라.

05 어떤 선거에서 A 후보와 B 후보가 출마하였다. 유권자의 55%가 A 후보를 지지하는 경우에 다음의 물음에 답하라.

(1) 100명의 무작위 표본에서 그 중의 반 이상이 A 후보를 지지할 확률을 구하라.

(2) n 명의 무작위 표본에서 그 중의 반 이상이 A 후보를 지지할 확률이 95% 이상이 되도록 하기 위해서 필요한 최소의 n 을 구하라.

06 시간 t 에 의존하는 확률변수들의 집합 $\{W(t), 0 \le t \le 1\}$가 다음의 조건을 만족하는 경우에 $\{W(t), 0 \le t \le 1\}$를 **Wiener 과정**(Wiener process)이라고 한다.

(W1) $W(0) = 0$

(W2) $s \le t$에 대해 $W(t) - W(s)$는 정규분포 $N(0, t-s)$를 따른다.

(W3) 임의의 $t_1, t_2, \cdots, t_n (0 \le t_1 \le t_2 \le \cdots \le t_n \le 1)$에 대해 $W(t_2) - W(t_1),\ W(t_3) - W(t_2), \cdots, W(t_n) - W(t_{n-1})$은 서로 독립이다 (독립증분성).

이 경우에 다음 물음에 답하라.

(1) $W(s)$와 $W(t)$의 공분산을 구하라.

(2) $B(t) = W(t) - t\,W(1)$을 **브라운 다리**(Brownian bridge)라고 한다. 그러면 $B(s)$와 $B(t)$의 공분산을 구하라.

07 Z_1, Z_2는 독립이고 정규분포 $N(0, \sigma^2)$을 따르는 확률변수이다. 그리고 λ는 실수이다. 확률변수 $X(t)$가

$$X(t) = Z_1 \cos \lambda t + Z_2 \sin \lambda t, \quad -\infty < t < \infty$$

로 주어질 때 $X(t+s)$와 $X(t)$의 공분산을 구하고 그 공분산이 t에 의존하지 않음을 보여라.

08 X_1이 정규분포 $N(0, 1)$을 따른다고 가정하고 X_2를

$$X_2 = \begin{cases} -X_1, & -1 \leqq X_1 \leqq 1 \\ X_1, & \text{그 외의 경우} \end{cases}$$

로 둘 때 다음 물음에 답하라.

(1) X_2가 정규분포 $N(0, 1)$을 따른다.

(2) X_1과 X_2의 결합분포는 이변량 정규분포가 아니다.

[**Hint**: (1) $P\{X_2 \le x_2\} = P\{X_1 \le -1\} + P\{-1 < X_1 \le x_2\} = P\{X_1 \le x_2\}$가 성립함을 보여라. (2) 확률 $P\{X_1 - X_2 = 0\} = P\{|X_1| > 1\} = 0.3174$을 생각하라.]

09 $g_i(x)(i = 1, \cdots, n)$는 음이 아닌 값을 가지며 증가함수라고 한다. 그러면 확률변수 X에 대해 부등식

$$E\left\{\prod_{i=1}^{n} g_i(X)\right\} \ge \prod_{i=1}^{n} E\{g_i(X)\}$$

가 성립하는 것을 증명하라.

[**Hint**: $n = 2$인 경우에 확률변수 X와 Y가 독립이고 동일한 분포를 따르면 부등식

$$E[\{g_1(X) - g_1(Y)\}\{g_2(X) - g_2(Y)\}] \ge 0$$

이 성립한다. 그리고 귀납법을 사용한다.]

10 어떤 사건의 발생을 관측할 때 관측을 시작한 시점에서 첫 번째 사건이 발생하기까지의 시간 간격이 T_1이고 첫 번째 사건이 발생해서 두 번째 사건이 발생하기까지의 시간 간격이 T_2이며 같은 방법으로 $r-1$번째 사건이 발생해서 r번째 사건이 발생하기까지의 시간 간격이 T_r이라고 한다. 그러면 시간 간격 $T_1, T_2, \cdots, T_n, \cdots$이 서로 독립이고 평균이 λ^{-1}인 지수분포 $E_X(\lambda)$를 따를 때 관측을 시작한 시점에서 t시간까지 n개의 사건이 발생할 확률을 구하라. 그리고 이 경우에 평균발생 개수를 구하라.

11 임의의 한 개체가 낳는 자식의 수를 확률변수 Y로 두면 $Y-1$의 분포는 기하분포 $G_E(\theta^{-1})\ (\theta > 1)$라고 한다. 처음에는 한 개체로부터 시작한다고 가정하고 이 개체를 0세대라고 부르자. 그러면 0세대의 개체수 X_0는 1, 즉 $X_0 = 1$이다. 그리고 이 개체가 낳는 자식의 수를 Y_{11}으로 표기할 때 1세대의 개체수 X_1은 Y_{11}, 즉 $X_1 = Y_{11}$이 된다. 1세대의 X_1명의 개체가 각각 $Y_{21}, Y_{22}, \cdots, Y_{2X_1}$명의 자식을

낳을 때 자식의 총수를 2세대의 개체수를 X_2 라고 하면 $X_2 = Y_{21} + Y_{22} + \cdots + Y_{2X_1}$ 이다. 같은 방법으로 $n-1$ 세대의 X_{n-1} 명의 개체가 각각 $Y_{n1}, Y_{n2}, \cdots, Y_{nX_{n-1}}$ 명의 자식을 낳을 때 n 세대의 개체수를 X_n 이라고 하면 $X_n = Y_{n1} + Y_{n2} + \cdots + Y_{nX_{n-1}}$ 이 된다. 그러면 앞에서 설명한 바와 같이 $i-1$ 세대의 j 번째의 개체의 자식의 수 Y_{ij} 는 각각 독립이고 $Y_{ij}-1$ 은 기하분포 $G_E(\theta^{-1})$ 를 따른다. 이와 같은 방법으로 0세대에서 n 세대까지의 개체수 X_0, X_1, X_2, $\cdots$, X_n 을 얻는다. 이 경우에 제 n 세대의 개체수 X_n 의 평균과 분산을 구하라.

12 확률변수의 수열 $\{X_n\}$ 과 상수 a 가 존재하고 임의의 $\epsilon > 0$ 에 대해

$$\lim_{n\to\infty} P(|X_n - a| > \epsilon) = 0$$

이 성립할 때 함수 $f(x)$ 가 $x = a$ 에서 연속이면 임의의 $\epsilon' > 0$ 에 대해

$$\lim_{n\to\infty} P(|f(X_n) - f(a)| > \epsilon') = 0$$

이 성립함을 증명하라.

13 $X = (n_1, n_2, \cdots, n_k)$ 가 k 항 분포 $M_N(n;\ p_1, p_2, \cdots, p_k)$ 를 따르는 경우에 다음의 카이제곱통계량

$$\chi^2 = \sum_{i=1}^{k} \frac{(n_i - np_i)^2}{np_i}$$

의 평균을 구하라.

14 $f(x)$는 폐구간 [0, 1]상에서 정의된 연속함수라고 한다. $x \in [0, 1]$에 대해 이항분포 $B(n, x)$를 따르는 확률변수를 X_n이라고 한다. 그리고 다음 x의 n차 다항식

$$f_n(x) = E\left\{f\left(\frac{X_n}{n}\right)\right\} = \sum_{k=0}^{n} f\left(\frac{k}{n}\right)\binom{n}{k} x^k (1-x)^{n-k}$$

을 **번스타인 다항식**(Bernstein's polynomial)이라고 한다. $n \to \infty$일 때, $[0, 1]$상에서 $f_n(x)$가 $f(x)$에 **균등수렴**(uniform converge)함을 증명하라.

[**Hint**: 체비셰프 부등식을 이용하라.]

15 균등분포 $U(0, 1)$에서 추출된 확률표본 $X_1, X_2, \cdots, X_n$의 k번째 순서통계량 $X_{n:k}$의 분포를 구하라.

16 분포함수 $F(x)$가 다음의 조건을 만족한다고 한다. 즉 적당한 $a > 0$와 임의의 $x > 0$에 대해

$$t\{1 - F(tx)\} \to x^{-a} \quad (t \to \infty \text{ 인 경우})$$

가 성립한다고 한다. 그러면 분포함수 $F(x)$를 가지는 분포로부터 추출된 n개의 서로 독립인 확률변수 $X_1, X_2, \cdots, X_n$의 최댓값을 Y_n으로 놓고 Y_n / n의 분포함수를 $G_n(y)$로 두면, $n \to \infty$일 때 $G_n(y)$의 극한을 구하라.

제 6 장

확률변수의 함수의 분포

6.1 확률변수의 변수변환과 분포

이 절에서는 확률변수 X가 연속형 또는 이산형일 때 X의 함수인 $Y = u(X)$의 분포, 또는 확률변수 X와 Y의 함수인 $Z = g(X, Y)$의 분포를 구하는 일반적인 방법을 설명한다. 확률변수 X의 함수는 확률변수이며 그 분포는 X의 분포에 의해 결정된다.

6.1.1 분포함수법

연속형 확률변수 X의 분포함수를 이용하여 X의 함수인 $Y=u(X)$의 밀도함수를 구하는 방법이다. 표현의 편리함을 위해서 확률변수 X와 Y의 밀도함수와 분포함수를 각각 $f_X(x), f_Y(y), F_X(x), F_Y(y)$로 표기한다. 분포함수법의 기본이론은 Y의 분포함수를 X의 분포함수로 표현하는 것이다. 특히 실수 y에 대해 $A_y = \{x : u(x) \le y\}$라고 하면 $\{Y \le y\}$와 $\{X \in A_y\}$는 같은 사건이므로

$$F_Y(y) = P\{u(X) \le y\}$$

이다.

예를 들어 $\{u(X) \le y\}$가 사건 $\{x_1 \le X \le x_2\}$이면 Y의 분포함수는

$$F_Y(y) = \int_{x_1}^{x_2} f_X(x)\,dx = F_X(x_2) - F_X(x_1)$$

이 된다. 그리고 밀도함수는

$$f_Y(y) = \frac{dF_Y(y)}{dy}$$

가 된다.

예제 6.1

확률변수 X가 표준정규분포 $N(0, 1)$을 따를 때 분포함수법을 사용하여 $Y = X^2$은 감마분포 $G_A(1/2, 2)$를 따르는 것을 보이자. Y의 분포함수는

$$F_Y(y) = P\{Y \le y\} = P\{X^2 \le y\} = P\{-\sqrt{y} \le X \le \sqrt{y}\}$$

이다. 한편 표준정규분포는 원점에 대해 대칭이므로 Y의 분포함수는 다음과 같이

구해진다.

$$F_Y(y) = 2P\{0 \le X \le \sqrt{y}\} = 2\int_0^{\sqrt{y}} (2\pi)^{-1/2} \exp\left(-\frac{x^2}{2}\right) dx$$

따라서 Y의 밀도함수는

$$f_Y(y) = \frac{d}{dy} F_Y(y) = \frac{1}{\Gamma\left(\frac{1}{2}\right) 2^{\frac{1}{2}}} y^{-\frac{1}{2}} \exp\left(-\frac{y}{2}\right)$$

이다. 이것은 감마분포 $G_A(1/2, 2)$의 밀도함수이다. 여기서 $\Gamma(1/2) = \sqrt{\pi}$ 이다.

예제 6.2

어떤 신호가 양면 회전 안테나로 보내지는데, 안테나가 신호를 받는 시각에 안테나의 각도는 구간 $(0, 2\pi)$상에서 균등분포, 즉 $X \sim U(0, 2\pi)$라고 가정한다. 그리고 $Y = \tan X > y_0$일 때 안테나가 신호를 받는다고 한다. 예를 들면 $y \ge 1$은 $45° \le X \le 90°$와 $225° \le X \le 270°$에 대응된다. $y > 0$일 때 Y의 분포함수는

$$\begin{aligned} F_Y(y) &= P\{\tan X \le y\} \\ &= P\{0 < X \le \tan^{-1} y\} + P\{\pi < X \le \pi + \tan^{-1} y\} \\ &= \frac{1}{2\pi}[\tan^{-1} y + \pi + \tan^{-1} y - \pi] \\ &= \frac{1}{\pi} \tan^{-1} y \end{aligned}$$

가 된다. 한편 대칭성에 의해 $P\{Y > y\} = P\{Y < -y\}$이므로, $y < 0$일 때 Y의 분포함수는 다음과 같이 된다.

$$\begin{aligned} F_Y(y) &= 1 - P\{Y > y\} = 1 - P\{Y < -y\} \\ &= 1 - \left[\frac{1}{\pi} \tan^{-1}(-y)\right] \\ &= \frac{1}{\pi} \tan^{-1} y \end{aligned}$$

따라서 Y의 밀도함수는

$$f_Y(y) = \frac{dF_Y(y)}{dy} = \frac{1}{\pi} \frac{1}{1+y^2}, \quad -\infty < y < \infty$$

가 되는데, 이것은 코쉬분포 $C(0, 1)$의 밀도함수이다.

코시분포는 평균이 존재하지 않는다(2장 참조). 즉

1. $E(Y) = \int_{-\infty}^{\infty} y \frac{1}{\pi(1+y^2)} dx$
2. $E(Y) = E(\tan X) = \int_{-\pi/2}^{\pi/2} \frac{\tan x}{\pi} dx$

적분이 수렴하지 않는다. 이것을 R을 이용하여 확인하자.

```
> noexp <- function() {mean(tan(runif(100000, -pi/2, pi/2)))}
>
> noexp()
[1] 0.8971467
> noexp()
[1] 0.2923148
> noexp()
[1] -1.146415
> noexp()
[1] 0.4856165
> noexp()
[1] -0.05425835
> noexp()
[1] 0.6679041
> noexp()
[1] -1.160502
> noexp()
[1] 0.1388133
> noexp()
[1] 9.914391
> noexp()
[1] -1.111122
> noexp()
[1] -41.42781
> noexp()
[1] -0.2303799
> noexp()
[1] 0.5970325
```

평균값이 변하는 것으로 존재하지 않는다. 따라서 다음은 꼬리가 두꺼운(heavy-tailed) 코시분포는 유한한 분산(finite variance)을 갖지 않으므로 대수의 법칙이 성립하지 않는 것을 보여 준다.

```
> m = 10000                # total number of tosses
> n = 1:m                  # vector: n = 1, 2, ..., m; Toss number
>
> h = rt(m, 1)  # vector: H = 0 or 1 each with prob. 1/2
> y = cumsum(h)/n          # vector: Proportion of heads
> plot (n, y, type="l", )    # Plot trace
>
> Show = cbind(n,h,y)      # matrix: 3 vectors as cols.: n, h, y
> Show[1:10, ]             # print first 10 rows of Show
       n          h         y
 [1,]  1  5.8600461 5.8600461
 [2,]  2  0.1532761 3.0066611
 [3,]  3  0.5615220 2.1916147
 [4,]  4 -1.8402110 1.1836583
 [5,]  5  1.0204861 1.1510239
 [6,]  6  1.0546832 1.1349671
 [7,]  7 -1.2683466 0.7916366
 [8,]  8  0.1467092 0.7110206
 [9,]  9 -0.4725724 0.5795103
[10,] 10 -0.3673147 0.4848278
> Show[(m-4):m, ]          # print last 5 rows of Show
         n          h        y
[1,]  9996 -1.5045938 1.047955
[2,]  9997 -0.2851451 1.047822
[3,]  9998  0.5738150 1.047774
[4,]  9999  0.3809060 1.047707
[5,] 10000 -0.2608181 1.047577
```

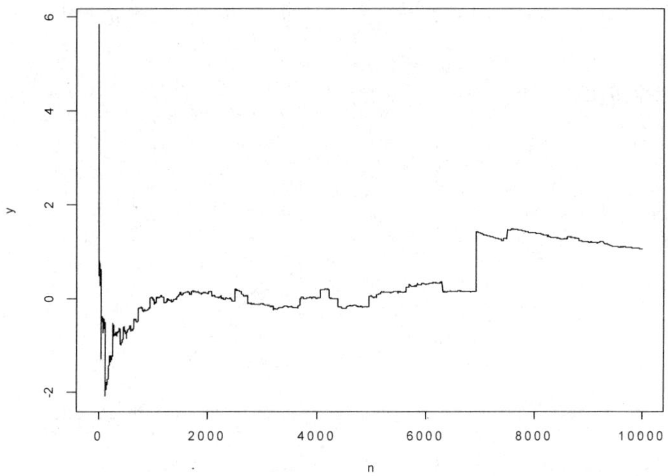

[그림 6.1] 코시분포의 표본평균은 수렴하지 않음

평균이 수렴하지 않는 것을 볼 수 있다. 즉 대수 법칙이 성립하지 않는다.

예제 6.3

$\boldsymbol{X} = (X_1, X_2, \cdots, X_k)$는 결합밀도함수 $f_{\boldsymbol{X}}(\boldsymbol{x})$를 갖는 k차의 연속형 확률변수라고 하자. $Y = u(\boldsymbol{X})$는 $\boldsymbol{X}$의 함수이고 $A_y = \{\boldsymbol{x}: u(\boldsymbol{x}) \le y\}$라고 할 때

$$F_Y(y) = P\{u(\boldsymbol{X}) \le y\} = \int \cdots \int_{A_y} f_{\boldsymbol{X}}(\boldsymbol{x})\, dx_1 \cdots dx_k$$

가 성립한다.

예제 6.4

두 개의 독립인 확률변수의 합 $Y = X_1 + X_2, X_i \sim E_X(1)$에 대해 생각한다. A_y는 다음과 같이

$$A_y = \{(x_1, x_2):\ 0 \le x_1 \le y - x_2, 0 \le x_2 \le y\}$$

로 주어진다. 따라서 Y의 분포함수와 밀도함수는 각각

$$\begin{aligned} F_Y(y) &= \int_0^y \int_0^{y-x_2} e^{-(x_1+x_2)}\, dx_1\, dx_2 \\ &= 1 - e^{-y} - ye^{-y} \\ f_Y(y) &= \frac{d}{dy} F_Y(y) = ye^{-y}, \quad y > 0 \end{aligned}$$

가 된다.

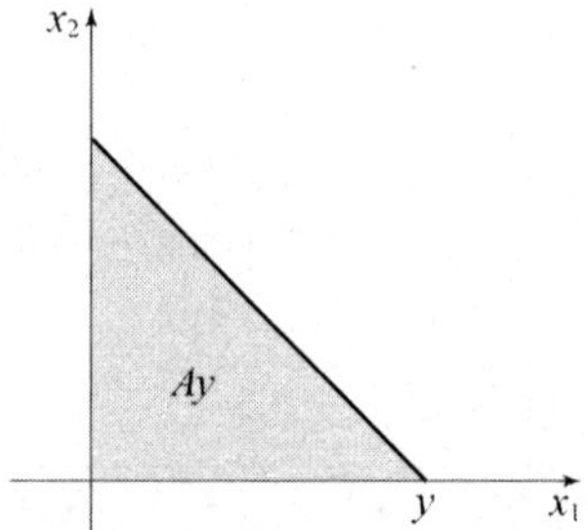

[그림 6.2] $X_1 + X_2 \le y$ **의 영역** A_y

6.1.2 1 대 1 변환인 경우의 변수변환법

$u(x)$를 실변수 x의 실수값 함수라고 하자. $y = u(x)$를 x에 관해서 풀어서 유일한 $x = w(y)$를 얻으면 그 변환은 1 대 1 변환이라고 한다. 여기서는 이산형 또는 연속형 확률변수에 대해 1 대 1 변환인 경우에 함수의 확률함수 또는 밀도함수를 구하는 문제에 관하여 알아본다.

정리 6.1 이산형 확률변수의 경우

X는 확률함수 $f_X(x)$를 갖는 이산형 확률변수이고 $Y = u(X)$는 1 대 1 변환을 이룬다고 하자. 방정식 $y = u(x)$를 x에 관해서 풀어서 유일한 $x = w(y)$를 얻는다고 하면 Y의 확률함수는

$$f_Y(y) = f_X(w(y)), \quad y \in B$$

가 된다. 여기서 $B = \{y : f_Y(y) > 0\}$이다.

(증명)

$$f_Y(y) = P\{Y = y\} = P\{u(X) = y\} = P\{X = w(y)\} = f_X(w(y))$$

예제 6.5

$X \sim G_E(p)$라고 하면 X의 확률함수는

$$f_X(x) = pq^{x-1}, \quad x = 1, 2, 3, \cdots$$

이다. $Y = X - 1$이라고 하면 $u(x) = x - 1$, $w(y) = y + 1$이므로 Y의 확률함수는

$$f_Y(y) = f_X(y+1) = pq^y, \quad y = 0, 1, 2, \cdots$$

가 된다.

정리 6.2 연속형 확률변수의 경우

확률변수 X가 밀도함수 $f_X(x)$를 갖는 연속형 확률변수이고 $Y = u(X)$는 역변환 $x = w(y)$를 갖는 $A = \{x : f_X(x) > 0\}$에서 $B = \{y : f_Y(y) > 0\}$로의 1 대 1 변환이라고 하자. 미분 $dw(y)/dy$가 B에서 연속이고 0이 아니면 Y의 밀도

함수는

$$f_Y(y) = f_X(w(y))\, abs\left[\frac{d\,w(y)}{dy}\right], \qquad y \in B$$

이다. 여기서 $abs\,[x]$는 x의 절대치를 나타내는 함수이다.

(증명) $y = u(x)$는 1 대 1 변환이고 단조증가함수 또는 단조감소함수라고 하자. 먼저 단조증가인 경우를 생각한다.

$$F_Y(y) = P\{u(X) \le y\} = P\{X \le w(y)\} = F_X(w(y))$$
$$f_Y(y) = \frac{d}{dy}F_X(w(y)) = f_X(w(y))\frac{d}{dy}w(y)$$

이다. 이때 $dw(y)/dy > 0$이다. 단조감소인 경우에는

$$F_Y(y) = P\{u(X) \le y\} = P\{X \ge w(y)\} = 1 - F_X(w(y))$$
$$f_Y(y) = -f_X(w(y))\frac{d}{dy}w(y) = f_X(w(y))\,abs\left[\frac{d}{dy}w(y)\right]$$

이다. 이때 $dw(y)/dy > 0$이다. 여기서 $w(y)$의 미분을 변환의 **쟈코비안**(Jacobian)이라고 하며

$$J = \frac{d}{dy}w(y)$$

로 나타낸다.

예제 6.6

연속형 확률변수 X가 밀도함수로

$$f(x \mid \theta, \kappa) = \frac{\kappa}{\theta}\left(1 + \frac{x}{\theta}\right)^{-(\kappa+1)}, \qquad x > 0$$

를 가질 때 모수 $\theta > 0, \kappa > 0$를 갖는 **파레토 분포**(Pareto distribution)라고 하고

$$X \sim P_A(\theta, \kappa)$$

로 나타낸다. 분포함수는

$$F_X(x) = 1 - \left(1 + \frac{x}{\theta}\right)^{-\kappa}, \qquad x > 0$$

가 된다.

혹은 파레토 분포를 다음과 같은 형태로 표시한다.

$$f(x \mid a, \kappa) = \frac{\kappa}{a}\left(\frac{x}{a}\right)^{-(\kappa+1)}, \quad x > a$$

분포함수는

$$F_X(x) = 1 - \left(\frac{a}{x}\right)^{\kappa}$$

으로 역변환법을 사용하여 역함수는

$$F^{-1}(u) = \frac{m}{(1-u)^{1/a}}$$

이고. 만약 $U \sim U(0,1)$이면 $m/(1-U)^{1/a}$는 파레토 분포를 따른다.

한편 파레토 분포는 scale-invariance 성질

$$f(cx) = g(c)f(x)$$

을 만족한다. 이것을 그림 6.3을 통해 x는 변하지만 파레토 밀도함수는 변화가 없음을 알 수 있다. 그래서 파레토 분포는 소득 모형에 적합하다. 즉 소득분포는 달러를 유로, 엔으로 바꾸는 데 영향을 받지 않는다. 또한 이탈리아의 경제학자 빌프레도 파레토(Vilfredo Pareto: 1848~1923)가 처음 주창한 80 대 20 법칙의 발견은 19세기 영국의 부와 소득의 유형을 연구하다가 발견한 부의 불균형 현상으로 전 인구의 20%가 전체 부의 80%를 차지하고 있다는 사실이다. 이 80 대 20 법칙을 이해하기 위해 시뮬레이션을 하면 다음과 같다.

```
> a <- 1
> k <- log(5)/log(4)
> cholist <- a/runif(100000)^(1/k)
> totalwealth <-sum(cholist)
>  totalwealth80 <- 0.80*totalwealth
>  indx <- which(cumsum(cholist)> totalwealth80)[1]
>  1-indx/100000
[1] 0.20594
```

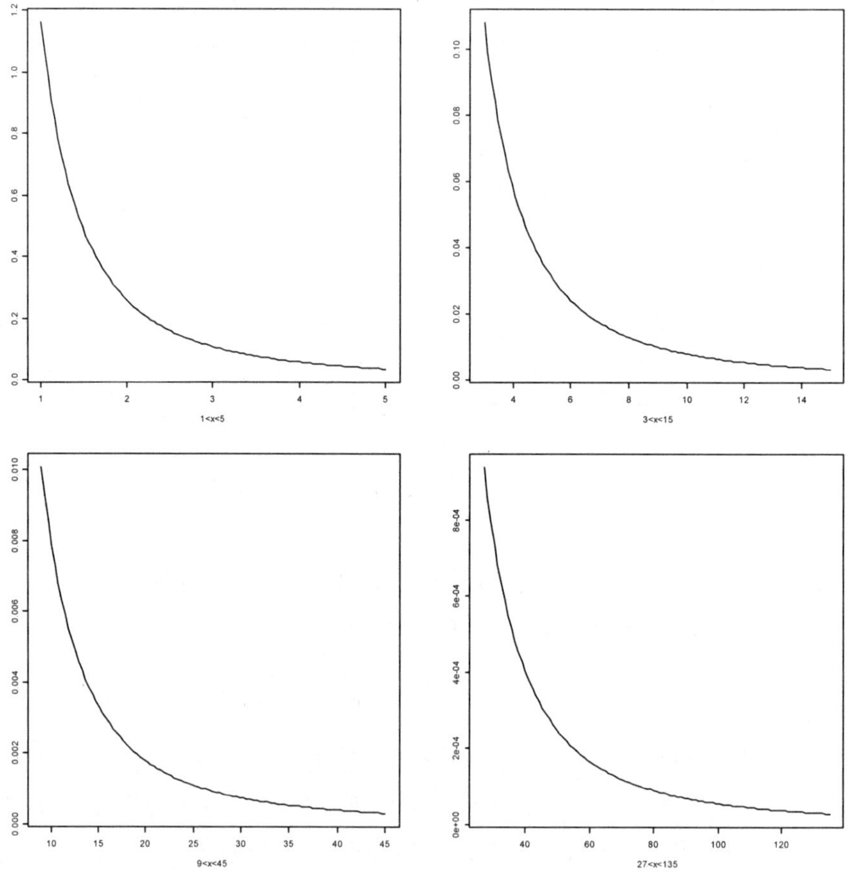

[그림 6.3] 파레토 분포의 scale-invariance 성질

만일 $X \sim P_A(1,1)$이면, $Z = \log X$의 밀도함수와 분포함수는 모든 실수 z에 대해 각각

$$f_Z(z) = \frac{e^z}{(1+e^z)^2}, \quad F_Z(z) = \frac{e^z}{1+e^z}$$

이 된다. 그리고 다시 변환 $y = u(z) = \xi + \theta z$를 행하면 $Y = u(Z)$의 밀도함수는 모든 실수 y에 대하여

$$f_Y(y) = \frac{1}{\theta} \frac{\exp\left(\frac{y-\xi}{\theta}\right)}{\left\{1 + \exp\left(\frac{y-\xi}{\theta}\right)\right\}^2}$$

가 된다. 이러한 분포를 **로지스틱 분포**(logistic distribution)라고 한다.

정리 6.3 **확률 적분 변환**(probability integral transformation)

X가 분포함수 $F(x)$를 갖는 연속형 확률변수이면, $F^{-1}(U)$의 분포는 X의 분포와 같다. 여기서 $U \sim U(0,1)$이다.

(증명) 먼저 $F(x)$가 1 대 1 함수일 경우, 즉 역함수 $F^{-1}(u)$가 존재하는 경우에 대해서 정리를 증명한다.

$$F_U(u) = P\{F(X) \le u\} = P\{X \le F^{-1}(u)\} = F(F^{-1}(u)) = u$$

가 성립한다. 한편 $0 \le F(x) \le 1$이므로 $u \le 0$이면 $F_U(u) = 0$이고 $u \ge 1$이면 $F_U(u) = 1$이다. 이것은 균등분포 $U(0, 1)$의 분포함수이다. 보다 더 일반적인 증명을 위해서 역변환으로 $F^{-1}(u)$를 다음과 같이

$$F^{-1}(u) = \min\{x : F(x) \ge u\}, \quad 0 \le u \le 1$$

로 정의하자. 그러면 U는 균등분포 $U(0, 1)$을 따르고

$$P\{F^{-1}(U) \le x\} = P\{U \le F(x)\} = F(F(x)) = F(x) = P\{X \le x\}$$

이므로 $F^{-1}(U)$의 분포는 X의 분포와 같다.

예제 6.7

X는 다음의 밀도함수

$$f(x) = \frac{1}{2}, \quad 1 < |x-2| < 2$$

를 갖는 연속형 확률변수라고 하자. X의 분포함수는 $1 \le x \le 3$에서 $1/2$의 값을 가지므로 그림 6.4와 같이 1 대 1 함수가 아니다. 이 예제에서 함수 $F^{-1}(U)$는 다음과 같다.

$$F^{-1}(u) = \begin{cases} 2u, & 0 \le u \le 1/2 \\ 2(u+1), & 1/2 < u \le 1 \end{cases}$$

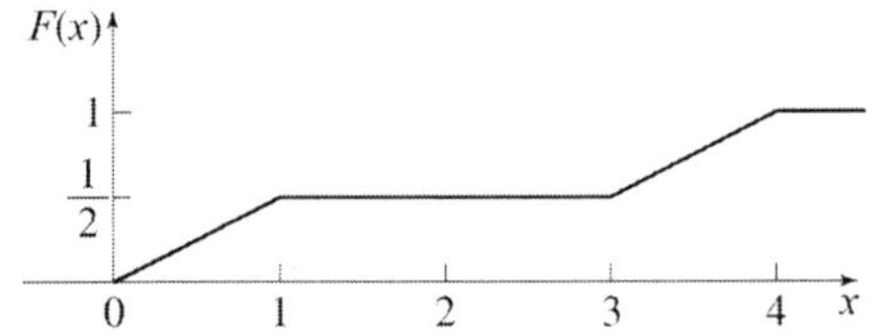

[그림 6.4] 1 대 1이 아닌 연속 분포함수

정리 6.4

$F(x)$는 분포함수이고 $F^{-1}(U)$는 위에서 정의된 함수라고 할 때 만약 U가 균등분포 $U(0,1)$을 따르면 $X = F^{-1}(U) \sim F(x)$이다.

(증명) 연습문제 4번 참조

참고 정리 6.4는 균등분포를 이용하여 표본을 생성시킬 때 아주 유용하다.

예제 6.8

분포함수가 다음과 같이

$$F(x) = \begin{cases} 0, & x \leq 0 \\ 1 - e^{-x}, & x > 0 \end{cases}$$

로 주어진다고 하자. 그러면 역함수는 $F^{-1}(y) = -\log(1-y), 0 < y < 1$이다. 그러므로 만약 $U \sim U(0,1)$이면 $-\log(1-U)$는 분포함수 $1 - e^{-x}, x > 0$를 가지는 확률변수가 된다.

6.1.3 1 대 1 변환이 아닌 경우의 변수변환법

함수 $u(x)$가 $A = \{x : f_X(x) > 0\}$상에서 1 대 1 변환이 아니라고 하자. 비록 방정식 $y = u(x)$를 x에 관해서 풀었을 때 유일한 해가 존재하지 않더라도 $u(x)$가 각 A_j상에서 1 대 1이 되도록 A를 중복이 안 되는 부분집합 $A_1, A_2, \cdots$로 분할할 수 있다. 이때 방정식 $y = u(x)$는 집합 A_j상에서 유일한 해 $x_j = w_j(y)$를 가진다.

이산형 확률변수인 경우에 정리 6.1는

$$f_Y(y) = \sum_j f_X(w_j(y))$$

를 사용하여 1 대 1이 아닌 함수의 경우로 확장될 수 있다.

예제 6.9

확률함수가 다음과 같이

$$f_X(x) = \frac{4}{31}\left(\frac{1}{2}\right)^x, \quad x = -2, -1, 0, 1, 2$$

로 주어지고 $Y = |X|$ 라고 하면 $B = 0, 1, 2$ 이다. 그리고 Y 의 확률은 다음과 같이 구해진다.

$$f_Y(0) = f_X(0) = \frac{4}{31}$$
$$f_Y(1) = f_X(-1) + f_X(1) = \frac{8}{31} + \frac{2}{31} = \frac{10}{31}$$
$$f_Y(2) = f_X(-2) + f_X(2) = \frac{17}{31}$$

위의 결과를 이용하여 이것을 표현하면 다음과 같다.

$$f_Y(y) = \begin{cases} \dfrac{4}{31}, & y = 0 \\ \dfrac{4}{31}\left[\left(\dfrac{1}{2}\right)^{-y} + \left(\dfrac{1}{2}\right)^{y}\right], & y = 1, 2 \end{cases}$$

이산형인 경우와 유사한 방법으로 1 대 1 변환이 아닌 연속형인 경우에도

$$f_Y(y) = \sum_j f_X(w_j(y))\, abs\left[\frac{d\, w_j(y)}{dy}\right]$$

를 이용하여 정리 6.2을 확장할 수 있다.

예제 6.10

$X \sim U(-1, 1)$, $Y = X^2$ 이라고 하자. 그리고 $A = (-1, 1)$을 $A_1 = (-1, 0)$과 $A_2 = (0, 1)$로 분할하면 $y = x^2$은 A_1과 A_2에서 유일한 해 $x_1 = w_1(y) = -\sqrt{y}$ 와 $x_2 = w_2(y) = \sqrt{y}$ 를 갖는다. X는 연속형 확률변수이므로 점 $x = 0$ 를 무시할 수 있다. 그러므로 Y 의 밀도함수는

$$f_Y(y) = f_X(-\sqrt{y})\,abs\left[\frac{-1}{2\sqrt{y}}\right] + f_X(\sqrt{y})\,abs\left[\frac{1}{2\sqrt{y}}\right]$$
$$= \frac{1}{2\sqrt{y}}, \qquad y \in B = (0, 1)$$

이다.

6.2 다차원 확률벡터의 변수변환과 결합분포

앞의 정리들을 일반화해서 다차원 확률벡터의 변수변환을 논하고자 한다.

예제 6.11

하나의 로켓은 두 부분의 구성요소로 되어 있으며 두 구성요소는 독립적으로 작용한다고 하자. 각 구성요소가 발사에 실패할 확률은 p 이다. 구성요소 I 이 한번 발사에 실패할 때까지의 발사횟수를 X, 구성요소 II 가 한 번 발사에 실패할 때까지의 발사횟수를 Y 라고 한다. 그러면 X와 Y는 독립이며 기하분포 $G_E(p)$를 따르므로 이차원 확률벡터 (X, Y) 의 분포는 $q = 1 - p$ 라고 할 때

$$f_{X,Y}(x, y) = f_X(x) f_Y(y)$$
$$= pq^{x-1}pq^{y-1} = p^2 q^{x+y-2},$$
$$x = 1, 2, \cdots ; \; y = 1, 2, \cdots$$

이다. X와 $T = X + Y$ 의 결합확률함수는

$$f_{X,T}(x, t) = P\{X = x, T = t\} = P\{X = x, Y = t - x\}$$
$$= f_{X,Y}(x, t-x) = p^2 q^{t-2}$$

가 된다. 여기서 x 와 $t - x$ 는 결합변환 $x = u_1(x, y)$와 $t = u_2(x, y) = x + y$ 의 해이다.

이것은 k차원 확률벡터 $\boldsymbol{X} = (X_1, X_2, \cdots, X_k)$의 경우로 확장될 수 있다. $u_1(\boldsymbol{x})$, $u_2(\boldsymbol{x}), \cdots, u_k(\boldsymbol{x})$는 $\boldsymbol{x}$ 의 k 개의 함수이며 $Y_i = u_i(\boldsymbol{X}),\ i = 1, \cdots, k$ 는 확률벡터 $\boldsymbol{Y} = (Y_1, Y_2, \cdots, Y_k)$를 정의한다고 하자. 간단히 $\boldsymbol{Y} = \boldsymbol{u}(\boldsymbol{X})$로 표현하자.

예제 6.12

$\boldsymbol{X}$는 결합확률함수 $f_{\boldsymbol{X}}(\boldsymbol{x})$를 갖는 이산형 확률벡터이고 $\boldsymbol{Y}=\boldsymbol{u}(\boldsymbol{X})$는 1 대 1 변환이라고 하면, $\boldsymbol{Y}$의 결합확률함수는

$$f_{\boldsymbol{Y}}(y_1, y_2, \cdots, y_k) = f_{\boldsymbol{X}}(x_1, x_2, \cdots, x_k)$$

이다. 여기서 $x_1, x_2, \cdots, x_k$는 $\boldsymbol{y}=\boldsymbol{u}(\boldsymbol{x})$의 해이므로 $y_1, y_2, \cdots, y_k$에 종속된다. 그리고 만약 변환이 1 대 1이 아니고 방정식 $\boldsymbol{y}=\boldsymbol{u}(\boldsymbol{x})$가 A_j 상에서 유일한 해 $\boldsymbol{x}=\boldsymbol{x}_j$, 즉 $\boldsymbol{x}_j=(x_{1j}, x_{2j}, \cdots, x_{kj})$를 가지는 분할 $A_1, A_2, \cdots$이 존재하면 $\boldsymbol{Y}$의 결합확률함수는

$$f_{\boldsymbol{Y}}(y_1, y_2, \cdots, y_k) = \sum_j f_{\boldsymbol{X}}(x_{1j}, x_{2j}, \cdots, x_{kj})$$

이 된다.

연속형 확률벡터의 결합변환은 6.1절과 비슷한 방법으로 이루어지지만 쟈코비안의 개념은 더 일반화된다. 예를 들어 결합변환 $y_1=u_1(x_1, x_2)$, $y_2=u_2(x_1, x_2)$의 유일한 해가 x_1과 x_2이면 변환의 쟈코비안은 행렬식

$$J=\begin{vmatrix} \dfrac{\partial x_1}{\partial y_1} & \dfrac{\partial x_1}{\partial y_2} \\ \dfrac{\partial x_2}{\partial y_1} & \dfrac{\partial x_2}{\partial y_2} \end{vmatrix}$$

이다.

k개의 변수에 대한 변환 $\boldsymbol{y}=\boldsymbol{u}(\boldsymbol{x})$의 유일한 해가 $\boldsymbol{x}=(x_1, x_2, \cdots, x_k)$이면 쟈코비안은 편미분들의 $k\times k$ 행렬의 행렬식으로 다음과 같다.

$$J=\begin{vmatrix} \dfrac{\partial x_1}{\partial y_1} & \dfrac{\partial x_1}{\partial y_2} & \cdots & \dfrac{\partial x_1}{\partial y_k} \\ \dfrac{\partial x_2}{\partial y_1} & \dfrac{\partial x_2}{\partial y_2} & \cdots & \dfrac{\partial x_2}{\partial y_k} \\ & & \vdots & \\ \dfrac{\partial x_k}{\partial y_1} & \dfrac{\partial x_k}{\partial y_2} & \cdots & \dfrac{\partial x_k}{\partial y_k} \end{vmatrix}$$

정리 6.5

$\boldsymbol{X} = (X_1, X_2, \cdots, X_k)$는 A 상에서 결합밀도함수 $f_{\boldsymbol{X}}(x_1, x_2, \cdots, x_k) > 0$를 가지는 연속형 확률벡터이고 $\boldsymbol{Y} = (Y_1, Y_2, \cdots, Y_k)$는 1 대 1 변환

$$Y_i = u_i(X_1, X_2, \cdots, X_k), \quad i = 1, 2, \cdots, k$$

를 정의한다고 하자. 만약 쟈코비안이 연속이고 0이 아니면

$$f_{\boldsymbol{Y}}(y_1, y_2, \cdots, y_k) = f_{\boldsymbol{X}}(x_1, x_2, \cdots, x_k)\, abs\,[J]$$

이다. 여기서 $\boldsymbol{x} = (x_1, x_2, \cdots, x_k)$는 $\boldsymbol{y} = \boldsymbol{u}(\boldsymbol{x})$의 해이다.

(증명)

역변환 $\boldsymbol{x} = \boldsymbol{w}(\boldsymbol{y})$를 갖는 변환 $\boldsymbol{y} = \boldsymbol{u}(\boldsymbol{x})$의 치역을 집합 B로 표기한다. $D \subset B$ 라고 가정하고 집합 C는 변환 $\boldsymbol{y} = \boldsymbol{u}(\boldsymbol{x})$하에서 집합 D에 대응되는 점 $\boldsymbol{x} = (x_1, \cdots, x_k)$의 집합이라고 하자. 그러면 중적분의 변수변환 공식에 의해

$$\begin{aligned}
&P\{\boldsymbol{Y} \in D\} \\
&= \int \cdots \int_D f_{\boldsymbol{Y}}(y_1, \cdots, y_k)\, dy_1 \cdots dy_k \\
&= \int \cdots \int_C f_{\boldsymbol{X}}(x_1, \cdots, x_k)\, dx_1 \cdots dx_k \\
&= \int \cdots \int_D f_{\boldsymbol{X}}[\, w_1(y_1, \cdots, y_k), \cdots, w_k(y_1, \cdots, y_k)\,]\, abs\,[J]\, dy_1 \cdots dy_k
\end{aligned}$$

가 성립한다. 한편 이것은 임의의 $D \subset B$에 대해서 성립하므로 정리의 결과가 유도된다.

만약 확률벡터 $\boldsymbol{Y}$가 1 대 1 변환이 아니면 이산형의 경우와 유사한 방법으로 확장될 수 있다. 방정식 $\boldsymbol{y} = \boldsymbol{u}(\boldsymbol{x})$가 각 분할 A_j 상에서 유일한 해 $\boldsymbol{x} = \boldsymbol{x}_j$를 가지고 이들 해가 0이 아닌 쟈코비안 J_j를 가지면 결합밀도함수는 다음과 같이 주어진다.

$$f_{\boldsymbol{Y}}(y_1, y_2, \cdots, y_k) = \sum_j f_{\boldsymbol{X}}(x_{1j}, x_{2j}, \cdots, x_{kj})\, abs\,[J_j]$$

예제 6.13

X_1, X_2는 서로 독립이고 지수분포 $E_X(1)$을 따를 때 변환

$$Y_1 = X_1 - X_2, \quad Y_2 = X_1 + X_2$$

의 결합분포를 구해 보자. X_1, X_2의 결합밀도함수는

$$f_{X_1, X_2}(x_1, x_2) = e^{-(x_1 + x_2)}, \quad 0 < x_1, x_2 < \infty$$

이다. 그리고 변환 $y_1 = x_1 - x_2$, $y_2 = x_1 + x_2$의 해는

$$x_1 = (y_1 + y_2)/2, \quad x_2 = (y_2 - y_1)/2$$

가 되며 쟈코비안은

$$J = \begin{vmatrix} 1/2 & 1/2 \\ -1/2 & 1/2 \end{vmatrix} = \frac{1}{2}$$

이 되어 Y_1, Y_2의 결합밀도함수는

$$f_{Y_1, Y_2}(y_1, y_2) = \frac{1}{2} e^{-y_2}, \quad (y_1, y_2) \in B$$

가 된다. 여기서 $B = \{(y_1, y_2) : -y_2 < y_1 < y_2,\ y_2 > 0\}$이다. 그러므로 영역 B는 그림 6.5와 같이 되고 Y_1과 Y_2의 주변밀도함수는 각각 다음과 같이 주어진다.

$$\begin{aligned} f_{Y_1}(y_1) &= \int_{-y_1}^{\infty} \frac{1}{2} e^{-y_2}\, dy_2 = \frac{1}{2} e^{y_1}, \quad y_1 < 0 \\ &= \int_{y_1}^{\infty} \frac{1}{2} e^{-y_2}\, dy_2 = \frac{1}{2} e^{-y_1}, \quad y_1 > 0 \\ &= \frac{1}{2} e^{-|y_1|}, \quad -\infty < y_1 < \infty \\ f_{Y_2}(y_2) &= \int_{-y_2}^{y_2} \frac{1}{2} e^{-y_2}\, dy_1 = y_2 e^{-y_2}, \quad y_2 > 0 \end{aligned}$$

따라서 $Y_2 \sim G_A(2, 1)$이고 Y_1은 **이중지수분포**(double exponential distribution)가 된다.

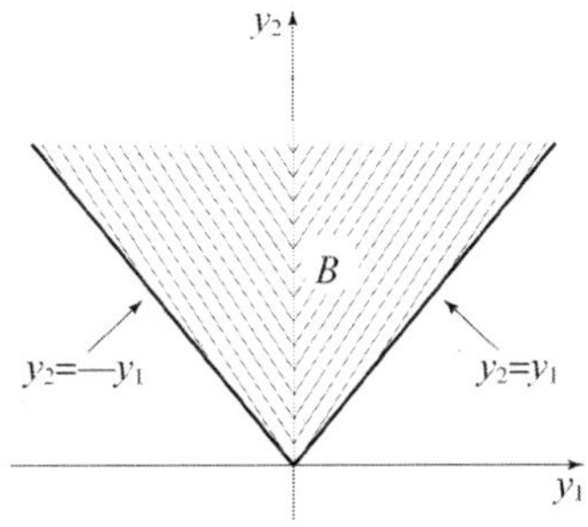

[그림 6.5] 변환 $Y_1 = X_1 - X_2$, $Y_2 = X_1 + X_2$에 대응되는 영역

예제 6.14

두 확률변수 X_1, X_2는 독립이고 각각 균등분포 $U(0,1)$을 따를 때 다음과 같은 변수변환

$$Y_1 = (-2\log X_1)^{\frac{1}{2}} \cos(2\pi X_2),$$
$$Y_2 = (-2\log X_1)^{\frac{1}{2}} \sin(2\pi X_2)$$

를 생각한다. 이 변환은 1 대 1이고 집합 $A = \{(x_1, x_2) : 0 < x_1 < 1, 0 < x_2 < 1\}$에서 집합 $B = \{(y_1, y_2) : -\infty < y_1 < \infty, -\infty < y_2 < \infty\}$로의 **박스-뮬러 변환**(Box-Muller's transform)이다. 이때 확률변수 Y_1과 Y_2는 서로 독립이고 각각 표준정규분포 $N(0,1)$을 따르게 된다. 실제로 위의 식을 X_1, X_2에 관해 풀면

$$X_1 = \exp\left(-\frac{Y_1^2 + Y_2^2}{2}\right)$$
$$X_2 = (2\pi)^{-1}\tan^{-1}\frac{Y_2}{Y_1}$$

이고 쟈코비안은

$$J = \begin{vmatrix} -y_1\exp\left(-\frac{y_1^2+y_2^2}{2}\right) & -y_2\exp\left(-\frac{y_1^2+y_2^2}{2}\right) \\ (2\pi)^{-1}(y_1^2+y_2^2)^{-1}(-y_2) & (2\pi)^{-1}(y_1^2+y_2^2)^{-1}y_1 \end{vmatrix}$$
$$= -(2\pi)^{-1}\exp\left(-\frac{y_1^2+y_2^2}{2}\right) \neq 0$$

이다. 정리 6.5에 의해 $\boldsymbol{Y} = (Y_1, Y_2)$의 밀도함수 $f_{\boldsymbol{Y}}(y_1, y_2)$는

$$f_{\boldsymbol{Y}}(y_1, y_2) = (2\pi)^{-1}\exp\left(-\frac{y_1^2 + y_2^2}{2}\right) = \phi(y_1)\phi(y_2)$$

이다. 여기서 $\phi(z)$는 표준정규분포의 밀도함수이다, 즉

$$\phi(z) = \frac{1}{\sqrt{2\pi}}\exp\left(-\frac{z^2}{2}\right)$$

이다. 그러므로 Y_1, Y_2는 서로 독립이며 표준정규분포 $N(0, 1)$을 따른다.

참고 변수변환법을 이용한 박스-뮬러 변환은 컴퓨터를 이용하여 표준정규분포의 확률변수를 생성할 때 중심극한정리를 이용한 난수 생성보다 효율성이 훨씬 좋다.

```
> n = 5000;
> U1 = runif(n, min = 0, max = 1)
> U2 = runif(n, min = 0, max = 1)
> Z1 = sqrt(-2 * log(U1)) * cos(2 * pi * U2)
> Z2 = sqrt(-2 * log(U1)) * sin(2 * pi * U2)
> hist(Z1, col = "blue", label = T)
```

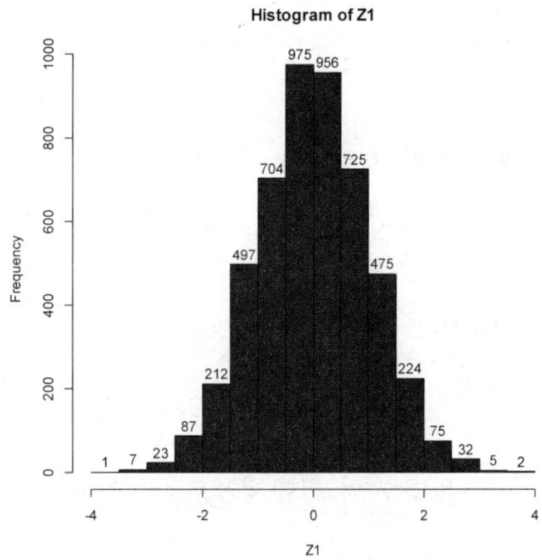

[그림 6.6] 박스-뮬러 변환 히스토그램

```
> hist(Z2, col = "red", label = T)
```

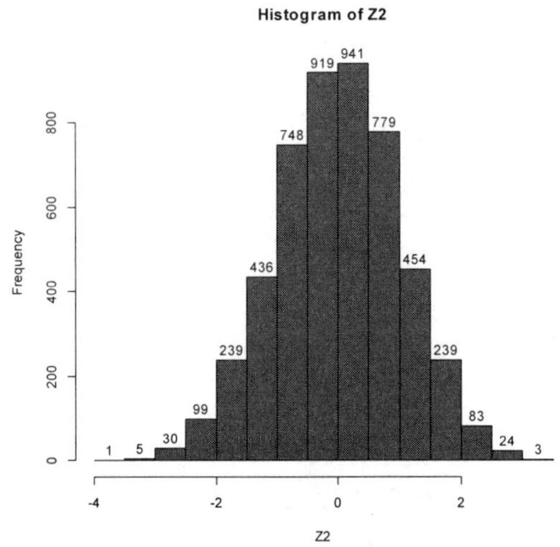

[그림 6.7] 박스-뮬러 변환 히스토그램

6.3 정규분포에서 유도되는 분포

통계학에서 가장 많이 사용되는 분포는 정규분포이므로 정규분포에서 유도되는 분포를 이 절에서 소개하고자 한다.

[S1] **카이제곱분포**(chi-square distribution): χ_n^2

확률변수 $Z_1, Z_2, \cdots, Z_n$은 서로 독립이고 표준정규분포 $N(0, 1)$을 따른다고 한다.

이 경우에 이들의 제곱합

$$S^2 = Z_1^2 + Z_2^2 + \cdots + Z_n^2$$

의 분포를 자유도 n의 카이제곱분포라고 하고 χ_n^2으로 나타낸다.

```
> curve(dchisq(x, 3), 0, 35, axes = FALSE, ann = FALSE, n = 500, lwd = 2)
> curve(dchisq(x, 6), 0, 35, add = TRUE, n = 500, lty = "dashed", lwd = 2)
> curve(dchisq(x, 16), 0, 35, add = TRUE, n = 500, lty = "dotted", lwd = 2)
> axis(side = 1)
> text(5.5, 0.20, "n = 3")
> text(10, 0.1, "n = 6")
> text(24, 0.05, "n = 16")
> segments(0, 0, 35, 0, lwd = 2)
```

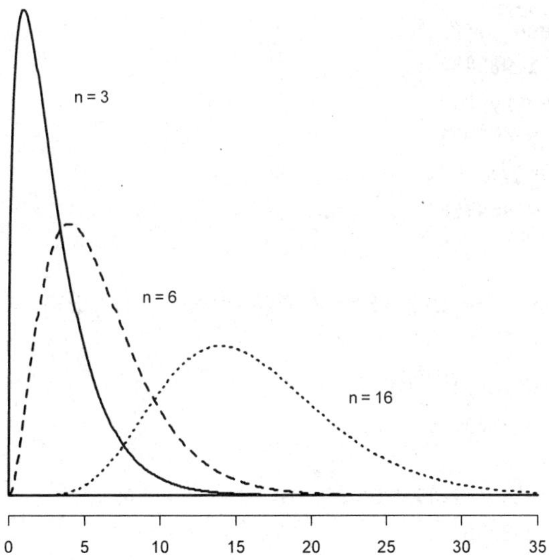

[그림 6.8] 카이제곱분포(자유도 $n = 3, 6, 16$)

(1) 예제 6.1에서 구한 것처럼 $Z_1^2,\ Z_2^2,\ \cdots,\ Z_n^2$은 각각 감마분포 $G_A(1/2,\, 2)$를 따르며, 확률변수 $Z_1, Z_2, \cdots, Z_n$은 서로 독립이므로 $Z_1^2,\ Z_2^2,\ \cdots,\ Z_n^2$도 서로 독립이다. 더욱이 4.5.2절에서 설명한 것처럼 감마분포는 재생성을 가지고 있으므로 정리 4.5에 의해 이들의 합 S^2은 감마분포 $G_A(n/2,\, 2)$를 따른다. 즉

$$\chi_n^2 = G_A\left(\frac{n}{2},\, 2\right)$$

이고 밀도함수는

$$f(x) = \frac{1}{\Gamma(n/2)\,2^{n/2}}\, x^{n/2-1} \exp\left(-\frac{x}{2}\right), \quad 0 < x < \infty$$

이다. 다음과 같은 표기법으로 기억해 두면 편리하다.

$$\chi_n^2 = N(0,1)^2 + \cdots + N(0,1)^2 \quad (n\text{개})$$

다음은 카이제곱분포를 합성(convolution)에 의한 시뮬레이션으로

```
> n <- 1000
> nu <- 2
> X <- matrix(rnorm(n*nu), n, nu)^2
> y <- rowSums(X)
> y <- apply(X, MARGIN=1, FUN=sum)  #a vector length n
```

```
> mean(y)
[1] 1.985457
> mean(y^2)
[1] 8.401932
> var(y)
[1] 4.464358
```

이론적 평균 2에 매우 가까운 것을 알 수 있다.

```
> pchisq(24, 10)
[1] 0.9923996
>
> pchisq(12.175*10/25, 10, lower = FALSE)
[1] 0.8996911
>
> qchisq(0.50, 10)
[1] 9.341818
>
> a <- sqrt(qchisq(0.50, 10)*25/10)
> a
[1] 4.832654
```

(2) 특히 자유도 2의 카이제곱분포는 지수분포와 같다.

$$\chi_2^2 = E_X\left(\frac{1}{2}\right)$$

(3) $\chi_n^2 = G_A(n/2, 2)$와 [C4] 감마분포의 (2)에 의해 카이제곱분포의 평균, 분산 및 적률생성함수는 각각 다음과 같다.

$$E(S^2) = \left(\frac{n}{2}\right)2 = n, \quad V(S^2) = \left(\frac{n}{2}\right)2^2 = 2n,$$
$$M(t) = (1 - 2t)^{-n/2}$$

(4) 자유도 n 의 카이제곱분포 χ_n^2 의 우측 α 점을 $\chi_{n,\alpha}^2$ 로 표기한다. 여러 가지 n 과 α 의 조합에 대해 $\chi_{n,\alpha}^2$ 의 표가 부록에 주어져 있다.

(5) 만약 $Y_n \sim \chi_n^2$ 이면, $n \to \infty$ 일 때 다음 극한이 성립한다.

$$Z_n = \frac{Y_n - n}{\sqrt{2n}} \xrightarrow{d} Z \sim N(0, 1)$$

(증명)

$X_1, \cdots, X_n$이 서로 독립이고 $X_i \sim \chi_1^2$이면 $E(X_i) = 1$, $V(X_i) = 2$가 되며 Y_n은 $\sum_{i=1}^{n} X_i$와 같은 분포를 가진다. 그러므로 중심극한정리에 의해 결과가 유도된다.

예를 들어

(1) $P(\chi^2(150) \geq 126)$

```
> pnorm(sqrt(2*126) -sqrt(299), lower = FALSE)
[1] 0.9217744
> 1 - pchisq(126, 150)
[1] 0.9233931
```

(2) $P(40 \leq \chi^2(65) \leq 50)$

```
> pnorm(sqrt(100) - sqrt(129)) - pnorm(sqrt(80)-sqrt(129))
[1] 0.07936184
> pchisq(50, 65) - pchisq(40, 65)
[1] 0.07861696
```

(3) $P(\chi^2(220) \geq 260)$

```
> pnorm(sqrt(2*260) - sqrt(2*220 -1), lower = FALSE)
[1] 0.03207171
> pchisq(260, 220, lower = FALSE)
[1] 0.03335803
```

(4) $P(\chi^2(100) \leq a) = 0.6$을 만족하는 a는 얼마인가?

```
> (qnorm(0.60) + sqrt(199))^2/2
[1] 103.106
> qchisq(0.6, 100)
[1] 102.9459
```

[S2] t **−분포**(t-distribution): t_n

확률변수 X, Y는 서로 독립이며 X는 표준정규분포 $N(0, 1)$을 따르고 Y는 자유도 n의 카이제곱분포 χ_n^2를 따를 때 다음 확률변수

$$T = \frac{X}{\sqrt{Y/n}}$$

의 분포를 자유도 n 의 t-분포(또는 Student t-분포)라고 하며 t_n 으로 표기한다. 그리고 다음과 같은 표기법으로 기억해 두면 편리하다.

$$t_n = \frac{N(0,1)}{\sqrt{\chi_n^2 / n}}$$

```
> curve(dt(x, Inf), -6, 6, axes = FALSE, ann = FALSE, n = 500, lwd = 2,
+       lty = "solid", ylim = c(0, 0.45))
> curve(dt(x, 3), -6, 6, add = TRUE, n = 500, lty = "dotted", lwd = 2)
> curve(dt(x, 1), -6, 6, add = TRUE, n = 500, lty = "dashed", lwd = 2)
> axis(side = 1, at = c(-6, -4, -2, 0, 2, 4, 6),
+      labels=c(-6, -4, -2, 0, 2, 4, 6))
> # axis(side = 2)
> segments(-6, 0, 6, 0, lwd = 2)
> arrows(4, .4, 0.8, .3, length = .05)
> arrows(4, .35, .85, .25, length = .05)
> arrows(4, .3, .82, .2,length = .05)
> text(4.4, .41, "t(infty)")
> text(4.3, .36, "t(3)")
> text(4.3, .31, "t(1)")
```

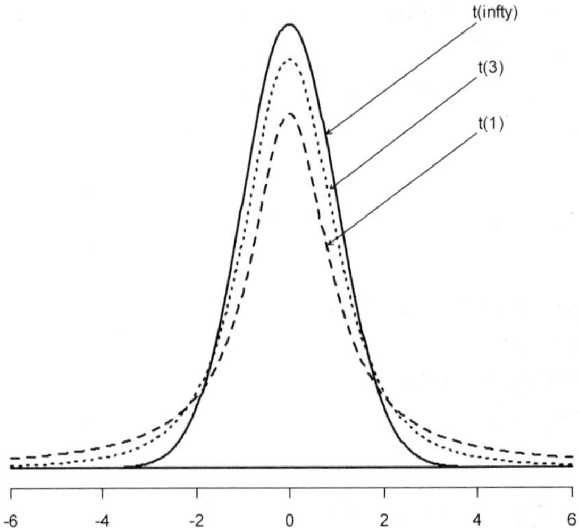

[그림 6.9] t-분포(자유도 $n = 1, 3, \infty$)

예를 들어 $P(-2 \le t_4 \le 2)$는

```
> pt(2, 4) - pt(-2, 4)
[1] 0.8838835
```

여기서 σ를 모르는 경우에는

```
> pnorm(2) - pnorm(-2)
[1] 0.9544997
```

(1) (X, Y)의 결합밀도함수는

$$f_{X,Y}(x, y) = (2\pi)^{-1/2}\exp\left(-\frac{x^2}{2}\right)\left\{\Gamma\left(\frac{n}{2}\right)2^{n/2}\right\}^{-1} y^{n/2-1}\exp\left(-\frac{y}{2}\right)$$

이다. 변수변환 $t = \dfrac{x}{\sqrt{y/n}}$, $u = y$, $-\infty < x < \infty$, $0 < y < \infty$을 행하면 역변환은 $x = t\sqrt{u/n}$, $y = u$, $-\infty < t < \infty$, $0 < u < \infty$이다. 그리고 자코비안은

$$J = \begin{vmatrix} \sqrt{u/n} & t\{2n\sqrt{u/n}\}^{-1} \\ 0 & 1 \end{vmatrix} = \sqrt{\frac{u}{n}} \neq 0$$

이기 때문에 (T, U)의 결합밀도함수는

$$\begin{aligned} f_{T,U}(t, u) &= (2\pi)^{-1/2}\exp\left(-\frac{t^2 u}{2n}\right) \\ &\times \left\{\Gamma\left(\frac{n}{2}\right)2^{n/2}\right\}^{-1} u^{n/2-1}\exp\left(-\frac{u}{2}\right)\sqrt{\frac{u}{n}} \end{aligned}$$

이다. 그러므로 T의 밀도함수는 결합밀도함수의 주변밀도함수로 구해진다. 즉

$$\begin{aligned} f_T(t) &= \int_0^\infty f_{T,U}(t, u)\,du \\ &= \frac{1}{(2\pi n)^{1/2}\Gamma(n/2)\,2^{n/2}}\int_0^\infty u^{(n+1)/2-1}\exp\left\{-\frac{u(t^2/n+1)}{2}\right\}du \\ &= \frac{1}{(2\pi n)^{1/2}\Gamma(n/2)\,2^{n/2}}\Gamma\left(\frac{n+1}{2}\right)\left\{\frac{2}{t^2/n+1}\right\}^{(n+1)/2} \end{aligned}$$

이다. 이것을 정리하면 자유도 n 의 t-분포의 밀도함수는 다음과 같다.

$$f_T(t) = \frac{\Gamma((n+1)/2)}{\sqrt{\pi n}\ \Gamma(n/2)} \left(\frac{t^2}{n} + 1\right)^{-(n+1)/2}$$

(2) 특히 자유도 1의 t-분포는 코시분포와 같다. 즉

$$t_1 = C(0, 1)$$

이다. 그러므로 이 경우에는 평균과 분산이 존재하지 않는다.

(3) t-분포의 평균과 분산은 X, Y가 독립이기 때문에

$$\begin{aligned} E(T) &= \sqrt{n}\ E(X)\, E(Y^{-1/2}) = 0 \times E(Y^{-1/2}) \\ E(T^2) &= n\, E(X^2)\, E(Y^{-1}) = n \times E(Y^{-1}) \end{aligned}$$

이다. 한편 $n \geqq 2$인 경우에 $E(Y^{-1/2})$은

$$\begin{aligned} E(Y^{-1/2}) &= \int_0^\infty y^{-1/2} \left\{ \Gamma\left(\frac{n}{2}\right) 2^{n/2} \right\}^{-1} y^{n/2-1} \exp\left(-\frac{y}{2}\right) dy \\ &= \left\{ \Gamma\left(\frac{n}{2}\right) 2^{n/2} \right\}^{-1} \int_0^\infty y^{(n-1)/2-1} \exp\left(-\frac{y}{2}\right) dy \\ &= \left\{ \Gamma\left(\frac{n}{2}\right) 2^{n/2} \right\}^{-1} \Gamma\left(\frac{n-1}{2}\right) 2^{(n-1)/2} \end{aligned}$$

이며 존재하기 때문에 이 경우에 $E(T) = 0$이다. 또한 $n \geqq 3$의 경우에 $E(Y^{-1})$는

$$\begin{aligned} E(Y^{-1}) &= \int_0^\infty y^{-1} \left\{ \Gamma\left(\frac{n}{2}\right) 2^{n/2} \right\}^{-1} y^{n/2-1} \exp\left(-\frac{y}{2}\right) dy \\ &= \left\{ \Gamma\left(\frac{n}{2}\right) 2^{n/2} \right\}^{-1} \int_0^\infty y^{(n-2)/2-1} \exp\left(-\frac{y}{2}\right) dy \\ &= \left\{ \Gamma\left(\frac{n}{2}\right) 2^{n/2} \right\}^{-1} \Gamma\left(\frac{n-2}{2}\right) 2^{(n-2)/2} = \frac{1}{n-2} \end{aligned}$$

이기 때문에 분산은 다음과 같이 주어진다.

$$V(T) = E(T^2) = \frac{n}{n-2}$$

(4) 자유도가 n 인 t-분포의 우측 α 점을 $t_{n,\alpha}$로, 양측 α 점을 $t^*_{n,\alpha}$로 표기하면 표준정규분포의 경우와 마찬가지로 t-분포도 원점에 대해 대칭이므로 $t^*_{n,\alpha} = t_{n,\alpha/2}$ 이다. 여러 가지 n과 α의 조합에 대해 $t_{n,\alpha}$의 표가 부록에 주어져 있다.

(5) t-분포는 자유도 n이 커짐에 따라 극한분포로 표준정규분포를 따른다. 증명을 위해 위에서 정의한 $T=\frac{X}{\sqrt{Y/n}}$ 를 생각하자. 그러면 $E(Y/n)=1$, $V(Y/n)=2/n$이 성립한다. 따라서 체비셰프 부등식에 의해 $P[\,|\,Y/n-1\,|\, \geq \epsilon] < \frac{2}{n\epsilon^2}$ 이 되어 $Y/n \xrightarrow{p} 1$이 된다. 한편 X_n과 Y_n이 $X_n \xrightarrow{p} c$, $Y_n \xrightarrow{d} Y$를 만족하는 확률변수의 수열이면 극한 $X_n\,Y_n \xrightarrow{d} c\,Y$가 성립하므로(5장 정리 5.12를 이용)

$$T=\frac{X}{\sqrt{Y/n}} \xrightarrow{d} X \sim N(0,1)$$

가 된다.

[S3] F **-분포**(F-distribution): F^m_n

확률변수 X, Y는 독립이고 그리고 X는 자유도 m의 카이제곱분포 χ^2_m을 따르며 Y는 자유도 n의 카이제곱분포 χ^2_n을 따를 때 확률변수

$$Z = \frac{X/m}{Y/n}$$

의 분포를 자유도(m,n)의 F-분포라고 하고 F^m_n으로 나타낸다. 그리고 다음과 같은 표기법으로 기억해 두면 편리하다.

$$F^m_n = \frac{\chi^2_m/m}{\chi^2_n/n}$$

예를 들어

(1) $P(F_{5,10} < c) = 0.95$와 $P(F_{5,10} < d) = 0.05$를 만족하는 c, d?

```
> qf(0.95, 5, 10)  # f_{0.95; 5, 10}
[1] 3.325835
> qf(0.05, 5, 10)  # f_{0.05; 5, 10}
[1] 0.2111904
```

(2) $P(F_{19,19} < 2.53)$과 $P(F_{19,19} < 0.40)$?

```
> pf(2.53, 19, 19)   # P(X <= 2.53)
[1] 0.9751673
> pf(0.40, 19, 19)   # P(X <= 0.40)
[1] 0.02628577
```

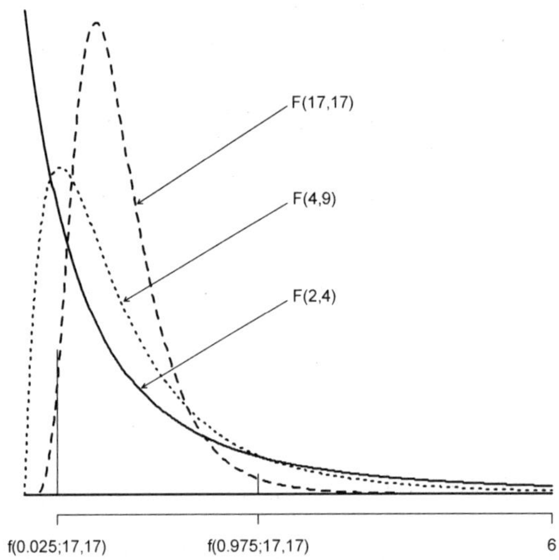

[그림 6.10] F-분포

(1) (X, Y)의 결합밀도함수는

$$f_{X,Y}(x, y) = \left\{\Gamma\left(\frac{m}{2}\right)2^{m/2}\right\}^{-1} x^{m/2-1}\exp\left(-\frac{x}{2}\right) \times \left\{\Gamma\left(\frac{n}{2}\right)2^{n/2}\right\}^{-1} y^{n/2-1}\exp\left(-\frac{y}{2}\right)$$

이다. 변수변환 $z = \dfrac{x/m}{y/n}, w = y, 0 < x < \infty, 0 < y < \infty$을 행하면 역변환은 $x = \dfrac{m}{n}zw,\ y = w,\ 0 < z < \infty,\ 0 < w < \infty$가 되고 쟈코비안은

$$J = \begin{vmatrix} (m/n)w & (m/n)z \\ 0 & 1 \end{vmatrix} = \frac{m}{n}w \neq 0$$

이기 때문에 (Z, W)의 결합밀도함수는

$$f_{Z,W}(z, w) = \left\{\Gamma\left(\frac{m}{2}\right)2^{m/2}\right\}^{-1}\left\{\frac{m}{n}zw\right\}^{m/2-1}\exp\left(-\frac{m}{n}\frac{zw}{2}\right)$$
$$\times\left\{\Gamma\left(\frac{n}{2}\right)2^{n/2}\right\}^{-1}w^{n/2-1}\exp\left(-\frac{w}{2}\right)\frac{m}{n}w$$

이므로 Z의 밀도함수는 이 결합밀도함수의 주변밀도함수로 구해진다. 즉 Z의 밀도함수는

$$\begin{aligned}
f_Z(z) &= \int_0^\infty f_{Z,W}(z, w)\,dw \\
&= \frac{(m/n)^{m/2}z^{m/2-1}}{\Gamma(m/2)\,\Gamma(n/2)\,2^{m/2+n/2}} \\
&\quad\times\int_0^\infty w^{(m+n)/2-1}\exp\left\{-\frac{w}{2}\left(\frac{m}{n}z+1\right)\right\}dw \\
&= \frac{(m/n)^{m/2}z^{m/2-1}}{\Gamma(m/2)\,\Gamma(n/2)\,2^{m/2+n/2}}\,\Gamma\left(\frac{m+n}{2}\right)\left\{\frac{2}{(m/n)z+1}\right\}^{(m+n)/2}
\end{aligned}$$

이 된다. 이것을 정리하면 자유도 (m, n)인 F-분포의 밀도함수는

$$f_Z(z) = \frac{\Gamma((m+n)/2)}{\Gamma(m/2)\Gamma(n/2)}\left(\frac{m}{n}\right)^{m/2}z^{m/2-1}\left\{\frac{m}{n}z+1\right\}^{-(m+n)/2}$$

로 주어진다.

(2) 특히 $(t_n)^2 = F_n^1$ 이다.

예를 들어 $t_{0.975;5}^2 = 2.5706^2 = 6.6079^2 = F_{0.95;1,5}$이다. 이것을 R을 사용하면

```
> qt(0.975, 5)        # t_{0.975; 5}
[1] 2.570582
> qt(0.975, 5)^2      # t_{0.975; 5}^2
[1] 6.607891
> qf(0.95, 1, 5)      # f_{0.95; 1, 5}
[1] 6.607891
```

(3) F 분포의 평균과 분산은 X, Y가 서로 독립이기 때문에 다음과 같이 계산된다.

$$E(Z) = \frac{n}{m}E(X)E(Y^{-1}) = n\,E(Y^{-1})$$
$$E(Z^2) = \left(\frac{n}{m}\right)^2E(X^2)E(Y^{-2}) = \left(\frac{n}{m}\right)^2\{m(m+2)\}E(Y^{-2})$$

한편 $n \geqq 3$인 경우에 $E(Y^{-1}) = 1/(n-2)$이기 때문에 평균은

$$E(Z) = \frac{n}{n-2}$$

이 된다. 그리고 $n \geqq 5$인 경우에

$$\begin{aligned} E(Y^{-2}) &= \int_0^\infty y^{-2} \left\{ \Gamma\left(\frac{n}{2}\right) 2^{n/2} \right\}^{-1} y^{n/2-1} \exp\left(-\frac{y}{2}\right) dy \\ &= \left\{ \Gamma\left(\frac{n}{2}\right) 2^{n/2} \right\}^{-1} \int_0^\infty y^{(n-4)/2-1} \exp\left(-\frac{y}{2}\right) dy \\ &= \left\{ \Gamma\left(\frac{n}{2}\right) 2^{n/2} \right\}^{-1} \left\{ \Gamma\left(\frac{n-4}{2}\right) 2^{(n-4)/2} \right\} \\ &= \{(n-2)(n-4)\}^{-1} \end{aligned}$$

이기 때문에

$$E(Z^2) = \frac{n^2(m+2)}{m(n-2)(n-4)}$$

이고 분산은 다음과 같이 계산된다.

$$V(Z) = E(Z^2) - (E(Z))^2 = \frac{2n^2(m+n-2)}{m(n-2)^2(n-4)}$$

(4) 자유도가 (m, n)인 F-분포의 우측 α 점을 $F^m_{n,\alpha}$로 표기한다. $\alpha = 0.05$, 0.01에 대해 $F^m_{n,\alpha}$의 표가 부록에 주어져 있다.

6.4 정규분포의 표본평균과 표본분산의 분포

$X_1, X_2, \cdots, X_n$이 정규분포 $N(\mu, \sigma^2)$를 갖는 모집단으로부터 추출된 확률표본이라고 할 때 표본평균과 표본분산

$$\overline{X}_n = \frac{1}{n}\sum_{i=1}^{n} X_i, \qquad S^2 = \frac{1}{n-1}\sum_{i=1}^{n}(X_i - \overline{X}_n)^2$$

의 분포를 생각하자. 여기서 표본평균과 표본분산은 확률변수이고 미지의 모수 μ, σ^2에 의존하지 않는 확률표본의 함수이다. 이와 같이 임의의 미지의 모수에 의존하지 않는 확률표본의 함수를 **통계량**(statistic)이라고 한다.

정리 6.6

정규분포에 대한 표본평균과 표본분산은 서로 독립이며 각각 다음과 같은 분포를 따른다.

$$\frac{\sqrt{n}\,(\overline{X}_n-\mu)}{\sigma}\sim N(0,1),\qquad \frac{(n-1)\,S^2}{\sigma^2}\sim\chi^2_{n-1}$$

(증명)

Y_i 를 $Y_i=\dfrac{X_i-\mu}{\sigma}$, $i=1,\cdots,n$로 두면 $Y_1, Y_2,\cdots, Y_n$은 서로 독립이며 동일한 분포 $N(0,1)$을 따르게 된다. 그러므로 $\boldsymbol{Y}=(Y_1, Y_2,\cdots, Y_n)^t$ 의 결합밀도함수는

$$\begin{aligned} f_{\boldsymbol{Y}}(\boldsymbol{y}) &= \prod_{i=1}^{n}(2\pi)^{-1/2}\exp\left(-\frac{y_i^2}{2}\right) \\ &= (2\pi)^{-n/2}\exp\left(-\frac{1}{2}\boldsymbol{y}^t\boldsymbol{y}\right),\qquad \boldsymbol{y}=(y_1,y_2,\cdots,y_n)^t \end{aligned}$$

가 된다. 여기서 확률변수의 직교변환 $\boldsymbol{Z}=\boldsymbol{\Gamma}\boldsymbol{Y}$를 생각한다.

$$\boldsymbol{Z}=\begin{pmatrix} Z_1\\ Z_2\\ \\ \vdots\\ \\ Z_n\end{pmatrix}=\begin{pmatrix} \frac{1}{\sqrt{n}} & \frac{1}{\sqrt{n}} & \cdots & \frac{1}{\sqrt{n}}\\ & & & \\ & * & & \\ & & & \end{pmatrix}\begin{pmatrix} Y_1\\ Y_2\\ \\ \vdots\\ \\ Y_n\end{pmatrix}=\boldsymbol{\Gamma}\boldsymbol{Y}$$

예를 들면 이와 같은 직교행렬 $\boldsymbol{\Gamma}$의 하나로서 다음과 같은 것이 있다.

$$\begin{pmatrix} \frac{1}{\sqrt{n}} & \frac{1}{\sqrt{n}} & \cdots & \cdots\cdots & \frac{1}{\sqrt{n}}\\ \frac{1}{\sqrt{2}} & \frac{-1}{\sqrt{2}} & 0 & \cdots\cdots & 0\\ \frac{1}{\sqrt{2*3}} & \frac{1}{\sqrt{2*3}} & \frac{-2}{\sqrt{2*3}}\ 0\ \cdots & & 0\\ \vdots & \vdots & & & \vdots\\ \frac{1}{\sqrt{(n-1)n}} & \frac{1}{\sqrt{(n-1)n}} & \cdots & \cdots\cdots & -\frac{n-1}{\sqrt{(n-1)n}} \end{pmatrix}$$

이 경우에 $\boldsymbol{\Gamma}^t \boldsymbol{\Gamma} = \boldsymbol{\Gamma} \boldsymbol{\Gamma}^t = I$ (n차원 단위행렬)이 성립한다. 따라서 $\boldsymbol{Z}$의 결합밀도함수 $f_{\boldsymbol{Z}}(\boldsymbol{z})$는 역변환 $\boldsymbol{y} = \boldsymbol{\Gamma}^t \boldsymbol{z}$ 의 쟈코비안이

$$J = |\boldsymbol{\Gamma}^t| = \pm 1$$

이기 때문에

$$\begin{aligned} f_{\boldsymbol{Z}}(\boldsymbol{z}) &= f_{\boldsymbol{Y}}(\boldsymbol{\Gamma}^t \boldsymbol{z}) = (2\pi)^{-\frac{n}{2}} \exp\left\{-\frac{1}{2}(\boldsymbol{\Gamma}^t \boldsymbol{z})^t (\boldsymbol{\Gamma}^t \boldsymbol{z})\right\} \\ &= (2\pi)^{-\frac{n}{2}} \exp\left\{-\frac{1}{2}\boldsymbol{z}^t \boldsymbol{z}\right\} \\ &= \prod_{i=1}^{n} (2\pi)^{-\frac{1}{2}} \exp\left(-\frac{z_i^2}{2}\right) \end{aligned}$$

로 주어진다. 그러므로 $Z_1, Z_2, \cdots, Z_n$은 서로 독립이고 각각 표준정규분포 $N(0,1)$을 따른다. 그런데 직교행렬의 제1행을 생각하면

$$Z_1 = \frac{1}{\sqrt{n}} \sum_{i=1}^{n} Y_i = \frac{\sqrt{n}\,(\overline{X}_n - \mu)}{\sigma} \sim N(0,1)$$

이 성립한다. 한편

$$\begin{aligned} Z_1^2 + Z_2^2 + \cdots + Z_n^2 &= Y_1^2 + Y_2^2 + \cdots + Y_n^2 \\ &= \sum_{i=1}^{n} \frac{(X_i - \mu)^2}{\sigma^2} = \sum_{i=1}^{n} \frac{\{(X_i - \overline{X}_n) + (\overline{X}_n - \mu)\}^2}{\sigma^2} \\ &= \sum_{i=1}^{n} \frac{(X_i - \overline{X}_n)^2}{\sigma^2} + \frac{n(\overline{X}_n - \mu)^2}{\sigma^2} \\ &= \frac{(n-1)S^2}{\sigma^2} + Z_1^2 \end{aligned}$$

이 성립하므로

$$\frac{(n-1)S^2}{\sigma^2} = Z_2^2 + \cdots + Z_n^2 \sim \chi^2_{n-1}$$

을 알게 된다. 따라서 표본평균은 Z_1에만 관계하고 표본분산은 $Z_2, \cdots, Z_n$에만 관계하므로 이들은 독립이다.

참고 위에서 $S^2 = \frac{1}{n-1}\sum_{i=1}^{n}(X_i - \overline{X}_n)^2$를 표본분산이라고 하였다. 그러나 분모의 $n-1$을 n으로 대치한 $\hat{\sigma}^2 = \frac{1}{n}\sum_{i=1}^{n}(X_i - \overline{X}_n)^2$를 표본분산이라고 정의하기도 한다. 그런데 S^2은 **불편 표본분산**(unbiased sample variance)이라고 한다. 실제로

$$E(S^2) = \sigma^2 \quad (\text{불편})$$

이 성립한다. 일반적으로 불편 표본분산을 표본분산이라고 하며 이 책에서는 표본분산을 언급할 때 S^2을 의미한다.

정리 6.7

표본평균 $\overline{X}_n$의 표준화는

$$Z = \frac{\sqrt{n}\,(\overline{X}_n - \mu)}{\sigma} \sim N(0, 1)$$

이고 표본 불편 표준편차는

$$S = \sqrt{\frac{1}{n-1}\sum_{i=1}^{n}(X_i - \overline{X}_n)^2}$$

이므로 모표준편차 σ를 S로 대치한

$$T = \frac{\sqrt{n}\,(\overline{X}_n - \mu)}{S}$$

는 자유도 $n-1$의 t-분포를 따른다. 이런 변환을 $T-$**변환**($T-$ transform)이라고 한다.

(1) 시뮬레이션을 활용한 표본평균의 분포

```
> sampvals <- function(n) exp(rnorm(n, mean = 0.5, sd =0.3))
> samplingDist <- function(sampsize=3, nsamp=1000, FUN=mean)
+ apply(matrix(sampvals(sampsize*nsamp), ncol=sampsize), 1, FUN)
> size <-c(3, 10, 30)
> df <- data.frame(y3=samplingDist(sampsize=size[1]),
+                  y9=samplingDist(sampsize=size[2]),
+                  y30=samplingDist(sampsize=size[3]))
>
```

```
> library(lattice)
> y <- samplingDist(sampsize=1)
> densityplot(~y3+y9+y30, data =df, outer=TRUE, layout =c(3,1),
+             plot.points =FALSE, panel = function(x, ...  ){
+             panel.densityplot(x, ..., col ="black")
+             panel.densityplot(y, col = "gray40", lty = 2, ...)
+ })
```

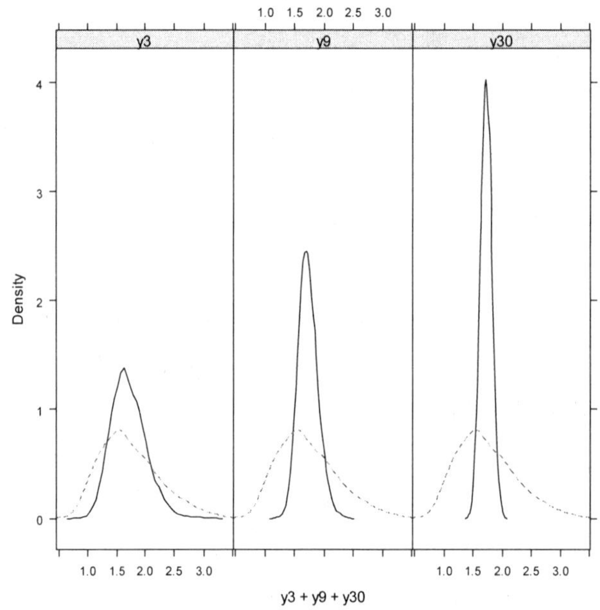

[그림 6.11] 표본평균의 분포

(2) 지수분포 Exp(1/15)의 평균에 대한 표본분포의 시뮬레이션

```
> my.means<-numeric(1000)
> #set.seed(300)
> for (i in 1:1000)
+ {
+   x<-rexp(100, 1/15)
+   my.means[i]<- mean(x)
+ }
>
> hist(my.means, main="Simulated sampling distribution", xlab="means")
> qqnorm(my.means)
> qqline(my.means)
```

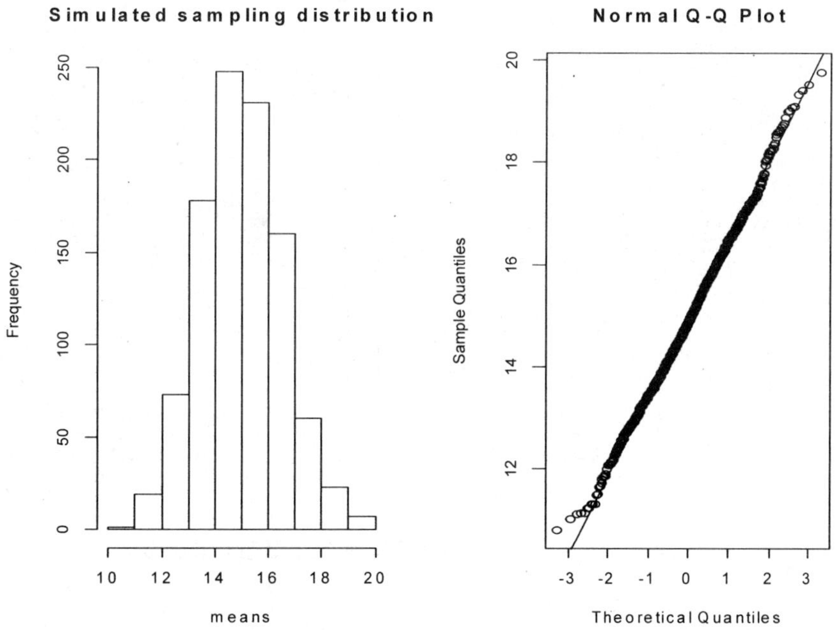

[그림 6.12] 지수분포 $\mathrm{Exp}(1/15)$로부터 $\overline{X}$ 분포($n=100$)

```
> mean(my.means)
[1] 14.96467
> sd(my.means)
[1] 1.507437
```

(3) 균등분포 $U(0,1)$으로부터 크기 12인 확률표본을 추출하여 가장 큰 것(maximum)을 택한다.

```
> my.max<-numeric(1000)

> for (i in 1:1000)
+  {
+    y <- runif(12)         #draw random sample of size 12
+    my.max[i] <- max(y)    #find max, save in i_th position of my.max
+  }
>
> hist(my.max, main="", xlab="maximums")

> hist(my.max, main="", xlab = "maximums", prob=TRUE)
>
> curve(12*x^{11}, col="blue", add=TRUE)
```

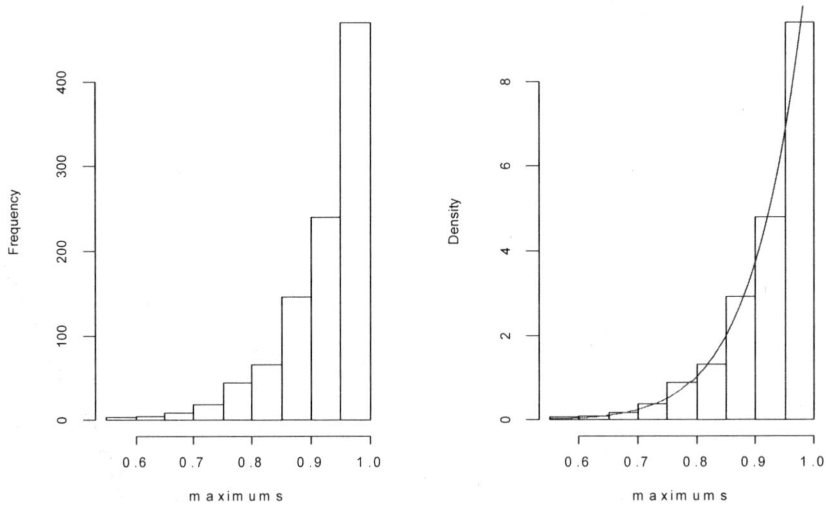

[그림 6.13] 표본의 최댓값

2. 표준정규분포와 지수분포(1)로부터 시뮬레이션을 활용한 $(n-1)\,S^2/\sigma^2$ 의 확률분포의 시뮬레이션

```
> library(ggplot2)
> m <- 20000
> n <- 15
> varNC14 <- numeric(m)  # allocate storage space
> varEC14 <- numeric(m)  # allocate storage space
> for(i in 1:m){varNC14[i] <- var(rnorm(n))}
> for(i in 1:m){varEC14[i] <- var(rexp(n))}
> NC14 <- (n - 1)*varNC14 / 1^2
> EC14 <- (n - 1)*varEC14 / 1^2
> n <- 100
> varNC99 <- numeric(m)  # allocate storage space
> varEC99 <- numeric(m)  # allocate storage space
> for(i in 1:m){varNC99[i] <- var(rnorm(n))}
> for(i in 1:m){varEC99[i] <- var(rexp(n))}
> NC99 <- (n - 1)*varNC99 / 1^2
> EC99 <- (n - 1)*varEC99 / 1^2
> BDF <- data.frame(RVs = c(NC14, EC14, NC99, EC99),
+                   Type = rep(rep(c("Normal", "Exponential"), each=m), 2),
+                   Size = c(rep("n = 15", 2*m), rep("n = 100", 2*m)) )
> BDF$Size <- factor(BDF$Size, levels = c("n = 15", "n = 100"))
> BDF$Type <- factor(BDF$Type, levels = c("Normal", "Exponential"))
> p <- ggplot(data = subset(BDF, Size =="n = 15"), aes(x = RVs)) +
+  geom_density(fill = "skyblue") +
```

```
+   facet_grid(Type ~ Size) +
+   coord_cartesian(xlim = c(0, 60)) +
+   labs(x = expression((n - 1)*s^2/sigma^2), y = "") +
+   theme_bw()
> p + stat_function(fun = dchisq, args = list(14), col ="blue", n = 500,
+                   size = 1, fill = "blue", alpha = 0.2, geom = "area")
> p <- ggplot(data = subset(BDF, Size =="n = 100"), aes(x = RVs)) +
+   geom_density(fill = "skyblue") +
+   facet_grid(Type ~ Size) +
+   coord_cartesian(xlim = c(0, 200)) +
+   labs(x = expression((n - 1)*s^2/sigma^2), y = "") +
+   theme_bw()
> p + stat_function(fun = dchisq, args = list(99), col ="blue", n = 500,
+                   size = 1, fill = "blue", alpha = 0.2, geom = "area")
```

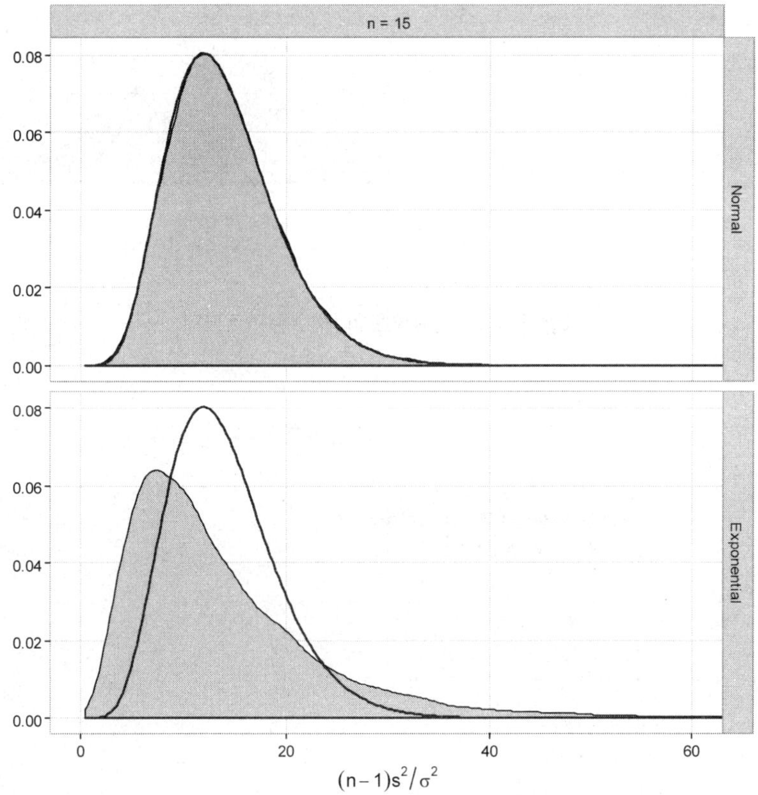

[그림 6.14] 정규분포와 지수분포로부터 $\frac{(n-1)\,S^2}{\sigma^2}$ 의 확률 히스토그램

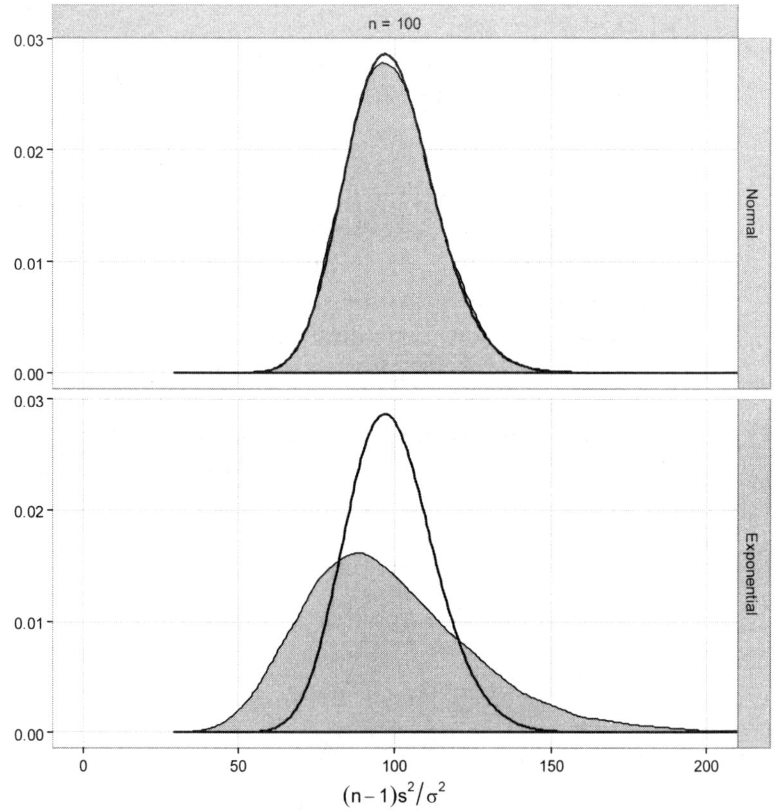

[그림 6.15] 정규분포와 지수분포로부터 $\dfrac{(n-1)\,S^2}{\sigma^2}$ 의 확률 히스토그램

3. $N(25, 7^2)$로부터 크기 20인 확률표본의 표본분산

```
> my.vars <- numeric(1000)
> for (i in 1:1000)
+ {
+ x <- rnorm(20, 25, 7)
+ my.vars[i] <- var(x)
+ }
> mean(my.vars)
[1] 49.66968
> var(my.vars)
[1] 258.037
> hist(my.vars)
> qqnorm(my.vars)
> qqline(my.vars)
```

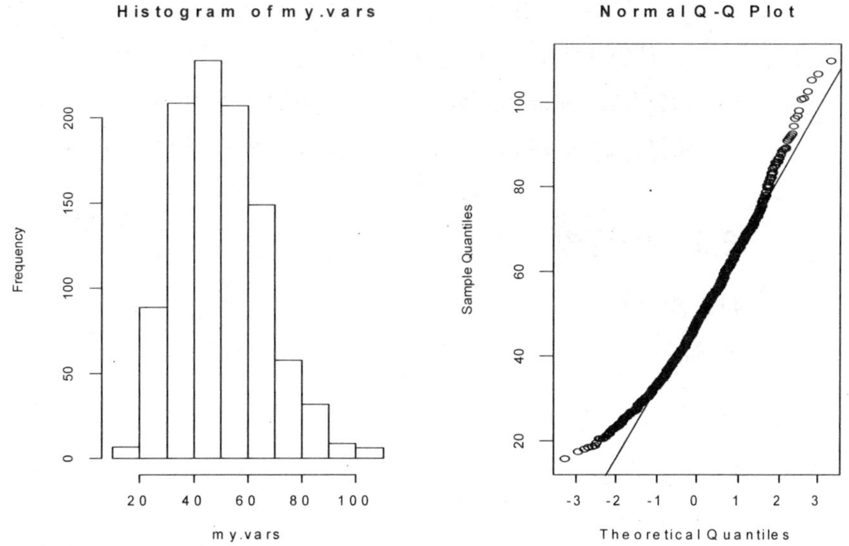

[그림 6.16] $N(25, 7^2)$**로부터 크기 20인 확률표본의 표본분산**

6.5 확률변수값의 생성

확률적 **모의실험**(simulation)이나 **몬테 카를로**(Monte Carlo) 적분으로 통계적 실험을 위한 확률분포를 생성을 소개하고자 한다. 확률분포의 생성은 그 확률분포에 따른 확률변수값들을 충분히 많이 생성하였을 때만 그 의미가 있다. 따라서 원하는 확률분포에 따른 확률변수값을 생성하기 위해는 먼저 **난수**(random number)를 생성하고 이 생성된 난수들을 사용하여 원하는 확률변수값을 생성한다. 일반적으로 첫 단계에서는 0과 1 사이의 균등분포에 따르는 난수를 생성한다. 두 번째 단계에서는 1단계에서 생성된 난수들을 사용하여 원하는 확률변수값을 생성한다. 이렇게 난수 생성자로 생성된 히스토그램은 원하는 분포의 히스토그램과 가깝고 생성에 소요 시간이 빠르다. 그리고 **확률표본**(random sample)의 의미로 생성값들이 만족한다. 마지막으로 생성값들의 동일한 수열이 재생성될 수 있다. 난수를 이용하여 원하는 분포를 생성하는 방법은 분포의 형태에 따라 다르게 선택된다. 동일한 분포를 생성하는 여러 방법이 존재하기도 하지만 여러 조건 가운데 가장 좋은 방법을 선택하는 것이 중요하다. 그 방법은 다음과 같다.

(1) **역변환법**(inverse transform method): 확률분포함수의 역함수를 함수식 형태로 구한다.

(2) **변수변환법**(variable transformation method): 분포함수의 역함수가 쉽게 구해지지

않아 확률변수값의 생성이 역변환법으로 힘든 경우에는 생성하기 쉬운 확률변수의 함수 형태로 나타나는 경우 생성이 가능해진다.

(3) **거절법**(rejection method): (1), (2) 방법으로 생성이 어려운 경우

(4) **합성법**(composition method): 생성하기 쉬운 확률분포들의 혼합형으로 한다.

6.5.1 역변환법

(1) 연속형

1. 함수

1) 밀도함수 $f(x) = 3x^2$

```
> n <- 1000
> u <- runif(n)
> x <- u^(1/3)
> hist(x, prob=TRUE, main=bquote(f(x)==3*x^2)) #density histogram of sample
> y <- seq(0, 1, .01)
> lines(y, 3*y^2)     #density curve f(x)
```

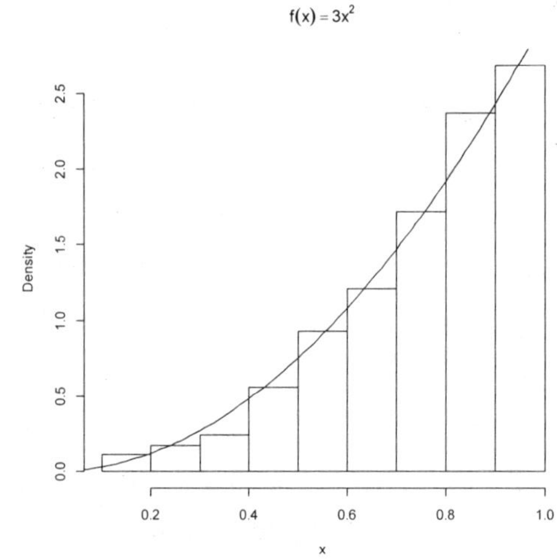

[그림 6.17] $f(x) = 3x^2$ **의 시뮬레이션**

2) 밀도함수 $f(x) = 2.5x\sqrt{x}$, $0 < x < 1$

```
> n <- 1000
> u <- runif(n)
> x <- u^(2/5)
> hist(x, prob=TRUE, main=bquote(f(x)==2.5*x*sqrt(x)))
```

```
> y <- seq(0, 1, .01)
> lines(y, 2.5*y*sqrt(y))
```

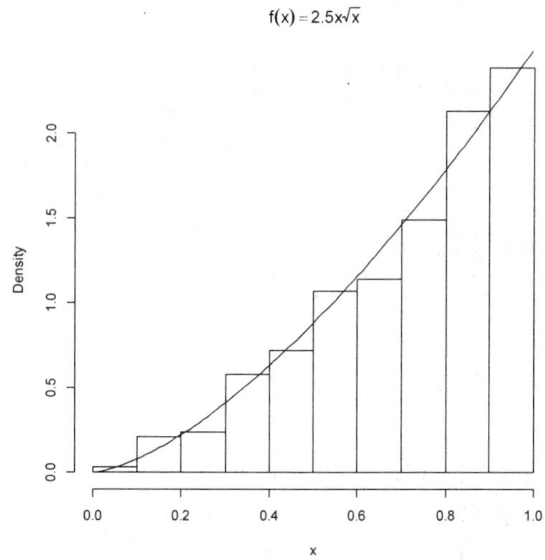

[그림 6.18] $f(x) = 2.5x\sqrt{x}$ 의 시뮬레이션

3) 밀도함수 $f(x) = 2x,\ 0 < x < 1$

```
> cholist <- sqrt(runif(10000))
> hist(cholist, prob=T, main=bquote(f(x)==2*x), xlab="")
> curve(2*x, 0, 1, add=T)
```

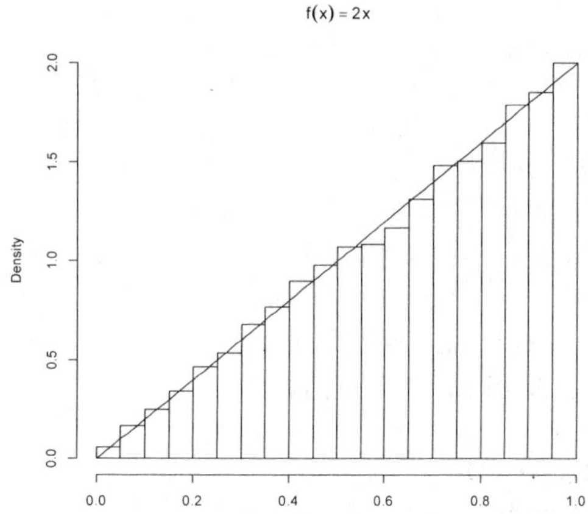

[그림 6.19] $f(x) = 2x$ 의 시뮬레이션

4) 분포함수 $F(x) = \dfrac{x^2 + x}{2}$, $0 \le x \le 1$일 때 역변환을 사용하면

$$\frac{X^2 + X}{2} = U$$
$$\left(X + \frac{1}{2}\right)^2 - \frac{1}{4} = 2U$$
$$X = \sqrt{2U + \frac{1}{4}} - \frac{1}{2} \quad (X, U \in [0,1])$$

```
> U = runif(1)
> X = sqrt(2U+{1/4}) - {1/2}
```

2. 지수분포 Exp(1)

```
> U = runif(1, min = 0, max = 1);
> X = -log(U)
> U
[1] 0.215206
> X
[1] 1.53616
```

3. 감마분포 $G(20,1)$

```
> n = 20
> lambda = 1
> X = (-1/lambda) * sum(log(runif(n, min = 0, max = 1)))
> X
[1] 26.44328
```

4. 포아송 분포

```
> Lambda = 2;
> i = 0;
> U = runif(1, min = 0, max = 1);
> Y = -(1/Lambda) * log(U);
> sum = Y ;
> while(sum < 1)
+ {U = runif(1, min = 0, max = 1)
+ Y = -(1/Lambda) * log(U)
+ sum = sum + Y
+ i = i + 1}
```

```
> X = i
>
> X
[1] 1
```

5. 기하분포

```
> K = 1;
> p = 0:2;
> while(runif(1) > p)
+ K = K + 1;
There were 50 or more warnings (use warnings() to see the first 50)
> K
[1] 974182
```

6. 코시분포

```
> U = numeric(1000);
> n = 100;
> average = numeric(n);
> for (i in 1 : n)
+ {U = runif(1000);
+ X = tan(pi * (U - 0.5));
+ average[i] = mean(X)}
> plot(1 : n,  average[1 : n], type = "l", lwd = 2, col = "red")
>
Cauchy distribution has no mean (Figure 13.6), or higher moments defined.
```

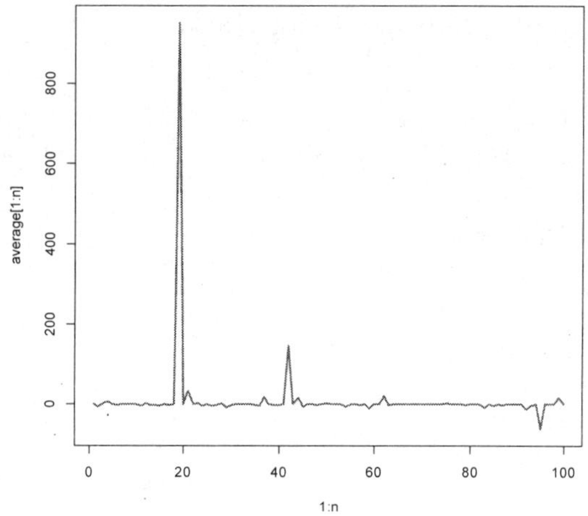

[그림 6.20] 코시분포

7. 파레토 분포

```
n <- 1000
u <- runif(n)
x <- (1-u)^(-0.5)

hist(x, prob=T, main = NA, ylim = c(0, 1.2), breaks= 100)
lines(density(x), col = "red")
curve(2/x^3, add = T, col ="blue", from =1)
```

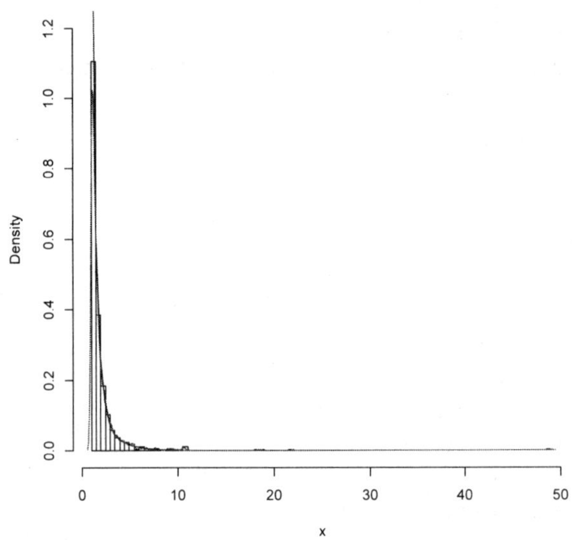

[그림 6.21] 파레토 분포

(2) 이산형

1. 베르누이 분포(Bernoulli distribution)

```
> p = 0.5
> U = runif(1, min = 0, max = 1)
> U
[1] 0.8674656
> X = (U < p)
> X
[1] FALSE
```

또 두 점 분포(Two point distribution)-베르누이 분포($p = 0.4$)

```
> n <- 1000
> p <- 0.4
> u <- runif(n)
> x <- as.integer(u > 0.6)
>
> mean(x)
[1] 0.395
> var(x)
[1] 0.2392142
```

이론적인 표본통계량의 평균은 $p = 0.4$이고 표본분산은 $p(1-p) = 0.24$인데, 시뮬레이션한 표본통계량의 평균 $\overline{x}= 0.40$이고 분산은 $s^2 = 0.239$임을 비교할 수 있다. 다른 방법으로

```
> n <- 1000
> p <- 0.4
> x<- rbinom(n, size=1, prob =p)
> mean(x)
[1] 0.406
> var(x)
[1] 0.2414054

> n <- 1000
> x<-sample(c(0,1), size=n, replace=TRUE, prob=c(0.6, 0.4))
> mean(x)
[1] 0.396
> var(x)
[1] 0.2394234
```

2. 이항분포

```
> (Binomial) Generate a Binomial(50, 0.2) random variable.
>
> p = 0.2
> n = 50
> U = runif(n, min = 0, max = 1)
> X = sum(U < p)
> U
 [1] 0.65428239 0.21249714 0.24825138 0.60104737 0.09817976 0.81885447
 [7] 0.95928470 0.87336887 0.16127253 0.91566064 0.86857804 0.94793948
```

```
[13] 0.04642271 0.36229986 0.92680118 0.14069581 0.88306719 0.20188123
[19] 0.01878936 0.21783513 0.55101271 0.56619722 0.93463568 0.12369726
[25] 0.72293324 0.23662828 0.42407221 0.09561636 0.90997408 0.96220938
[31] 0.06776098 0.06541087 0.10969677 0.44734401 0.11198676 0.82905029
[37] 0.32247641 0.40195363 0.77360268 0.68950430 0.52899073 0.13110123
[43] 0.50948108 0.22645623 0.16417364 0.46934079 0.22927155 0.43341503
[49] 0.95545530 0.27509971
> X
[1] 13
```

3. 이산분포

```
> #P(X = 1) = 0.35, P(X = 2) = 0.15, P(X = 3) = 0.4, P(X = 4) = 0.1
>
> P = c(0.35, 0.5, 0.9, 1)
> X = c(1, 2, 3, 4)
> counter = 1
> r = runif(1, min = 0, max = 1)
> while(r > P[counter])
+ counter = counter + 1
> end
function (x, ...)
UseMethod("end")
<bytecode: 0x08bb0e74>
<environment: namespace:stats>
> r
[1] 0.0836833
> X[counter]
[1] 1
```

4. 포아송 분포

```
> Lambda = 2;
> i = 0;
> U = runif(1, min = 0, max = 1);
> cdf=exp(-lambda)
> while(U>=cdf)
+ {i=i+1
+ cdf=cdf+exp(-lambda)*lambda^i/gamma(i+1)}
> x=i
> x
[1] 1
> mean(x)
[1] 1
```

5. 기하분포와 음이항분포

```
> #Geometric distribution
>
> n <- 1000
> p <- 0.25
> u <- runif(n)
> k <- ceiling(log(1-u) / log(1-p)) - 1
> mean(k)
[1] 2.896
> var(k)
[1] 10.40559
>
> # more efficient
> k <- floor(log(u) / log(1-p))
> mean(k)
[1] 3.039
> var(k)
[1] 12.1236
```

여기서 k는 실패의 수이다. 이론적인 표본통계량의 평균은 3이고 표본분산은 12인데, 시뮬레이션한 표본통계량의 평균 $\overline{x}=3.0$이고 분산은 $s^2=12.12$임을 비교할 수 있다.

```
> k=1;
> p=0.25;
> while(runif(1)>p)
+ k=k+1;
> k
[1] 2
> mean(k)
[1] 2
> var(k)
[1] NA
> k=1;
> p=0.20;
> while(runif(1)>p)
+ k=k+1;
> k
[1] 1
> mean(k)
[1] 1
> var(k)
[1] NA
```

여기서 k는 총 시행 수이다.

```
> #Negative Binomial distribution
> k=1
> p=0.2
> r=2
> success=0
> while(success<r)
+ {if (runif(1)>p)
+ {k=k+1
+ print=0 #failure
+ }else
+ {success=success+1
+ print=1}}#success
> k+r-1 # number of trials needed to obtain r success
[1] 6
>
> mean(k)
[1] 5
> var(k)
[1] NA
```

6.5.2 거절법

(1) 베타분포

1. Beta(2,4)

$$f(x) = 20x(1-x)^3,\ 0 < x < 1$$
$$g(x) = 1,\ 0 < x < 1$$
$$\frac{f(x)}{g(x)} = 20x(1-x)^3$$

여기서 $f(x)/g(x) \le c$를 만족하는 가장 작은 상수 c를 찾는다. 즉

$$\frac{d\left(\frac{f(x)}{g(x)}\right)}{dx} = 0$$
$$x = \frac{1}{4}$$
$$\frac{f(x)}{g(x)} \le \frac{135}{64}$$
$$\frac{f(x)}{cg(x)} = \frac{256}{27}x(1-x)^3$$

를 이용하여

```
> n = 1;
> while (n == 1)
+ {U1 = runif(1);
+ U2 = runif(1);
+ if (U2 <= 256/27 * U1 * (1 - U1)^3)
+ {X = U1;
+ n = 0}}
> X
[1] 0.3871277
```

2. Beta(2,2)

```
> n <- 1000
> k <- 0      #counter for accepted
> j <- 0      #iterations
>
> y <- numeric(n)
>
>  while (k < n) {
+  u <- runif(1)
+  j <- j + 1
+  x <- runif(1)  #random variate from g
+  if (x^2 * (1-x) > u) {
+        #we accept x
+     k <- k + 1
+     y[k] <- x
+     }
+  }
>
> j
[1] 11903
```

이 시뮬레이션에서 1,000개의 베타확률변수를 얻기 위해 11,903번의 반복이 요구된다. 경험 백분위수(empirical percentiles)와 이론 백분위수(theoretical percentiles)를 비교하면

```
> p <- seq(.1, .9, .1)
> Qhat <- quantile(y, p)    #quantiles of sample
> Q <- qbeta(p, 3, 2)       #theoretical quantiles
> se <- sqrt(p * (1-p) / (n * dbeta(Q, 3, 2)^2)) #see Ch. 2
>  round(rbind(Qhat, Q, se), 3)
```

```
      10%   20%   30%   40%   50%   60%   70%   80%   90%
Qhat 0.304 0.398 0.476 0.549 0.620 0.675 0.733 0.791 0.860
Q    0.320 0.418 0.492 0.555 0.614 0.671 0.728 0.788 0.857
se   0.011 0.010 0.010 0.009 0.009 0.009 0.008 0.008 0.008
```

결과의 첫 라인(Qhat)은 표본 백분위수로 두 번째 라인(Q)에 근사하면 볼 수 있고 분포의 중심으로 갈수록 더 가까워짐을 볼 수 있다.

(2) 감마분포 $G\left(\frac{5}{2}, 1\right)$

$$
\begin{aligned}
f(x) &= \frac{4}{3\sqrt{\pi}} x^{\frac{2}{3}} e^{-x},\ x > 0 \\
g(x) &= \frac{2}{5} e^{-\frac{2}{5}x},\ x > 0 \\
\frac{f(x)}{g(x)} &= \frac{10}{3\sqrt{\pi}} x^{\frac{3}{2}} e^{-\frac{3}{5}x}
\end{aligned}
$$

이므로

$$
\begin{aligned}
\frac{d\left(\frac{f(x)}{g(x)}\right)}{dx} &= 0 \\
x &= \frac{5}{2} \\
c &= \frac{10}{3\sqrt{\pi}} \left(\frac{5}{2}\right)^{\frac{3}{2}} e^{-\frac{3}{2}} \\
\frac{f(x)}{cg(x)} &= \frac{x^{\frac{3}{2}} e^{-\frac{3}{5}x}}{\left(\frac{5}{2}\right)^{\frac{3}{2}} e^{-\frac{3}{2}}}
\end{aligned}
$$

이다. 이미 알고 있는 지수확률변수의 생성을 이용하여 감마분포를 생성한다.

(3) 표준정규분포

$$
\begin{aligned}
f(x) &= \frac{2}{\sqrt{2\pi}} e^{-\frac{x^2}{2}},\ 0 < x < \infty \\
g(x) &= e^{-x},\ 0 < x < \infty \\
\frac{f(x)}{g(x)} &= \sqrt{\frac{2}{\pi}}\, e^{x - \frac{x^2}{2}}
\end{aligned}
$$

따라서 $x=1$에서 최댓값을 갖는다. 그러므로 $c=\sqrt{\frac{2e}{\pi}}$ 이므로

$$\frac{f(x)}{cg(x)}=e^{-\frac{(x-1)^2}{2}}.$$

이다. 거절법에 의해 표준정규분포를 생성시킨다.

6.5.3 변수변환법

(1) 표준정규분포

예제 6.14에서 변수변환에 의한 박스-뮬러 변환을 다루었다.

(2) 베타분포 Beta(3,2)

$U\sim G(r,\lambda)$, $V\sim G(s,\lambda)$이고 서로 독립이면 $X=\frac{U}{U+V}\sim B(r,s)$이다(참조 3.2.7절).

```
> n <- 1000
> a <- 3
> b <- 2
> u <- rgamma(n, shape=a, rate=1)
> v <- rgamma(n, shape=b, rate=1)
> x <- u / (u + v)
> q <- qbeta(ppoints(n), a, b)
> qqplot(q, x, cex=0.25, xlab="Beta(3, 2)", ylab="Sample")
> abline(0, 1)
```

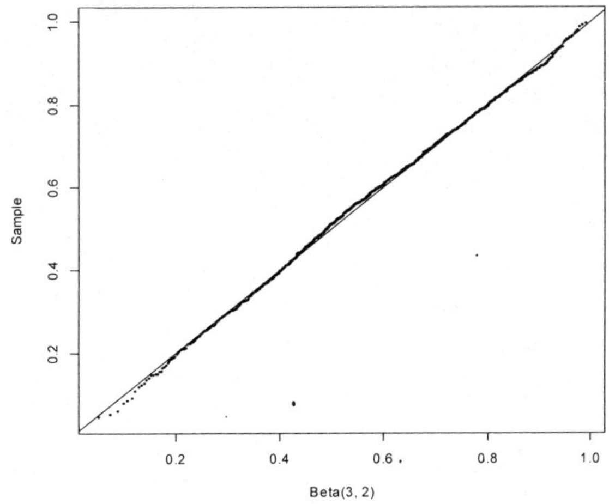

[그림 6.22] 베타분포 (3,2)와 Q-Q 그림

(3) 카이제곱분포

만약 $Z \sim N(0,1)$이면 $V = Z^2 \sim \chi^2(1)$이다.

(4) F-분포

$U \sim \chi^2(m)$, $V \sim \chi^2(n)$이고 서로 독립이면 $F = \frac{U/m}{V/n} \sim F(m,n)$이다.

(5) t-분포

$Z \sim N(0,1)$, $V \sim \chi^2(n)$이고 서로 독립이면 $T = \frac{Z}{\sqrt{V/n}} \sim t(n)$이다.

연습문제

01 X가 균등분포 $U(0,1)$을 따르는 확률변수인 경우에 $Y = -2\log X$는 지수분포 $E_X(1/2)$, 즉 자유도가 2인 카이제곱분포 χ_2^2를 따르는 것을 보여라.

02 X가 자유도 n의 카이제곱분포 χ_n^2를 따르는 경우에 $Y = \sqrt{X}$는 자유도 n의 카이분포 χ_n을 따른다고 한다. 이 분포의 확률밀도함수, 평균 및 분산을 구하라. 특히 물리학에서는 χ_2를 **레일리 분포**(Rayleigh distribution), χ_3를 **맥스웰 분포**(Maxwell distribution)라고 한다.

03 R은 레일리 분포를 따르고 ϑ는 균등분포 $U(-\pi, \pi)$를 따르는 서로 독립인 확률변수라고 한다. 이 경우에

$$X = R\cos\vartheta, \quad Y = R\sin\vartheta$$

는 독립인 확률변수이고 각각 표준정규분포 $N(0, 1)$을 따르는 것을 보여라.

04 분포함수 $F(x)$가 1 대 1일 때 정리 6.4를 증명하라.

05 [C8] **코시분포**(Cauchy distribution): $C(\mu, \sigma)$

다음과 같은 밀도함수를 가지는 분포를 코시분포라고 한다.

$$f(x \mid \theta) = (\pi\sigma)^{-1}\left[1 + \left(\frac{x-\mu}{\sigma}\right)^2\right]^{-1}, \quad -\infty < x < \infty$$
$$\Theta = \{\theta = (\mu, \sigma):\ -\infty < \mu < \infty,\ 0 < \sigma < \infty\}$$

(1) $f(x \mid \theta)$가 밀도함수의 조건을 만족하는지를 보여라.
(2) 평균값이 존재하지 않는 것을 보여라.

06 확률변수 X, Y는 독립이고 표준정규분포 $N(0, 1)$을 따를 때 $Z = X/Y$는 코시분포 $C(0, 1)$을 따르는 것을 보여라.

07 (X, Y)는 다음과 같은 밀도함수를 가지는 이차원 정규분포를 따른다고 한다.

$$f(x, y) = \frac{1}{2\pi\sigma_1\sigma_2\sqrt{1-\rho^2}}$$
$$\times \exp\left[-\frac{1}{2(1-\rho^2)}\left\{\left(\frac{x}{\sigma_1}\right)^2 - 2\rho\left(\frac{x}{\sigma_1}\right)\left(\frac{y}{\sigma_2}\right) + \left(\frac{y}{\sigma_2}\right)^2\right\}\right]$$

(1) $Z = X/Y$는 코시분포 $C(\gamma\rho, \gamma\sqrt{1-\rho^2})$를 따름을 보여라. 단, $\gamma = \sigma_1/\sigma_2$이다.

(2) 이 코시분포의 분포함수를 이용해

$$P\{XY < 0\} = \pi^{-1}\cos^{-1}\rho \quad (0 \le \cos^{-1}\rho \le \pi)$$

가 성립하는 것을 보여라.

08 확률변수 X, Y는 서로 독립이고 각각 감마분포 $G_A(\alpha, \sigma)$, $G_A(\beta, \sigma)$를 따를 때 다음 물음에 답하라.

(1) $Z = X/(X+Y)$의 밀도함수를 구하라. 그것은 어떤 분포인가?

(2) $T = Y/X$, $U = X+Y$로 둘 때 T와 U가 서로 독립임을 보여라.

09 확률변수 X, Y는 서로 독립으로 각각 자유도 m, n의 카이제곱분포 χ^2_m, χ^2_n을 따르는 경우, $Z = X/(X+Y)$의 밀도함수를 구하라. 그것은 어떤 분포를 따르는가?

10 확률변수 X, Y는 독립이고 각각 지수분포 $E_X(\lambda)$를 따를 때 $Z = X/(X+Y)$의 밀도함수를 구하라.

11 확률변수 X가 베타분포 $B_E(k, m)$를 따를 때 $Y = \left(\frac{X}{2k}\right)\Big/\left(\frac{1-X}{2m}\right)$는 자유도 $(2k, 2m)$의 F-분포를 따르는 것을 보여라. 여기서 k, m은 양의 정수이다.

12 X가 이항분포 $B(n, p)$를 따르는 경우에 다음의 등식

$$P\{X \geq k\} = P\left\{Y \leq \frac{p/(2k)}{(1-p)/(2(n-k+1))}\right\}$$

이 성립하는 것을 보여라. 여기서 Y는 자유도 $(2k, 2(n-k+1))$의 F-분포를 따르는 확률변수이다.
[**Hint**: 연습문제 3.11, 6.11 참조]

13 $F(x\,;\mu)$는 포아송 분포 $P(\mu)$의 분포함수이고 $H(y\,;v)$는 자유도가 v인 카이제곱분포의 분포함수를 나타낸다고 하자. 그러면 $F(x\,;\mu) = 1 - H[2\mu\,; 2(x+1)]$이 성립함을 보여라.

부 록

부록 A 확률분포와 관련된 R 함수

아래 표에 있는 확률분포들은 확률 혹은 확률밀도(continuous density or discrete probability mass function)는 d____( ), 누적확률(cumulative distribution function)은 p____( ), 분위수(quantile)는 q____( ), 그리고 임의수(random variable simulation)는 r____( )를 산출해 낸다. 자세한 각 함수의 용법은 help(rnorm), ... 등으로 알 수 있다.

분포(distribution)	R 함수
Beta	*beta*
Binomial	*binom*
Cauchy	*cauchy*
Chi-square	*chisq*
Exponetial	*exp*
F	*f*
Gamma	*gamma*
Geometric	*geom*
Hypergeometric	*hyper*
Log-normal	*lnorm*
Multinomial	*multinom*
Negative binomial	*nbinom*
Normal	*norm*
Poisson	*pois*
Student's t	*t*
Uniform	*unif*
Weibull	*weibull*

부록 B 함수, 라이프니츠 법칙, 테일러 전개, $O(\cdot)$와 $o(\cdot)$

[1] 함수

두 집합 X와 Y에 대하여 X의 각 원소에 Y의 원소를 꼭 하나씩 대응시켜 주는 규칙 f를 X에서 Y로의 함수(function)라고 하고

$$f: X \rightarrow Y$$

로 나타낸다. 이때 X를 f의 정의역(domain)이라고 하고, Y를 f의 공역(codomain)이라고 한다. 그리고 X의 원소 x에 대응하는 Y의 원소 y를 x의 상(image) 또는 x에서의 f의 함수값이라고 하고 보통 $y = f(x)$로 나타낸다. 함수 $f: X \rightarrow Y$에서 집합

$$f(x): x \in X$$

를 f의 치역(range)이라고 하고 $f(X)$로 나타낸다.

(1) X의 임의의 두 원소 x_1, x_2에 대해

$$x_1 \neq x_2 \quad => \quad f(x_1) \neq f(x_2)$$

일 때 f를 단사함수(one-to-one function)라고 한다.

(2) $f(X) = Y$일 때, 즉 f의 치역과 공역이 일치할 때 f를 전사함수(onto function)라고 한다.

(3) 단사함수인 동시에 전사함수인 함수를 전단사함수(bijective function)라고 한다.

(4) 집합 X와 Y 사이에 전단사함수가 존재하면 X와 Y는 1 대 1 대응관계에 있다고 한다.

[2] 라이프니츠(Leibniz) 법칙

$I(t) = \int_{g(t)}^{h(t)} f(x\,;t)\,dx$ 로 두자. 여기서 $f(x\,;t)$, $g(t)$, $h(t)$는 미분가능 함수라고 가정한다. 그러면 다음 사실이 성립한다.

(1) $\dfrac{dI}{dt} = \displaystyle\int_{g(t)}^{h(t)} \frac{\partial f}{\partial t}\,dx + f(h(t)\,;t)\,\frac{dh}{dt} - f(g(t)\,;t)\,\frac{dg}{dt}$

(2) 특별한 경우: $\dfrac{d}{dt}\left[\displaystyle\int_{g(t)}^{h(t)} f(x)\,dx\right] = f(h(t))\,\dfrac{dh}{dt} - f(g(t))\,\dfrac{dg}{dt}$

$$\frac{d}{dt}\left[\int_0^t f(x)\,dx\right] = f(t)$$

[3] 테일러 전개(Taylor Series)

$x = a$ 주위에서 $f(x)$의 테일러 전개는 다음과 같이 정의된다.

$$f(x) = f(a) + f^{(1)}(a)(x-a) + \frac{f^{(2)}(a)(x-a)^2}{2!} + \cdots + \frac{f^{(n)}(a)(x-n)^3}{n!} + R_n$$

여기서 $f^{(l)}(a) = \left.\dfrac{d^l f(x)}{dx^l}\right|_{x=a}$, $R_n = \dfrac{f^{(n)}(a)(x-c)^3}{n!}$, $a \leq c \leq x$ 이고 R_n은 나머지(remainder)이다. $f(x)$는 적어도 $n+1$ 까지의 도함수를 가진다고 가정한다. 특히 $x = 0$ 주위에서의 테일러 전개를 맥클로린 전개(Maclaurin' series)라고 한다.

R^m 상에서 정의된 함수 $f(\boldsymbol{x})$ 가 $n+1$ 까지의 도함수를 가진다고 가정할 때, $\boldsymbol{x} = \boldsymbol{a}$ 에서의 테일러 전개는 다음과 같이 정의된다.

$$\begin{aligned} f(\boldsymbol{x}) = f(\boldsymbol{a}) &+ \sum_{k=1}^{n-1} \frac{1}{k!} \sum_{i_1=1}^{m} \cdots \sum_{i_k=1}^{m} \left.\frac{\partial^k f(x_1, \cdots, x_m)}{\partial x_{i_1} \cdots \partial x_{i_m}}\right|_{\boldsymbol{x}=\boldsymbol{a}} \cdot \prod_{j=1}^{k} (x_{i_j} - a_{i_j}) \\ &+ \frac{1}{n!} \sum_{i_1=1}^{m} \cdots \sum_{i_n=1}^{m} \left.\frac{\partial^n f(x_1, \cdots, x_m)}{\partial x_{i_1} \cdots \partial x_{i_m}}\right|_{\boldsymbol{x}=\boldsymbol{z}} \cdot \prod_{j=1}^{n} (x_{i_j} - a_{i_j}) + R_n \end{aligned}$$

여기서 $\boldsymbol{z}$ 는 $\boldsymbol{x}$ 와 $\boldsymbol{a}$ 를 연결하는 선분(line segment)의 내부에 있는 점이다.

[4] $O(\cdot)$와 $o(\cdot)$

만일 적당한 x_0와 상수 $c > 0$가 존재하여 모든 $x \geq x_0$에 대해 $|f(x)| < c\,g(x)$가 성립하면 $f(x) = O(g(x))$로 표기한다. 그러므로 $f(x) = O(g(x))$는 큰 x에 대해 $|f(x)|/g(x)$가 유계(bounded)인 것을 의미한다. 또한 $f(x) = O(1)$은 큰 x에 대해 $f(x)$가 유계인 것을 의미한다.

만일 $x \to \infty$일 때 $\lim_{x \to \infty} f(x)/g(x) = 0$가 성립하면 $f(x) = o(g(x))$로 표기한다. $f(x) = o(1)$은 $x \to \infty$일 때 $\lim_{x \to \infty} f(x) = 0$인 것을 의미한다.

$\{X_n\}$은 확률변수들의 수열이고 $\{F_n\}$은 대응되는 분포함수들의 수열이라고 하자. 만일 모든 $\epsilon > 0$에 대해,

$$n > N_\epsilon \;\Rightarrow\; F_n(M_\epsilon) - F_n(-M_\epsilon) > 1 - \epsilon$$

이 성립하는 N_ϵ과 M_ϵ이 존재하면 $\{X_n\}$은 확률적 유계(bounded in probability)라고 한다. 이 경우에 $X_n = O_p(1)$로 나타낸다. 그리고 $X_n \to^d X \Rightarrow X_n = O_p(1)$이 성립하는 것을 쉽게 알 수 있다.

일반적으로 $\{U_n\}$과 $\{V_n\}$이 확률변수들의 수열일 때 $U_n = O_p(V_n)$은 수열 $\{U_n / V_n\}$이 $O_p(1)$인 것을 의미한다. 더욱이 $U_n = o_p(V_n)$은 $U_n / V_n \to^p 0$인 것을 의미한다. 특히 $U_n = o_p(V_n) \Rightarrow U_n = O_p(V_n)$가 성립한다.

부록 C 확률분포의 대표적 모형

C.1 이산형 분포(discrete distribution)

[D1] 이산균등분포(discrete uniform distribution): $DU(n)$

$$f(x) = 1/n, \quad x = 1, \cdots, n \quad (n = 1, 2, \cdots)$$

$$E(X) = (n+1)/2, \quad V(X) = (n^2 - 1)/12,$$

[D2] 초기하분포(hypergeometric distribution): $HG(N;\ n, p)$

$$f(x \mid p) = \binom{Np}{x}\binom{N(1-p)}{n-x} \Big/ \binom{N}{n},$$

$$x = \{0 \vee (n - N(1-p))\}, \cdots, (n \wedge M)$$

$$\Theta = \{p : p = 0, 1/N, \cdots, N/N\}$$

$$E(X) = np, \quad V(X) = \{(N-n)/(N-1)\}np(1-p)$$

[D3] 이항분포(binomial distribution): $B(n, p)$

$$f(x \mid p) = \binom{n}{x} p^x (1-p)^{n-x},$$

$$x = 0, 1, \cdots, n, \ , \Theta = \{p : 0 < p < 1\}, \quad (n = 1, 2, \cdots)$$

$$E(X) = np, \quad V(X) = np(1-p),$$

[D4] 포아송 분포(Poisson distribution): $P(\lambda)$

$$f(x \mid \lambda) = e^{-\lambda}\lambda^x / x!,$$

$$x = 0, 1, 2, \cdots, \Theta = \{\lambda : 0 < \lambda < \infty\}$$

$$E(X) = V(x) = \lambda$$

[D5] 기하분포(geometric distribution): $G_E(p)$

$$f(x \mid p) = p(1-p)^x,$$

$$x = 0, 1, 2, \cdots, \quad \Theta = \{p : 0 < p < 1\}$$

$$E(X) = (1-p)/p, \ V(X) = (1-p)/p^2,$$

[D6] 음이항분포(neagtive binomial distribution): $NB(n,\ p)$

$$f(x \mid p) = \binom{n+x-1}{n-1} p^n (1-p)^x,$$

$$x = 0, 1, 2, \cdots,\ \Theta = \{p : 0 < p < 1\},\quad (n = 1,\ 2,\ \cdots)$$

$$E(X) = n(1-p)/p,\quad V(X) = n(1-p)/p^2$$

특별한 경우: $NB(1,\ p) = G(p)$

[MD1] 다항분포(multinomial distribution): $M_N(n; p_1, \cdots, p_k)$

$$f(x_1, \cdots, x_k \mid p_1, \cdots, p_k) = \binom{n}{x_1, \cdots, x_k} p_1^{x_1} \cdots\ p_k^{x_k}$$

$$x_i \geqq 0,\quad x_1 + \cdots + x_k = n$$

$$\Theta = \{(p_1, \cdots, p_k) :\ p_i > 0, p_1 + \cdots + p_k = 1\},\quad (n = 1, 2, \cdots)$$

$$E(X_i) = np_i,\quad V(X_i) = np_i(1-p_i)$$

$$Cov(X_i, X_j) = -np_ip_j\quad (i \neq j \text{의 경우})$$

C.2 연속형 분포(continuous distribution)

[C1] 균등분포(uniform distribution): $U(\alpha,\ \beta)$

$$f(x) = \begin{cases} 1/(\beta-\alpha), & \alpha < x < \beta \\ 0, & \text{그외의 경우} \end{cases},$$

$$\Theta = \{\boldsymbol{\theta} = (\alpha, \beta) :\ -\infty < \alpha < \beta < \infty\}$$

$$E(X) = (\alpha+\beta)/2,\qquad V(X) = (\alpha-\beta)^2/12$$

[C2] 정규분포(normal distribution): $N(\mu, \sigma^2)$

$$f(x \mid \theta) = (2\pi\sigma^2)^{-1/2}\exp\{-(x-\mu)^2/(2\sigma^2)\},$$

$$-\infty < x < \infty,\quad \Theta = \{\boldsymbol{\theta} = (\mu, \sigma^2) :\ -\infty < \mu < \infty, 0 < \sigma^2 < \infty\}$$

$$E(X) = \mu,\qquad V(X) = \sigma^2$$

[C3] 지수분포(exponential distribution): $E_X(\lambda)$

$$f(x \mid \lambda) = \lambda \exp(-\lambda x),$$
$$0 < x < \infty, \quad \Theta = \{\lambda : 0 < \lambda < \infty\}$$
$$E(X) = 1/\lambda, \quad V(X) = 1/\lambda^2$$

[C4] 감마분포(gamma distribution): $G_A(\alpha, \beta)$

$$f(x \mid \theta) = \{\Gamma(\alpha)\beta^{\alpha}\}^{-1} x^{\alpha-1} \exp(-x/\beta)$$
$$0 < x < \infty, \quad \Theta = \{\boldsymbol{\theta} = (\alpha, \beta) : 0 < \alpha, \beta < \infty\}$$
$$E(X) = \alpha\beta, \quad V(X) = \alpha\beta^2,$$

특별한 경우: $G_A(1, \lambda^{-1}) = E_X(\lambda)$, $G_A(n/2, 2\sigma^2) = \sigma^2 \chi_n^2$

[C5] 베타분포(beta distribution): $B_E(\alpha, \beta)$

$$f(x \mid \theta) = B(\alpha, \beta)^{-1} x^{\alpha-1} (1-x)^{\beta-1},$$
$$0 < x < 1, \quad \Theta = \{\boldsymbol{\theta} = (\alpha, \beta) : 0 < \alpha, \beta < \infty\}$$
$$E(X) = \alpha/(\alpha+\beta), \quad V(X) = \alpha\beta / \{(\alpha+\beta)^2(\alpha+\beta+1)\}$$

특별한 경우: $B_E(1, 1) = U(0, 1)$

[C6] 대수정규분포(log-normal distribution): $LN(\mu, \sigma^2)$

$$f(x \mid \theta) = (2\pi\sigma^2)^{-1/2} x^{-1} \exp\{-(\log x - \mu)^2 / (2\sigma^2)\}$$
$$0 < x < \infty, \quad \Theta = \{\boldsymbol{\theta} = (\mu, \sigma^2) : -\infty < \mu < \infty, 0 < \sigma^2 < \infty\}$$
$$E(X) = \rho\omega, \quad V(X) = \rho^2\omega^2(\omega^2 - 1),$$

여기서 $\rho = \exp(\mu)$, $\omega = \exp(\sigma^2/2)$

특별한 성질: $X \sim LN(\mu, \sigma^2)$일 때 $Y = \log X \sim N(\mu, \sigma^2)$

[C7] 와이블 분포(Weibull distribution): $W_E(\alpha, \beta)$

$$f(x \mid \theta) = (\alpha/\beta)(x/\beta)^{\alpha-1} \exp\{-(x/\beta)^{\alpha}\}$$
$$0 < x < \infty, \quad \Theta = \{\theta = (\alpha, \beta) : 0 < \alpha, \beta < \infty\}$$
$$E(X) = \beta\Gamma(\alpha^{-1} + 1),$$
$$V(X) = \beta^2\{\Gamma(2\alpha^{-1} + 1) - \Gamma(\alpha^{-1} + 1)^2\}$$

[C8] 코시 분포(Cauchy distribution): $C(\mu, \sigma)$

$f(x \mid \theta) = (\pi\sigma)^{-1}[1 + \{(x-\mu)/\sigma\}^2]^{-1}$,

$-\infty < x < \infty, \quad \Theta = \{\boldsymbol{\theta} = (\mu, \sigma): -\infty < \mu < \infty, 0 < \sigma < \infty\}$

$E(X)$, $V(X)$는 존재하지 않는다.

C.3 표본분포(sample distributions)

[S1] 카이제곱분포(chi-square distribution): χ_n^2

$f(x) = \{\Gamma(n/2)2^{n/2}\}^{-1}x^{n/2-1}\exp(-x/2), \quad 0 < x < \infty$

$E(X) = n, \quad V(X) = 2n$

특별한 성질:

(1) $\chi_n^2 = G(n/2, 2)$

(2) 표본정규분포 $N(0,1)$의 확률표본 $X_1, X_2, \cdots, X_n$의 제곱합은 카이제곱 분포 χ_n^2를 따른다. 즉 $\sum_{i=1}^{n} X_i^2 \sim \chi_n^2$

[S2] t-분포(t-distribution): t_n

$f(x) = \Gamma((n+1)/2)/\{\sqrt{n\pi}\,\Gamma(n/2)\}(1 + x^2/n)^{-(n+1)/2}$,

$-\infty < x < \infty, \quad (n = 1, 2, \cdots)$

$E(X) = 0 \quad (n > 1$의 경우)

$V(X) = n/(n-2), \quad (n > 2$ 의 경우)

특별한 성질: $X \sim N(0, 1)$, $Y \sim \chi_n^2$이고 X와 Y가 서로 독립

$\Rightarrow Z = X/\sqrt{Y/n} \sim t_n$

[S3] F-분포(F-distribution): F_n^m

$f(x) = B(m/2, n/2)^{-1}(m/n)^{m/2}x^{m/2-1}(1 + (m/n)x)^{-(m+n)/2}$,

$0 < x < \infty, \quad (m, n = 1, 2, \cdots)$.

$E(X) = n/(n-2), \quad (n > 2$의 경우)

$V(X) = \{2n^2(m+n-2)\}/\{m(n-2)^2(n-4)\}, \quad (n > 4$의 경우)

특별한 성질: $X \sim \chi_m^2$, $Y \sim \chi_n^2$이고 X와 Y가 서로 독립

$\Rightarrow F = (X/m)/(Y/n) \sim F_n^m$

특별한 경우: $t_n^2 = F_n^1$

부록 D 분포표

D.1 이항분포 누적확률표

$P(X \le x)$

x		p										
		0.05	0.10	0.20	0.30	0.40	0.50	0.60	0.70	0.80	0.90	0.95
n=1	0	0.950	0.900	0.800	0.700	0.600	0.500	0.400	0.300	0.200	0.100	0.050
	1	1.000	1.000	1.000	1.000	1.000	1.000	1.000	1.000	1.000	1.000	1.000
n=2	0	0.902	0.810	0.640	0.490	0.360	0.250	0.160	0.090	0.040	0.010	0.003
	1	0.997	0.990	0.960	0.910	0.840	0.750	0.640	0.510	0.360	0.190	0.098
	2	1.000	1.000	1.000	1.000	1.000	1.000	1.000	1.000	1.000	1.000	1.000
n=3	0	0.857	0.729	0.512	0.343	0.216	0.125	0.064	0.027	0.008	0.001	0.000
	1	0.993	0.972	0.896	0.784	0.648	0.500	0.352	0.216	0.104	0.028	0.007
	2	1.000	0.999	0.992	0.973	0.936	0.875	0.784	0.657	0.488	0.271	0.143
	3	1.000	1.000	1.000	1.000	1.000	1.000	1.000	1.000	1.000	1.000	1.000
n=4	0	0.815	0.656	0.410	0.240	0.130	0.063	0.026	0.008	0.002	0.000	0.000
	1	0.986	0.948	0.819	0.652	0.475	0.313	0.179	0.084	0.027	0.004	0.000
	2	1.000	0.996	0.973	0.916	0.821	0.688	0.525	0.348	0.181	0.052	0.014
	3	1.000	1.000	0.998	0.992	0.974	0.938	0.870	0.760	0.590	0.344	0.185
	4	1.000	1.000	1.000	1.000	1.000	1.000	1.000	1.000	1.000	1.000	1.000
n=5	0	0.774	0.590	0.328	0.168	0.078	0.031	0.010	0.002	0.000	0.000	0.000
	1	0.977	0.919	0.737	0.528	0.337	0.188	0.087	0.031	0.007	0.000	0.000
	2	0.999	0.991	0.942	0.837	0.683	0.500	0.317	0.163	0.058	0.009	0.001
	3	1.000	1.000	0.993	0.969	0.913	0.813	0.663	0.472	0.263	0.081	0.023
	4	1.000	1.000	1.000	0.998	0.990	0.969	0.922	0.832	0.672	0.410	0.226
	5	1.000	1.000	1.000	1.000	1.000	1.000	1.000	1.000	1.000	1.000	1.000
n=6	0	0.735	0.531	0.262	0.118	0.047	0.016	0.004	0.001	0.000	0.000	0.000
	1	0.967	0.886	0.655	0.420	0.233	0.109	0.041	0.011	0.002	0.000	0.000
	2	0.998	0.984	0.901	0.744	0.544	0.344	0.179	0.070	0.017	0.001	0.000
	3	1.000	0.999	0.983	0.930	0.821	0.656	0.456	0.256	0.099	0.016	0.002
	4	1.000	1.000	0.998	0.989	0.959	0.891	0.767	0.580	0.345	0.114	0.033
	5	1.000	1.000	1.000	0.999	0.996	0.984	0.953	0.882	0.738	0.469	0.265
	6	1.000	1.000	1.000	1.000	1.000	1.000	1.000	1.000	1.000	1.000	1.000
n=7	0	0.698	0.478	0.210	0.082	0.028	0.008	0.002	0.000	0.000	0.000	0.000
	1	0.956	0.850	0.577	0.329	0.159	0.063	0.019	0.004	0.000	0.000	0.000
	2	0.996	0.974	0.852	0.647	0.420	0.227	0.096	0.029	0.005	0.000	0.000
	3	1.000	0.997	0.967	0.874	0.710	0.500	0.290	0.126	0.033	0.003	0.000
	4	1.000	1.000	0.995	0.971	0.904	0.773	0.580	0.353	0.148	0.026	0.004
	5	1.000	1.000	1.000	0.996	0.981	0.938	0.841	0.671	0.423	0.150	0.044
	6	1.000	1.000	1.000	1.000	0.998	0.992	0.972	0.918	0.790	0.522	0.302
	7	1.000	1.000	1.000	1.000	1.000	1.000	1.000	1.000	1.000	1.000	1.000

$P(X \leq x)$

	x	p = 0.05	0.10	0.20	0.30	0.40	0.50	0.60	0.70	0.80	0.90	0.95
n=8	0	0.663	0.430	0.168	0.058	0.017	0.004	0.001	0.000	0.000	0.000	0.000
	1	0.943	0.813	0.503	0.255	0.106	0.035	0.009	0.001	0.000	0.000	0.000
	2	0.994	0.962	0.797	0.552	0.315	0.145	0.050	0.011	0.001	0.000	0.000
	3	1.000	0.995	0.944	0.806	0.594	0.363	0.174	0.058	0.010	0.000	0.000
	4	1.000	1.000	0.990	0.942	0.826	0.637	0.406	0.194	0.056	0.005	0.000
	5	1.000	1.000	0.999	0.989	0.950	0.855	0.685	0.448	0.203	0.038	0.006
	6	1.000	1.000	1.000	0.999	0.991	0.965	0.894	0.745	0.497	0.187	0.057
	7	1.000	1.000	1.000	1.000	0.999	0.996	0.983	0.942	0.832	0.570	0.337
	8	1.000	1.000	1.000	1.000	1.000	1.000	1.000	1.000	1.000	1.000	1.000
n=9	0	0.630	0.387	0.134	0.040	0.010	0.002	0.000	0.000	0.000	0.000	0.000
	1	0.929	0.775	0.436	0.196	0.071	0.020	0.004	0.000	0.000	0.000	0.000
	2	0.992	0.947	0.738	0.463	0.232	0.090	0.025	0.004	0.000	0.000	0.000
	3	0.999	0.992	0.914	0.730	0.483	0.254	0.099	0.025	0.003	0.000	0.000
	4	1.000	0.999	0.980	0.901	0.733	0.500	0.267	0.099	0.020	0.001	0.000
	5	1.000	1.000	0.997	0.975	0.901	0.746	0.517	0.270	0.086	0.008	0.001
	6	1.000	1.000	1.000	0.996	0.975	0.910	0.768	0.537	0.262	0.053	0.008
	7	1.000	1.000	1.000	1.000	0.996	0.980	0.929	0.804	0.564	0.225	0.071
	8	1.000	1.000	1.000	1.000	1.000	0.998	0.990	0.960	0.866	0.613	0.370
	9	1.000	1.000	1.000	1.000	1.000	1.000	1.000	1.000	1.000	1.000	1.000
n=10	0	0.599	0.349	0.107	0.028	0.006	0.001	0.000	0.000	0.000	0.000	0.000
	1	0.914	0.736	0.376	0.149	0.046	0.011	0.002	0.000	0.000	0.000	0.000
	2	0.988	0.930	0.678	0.383	0.167	0.055	0.012	0.002	0.000	0.000	0.000
	3	0.999	0.987	0.879	0.650	0.382	0.172	0.055	0.011	0.001	0.000	0.000
	4	1.000	0.998	0.967	0.850	0.633	0.377	0.166	0.047	0.006	0.000	0.000
	5	1.000	1.000	0.994	0.953	0.834	0.623	0.367	0.150	0.033	0.002	0.000
	6	1.000	1.000	0.999	0.989	0.945	0.828	0.618	0.350	0.121	0.013	0.001
	7	1.000	1.000	1.000	0.998	0.988	0.945	0.833	0.617	0.322	0.070	0.012
	8	1.000	1.000	1.000	1.000	0.998	0.989	0.954	0.851	0.624	0.264	0.086
	9	1.000	1.000	1.000	1.000	1.000	0.999	0.994	0.972	0.893	0.651	0.401
	10	1.000	1.000	1.000	1.000	1.000	1.000	1.000	1.000	1.000	1.000	1.000
n=11	0	0.569	0.314	0.086	0.020	0.004	0.000	0.000	0.000	0.000	0.000	0.000
	1	0.898	0.697	0.322	0.113	0.030	0.006	0.001	0.000	0.000	0.000	0.000
	2	0.985	0.910	0.617	0.313	0.119	0.033	0.006	0.001	0.000	0.000	0.000
	3	0.998	0.981	0.839	0.570	0.296	0.113	0.029	0.004	0.000	0.000	0.000
	4	1.000	0.997	0.950	0.790	0.533	0.274	0.099	0.022	0.002	0.000	0.000
	5	1.000	1.000	0.988	0.922	0.753	0.500	0.247	0.078	0.012	0.000	0.000
	6	1.000	1.000	0.998	0.978	0.901	0.726	0.467	0.210	0.050	0.003	0.000
	7	1.000	1.000	1.000	0.996	0.971	0.887	0.704	0.430	0.161	0.019	0.002
	8	1.000	1.000	1.000	0.999	0.994	0.967	0.881	0.687	0.383	0.090	0.015
	9	1.000	1.000	1.000	1.000	0.999	0.994	0.970	0.887	0.678	0.303	0.102
	10	1.000	1.000	1.000	1.000	1.000	1.000	0.996	0.980	0.914	0.686	0.431
	11	1.000	1.000	1.000	1.000	1.000	1.000	1.000	1.000	1.000	1.000	1.000

$P(X \leq x)$

x	p										
	0.05	0.10	0.20	0.30	0.40	0.50	0.60	0.70	0.80	0.90	0.95
n=12 0	0.540	0.282	0.069	0.014	0.002	0.000	0.000	0.000	0.000	0.000	0.000
1	0.882	0.659	0.275	0.085	0.020	0.003	0.000	0.000	0.000	0.000	0.000
2	0.980	0.889	0.558	0.253	0.083	0.019	0.003	0.000	0.000	0.000	0.000
3	0.998	0.974	0.795	0.493	0.225	0.073	0.015	0.002	0.000	0.000	0.000
4	1.000	0.996	0.927	0.724	0.438	0.194	0.057	0.009	0.001	0.000	0.000
5	1.000	0.999	0.981	0.882	0.665	0.387	0.158	0.039	0.004	0.000	0.000
6	1.000	1.000	0.996	0.961	0.842	0.613	0.335	0.118	0.019	0.001	0.000
7	1.000	1.000	0.999	0.991	0.943	0.806	0.562	0.276	0.073	0.004	0.000
8	1.000	1.000	1.000	0.998	0.985	0.927	0.775	0.507	0.205	0.026	0.002
9	1.000	1.000	1.000	1.000	0.997	0.981	0.917	0.747	0.442	0.111	0.020
10	1.000	1.000	1.000	1.000	1.000	0.997	0.980	0.915	0.725	0.341	0.118
11	1.000	1.000	1.000	1.000	1.000	1.000	0.998	0.986	0.931	0.718	0.460
12	1.000	1.000	1.000	1.000	1.000	1.000	1.000	1.000	1.000	1.000	1.000
n=13 0	0.513	0.254	0.055	0.010	0.001	0.000	0.000	0.000	0.000	0.000	0.000
1	0.865	0.621	0.234	0.064	0.013	0.002	0.000	0.000	0.000	0.000	0.000
2	0.975	0.866	0.502	0.202	0.058	0.011	0.001	0.000	0.000	0.000	0.000
3	0.997	0.966	0.747	0.421	0.169	0.046	0.008	0.001	0.000	0.000	0.000
4	1.000	0.994	0.901	0.654	0.353	0.133	0.032	0.004	0.000	0.000	0.000
5	1.000	0.999	0.970	0.835	0.574	0.291	0.098	0.018	0.001	0.000	0.000
6	1.000	1.000	0.993	0.938	0.771	0.500	0.229	0.062	0.007	0.000	0.000
7	1.000	1.000	0.999	0.982	0.902	0.709	0.426	0.165	0.030	0.001	0.000
8	1.000	1.000	1.000	0.996	0.968	0.867	0.647	0.346	0.099	0.006	0.000
9	1.000	1.000	1.000	0.999	0.992	0.954	0.831	0.579	0.253	0.034	0.003
10	1.000	1.000	1.000	1.000	0.999	0.989	0.942	0.798	0.498	0.134	0.025
11	1.000	1.000	1.000	1.000	1.000	0.998	0.987	0.936	0.766	0.379	0.135
12	1.000	1.000	1.000	1.000	1.000	1.000	0.999	0.990	0.945	0.746	0.487
13	1.000	1.000	1.000	1.000	1.000	1.000	1.000	1.000	1.000	1.000	1.000
n=14 0	0.488	0.229	0.044	0.007	0.001	0.000	0.000	0.000	0.000	0.000	0.000
1	0.847	0.585	0.198	0.047	0.008	0.001	0.000	0.000	0.000	0.000	0.000
2	0.970	0.842	0.448	0.161	0.040	0.006	0.001	0.000	0.000	0.000	0.000
3	0.996	0.956	0.698	0.355	0.124	0.029	0.004	0.000	0.000	0.000	0.000
4	1.000	0.991	0.870	0.584	0.279	0.090	0.018	0.002	0.000	0.000	0.000
5	1.000	0.999	0.956	0.781	0.486	0.212	0.058	0.008	0.000	0.000	0.000
6	1.000	1.000	0.988	0.907	0.692	0.395	0.150	0.031	0.002	0.000	0.000
7	1.000	1.000	0.998	0.969	0.850	0.605	0.308	0.093	0.012	0.000	0.000
8	1.000	1.000	1.000	0.992	0.942	0.788	0.514	0.219	0.044	0.001	0.000
9	1.000	1.000	1.000	0.998	0.982	0.910	0.721	0.416	0.130	0.009	0.000
10	1.000	1.000	1.000	1.000	0.996	0.971	0.876	0.645	0.302	0.044	0.004
11	1.000	1.000	1.000	1.000	0.999	0.994	0.960	0.839	0.552	0.158	0.030
12	1.000	1.000	1.000	1.000	1.000	0.999	0.992	0.953	0.802	0.415	0.153
13	1.000	1.000	1.000	1.000	1.000	1.000	0.999	0.993	0.956	0.771	0.512
14	1.000	1.000	1.000	1.000	1.000	1.000	1.000	1.000	1.000	1.000	1.000

$P(X \leq x)$

x		p										
		0.05	0.10	0.20	0.30	0.40	0.50	0.60	0.70	0.80	0.90	0.95
n=15	0	0.463	0.206	0.035	0.005	0.000	0.000	0.000	0.000	0.000	0.000	0.000
	1	0.829	0.549	0.167	0.0350,005		0.000	0.000	0.000	0.000	0.000	0.000
	2	0.964	0.816	0.398	0.127	0.027	0.004	0.000	0.000	0.000	0.000	0.000
	3	0.995	0.944	0.648	0.297	0.091	0.018	0.002	0.000	0.000	0.000	0.000
	4	0.999	0.987	0.836	0.515	0.217	0.059	0.009	0.001	0.000	0.000	0.000
	5	1.000	0.998	0.939	0.722	0.403	0.151	0.034	0.004	0.000	0.000	0.000
	6	1.000	1.000	O.982	0.869	0.610	0.304	0.095	0.015	0.001	0.000	0.000
	7	1.000	1.000	0.996	0.950	0.787	0.500	0.213	0.050	0.004	0.000	0.000
	8	1.000	1.000	0.999	0.985	0.905	0.696	0.390	0.131	0.018	0.000	0.000
	9	1.000	1.000	1.000	0.996	0.966	0.849	0.597	0.278	0.061	0.002	0.000
	10	1.000	1.000	1.000	0.999	0.991	0.941	0.783	0.485	0.164	0.013	0.001
	11	1.000	1.000	1.000	1.000	0.998	0.982	0.909	0.703	0.352	0.056	0.005
	12	1.000	1.000	1.000	1.000	1.000	0.996	0.973	0.873	0.602	0.184	0.036
	13	1.000	1.000	1.000	1.000	1.000	1.000	0.995	0.965	0.833	0.451	0.171
	14	1.000	1.000	1.000	1.000	1.000	1.000	1.000	0.995	0.965	0.794	0.537
	15	1.000	1.000	1.000	1.000	1.000	1.000	1.000	1.000	1.000	1.000	1.000
n=16	0	0.440	0.185	0.028	0.003	0.000	0.000	0.000	0.000	0.000	0.000	0.000
	1	0.811	0.515	0.141	0.026	0.003	0.000	0.000	0.000	0.000	0.000	0.000
	2	0.957	0.789	0.352	0.099	0.018	0.002	0.000	0.000	0.000	0.000	0.000
	3	0.993	0.932	0.598	0.246	0.065	0.011	0.001	0.000	0.000	0.000	0.000
	4	0.999	0.983	0.798	0.450	0.167	0.038	0.005	0.000	0.000	0.000	0.000
	5	1.000	0.997	0.918	0.660	0.329	0.105	0.019	0.002	0.000	0.000	0.000
	6	1.000	0.999	0.973	0.825	0.527	0.227	0.058	0.007	0.000	0.000	0.000
	7	1.000	1.000	0.993	0.926	0.716	0.402	0.142	0.026	0.001	0.000	0.000
	8	1.000	1.000	0.999	0.974	0.858	0.598	0.284	0.074	0.007	0.000	0.000
	9	1.000	1.000	1.000	0.993	0.942	0.773	0.473	0.175	0.027	0.001	0.000
	10	1.000	1.000	1.000	0.998	0.981	0.895	0.671	0.340	0.082	0.003	0.000
	11	1.000	1.000	1.000	1.000	0.995	0.962	0.833	0.550	0.202	0.017	0.001
	12	1.000	1.000	1.000	1.000	0.999	0.989	0.935	0.754	0.402	0.068	0.007
	13	1.000	1.000	1.000	1.000	1.000	0.998	0.982	0.901	0.648	0.211	0.043
	14	1.000	1.000	1.000	1.000	1.000	1.000	0.997	0.974	0.859	0.485	0.189
	15	1.000	1.000	1.000	1.000	1.000	1.000	1.000	0.997	0.972	0.815	0.560
	16	1.000	1.000	1.000	1.000	1.000	1.000	1.000	1.000	1.000	1.000	1.000

$P(X \leq x)$

x	p										
	0.05	0.10	0.20	0.30	0.40	0.50	0.60	0.70	0.80	0.90	0.95
n=17 0	0.418	0.167	0.023	0.002	0.000	0.000	0.000	0.000	0.000	0.000	0.000
1	0.792	0.482	0.118	0.019	0.002	0.000	0.000	0.000	0.000	0.000	0.000
2	0.950	0.762	0.310	0.077	0.012	0.001	0.000	0.000	0.000	0.000	0.000
3	0.991	0.917	0.549	0.202	0.046	0.006	0.000	0.000	0.000	0.000	0.000
4	0.999	0.978	0.758	0.389	0.126	0.025	0.003	0.000	0.000	0.000	0.000
5	1.000	0.995	0.894	0.597	0.264	0.072	0.011	0.000	0.000	0.000	0.000
6	1.000	0.999	0.962	0.775	0.448	0.166	0.035	0.003	0.000	0.000	0.000
7	1.000	1.000	0.989	0.895	0.641	0.315	0.092	0.013	0.000	0.000	0.000
8	1.000	1.000	0.997	0.960	0.801	0.500	0.199	0.040	0.003	0.000	0.000
9	1.000	1.000	1.000	0.987	0.908	0.685	0.359	0.105	0.011	0.000	0.000
10	1.000	1.000	1.000	0.997	0.965	0.834	0.552	0.225	0.038	0.001	0.000
11	1.000	1.000	1.000	0.999	0.989	0.928	0.736	0.403	0.106	0.005	0.000
12	1.000	1.000	1.000	1.000	0.997	0.975	0.874	0.611	0.242	0.022	0.001
13	1.000	1.000	1.000	1.000	1.000	0.994	0.954	0.798	0.451	0.083	0.009
14	1.000	1.000	1.000	1.000	1.000	0.999	0.988	0.923	0.690	0.238	0.050
15	1.000	1.000	1.000	1.000	1.000	1.000	0.998	0.981	0.882	0.518	0.208
16	1.000	1.000	1.000	1.000	1.000	1.000	1.000	0.998	0.977	0.833	0.582
17	1.000	1.000	1.000	1.000	1.000	1.000	1.000	1.000	1.000	1.000	1.000
n=18 0	0.397	0.150	0.018	0.002	0.000	0.000	0.000	0.000	0.000	0.000	0.000
1	0.774	0.450	0.099	0.014	0.001	0.000	0.000	0.000	0.000	0.000	0.000
2	0.942	0.734	0.271	0.060	0.008	0.001	0.000	0.000	0.000	0.000	0.000
3	0.989	0.902	0.501	0.165	0.033	0.004	0.000	0.000	0.000	0.000	0.000
4	0.998	0.972	0.716	0.333	0.094	0.015	0.001	0.000	0.000	0.000	0.000
5	1.000	0.994	0.867	0.534	0.209	0.048	0.006	0.000	0.000	0.000	0.000
6	1.000	0.999	0.949	0.722	0.374	0.119	0.020	0.001	0.000	0.000	0.000
7	1.000	1.000	0.984	0.859	0.563	0.240	0.058	0.006	0.000	0.000	0.000
8	1.000	1.000	0.996	0.940	0.737	0.407	0.135	0.021	0.001	0.000	0.000
9	1.000	1.000	0.999	0.979	0.865	0.593	0.263	0.060	0.004	0.000	0.000
10	1.000	1.000	1.000	0.994	0.942	0.760	0.437	0.141	0.016	0.000	0.000
11	1.000	1.000	1.000	0.999	0.980	0.881	0.626	0.278	0.051	0.001	0.000
12	1.000	1.000	1.000	1.000	0.994	0.952	0.791	0.466	0.133	0.006	0.000
13	1.000	1.000	1.000	1.000	0.999	0.985	0.906	0.667	0.284	0.028	0.002
14	1.000	1.000	1.000	1.000	1.000	0.996	0.967	0.835	0.499	0.098	0.011
15	1.000	1.000	1.000	1.000	1.000	0.999	0.992	0.940	0.729	0.266	0.058
16	1.000	1.000	1.000	1.000	1.000	1.000	0.999	0.986	0.901	0.550	0.226
17	1.000	1.000	1.000	1.000	1.000	1.000	1.000	0.998	0.982	0.850	0.603
18	1.000	1.000	1.000	1.000	1.000	1.000	1.000	1.000	1.000	1.000	1.000

$P(X \leq x)$

x	p										
	0.05	0.10	0.20	0.30	0.40	0.50	0.60	0.70	0.80	0.90	0.95
n=19 0	0.377	0.135	0.014	0.001	0.000	0.000	0.000	0.000	0.000	0.000	0.000
1	0.755	0.420	0.083	0.010	0.001	0.000	0.000	0.000	0.000	0.000	0.000
2	0.933	0.705	0.237	0.046	0.005	0.000	0.000	0.000	0.000	0.000	0.000
3	0.987	0.885	0.455	0.133	0.023	0.002	0.000	0.000	0.000	0.000	0.000
4	0.998	0.965	0.673	0.282	0.070	0.010	0.001	0.000	0.000	0.000	0.000
5	1.000	0.991	0.937	0.474	0.163	0.032	0.003	0.000	0.000	0.000	0.000
6	1.000	1.998	0.932	0.666	0.308	0.084	0.012	0.001	0.000	0.000	0.000
7	1.000	1.000	0.977	0.818	0.488	0.180	0.035	0.003	0.000	0.000	0.000
8	1.000	1.000	0.99	0.916	0.667	0.324	0.088	0.011	0.000	0.000	0.000
9	1.000	1.000	0.998	0.967	0.814	0.500	0.186	0.033	0.002	0.000	0.000
10	1.000	1.000	1.000	0.989	0.912	0.676	0.333	0.084	0.007	0.000	0.000
11	1.000	1.000	1.000	0.997	0.965	0.820	0.512	0.182	0.023	0.000	0.000
12	1.000	1.000	1.000	0.999	0.988	0.916	0.692	0.334	0.068	0.002	0.000
13	1.000	1.000	1.000	1.000	0.997	0.968	0.837	0.526	0.163	0.009	0.000
14	1.000	1.000	1.000	1.000	0.999	0.990	0.930	0.718	0.327	0.035	0.002
15	1.000	1.000	1.000	1.000	1.000	0.998	0.977	0.867	0.545	0.115	0.013
16	1.000	1.000	1.000	1.000	1.000	1.000	0.995	0.954	0.763	0.295	0.067
17	1.000	1.000	1.000	1.000	1.000	1.000	0.999	0.990	0.917	0.580	0.245
18	1.000	1.000	1.000	1.000	1.000	1.000	1.000	0.999	0.986	0.865	0.623
19	1.000	1.000	1.000	1.000	1.000	1.000	1.000	1.000	1.000	1.000	1.000
n=20 0	0.358	0.3122	0.012	0.001	0.000	0.000	0.000	0.000	0.000	0.000	0.000
1	0.736	0.392	0.069	0.008	0.001	0.000	0.000	0.000	0.000	0.000	0.000
2	0.925	0.677	0.206	0.035	0.004	0.000	0.000	0.000	0.000	0.000	0.000
3	0.984	0.867	0.411	0.107	0.016	0.001	0.000	0.000	0.000	0.000	0.000
4	0.997	0.957	0.630	0.238	0.051	0.006	0.000	0.000	0.000	0.000	0.000
5	1.000	0.989	0.804	0.416	0.126	0.021	0.002	0.000	0.000	0.000	0.000
6	1.000	0.998	0.913	0.608	0.250	0.058	0.006	0.000	0.000	0.000	0.000
7	1.000	1.000	0.968	0.772	0.416	0.132	0.021	0.001	0.000	0.000	0.000
8	1.000	1.000	0.990	0.887	0.596	0.252	0.057	0.005	0.000	0.000	0.000
9	1.000	1.000	0.997	0.952	0.755	0.412	0.128	0.017	0.001	0.000	0.000
10	1.000	1.000	0.999	0.983	0.872	0.588	0.245	0.048	0.003	0.000	0.000
11	1.000	1.000	1.000	0.995	0.943	0.748	0.404	0.113	0.010	0.000	0.000
12	1.000	1.000	1.000	0.999	0.979	0.868	0.584	0.228	0.032	0.000	0.000
13	1.000	1.000	1.000	1.000	0.994	0.942	0.750	0.392	0.087	0.002	0.000
14	1.000	1.000	1.000	1.000	0.998	0.979	0.874	0.584	0.196	0.011	0.000
15	1.000	1.000	1.000	1.000	1.000	0.994	0.949	0.762	0.370	0.043	0.003
16	1.000	1.000	1.000	1.000	1.000	0.999	0.984	0.893	0.589	0.133	0.016
17	1.000	1.000	1.000	1.000	1.000	1.000	0.996	0.965	0.794	0.323	0.075
18	1.000	1.000	1.000	1.000	1.000	1.000	0.999	0.992	0.931	0.608	0.264
19	1.000	1.000	1.000	1.000	1.000	1.000	1.000	0.999	0.988	0.878	0.642
20	1.000	1.000	1.000	1.000	1.000	1.000	1.000	1.000	1.000	1.000	1.000

D.2 포아송 분포 누적확률표

$P(X \le x)$

	m									
	0.10	0.20	0.30	0.40	0.50	0.60	0.70	0.80	0.90	1.00
x = 0	0.905	0.819	0.741	0.670	0.607	0.549	0.497	0.449	0.407	0.368
1	0.995	0.982	0.963	0.938	0.910	0.878	0.844	0.809	0.772	0.736
2	1.000	0.999	0.996	0.992	0.986	0.977	0.966	0.953	0.937	0.920
3	1.000	1.000	1.000	0.999	0.998	0.997	0.994	0.991	0.987	0.981
4	1.000	1.000	1.000	1.000	1.000	1.000	0.999	0.999	0.998	0.996
5	1.000	1.000	1.000	1.000	1.000	1.000	1.000	1.000	1.000	0.999
6	1.000	1.000	1.000	1.000	1.000	1.000	1.000	1.000	1.000	1.000
7	1.000	1.000	1.000	1.000	1.000	1.000	1.000	1.000	1.000	1.000

	m									
	1.10	1.20	1.30	1.40	1.50	1.60	1.70	1.80	1.90	2.00
x = 0	0.333	0.301	0.273	0.247	0.223	0.202	0.183	0.165	0.150	0.135
1	0.669	0.663	0.627	0.592	0.558	0.525	0.493	0.463	0.434	0.406
2	0.900	0.879	0.857	0.833	0.809	0.783	0.757	0.731	0.704	0.677
3	0.974	0.966	0.957	0.946	0.934	0.921	0.907	0.891	0.875	0.857
4	0.995	0.992	0.989	0.986	0.981	0.976	0.970	0.964	0.956	0.947
5	0.999	0.998	0.998	0.997	0.996	0.994	0.992	0.990	0.987	0.983
6	1.000	1.000	1.000	0.999	0.999	0.999	0.998	0.997	0.997	0.995
7	1.000	1.000	1.000	1.000	1.000	1.000	1.000	0.999	0.999	0.999
8	1.000	1.000	1.000	1.000	1.000	1.000	1.000	1.000	1.000	1.000
9	1.000	1.000	1.000	1.000	1.000	1.000	1.000	1.000	1.000	1.000

	m									
	2.10	2.20	2.30	2.40	2.50	2.60	2.70	2.80	2.90	3.00
x = 0	0.122	0.111	0.100	0.091	0.082	0.074	0.067	0.061	0.055	0.050
1	0.380	0.355	0.331	0.308	0.287	0.267	0.249	0.231	0.215	0.199
2	0.650	0.623	0.596	0.570	0.544	0.518	0.494	0.469	0.446	0.423
3	0.839	0.819	0.799	0.779	0.758	0.736	0.714	0.692	0.670	0.647
4	0.938	0.928	0.916	0.904	0.891	0.877	0.863	0.848	0.832	0.815
5	0.980	0.975	0.970	0.964	0.958	0.951	0.943	0.935	0.926	0.916
6	0.994	0.993	0.991	0.988	0.986	0.983	0.979	0.976	0.971	0.966
7	0.999	0.998	0.997	0.997	0.996	0.995	0.993	0.992	0.990	0.988
8	1.000	1.000	0.999	0.999	0.999	0.999	0.998	0.998	0.997	0.996
9	1.000	1.000	1.000	1.000	1.000	1.000	0.999	0.999	0.999	0.999
10	1.000	1.000	1.000	1.000	1.000	1.000	1.000	1.000	1.000	1.000
11	1.000	1.000	1.000	1.000	1.000	1.000	1.000	1.000	1.000	1.000
12	1.000	1.000	1.000	1.000	1.000	1.000	1.000	1.000	1.000	1.000

	m									
	3.10	3.20	3.30	3.40	3.50	3.60	3.70	3.80	3.90	4.00
$x = 0$	0.045	0.041	0.037	0.033	0.030	0.027	0.025	0.022	0.020	0.018
1	0.185	0.171	0.159	0.147	0.136	0.126	0.116	0.107	0.099	0.092
2	0.401	0.380	0.359	0.340	0.321	0.303	0.285	0.269	0.253	0.238
3	0.625	0.603	0.580	0.558	0.537	0.515	0.494	0.473	0.453	0.433
4	0.798	0.781	0.763	0.744	0.725	0.706	0.687	0.668	0.648	0.629
5	0.906	0.895	0.883	0.871	0.858	0.844	0.830	0.816	0.801	0.785
6	0.961	0.955	0.949	0.942	0.935	0.927	0.918	0.909	0.899	0.889
7	0.986	0.983	0.980	0.977	0.973	0.969	0.965	0.960	0.955	0.949
8	0.995	0.994	0.993	0.992	0.990	0.988	0.986	0.984	0.981	0.979
9	0.999	0.998	0.998	0.997	0.997	0.996	0.995	0.994	0.993	0.992
10	1.000	1.000	0.999	0.999	0.999	0.999	0.998	0.998	0.998	0.997
11	1.000	1.000	1.000	1.000	1.000	1.000	1.000	0.999	0.999	0.999
12	1.000	1.000	1.000	1.000	1.000	1.000	1.000	1.000	1.000	1.000
13	1.000	1.000	1.000	1.000	1.000	1.000	1.000	1.000	1.000	1.000
14	1.000	1.000	1.000	1.000	1.000	1.000	1.000	1.000	1.000	1.000

	m									
	4.50	5.00	5.50	6.00	6.50	7.00	7.50	8.00	8.50	9.00
$x = 0$	0.011	0.007	0.004	0.002	0.002	0.001	0.001	0.000	0.000	0.000
1	0.061	0.040	0.027	0.017	0.011	0.007	0.005	0.003	0.002	0.001
2	0.174	0.125	0.088	0.062	0.043	0.030	0.020	0.014	0.009	0.006
3	0.342	0.265	0.202	0.151	0.112	0.082	0.059	0.042	0.030	0.021
4	0.532	0.440	0.358	0.285	0.224	0.173	0.132	0.100	0.074	0.055
5	0.703	0.616	0.529	0.446	0.369	0.301	0.241	0.191	0.150	0.116
6	0.831	0.762	0.686	0.606	0.527	0.450	0.378	0.313	0.256	0.207
7	0.913	0.867	0.809	0.744	0.673	0.599	0.525	0.453	0.386	0.324
8	0.960	0.932	0.894	0.847	0.792	0.729	0.662	0.593	0.523	0.456
9	0.983	0.968	0.946	0.916	0.877	0.830	0.776	0.717	0.653	0.587
10	0.993	0.986	0.975	0.957	0.933	0.901	0.862	0.816	0.763	0.706
11	0.998	0.995	0.989	0.980	0.966	0.947	0.921	0.888	0.849	0.803
12	0.999	0.998	0.996	0.991	0.984	0.973	0.957	0.936	0.909	0.876
13	1.000	0.999	0.998	0.996	0.993	0.987	0.978	0.966	0.949	0.926
14	1.000	1.000	0.999	0.999	0.997	0.994	0.990	0.983	0.973	0.959
15	1.000	1.000	1.000	0.999	0.999	0.998	0.995	0.992	0.986	0.978
16	1.000	1.000	1.000	1.000	1.000	0.999	0.998	0.996	0.993	0.989
17	1.000	1.000	1.000	1.000	1.000	1.000	0.999	0.998	0.997	0.995
18	1.000	1.000	1.000	1.000	1.000	1.000	1.000	0.999	0.999	0.998
19	1.000	1.000	1.000	1.000	1.000	1.000	1.000	1.000	0.999	0.999
20	1.000	1.000	1.000	1.000	1.000	1.000	1.000	1.000	1.000	1.000
21	1.000	1.000	1.000	1.000	1.000	1.000	1.000	1.000	1.000	1.000
22	1.000	1.000	1.000	1.000	1.000	1.000	1.000	1.000	1.000	1.000

D.3 표준정규분포 누적확률표

$P(-\infty < Z < z)$

z	−0.09	−0.08	−0.07	−0.06	−0.05	−0.04	−0.03	−0.02	−0.01	0.00
−3.9	0.0000	0.0000	0.0000	0.0000	0.0000	0.0000	0.0000	0.0000	0.0000	0.0000
−3.8	0.0001	0.0001	0.0001	0.0001	0.0001	0.0001	0.0001	0.0001	0.0001	0.0001
−3.7	0.0001	0.0001	0.0001	0.0001	0.0001	0.0001	0.0001	0.0001	0.0001	0.0001
−3.6	0.0001	0.0001	0.0001	0.0001	0.0001	0.0001	0.0001	0.0001	0.0002	0.0002
−3.5	0.0002	0.0002	0.0002	0.0002	0.0002	0.0002	0.0002	0.0002	0.0002	0.0002
−3.4	0.0002	0.0003	0.0003	0.0003	0.0003	0.0003	0.0003	0.0003	0.0003	0.0003
−3.3	0.0003	0.0004	0.0004	0.0004	0.0004	0.0004	0.0004	0.0005	0.0005	0.0005
−3.2	0.0005	0.0005	0.0005	0.0006	0.0006	0.0006	0.0006	0.0006	0.0007	0.0007
−3.1	0.0007	0.0007	0.0008	0.0008	0.0008	0.0008	0.0009	0.0009	0.0009	0.0010
−3.0	0.0010	0.0010	0.0011	0.0011	0.0011	0.0012	0.0012	0.0013	0.0013	0.0013
−2.9	0.0014	0.0014	0.0015	0.0015	0.0016	0.0016	0.0017	0.0018	0.0018	0.0019
−2.8	0.0019	0.0020	0.0021	0.0021	0.0022	0.0023	0.0023	0.0024	0.0025	0.0026
−2.7	0.0026	0.0027	0.0028	0.0029	0.0030	0.0031	0.0032	0.0033	0.0034	0.0035
−2.6	0.0036	0.0037	0.0038	0.0039	0.0040	0.0041	0.0043	0.0044	0.0045	0.0047
−2.5	0.0048	0.0049	0.0051	0.0052	0.0054	0.0055	0.0057	0.0059	0.0060	0.0062
−2.4	0.0064	0.0066	0.0068	0.0069	0.0071	0.0073	0.0075	0.0078	0.0080	0.0082
−2.3	0.0084	0.0087	0.0089	0.0091	0.0094	0.0096	0.0099	0.0102	0.0104	0.0107
−2.2	0.0110	0.0113	0.0116	0.0119	0.0122	0.0125	0.0129	0.0132	0.0136	0.0139
−2.1	0.0143	0.0146	0.0150	0.0154	0.0158	0.0162	0.0166	0.0170	0.0174	0.0179
−2.0	0.0183	0.0188	0.0192	0.0197	0.0202	0.0207	0.0212	0.0217	0.0222	0.0228
−1.9	0.0233	0.0239	0.0244	0.0250	0.0256	0.0262	0.0268	0.0274	0.0281	0.0287
−1.8	0.0294	0.0301	0.0307	0.0314	0.0322	0.0329	0.0336	0.0344	0.0351	0.0359
−1.7	0.0367	0.0375	0.0384	0.0392	0.0401	0.0409	0.0418	0.0427	0.0436	0.0446
−1.6	0.0455	0.0465	0.0475	0.0485	0.0495	0.0505	0.0516	0.0526	0.0537	0.0548
−1.5	0.0559	0.0571	0.0582	0.0594	0.0606	0.0618	0.0630	0.0643	0.0655	0.0668
−1.4	0.0681	0.0694	0.0708	0.0721	0.0735	0.0749	0.0764	0.0778	0.0793	0.0808
−1.3	0.0823	0.0838	0.0853	0.0869	0.0885	0.0901	0.0918	0.0934	0.0951	0.0968
−1.2	0.0985	0.1003	0.1020	0.1038	0.1056	0.1075	0.1093	0.1112	0.1131	0.1151
−1.1	0.1170	0.1190	0.1210	0.1230	0.1251	0.1271	0.1292	0.1314	0.1335	0.1357
−1.0	0.1379	0.1401	0.1423	0.1446	0.1469	0.1492	0.1515	0.1539	0.1562	0.1587
−0.9	0.1611	0.1635	0.1660	0.1685	0.1711	0.1736	0.1762	0.1788	0.1814	0.1841
−0.8	0.1867	0.1894	0.1922	0.1949	0.1977	0.2005	0.2033	0.2061	0.2090	0.2119
−0.7	0.2418	0.2177	0.2206	0.2236	0.2266	0.2296	0.2327	0.2358	0.2389	0.2420
−0.6	0.2451	0.2483	0.2514	0.2546	0.2578	0.2611	0.2643	0.2676	0.2709	0.2743
−0.5	0.2776	0.2810	0.2843	0.2877	0.2912	0.2946	0.2981	0.3015	0.3050	0.3085
−0.4	0.3121	0.3156	0.3192	0.3228	0.3264	0.3300	0.3336	0.3372	0.3409	0.3446
−0.3	0.3483	0.3520	0.3557	0.3594	0.3632	0.3669	0.3707	0.3745	0.3783	0.3821
−0.2	0.3859	0.3897	0.3936	0.3974	0.4013	0.4052	0.4090	0.4129	0.4168	0.4027
−0.1	0.4247	0.4286	0.4325	0.4364	0.4404	0.4443	0.4483	0.4522	0.4562	0.4602
−0.0	0.4641	0.4681	0.4721	0.4761	0.4801	0.4840	0.4880	0.4920	0.4960	0.5000

$P(-\infty < Z < z)$

z	0.00	0.01	0.02	0.03	0.04	0.05	0.06	0.07	0.08	0.09
0.0	0.5000	0.5040	0.5080	0.5120	0.5160	0.5199	0.5239	0.5279	0.5319	0.5359
0.1	0.5398	0.5438	0.5478	0.5517	0.5557	0.5596	0.5636	0.5675	0.5714	0.5753
0.2	0.5793	0.5832	0.5871	0.5910	0.5948	0.5987	0.6026	0.6064	0.6103	0.6141
0.3	0.6179	0.6217	0.6255	0.6293	0.6331	0.6368	0.6406	0.6443	0.6480	0.6517
0.4	0.6554	0.6591	0.6628	0.6664	0.6700	0.6736	0.6772	0.6808	0.6844	0.6879
0.5	0.6915	0.6950	0.6985	0.7019	0.7054	0.7088	0.7123	0.7157	0.7190	0.7224
0.6	0.7257	0.7291	0.7324	0.7357	0.7389	0.7422	0.7454	0.7486	0.7517	0.7549
0.7	0.7580	0.7611	0.7642	0.7673	0.7704	0.7734	0.7764	0.7794	0.7823	0.7852
0.8	0.7881	0.7910	0.7939	0.7967	0.7995	0.8023	0.8051	0.8078	0.8106	0.8133
0.9	0.8159	0.8186	0.8212	0.8238	0.8264	0.8289	0.8315	0.8340	0.8365	0.8389
1.0	0.8413	0.8438	0.8461	0.8485	0.8508	0.8531	0.8554	0.8577	0.8599	0.8621
1.1	0.8643	0.8665	0.8686	0.8708	0.8729	0.8749	0.8770	0.8790	0.8810	0.8830
1.2	0.8849	0.8869	0.8888	0.8907	0.8925	0.8944	0.8962	0.8980	0.8997	0.9015
1.3	0.9032	0.9049	0.9066	0.9082	0.9099	0.9115	0.9131	0.9147	0.9162	0.9177
1.4	0.9192	0.9207	0.9222	0.9236	0.9251	0.9265	0.9279	0.9292	0.9306	0.9319
1.5	0.9332	0.9345	0.9357	0.9370	0.9382	0.9394	0.9406	0.9418	0.9429	0.9441
1.6	0.9452	0.9463	0.9474	0.9484	0.9495	0.9505	0.9515	0.9525	0.9535	0.9545
1.7	0.9554	0.9564	0.9573	0.9582	0.9591	0.9599	0.9608	0.9616	0.9625	0.9633
1.8	0.9641	0.9649	0.9656	0.9664	0.9671	0.9678	0.9686	0.9693	0.9699	0.9706
1.9	0.9713	0.9719	0.9726	0.9732	0.9738	0.9744	0.9750	0.9756	0.9761	0.9767
2.0	0.9772	0.9778	0.9783	0.9788	0.9793	0.9798	0.9803	0.9808	0.9812	0.9817
2.1	0.9821	0.9826	0.9830	0.9834	0.9838	0.9842	0.9846	0.9850	0.9854	0.9857
2.2	0.9861	0.9864	0.9868	0.9871	0.9875	0.9878	0.9881	0.9884	0.9887	0.9890
2.3	0.9893	0.9896	0.9898	0.9901	0.9904	0.9906	0.9909	0.9911	0.9913	0.9916
2.4	0.9918	0.9920	0.9922	0.9925	0.9927	0.9929	0.9931	0.9932	0.9934	0.9936
2.5	0.9938	0.9940	0.9941	0.9943	0.9945	0.9946	0.9948	0.9949	0.9951	0.9952
2.6	0.9953	0.9955	0.9956	0.9957	0.9959	0.9960	0.9961	0.9962	0.9963	0.9964
2.7	0.9965	0.9966	0.9967	0.9968	0.9969	0.9970	0.9971	0.9972	0.9973	0.9974
2.8	0.9974	0.9975	0.9976	0.9977	0.9977	0.9978	0.9979	0.9979	0.9980	0.9981
2.9	0.9981	0.9982	0.9982	0.9983	0.9984	0.9984	0.9985	0.9985	0.9986	0.9986
3.0	0.9987	0.9987	0.9987	0.9988	0.9988	0.9989	0.9989	0.9989	0.9990	0.9990
3.1	0.9990	0.9991	0.9991	0.9991	0.9992	0.9992	0.9992	0.9992	0.9993	0.9993
3.2	0.9993	0.9993	0.9994	0.9994	0.9994	0.9994	0.9994	0.9995	0.9995	0.9995
3.3	0.9995	0.9995	0.9995	0.9996	0.9996	0.9996	0.9996	0.9996	0.9996	0.9997
3.4	0.9997	0.9997	0.9997	0.9997	0.9997	0.9997	0.9997	0.9997	0.9997	0.9998
3.5	0.9998	0.9998	0.9998	0.9998	0.9998	0.9998	0.9998	0.9998	0.9998	0.9998
3.6	0.9998	0.9998	0.9999	0.9999	0.9999	0.9999	0.9999	0.9999	0.9999	0.9999
3.7	0.9999	0.9999	0.9999	0.9999	0.9999	0.9999	0.9999	0.9999	0.9999	0.9999
3.8	0.9999	0.9999	0.9999	0.9999	0.9999	0.9999	0.9999	0.9999	0.9999	0.9999
3.9	1.0000	1.0000	1.0000	1.0000	1.0000	1.0000	1.0000	1.0000	1.0000	1.0000

D.4 t-분포표

표의 숫자는 주어진 α값에 대한 $t_\alpha(k)$의 값을 나타낸다.

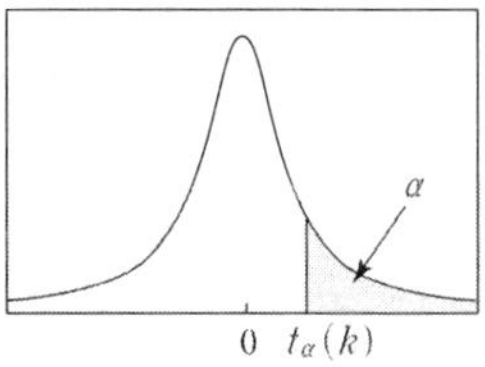

k	α											
	.25	.20	.15	.10	.05	.025	.02	.01	.005	.0025	.001	.0005
1	1.000	1.376	1.963	3.078	6.314	12.71	15.89	31.82	63.66	127.3	318.3	636.6
2	0.816	1.061	1.386	1.886	2.920	4.303	4.849	6.965	9.925	14.09	22.33	31.60
3	0.765	0.978	1.250	1.638	2.353	3.182	3.482	4.541	5.841	7.453	10.21	12.92
4	0.741	0.941	1.190	1.533	2.132	2.776	2.999	3.747	4.604	5.598	7.173	8.610
5	0.727	0.920	1.156	1.476	2.015	2.571	2.757	3.365	4.032	4.773	5.894	6.869
6	0.718	0.906	1.134	1.440	1.943	2.447	2.612	3.143	3.707	4.317	5.208	5.959
7	0.711	0.896	1.119	1.415	1.895	2.365	2.517	2.998	3.499	4.029	4.785	5.408
8	0.706	0.889	1.108	1.397	1.860	2.306	2.449	2.896	3.355	3.833	4.501	5.041
9	0.703	0.883	1.100	1.383	1.833	2.262	2.398	2.821	3.250	3.690	4.297	4.781
10	0.700	0.879	1.093	1.372	1.812	2.228	2.359	2.764	3.169	3.581	4.144	4.587
11	0.697	0.876	1.088	1.363	1.796	2.201	2.328	2.718	3.106	3.497	4.025	4.437
12	0.695	0.873	1.083	1.356	1.782	2.179	2.303	2.681	3.055	3.428	3.930	4.318
13	0.694	0.870	1.079	1.350	1.771	2.160	2.282	2.650	3.012	3.372	3.852	4.221
14	0.692	0.868	1.076	1.345	1.761	2.145	2.264	2.624	2.977	3.326	3.787	4.140
15	0.691	0.866	1.074	1.341	1.753	2.131	2.249	2.602	2.947	3.286	3.733	4.073
16	0.690	0.865	1.071	1.337	1.746	2.120	2.235	2.583	2.921	3.252	3.686	4.015
17	0.689	0.863	1.069	1.333	1.740	2.110	2.224	2.567	2.898	3.222	3.646	3.965
18	0.688	0.862	1.067	1.330	1.734	2.101	2.214	2.552	2.878	3.197	3.610	3.922
19	0.688	0.861	1.066	1.328	1.729	2.093	2.205	2.539	2.861	3.174	3.579	3.883
20	0.687	0.860	1.064	1.325	1.725	2.086	2.197	2.528	2.845	3.153	3.552	3.850
21	0.686	0.859	1.063	1.323	1.721	2.080	2.189	2.518	2.831	3.135	3.527	3.819
22	0.686	0.858	1.061	1.321	1.717	2.074	2.183	2.508	2.819	3.119	3.505	3.792
23	0.685	0.858	1.060	1.319	1.714	2.069	2.177	2.500	2.807	3.104	3.485	3.768
24	0.685	0.857	1.059	1.318	1.711	2.064	2.172	2.492	2.797	3.091	3.467	3.745
25	0.684	0.856	1.058	1.316	1.708	2.060	2.167	2.485	2.787	3.078	3.450	3.725
26	0.684	0.856	1.058	1.315	1.706	2.056	2.162	2.479	2.779	3.067	3.435	3.707
27	0.684	0.855	1.057	1.314	1.703	2.052	2.158	2.473	2.771	3.057	3.421	3.689
28	0.683	0.855	1.056	1.313	1.701	2.048	2.154	2.467	2.763	3.047	3.408	3.674
29	0.683	0.854	1.055	1.311	1.699	2.045	2.150	2.462	2.756	3.038	3.396	3.660
30	0.683	0.854	1.055	1.310	1.697	2.042	2.147	2.457	2.750	3.030	3.385	3.646
40	0.681	0.851	1.050	1.303	1.684	2.021	2.123	2.423	2.704	2.971	3.307	3.551
50	0.679	0.849	1.047	1.299	1.676	2.009	2.109	2.403	2.678	2.937	3.261	3.496
60	0.679	0.848	1.045	1.296	1.671	2.000	2.099	2.390	2.660	2.915	3.232	3.460
70	0.678	0.847	1.044	1.294	1.667	1.994	2.093	2.381	2.648	2.899	3.211	3.435
80	0.678	0.846	1.043	1.292	1.664	1.990	2.088	2.374	2.639	2.887	3.195	3.416
90	0.677	0.846	1.042	1.291	1.662	1.987	2.084	2.368	2.632	2.878	3.183	3.402
100	0.677	0.845	1.042	1.290	1.660	1.984	2.081	2.364	2.626	2.871	3.174	3.390
1000	0.675	0.842	1.037	1.282	1.646	1.962	2.056	2.330	2.581	2.813	3.098	3.300
∞	0.674	0.842	1.036	1.282	1.645	1.960	2.054	2.326	2.576	2.807	3.090	3.290

D.5 χ^2-분포표

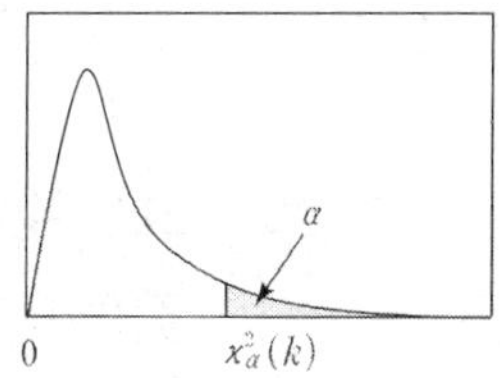

표의 숫자는 주어진 α값에 대한 $\chi^2_\alpha(k)$의 값을 나타낸다.

k	α							
	.995	.99	.975	.95	.05	.025	.01	.005
1	.000039	.000157	.000982	.003932	3.84146	5.02390	6.63489	7.87944
2	.010025	.020100	.050636	.102586	5.99148	7.37778	9.21035	10.59653
3	.071724	.114832	.215795	.351846	7.81473	9.34840	11.34488	12.83807
4	.206990	.297110	.484419	.710721	9.48773	11.14326	13.27670	14.86017
5	.411740	.554300	.831211	1.14548	11.07048	12.83249	15.08632	16.74965
6	.675727	.872085	1.23734	1.63538	12.59158	14.44935	16.81187	18.54751
7	.989265	1.23903	1.68986	2.16735	14.06713	16.01277	18.47532	20.27774
8	1.34440	1.64651	2.17972	2.73263	15.50731	17.53454	20.09016	21.95486
9	1.73491	2.08789	2.70039	3.32512	16.91896	19.02278	21.66605	23.58927
10	2.15585	2.55820	3.24696	3.94030	18.30703	20.48320	23.20929	25.18805
11	2.60320	3.05350	3.81574	4.57481	19.67515	21.92002	24.72502	26.75686
12	3.07379	3.57055	4.40378	5.22603	21.02606	23.33666	26.21696	28.29966
13	3.56504	4.10690	5.00874	5.89186	22.36203	24.73558	27.68818	29.81932
14	4.07466	4.66042	5.62872	6.57063	23.68478	26.11893	29.14116	31.31943
15	4.60087	5.22936	6.26212	7.26093	24.99580	27.48836	30.57795	32.80149
16	5.14216	5.81220	6.90766	7.96164	26.29622	28.84532	31.99986	34.26705
17	5.69727	6.40774	7.56418	8.67175	27.58710	30.19098	33.40872	35.71838
18	6.26477	7.01490	8.23074	9.39045	28.86932	31.52641	34.80524	37.15639
19	6.84392	7.63270	8.90651	10.11701	30.14351	32.85234	36.19077	38.58212
20	7.43381	8.26037	9.59077	10.85080	31.41042	34.16958	37.56627	39.99686
21	8.03360	8.89717	10.28291	11.59132	32.67056	35.47886	38.93223	41.40094
22	8.64268	9.54249	10.98233	12.33801	33.92446	36.78068	40.28945	42.79566
23	9.26038	10.19569	11.68853	13.09051	35.17246	38.07561	41.63833	44.18139
24	9.88620	10.85635	12.40115	13.84842	36.41503	39.36406	42.97978	45.55836
25	10.51965	11.52395	13.11971	14.61140	37.65249	40.64650	44.31401	46.92797
26	11.16022	12.19818	13.84388	15.37916	38.88513	41.92314	45.64164	48.28978
27	11.80765	12.87847	14.57337	16.15139	40.11327	43.19452	46.96284	49.64504
28	12.46128	13.56467	15.30785	16.92788	41.33715	44.46079	48.27817	50.99356
29	13.12107	14.25641	16.04705	17.70838	42.55695	45.72228	49.58783	52.33550
30	13.78668	14.95346	16.79076	18.49267	43.77295	46.97922	50.89218	53.67187
40	20.70658	22.16420	24.43306	26.50930	55.75849	59.34168	63.69077	66.76605
50	27.99082	29.70673	32.35738	34.76424	67.50481	71.42019	76.15380	79.48984
60	35.53440	37.48480	40.48171	43.18797	79.08195	83.29771	88.37943	91.95181
70	43.27531	45.44170	48.75754	51.73926	90.53126	95.02315	100.42505	104.21477
80	51.17193	53.53998	57.15315	60.39146	101.87947	106.62854	112.32879	116.32093
90	59.19633	61.75402	65.64659	69.12602	113.14523	118.13591	124.11620	128.29868
00	67.32753	70.06500	74.22188	77.92944	124.34210	129.56125	135.80689	140.16971

D.6 F-분포표

표의 숫자는 주어진 α값에 대한 $F_{\alpha}(k_1, k_2)$의 값을 나타낸다.

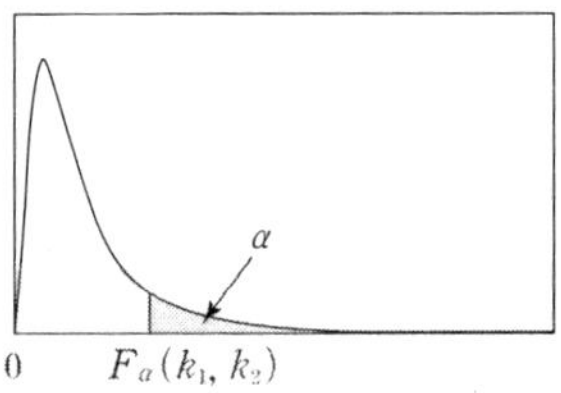

k_2	α	k_1								
		1	2	3	4	5	6	7	8	9
1	0.100	39.86	49.50	53.59	55.83	57.24	58.20	58.91	59.44	59.86
	0.050	161.45	199.50	215.71	224.58	230.16	233.99	236.77	238.88	240.54
	0.025	647.79	799.48	864.15	899.60	921.83	937.11	948.20	956.64	963.28
	0.010	4052	4999	5404	5624	5764	5859	5928	5981	6022
2	0.100	8.53	9.00	9.16	9.24	9.29	9.33	9.35	9.37	9.38
	0.050	18.51	19.00	19.16	19.25	19.30	19.33	19.35	19.37	19.38
	0.025	38.51	39.00	39.17	39.25	39.30	39.33	39.36	39.37	39.39
	0.010	98.50	99.00	99.16	99.25	99.30	99.33	99.36	99.38	99.39
3	0.100	5.54	5.46	5.39	5.34	5.31	5.28	5.27	5.25	5.24
	0.050	10.13	9.55	9.28	9.12	9.01	8.94	8.89	8.85	8.81
	0.025	17.44	16.04	15.44	15.10	14.88	14.73	14.62	14.54	14.47
	0.010	34.12	30.82	29.46	28.71	28.24	27.91	27.67	27.49	27.34
4	0.100	4.54	4.32	4.19	4.11	4.05	4.01	3.98	3.95	3.94
	0.050	7.71	6.94	6.59	6.39	6.26	6.16	6.09	6.04	6.00
	0.025	12.22	10.65	9.98	9.60	9.36	9.20	9.07	8.98	8.90
	0.010	21.20	18.00	16.69	15.98	15.52	15.21	14.98	14.80	14.66
5	0.100	4.06	3.78	3.62	3.52	3.45	3.40	3.37	3.34	3.32
	0.050	6.61	5.79	5.41	5.19	5.05	4.95	4.88	4.82	4.77
	0.025	10.01	8.43	7.76	7.39	7.15	6.98	6.85	6.76	6.68
	0.010	16.26	13.27	12.06	11.39	10.97	10.67	10.46	10.29	10.16

k_2	α	k_1								
		1	2	3	4	5	6	7	8	9
6	0.100	3.78	3.46	3.29	3.18	3.11	3.05	3.01	2.98	2.96
	0.050	5.99	5.14	4.76	4.53	4.39	4.28	4.21	4.15	4.10
	0.025	8.81	7.26	6.60	6.23	5.99	5.82	5.70	5.60	5.52
	0.010	13.75	10.92	9.78	9.15	8.75	8.47	8.26	8.10	7.98
7	0.100	3.59	3.26	3.07	2.96	2.88	2.83	2.78	2.75	2.72
	0.050	5.59	4.74	4.35	4.12	3.97	3.87	3.79	3.73	3.68
	0.025	8.07	6.54	5.89	5.52	5.29	5.12	4.99	4.90	4.82
	0.010	12.25	9.55	8.45	7.85	7.46	7.19	6.99	6.84	6.72
8	0.100	3.46	3.11	2.92	2.81	2.73	2.67	2.62	2.59	2.56
	0.050	5.32	4.46	4.07	3.84	3.69	3.58	3.50	3.44	3.39
	0.025	7.57	6.06	5.42	5.05	4.82	4.65	4.53	4.43	4.36
	0.010	11.26	8.65	7.59	7.01	6.63	6.37	6.18	6.03	5.91
9	0.100	3.36	3.01	2.81	2.69	2.61	2.55	2.51	2.47	2.44
	0.050	5.12	4.26	3.86	3.63	3.48	3.37	3.29	3.23	3.18
	0.025	7.21	5.71	5.08	4.72	4.48	4.32	4.20	4.10	4.03
	0.010	10.56	8.02	6.99	6.42	6.06	5.80	5.61	5.47	5.35
10	0.100	3.29	2.92	2.73	2.61	2.52	2.46	2.41	2.38	2.35
	0.050	4.96	4.10	3.71	3.48	3.33	3.22	3.14	3.07	3.02
	0.025	6.94	5.46	4.83	4.47	4.24	4.07	3.95	3.85	3.78
	0.010	10.04	7.56	6.55	5.99	5.64	5.39	5.20	5.06	4.94
11	0.100	3.23	2.86	2.66	2.54	2.45	2.39	2.34	2.30	2.27
	0.050	4.84	3.98	3.59	3.36	3.20	3.09	3.01	2.95	2.90
	0.025	6.72	5.26	4.63	4.28	4.04	3.88	3.76	3.66	3.59
	0.010	9.65	7.21	6.22	5.67	5.32	5.07	4.89	4.74	4.63
12	0.100	3.18	2.81	2.61	2.48	2.39	2.33	2.28	2.24	2.21
	0.050	4.75	3.89	3.49	3.26	3.11	3.00	2.91	2.85	2.80
	0.025	6.55	5.10	4.47	4.12	3.89	3.73	3.61	3.51	3.44
	0.010	9.33	6.93	5.95	5.41	5.06	4.82	4.64	4.50	4.39

k_2	α	k_1										
		10	12	15	20	25	30	40	50	60	120	1000
1	0.100	60.19	60.71	61.22	61.74	62.05	62.26	62.53	62.69	62.79	63.06	63.30
	0.050	241.88	243.90	245.95	248.02	249.26	250.10	251.14	251.77	252.20	253.25	254.19
	0.025	968.63	976.72	984.87	993.08	998.09	1001.4	1005.6	1008.1	1009.8	1014.0	1017.8
	0.010	6055.9	6106.7	6157.0	6208.7	6239.9	6260.4	6286.4	6302.3	6313.0	6339.5	6362.8
2	0.100	9.39	9.41	9.42	9.44	9.45	9.46	9.47	9.47	9.47	9.48	9.49
	0.050	19.40	19.41	19.43	19.45	19.46	19.46	19.47	19.48	19.48	19.49	19.49
	0.025	39.40	39.41	39.43	39.45	39.46	39.46	39.47	39.48	39.48	39.49	39.50
	0.010	99.40	99.42	99.43	99.45	99.46	99.47	99.48	99.48	99.48	99.49	99.50
3	0.100	5.23	5.22	5.20	5.18	5.17	5.17	5.16	5.15	5.15	5.14	5.13
	0.050	8.79	8.74	8.70	8.66	8.63	8.62	8.59	8.58	8.57	8.55	8.53
	0.025	14.42	14.34	14.25	14.17	14.12	14.08	14.04	14.01	13.99	13.95	13.91
	0.010	27.23	27.05	26.87	26.69	26.58	26.50	26.41	26.35	26.32	26.22	26.14
4	0.100	3.92	3.90	3.87	3.84	3.83	3.82	3.80	3.80	3.79	3.78	3.76
	0.050	5.96	5.91	5.86	5.80	5.77	5.75	5.72	5.70	5.69	5.66	5.63
	0.025	8.84	8.75	8.66	8.56	8.50	8.46	8.41	8.38	8.36	8.31	8.26
	0.010	14.55	14.37	14.20	14.02	13.91	13.84	13.75	13.69	13.65	13.56	13.47
5	0.100	3.30	3.27	3.24	3.21	3.19	3.17	3.16	3.15	3.14	3.12	3.11
	0.050	4.74	4.68	4.62	4.56	4.52	4.50	4.46	4.44	4.43	4.40	4.37
	0.025	6.62	6.52	6.43	6.33	6.27	6.23	6.18	6.14	6.12	6.07	6.02
	0.010	10.05	9.89	9.72	9.55	9.45	9.38	9.29	9.24	9.20	9.11	9.03
6	0.100	2.94	2.90	2.87	2.84	2.81	2.80	2.78	2.77	2.76	2.74	2.72
	0.050	4.06	4.00	3.94	3.87	3.83	3.81	3.77	3.75	3.74	3.70	3.67
	0.025	5.46	5.37	5.27	5.17	5.11	5.07	5.01	4.98	4.96	4.90	4.86
	0.010	7.87	7.72	7.56	7.40	7.30	7.23	7.14	7.09	7.06	6.97	6.89
7	0.100	2.70	2.67	2.63	2.59	2.57	2.56	2.54	2.52	2.51	2.49	2.47
	0.050	3.64	3.57	3.51	3.44	3.40	3.38	3.34	3.32	3.30	3.27	3.23
	0.025	4.76	4.67	4.57	4.47	4.40	4.36	4.31	4.28	4.25	4.20	4.15
	0.010	6.62	6.47	6.31	6.16	6.06	5.99	5.91	5.86	5.82	5.74	5.66
8	0.100	2.54	2.50	2.46	2.42	2.40	2.38	2.36	2.35	2.34	2.32	2.30
	0.050	3.35	3.28	3.22	3.15	3.11	3.08	3.04	3.02	3.01	2.97	2.93
	0.025	4.30	4.20	4.10	4.00	3.94	3.89	3.84	3.81	3.78	3.73	3.68
	0.010	5.81	5.67	5.52	5.36	5.26	5.20	5.12	5.07	5.03	4.95	4.87
9	0.100	2.42	2.38	2.34	2.30	2.27	2.25	2.23	2.22	2.21	2.18	2.16
	0.050	3.14	3.07	3.01	2.94	2.89	2.86	2.83	2.80	2.79	2.75	2.71
	0.025	3.96	3.87	3.77	3.67	3.60	3.56	3.51	3.47	3.45	3.39	3.34
	0.010	5.26	5.11	4.96	4.81	4.71	4.65	4.57	4.52	4.48	4.40	4.32
10	0.100	2.32	2.28	2.24	2.20	2.17	2.16	2.13	2.12	2.11	2.08	2.06
	0.050	2.98	2.91	2.85	2.77	2.73	2.70	2.66	2.64	2.62	2.58	2.54
	0.025	3.72	3.62	3.52	3.42	3.35	3.31	3.26	3.22	3.20	3.14	3.09
	0.010	4.85	4.71	4.56	4.41	4.31	4.25	4.17	4.12	4.08	4.00	3.92
11	0.100	2.25	2.21	2.17	2.12	2.10	2.08	2.05	2.04	2.03	2.00	1.98
	0.050	2.85	2.79	2.72	2.65	2.60	2.57	2.53	2.51	2.49	2.45	2.41
	0.025	3.53	3.43	3.33	3.23	3.16	3.12	3.06	3.03	3.00	2.94	2.89
	0.010	4.54	4.40	4.25	4.10	4.01	3.94	3.86	3.81	3.78	3.69	3.61
12	0.100	2.19	2.15	2.10	2.06	2.03	2.01	1.99	1.97	1.96	1.93	1.91
	0.050	2.75	2.69	2.62	2.54	2.50	2.47	2.43	2.40	2.38	2.34	2.30
	0.025	3.37	3.28	3.18	3.07	3.01	2.96	2.91	2.87	2.85	2.79	2.73
	0.010	4.30	4.16	4.01	3.86	3.76	3.70	3.62	3.57	3.54	3.45	3.37

k_2	α	k_1								
		1	2	3	4	5	6	7	8	9
13	0.100	3.14	2.76	2.56	2.43	2.35	2.28	2.23	2.20	2.16
	0.050	4.67	3.81	3.41	3.18	3.03	2.92	2.83	2.77	2.71
	0.025	6.41	4.97	4.35	4.00	3.77	3.60	3.48	3.39	3.31
	0.010	9.07	6.70	5.74	5.21	4.86	4.62	4.44	4.30	4.19
14	0.100	3.10	2.73	2.52	2.39	2.31	2.24	2.19	2.15	2.12
	0.050	4.60	3.74	3.34	3.11	2.96	2.85	2.76	2.70	2.65
	0.025	6.30	4.86	4.24	3.89	3.66	3.50	3.38	3.29	3.21
	0.010	8.86	6.51	5.56	5.04	4.69	4.46	4.28	4.14	4.03
15	0.100	3.07	2.70	2.49	2.36	2.27	2.21	2.16	2.12	2.09
	0.050	4.54	3.68	3.29	3.06	2.90	2.79	2.71	2.64	2.59
	0.025	6.20	4.77	4.15	3.80	3.58	3.41	3.29	3.20	3.12
	0.010	8.68	6.36	5.42	4.89	4.56	4.32	4.14	4.00	3.89
16	0.100	3.05	2.67	2.46	2.33	2.24	2.18	2.13	2.09	2.06
	0.050	4.49	3.63	3.24	3.01	2.85	2.74	2.66	2.59	2.54
	0.025	6.12	4.69	4.08	3.73	3.50	3.34	3.22	3.12	3.05
	0.010	8.53	6.23	5.29	4.77	4.44	4.20	4.03	3.89	3.78
17	0.100	3.03	2.64	2.44	2.31	2.22	2.15	2.10	2.06	2.03
	0.050	4.45	3.59	3.20	2.96	2.81	2.70	2.61	2.55	2.49
	0.025	6.04	4.62	4.01	3.66	3.44	3.28	3.16	3.06	2.98
	0.010	8.40	6.11	5.19	4.67	4.34	4.10	3.93	3.79	3.68
18	0.100	3.01	2.62	2.42	2.29	2.20	2.13	2.08	2.04	2.00
	0.050	4.41	3.55	3.16	2.93	2.77	2.66	2.58	2.51	2.46
	0.025	5.98	4.56	3.95	3.61	3.38	3.22	3.10	3.01	2.93
	0.010	8.29	6.01	5.09	4.58	4.25	4.01	3.84	3.71	3.60
19	0.100	2.99	2.61	2.40	2.27	2.18	2.11	2.06	2.02	1.98
	0.050	4.38	3.52	3.13	2.90	2.74	2.63	2.54	2.48	2.42
	0.025	5.92	4.51	3.90	3.56	3.33	3.17	3.05	2.96	2.88
	0.010	8.18	5.93	5.01	4.50	4.17	3.94	3.77	3.63	3.52
20	0.100	2.97	2.59	2.38	2.25	2.16	2.09	2.04	2.00	1.96
	0.050	4.35	3.49	3.10	2.87	2.71	2.60	2.51	2.45	2.39
	0.025	5.87	4.46	3.86	3.51	3.29	3.13	3.01	2.91	2.84
	0.010	8.10	5.85	4.94	4.43	4.10	3.87	3.70	3.56	3.46
21	0.100	2.96	2.57	2.36	2.23	2.14	2.08	2.02	1.98	1.95
	0.050	4.32	3.47	3.07	2.84	2.68	2.57	2.49	2.42	2.37
	0.025	5.83	4.42	3.82	3.48	3.25	3.09	2.97	2.87	2.80
	0.010	8.02	5.78	4.87	4.37	4.04	3.81	3.64	3.51	3.40
22	0.100	2.95	2.56	2.35	2.22	2.13	2.06	2.01	1.97	1.93
	0.050	4.30	3.44	3.05	2.82	2.66	2.55	2.46	2.40	2.34
	0.025	5.79	4.38	3.78	3.44	3.22	3.05	2.93	2.84	2.76
	0.010	7.95	5.72	4.82	4.31	3.99	3.76	3.59	3.45	3.35
23	0.100	2.94	2.55	2.34	2.21	2.11	2.05	1.99	1.95	1.92
	0.050	4.28	3.42	3.03	2.80	2.64	2.53	2.44	2.37	2.32
	0.025	5.75	4.35	3.75	3.41	3.18	3.02	2.90	2.81	2.73
	0.010	7.88	5.66	4.76	4.26	3.94	3.71	3.54	3.41	3.30
24	0.100	2.93	2.54	2.33	2.19	2.10	2.04	1.98	1.94	1.91
	0.050	4.26	3.40	3.01	2.78	2.62	2.51	2.42	2.36	2.30
	0.025	5.72	4.32	3.72	3.38	3.15	2.99	2.87	2.78	2.70
	0.010	7.82	5.61	4.72	4.22	3.90	3.67	3.50	3.36	3.26

k_2	α	k_1										
		10	12	15	20	25	30	40	50	60	120	1000
13	0.100	2.14	2.10	2.05	2.01	1.98	1.96	1.93	1.92	1.90	1.88	1.85
	0.050	2.67	2.60	2.53	2.46	2.41	2.38	2.34	2.31	2.30	2.25	2.21
	0.025	3.25	3.15	3.05	2.95	2.88	2.84	2.78	2.74	2.72	2.66	2.60
	0.010	4.10	3.96	3.82	3.66	3.57	3.51	3.43	3.38	3.34	3.25	3.18
14	0.100	2.10	2.05	2.01	1.96	1.93	1.91	1.89	1.87	1.86	1.83	1.80
	0.050	2.60	2.53	2.46	2.39	2.34	2.31	2.27	2.24	2.22	2.18	2.14
	0.025	3.15	3.05	2.95	2.84	2.78	2.73	2.67	2.64	2.61	2.55	2.50
	0.010	3.94	3.80	3.66	3.51	3.41	3.35	3.27	3.22	3.18	3.09	3.02
15	0.100	2.06	2.02	1.97	1.92	1.89	1.87	1.85	1.83	1.82	1.79	1.76
	0.050	2.54	2.48	2.40	2.33	2.28	2.25	2.20	2.18	2.16	2.11	2.07
	0.025	3.06	2.96	2.86	2.76	2.69	2.64	2.59	2.55	2.52	2.46	2.40
	0.010	3.80	3.67	3.52	3.37	3.28	3.21	3.13	3.08	3.05	2.96	2.88
16	0.100	2.03	1.99	1.94	1.89	1.86	1.84	1.81	1.79	1.78	1.75	1.72
	0.050	2.49	2.42	2.35	2.28	2.23	2.19	2.15	2.12	2.11	2.06	2.02
	0.025	2.99	2.89	2.79	2.68	2.61	2.57	2.51	2.47	2.45	2.38	2.32
	0.010	3.69	3.55	3.41	3.26	3.16	3.10	3.02	2.97	2.93	2.84	2.76
17	0.100	2.00	1.96	1.91	1.86	1.83	1.81	1.78	1.76	1.75	1.72	1.69
	0.050	2.45	2.38	2.31	2.23	2.18	2.15	2.10	2.08	2.06	2.01	1.97
	0.025	2.92	2.82	2.72	2.62	2.55	2.50	2.44	2.41	2.38	2.32	2.26
	0.010	3.59	3.46	3.31	3.16	3.07	3.00	2.92	2.87	2.83	2.75	2.66
18	0.100	1.98	1.93	1.89	1.84	1.80	1.78	1.75	1.74	1.72	1.69	1.66
	0.050	2.41	2.34	2.27	2.19	2.14	2.11	2.06	2.04	2.02	1.97	1.92
	0.025	2.87	2.77	2.67	2.56	2.49	2.44	2.38	2.35	2.32	2.26	2.20
	0.010	3.51	3.37	3.23	3.08	2.98	2.92	2.84	2.78	2.75	2.66	2.58
19	0.100	1.96	1.91	1.86	1.81	1.78	1.76	1.73	1.71	1.70	1.67	1.64
	0.050	2.38	2.31	2.23	2.16	2.11	2.07	2.03	2.00	1.98	1.93	1.88
	0.025	2.82	2.72	2.62	2.51	2.44	2.39	2.33	2.30	2.27	2.20	2.14
	0.010	3.43	3.30	3.15	3.00	2.91	2.84	2.76	2.71	2.67	2.58	2.50
20	0.100	1.94	1.89	1.84	1.79	1.76	1.74	1.71	1.69	1.68	1.64	1.61
	0.050	2.35	2.28	2.20	2.12	2.07	2.04	1.99	1.97	1.95	1.90	1.85
	0.025	2.77	2.68	2.57	2.46	2.40	2.35	2.29	2.25	2.22	2.16	2.09
	0.010	3.37	3.23	3.09	2.94	2.84	2.78	2.69	2.64	2.61	2.52	2.43
21	0.100	1.92	1.87	1.83	1.78	1.74	1.72	1.69	1.67	1.66	1.62	1.59
	0.050	2.32	2.25	2.18	2.10	2.05	2.01	1.96	1.94	1.92	1.87	1.82
	0.025	2.73	2.64	2.53	2.42	2.36	2.31	2.25	2.21	2.18	2.11	2.05
	0.010	3.31	3.17	3.03	2.88	2.79	2.72	2.64	2.58	2.55	2.46	2.37
22	0.100	1.90	1.86	1.81	1.76	1.73	1.70	1.67	1.65	1.64	1.60	1.57
	0.050	2.30	2.23	2.15	2.07	2.02	1.98	1.94	1.91	1.89	1.84	1.79
	0.025	2.70	2.60	2.50	2.39	2.32	2.27	2.21	2.17	2.14	2.08	2.01
	0.010	3.26	3.12	2.98	2.83	2.73	2.67	2.58	2.53	2.50	2.40	2.32
23	0.100	1.89	1.84	1.80	1.74	1.71	1.69	1.66	1.64	1.62	1.59	1.55
	0.050	2.27	2.20	2.13	2.05	2.00	1.96	1.91	1.88	1.86	1.81	1.76
	0.025	2.67	2.57	2.47	2.36	2.29	2.24	2.18	2.14	2.11	2.04	1.98
	0.010	3.21	3.07	2.93	2.78	2.69	2.62	2.54	2.48	2.45	2.35	2.27
24	0.100	1.88	1.83	1.78	1.73	1.70	1.67	1.64	1.62	1.61	1.57	1.54
	0.050	2.25	2.18	2.11	2.03	1.97	1.94	1.89	1.86	1.84	1.79	1.74
	0.025	2.64	2.54	2.44	2.33	2.26	2.21	2.15	2.11	2.08	2.01	1.94
	0.010	3.17	3.03	2.89	2.74	2.64	2.58	2.49	2.44	2.40	2.31	2.22

k_2	α	k_1								
		1	2	3	4	5	6	7	8	9
25	0.100	2.92	2.53	2.32	2.18	2.09	2.02	1.97	1.93	1.89
	0.050	4.24	3.39	2.99	2.76	2.60	2.49	2.40	2.34	2.28
	0.025	5.69	4.29	3.69	3.35	3.13	2.97	2.85	2.75	2.68
	0.010	7.77	5.57	4.68	4.18	3.85	3.63	3.46	3.32	3.22
26	0.100	2.91	2.52	2.31	2.17	2.08	2.01	1.96	1.92	1.88
	0.050	4.23	3.37	2.98	2.74	2.59	2.47	2.39	2.32	2.27
	0.025	5.66	4.27	3.67	3.33	3.10	2.94	2.82	2.73	2.65
	0.010	7.72	5.53	4.64	4.14	3.82	3.59	3.42	3.29	3.18
27	0.100	2.90	2.51	2.30	2.17	2.07	2.00	1.95	1.91	1.87
	0.050	4.21	3.35	2.96	2.73	2.57	2.46	2.37	2.31	2.25
	0.025	5.63	4.24	3.65	3.31	3.08	2.92	2.80	2.71	2.63
	0.010	7.68	5.49	4.60	4.11	3.78	3.56	3.39	3.26	3.15
28	0.100	2.89	2.50	2.29	2.16	2.06	2.00	1.94	1.90	1.87
	0.050	4.20	3.34	2.95	2.71	2.56	2.45	2.36	2.29	2.24
	0.025	5.61	4.22	3.63	3.29	3.06	2.90	2.78	2.69	2.61
	0.010	7.64	5.45	4.57	4.07	3.75	3.53	3.36	3.23	3.12
29	0.100	2.89	2.50	2.28	2.15	2.06	1.99	1.93	1.89	1.86
	0.050	4.18	3.33	2.93	2.70	2.55	2.43	2.35	2.28	2.22
	0.025	5.59	4.20	3.61	3.27	3.04	2.88	2.76	2.67	2.59
	0.010	7.60	5.42	4.54	4.04	3.73	3.50	3.33	3.20	3.09
30	0.100	2.88	2.49	2.28	2.14	2.05	1.98	1.93	1.88	1.85
	0.050	4.17	3.32	2.92	2.69	2.53	2.42	2.33	2.27	2.21
	0.025	5.57	4.18	3.59	3.25	3.03	2.87	2.75	2.65	2.57
	0.010	7.56	5.39	4.51	4.02	3.70	3.47	3.30	3.17	3.07
40	0.100	2.84	2.44	2.23	2.09	2.00	1.93	1.87	1.83	1.79
	0.050	4.08	3.23	2.84	2.61	2.45	2.34	2.25	2.18	2.12
	0.025	5.42	4.05	3.46	3.13	2.90	2.74	2.62	2.53	2.45
	0.010	7.31	5.18	4.31	3.83	3.51	3.29	3.12	2.99	2.89
50	0.100	2.81	2.41	2.20	2.06	1.97	1.90	1.84	1.80	1.76
	0.050	4.03	3.18	2.79	2.56	2.40	2.29	2.20	2.13	2.07
	0.025	5.34	3.97	3.39	3.05	2.83	2.67	2.55	2.46	2.38
	0.010	7.17	5.06	4.20	3.72	3.41	3.19	3.02	2.89	2.78
60	0.100	2.79	2.39	2.18	2.04	1.95	1.87	1.82	1.77	1.74
	0.050	4.00	3.15	2.76	2.53	2.37	2.25	2.17	2.10	2.04
	0.025	5.29	3.93	3.34	3.01	2.79	2.63	2.51	2.41	2.33
	0.010	7.08	4.98	4.13	3.65	3.34	3.12	2.95	2.82	2.72
100	0.100	2.76	2.36	2.14	2.00	1.91	1.83	1.78	1.73	1.69
	0.050	3.94	3.09	2.70	2.46	2.31	2.19	2.10	2.03	1.97
	0.025	5.18	3.83	3.25	2.92	2.70	2.54	2.42	2.32	2.24
	0.010	6.90	4.82	3.98	3.51	3.21	2.99	2.82	2.69	2.59
200	0.100	2.73	2.33	2.11	1.97	1.88	1.80	1.75	1.70	1.66
	0.050	3.89	3.04	2.65	2.42	2.26	2.14	2.06	1.98	1.93
	0.025	5.10	3.76	3.18	2.85	2.63	2.47	2.35	2.26	2.18
	0.010	6.76	4.71	3.88	3.41	3.11	2.89	2.73	2.60	2.50
1000	0.100	2.71	2.31	2.09	1.95	1.85	1.78	1.72	1.68	1.64
	0.050	3.85	3.00	2.61	2.38	2.22	2.11	2.02	1.95	1.89
	0.025	5.04	3.70	3.13	2.80	2.58	2.42	2.30	2.20	2.13
	0.010	6.66	4.63	3.80	3.34	3.04	2.82	2.66	2.53	2.43

k_2	α	k_1 10	12	15	20	25	30	40	50	60	120	1000
25	0.100	1.87	1.82	1.77	1.72	1.68	1.66	1.63	1.61	1.59	1.56	1.52
	0.050	2.24	2.16	2.09	2.01	1.96	1.92	1.87	1.84	1.82	1.77	1.72
	0.025	2.61	2.51	2.41	2.30	2.23	2.18	2.12	2.08	2.05	1.98	1.91
	0.010	3.13	2.99	2.85	2.70	2.60	2.54	2.45	2.40	2.36	2.27	2.18
26	0.100	1.86	1.81	1.76	1.71	1.67	1.65	1.61	1.59	1.58	1.54	1.51
	0.050	2.22	2.15	2.07	1.99	1.94	1.90	1.85	1.82	1.80	1.75	1.70
	0.025	2.59	2.49	2.39	2.28	2.21	2.16	2.09	2.05	2.03	1.95	1.89
	0.010	3.09	2.96	2.81	2.66	2.57	2.50	2.42	2.36	2.33	2.23	2.14
27	0.100	1.85	1.80	1.75	1.70	1.66	1.64	1.60	1.58	1.57	1.53	1.50
	0.050	2.20	2.13	2.06	1.97	1.92	1.88	1.84	1.81	1.79	1.73	1.68
	0.025	2.57	2.47	2.36	2.25	2.18	2.13	2.07	2.03	2.00	1.93	1.86
	0.010	3.06	2.93	2.78	2.63	2.54	2.47	2.38	2.33	2.29	2.20	2.11
28	0.100	1.84	1.79	1.74	1.69	1.65	1.63	1.59	1.57	1.56	1.52	1.48
	0.050	2.19	2.12	2.04	1.96	1.91	1.87	1.82	1.79	1.77	1.71	1.66
	0.025	2.55	2.45	2.34	2.23	2.16	2.11	2.05	2.01	1.98	1.91	1.84
	0.010	3.03	2.90	2.75	2.60	2.51	2.44	2.35	2.30	2.26	2.17	2.08
29	0.100	1.83	1.78	1.73	1.68	1.64	1.62	1.58	1.56	1.55	1.51	1.47
	0.050	2.18	2.10	2.03	1.94	1.89	1.85	1.81	1.77	1.75	1.70	1.65
	0.025	2.53	2.43	2.32	2.21	2.14	2.09	2.03	1.99	1.96	1.89	1.82
	0.010	3.00	2.87	2.73	2.57	2.48	2.41	2.33	2.27	2.23	2.14	2.05
30	0.100	1.82	1.77	1.72	1.67	1.63	1.61	1.57	1.55	1.54	1.50	1.46
	0.050	2.16	2.09	2.01	1.93	1.88	1.84	1.79	1.76	1.74	1.68	1.63
	0.025	2.51	2.41	2.31	2.20	2.12	2.07	2.01	1.97	1.94	1.87	1.80
	0.010	2.98	2.84	2.70	2.55	2.45	2.39	2.30	2.25	2.21	2.11	2.02
40	0.100	1.76	1.71	1.66	1.61	1.57	1.54	1.51	1.48	1.47	1.42	1.38
	0.050	2.08	2.00	1.92	1.84	1.78	1.74	1.69	1.66	1.64	1.58	1.52
	0.025	2.39	2.29	2.18	2.07	1.99	1.94	1.88	1.83	1.80	1.72	1.65
	0.010	2.80	2.66	2.52	2.37	2.27	2.20	2.11	2.06	2.02	1.92	1.82
50	0.100	1.73	1.68	1.63	1.57	1.53	1.50	1.46	1.44	1.42	1.38	1.33
	0.050	2.03	1.95	1.87	1.78	1.73	1.69	1.63	1.60	1.58	1.51	1.45
	0.025	2.32	2.22	2.11	1.99	1.92	1.87	1.80	1.75	1.72	1.64	1.56
	0.010	2.70	2.56	2.42	2.27	2.17	2.10	2.01	1.95	1.91	1.80	1.70
60	0.100	1.71	1.66	1.60	1.54	1.50	1.48	1.44	1.41	1.40	1.35	1.30
	0.050	1.99	1.92	1.84	1.75	1.69	1.65	1.59	1.56	1.53	1.47	1.40
	0.025	2.27	2.17	2.06	1.94	1.87	1.82	1.74	1.70	1.67	1.58	1.49
	0.010	2.63	2.50	2.35	2.20	2.10	2.03	1.94	1.88	1.84	1.73	1.62
100	0.100	1.66	1.61	1.56	1.49	1.45	1.42	1.38	1.35	1.34	1.28	1.22
	0.050	1.93	1.85	1.77	1.68	1.62	1.57	1.52	1.48	1.45	1.38	1.30
	0.025	2.18	2.08	1.97	1.85	1.77	1.71	1.64	1.59	1.56	1.46	1.36
	0.010	2.50	2.37	2.22	2.07	1.97	1.89	1.80	1.74	1.69	1.57	1.45
200	0.100	1.63	1.58	1.52	1.46	1.41	1.38	1.34	1.31	1.29	1.23	1.16
	0.050	1.88	1.80	1.72	1.62	1.56	1.52	1.46	1.41	1.39	1.30	1.21
	0.025	2.11	2.01	1.90	1.78	1.70	1.64	1.56	1.51	1.47	1.37	1.25
	0.010	2.41	2.27	2.13	1.97	1.87	1.79	1.69	1.63	1.58	1.45	1.30
1000	0.100	1.61	1.55	1.49	1.43	1.38	1.35	1.30	1.27	1.25	1.18	1.08
	0.050	1.84	1.76	1.68	1.58	1.52	1.47	1.41	1.36	1.33	1.24	1.11
	0.025	2.06	1.96	1.85	1.72	1.64	1.58	1.50	1.45	1.41	1.29	1.13
	0.010	2.34	2.20	2.06	1.90	1.79	1.72	1.61	1.54	1.50	1.35	1.16

연습문제 해답

[제1장] 확률

2. (1), (2)에서 A, B는 독립이다.
4. $3/13$
5. $w/(w+b)$

[제2장] 확률변수와 확률분포

1. (1) $c=280,\ E(X)=5/9,\ V(X)=2/81$ (2) $c=1,\ E(X)=3,\ V(X)=1/2$
2. $p(t)=A(t\theta)/A(\theta)$
3. $\sigma^2+\mu^2-\mu$
4. $V(X)\leqq E(X-(a+b)/2)^2\leqq(b-a)^2/4$
5. (3) $a_n=\dfrac{1}{2}\{1-(1-2p)^n\}$

8. a는 $\mu(a)=1-2F(a)$, $\mu(a)=0$를 만족하는 중앙값이다.
9. 부분적분 $\displaystyle\int_0^T x\,dF(x)=-T(1-F(T))+\int_0^T\{1-F(x)\}\,dx$를 사용한다.

10. 만약 X가 정수값을 가지는 확률변수이면, $k-1\leq x<k$일 때 문제 9에 $P\{X>x\}=P\{X\geq k\}$를 적용하라.
11. $\sigma_x^2=E\{|X-\mu|^2\}=\displaystyle\int_0^\infty P\{|X-\mu|^2>t\}\,dt$
14. $M_Y(s)=M_X(s+t)/M_X(t)$
15. (1) $t>0,\ d>0,\ \gamma=d/t,\ Y=X^t$에 대해 젠센의 부등식을 사용하면
    $E(X^{t+d})=(Y^{1+\gamma})\geqq[E(Y)]^{1+\gamma}=[E(X^t)]^{1+\gamma}$가 성립한다. 그러므로
    $[E(X^{t+d})]^{1/(t+d)}\geqq[E(Y)]^{1/t}=[E(X^t)]^{1+\gamma}$가 성립한다.
    $t<0$에 대해서도 마찬가지이다.
    (2) $H=A(-1),\ G=A(0),\ M=A(1)$
16. (1) $\varphi(t)=a^2/(a^2+t^2)$ (2) $\varphi(t)=\exp(-a\,|\,x\,|\,)$

[제3장] 확률분포의 대표적 모형

1. 포아송 분포에 의한 이항분포의 근사를 이용하여, $\lambda=100\times0.02=2$,
   $P\{X\geqq3\}=1-5e^{-2}=0.3233$.

2. 0.203
3. $P\{a-X<b-(n-X)\}=\sum_{x>(a-b+n)/2}\binom{a}{x}\binom{b}{n-x}\Big/\binom{N}{n}$, 0.0664
4. (1) 0.472 (2) 0.168
5. (1) 0.067 (2) 4
6. (1) $p=x/n$ (2) $p=1/(x+1)$ (3) $p=n/(n+x)$
8. (1) 0.75, 0.6 (2) $1/3$
9. (1) 0.8413 (2) $\mu=\sigma=2$
10. (1) 기하분포 $G_E(p), p=1-e^{-\lambda}$
11, 12. 수학적 귀납법에 의해 증명된다.
15. (1) $\mu=x$ (2) $\lambda=1/x$ (3) $\mu=\log x$

[제4장] 이차원 확률벡터의 분포

1. $p=\lambda/(\lambda+\mu)$로 두면 $P(X=r\mid X+Y=n)=\binom{n}{r}p^r(1-p)^{n-r}$이 된다.

   그러므로 $E[X\mid X+Y=n]=np$, $V[X\mid X+Y=n]=np(1-p)$이다.
2. $E(\chi^2)=2$
3. (1) 0.75 (2) $5/12$ (3) 0.75
4. (1) $c=1/2$

   (2) $f_1(x)=\frac{1}{2}x^2e^{-x}, f_2(y)=3/(1+y)^4$

   (3) $E(X)=V(X)=3,\ E(Y)=1/2,\ V(Y)=3/4,\ Corr(X,Y)=-1/3$
5. (1) $f_1(x)=\alpha^{-1}\exp(-x/\alpha),\ f_2(y)=(\beta-\alpha)^{-1}\{\exp(-y/\beta)-\exp(-y/a)\}$

   (2) $f(y\mid x)=\beta^{-1}\exp\{-(y-x)/\beta\}, 0<x\le y<\infty$

   (3) $E(X)=\alpha,\ V(X)=\alpha^2,\ E(Y)=E\{E[Y\mid X]\}=E\{X+\beta\}=\alpha+\beta,$
   $V(Y)=\alpha^2+\beta^2,\ Corr(X,Y)=\alpha(\alpha^2+\beta^2)^{-1/2}$
6. $P(Z\ge z)=\{(1-p)(1-q)\}^z$이므로 기하분포 $G_E(r),\ r=(1-p)(1-q)$를 따른다.
7. $Y\mid X\sim U(0,X)$이므로 $f(x,y)=(1-x)^{-1},\ 0<x<y<1,\ E(X)=1/2,$
   $V(X)=1/12,\ E(Y)=E\{E[Y\mid X]\}=E\{(1+X)/2\}=3/4,$
   $V(Y)=7/144,\ Corr(X,Y)=(3/7)^{1/2}$
8. (1) $(1-p)/(2-p)$ (2) $1/2$
9. (1) $E(X)=0, V(X)=2\sigma^2, E(Y)=\alpha,\ V(Y)=(1+\beta^2)\sigma^2,\ Cov(X,Y)=\beta\sigma^2$

   (2) 2차원 정규분포

   (3) $Y-\alpha-(\beta/2)X$와 X는 독립이므로 $E[Y\mid X]=\alpha+(\beta/2)X$가 성립한다.
11. $N(1.9, 0.0098)$
12. $T\sim N(\mu,\sigma^2/2),\ U\sim N(0,\sigma^2/2),\ Cov(T,U)=0$
13. (1) $B_E(\alpha+x, \beta+n-x)$
14. (1) $p=(1/\sigma^2)/\{(1/\sigma^2)+(1/\sigma^2)\}, q=1-p$로 두면 $N(px+q\mu, \sigma^2p)$를 따른다.
15. (1) $\phi(z)$를 표준정규분포의 확률밀도함수라고 할 때,

$\phi(s, t: \rho) = (1-\rho^2)^{-1/2}\ \phi\{(s-\rho t)(1-\rho^2)^{-1/2}\}\ \phi(t)$ 임을 주지하라.

(2) $F(0, 0: \rho) = (2\pi)^{-1}\sin^{-1}\rho + 1/4$

[제5장] 다변량 확률벡터의 분포

1. $\mu = \sum_{i=1}^{n} c_i \mu_i,\ \sigma^2 = \sum_{i=1}^{n} c_i \sigma_i^2 + \sum_{i=1}^{n} c_i (\mu_i - \mu)^2$

2. (1) $F(y) = P[Y \leqq y] = P[(X_1 \leqq y) \cup \{(X_2 \leqq y) \cap (X_3 \leqq y)\}]$

$= (1-e^{-\lambda y}) + (1-e^{-\lambda y})^2 - (1-e^{-\lambda y})^3,\quad y \geqq 0.$

$f(y) = F'(y) = 4\lambda e^{-2\lambda y} - 3\lambda e^{-3\lambda y}, y \geqq 0.$

(2) $E(Y) = \int_0^\infty y(4\lambda e^{-2\lambda y} - 3\lambda e^{-3\lambda y})\, dy = 2/3\lambda$

3. (1) $n(n-1)(y-x)^{n-2},\ 0 < x < y < 1$

(2) $E(X_{n:1}) = 1/(n+1),\ V(X_{n:1}) = n/\{(n+1)^2(n+2)\},$

$E(X_{n:n}) = n/(n+1),\ V(X_{n:n}) = n/\{(n+1)^2(n+2)\}$

(3) $Corr(X_{n:1}, X_{n:n}) = 1/n$

4. $\exp\{\lambda t/(\mu - t)\},\ E(Y) = \lambda/\mu,\ V(Y) = 2\lambda/\mu^2$

5. 이항분포의 정규분포근사를 이용

(1) 0.865 (2) 248

6. (1) $\min(s, t)$ (2) $\min(s, t) - st$

7. $\sigma^2 \cos\lambda s$

10. 재생성에 의해 $T_1 + \cdots + T_n \sim G_A(n, 1/\lambda)$ 이다.

연습문제 3.12의 결과를 사용하면,

$P(N = n) = P(T_1 + \cdots + T_n \leqq t < T_1 + \cdots + T_{n-1})$

$$= \int_0^t \frac{\lambda^n}{\Gamma(n)} x^{n-1} e^{-\lambda x}\, dx - \int_0^t \frac{\lambda^{n+1}}{\Gamma(n+1)} x^n e^{-\lambda x}\, dx$$

$$= e^{-\lambda t}\frac{(\lambda t)^n}{n!}$$

11. $E[X_n \mid X_{n-1}] = X_{n-1}\theta,\ V[X_n \mid X_{n-1}] = X_{n-1}\theta(\theta-1),\ X_0 = 1$

$\therefore E(X_n) = \theta^n, V(X_n) = \theta^n(\theta^n - 1)$

13. $k-1$

15. $B_E(k, n-k+1)$

16. $\log G_n(y) = n\log\{1-(1-F(ny))\} \to -y^{-a}$. 따라서 $G_n(y) \to \exp(-y^{-a})$

[제6장] 확률변수의 함수의 분포

2. $f(x) = \{\Gamma(n/2)\, 2^{n/2-1}\}^{-1}\, x^{n-1}\, e^{-x^2/2},\ 0 < x < \infty$

   $E(X) = \sqrt{2}\,\Gamma((n+1)/2)\,/\,\Gamma(n/2),\ V(X) = n - \{\sqrt{2}\,\Gamma((n+1)/2)\,/\,\Gamma(n/2)\}^2$

8. (1) $B_E(\alpha, \beta)$

9. $B_E(m/2, n/2)$

10. 균등분포 $U(0, 1)$

찾아보기

| 저자 소개 |

최기헌
통계학 박사(美, 미시간大)
덕성여자대학교 정보통계학과 교수

R을 활용한 확률분포론

| 저　　자　최기헌
| 발 행 인　주정희
| 발 행 처　자유아카데미
| 주　　소　경기도 파주시 회동길 37-42
파주출판도시
| 전　　화　031-955-1321
| 팩　　스　031-955-1322
| 홈페이지　www.freeaca.com
| 전자우편　main@freeaca.com(대표)
editor@freeaca.com(편집)
crm@freeaca.com(영업)
| 등　　록　제406-2003-017호, 1980. 7. 12
| 제1판1쇄　2016년 9월 30일 발행
| 정　　가　28,000원

저자와의
협의하에
인지생략

ISBN 979-11-5808-091-4　93310